300MW级火力发电厂培训丛书

汽轮机设备及系统

山西漳泽电力股份有限公司　编

中国电力出版社
CHINA ELECTRIC POWER PRESS

内 容 提 要

20 世纪 80 年代开始，国产和引进的 300MW 级火力发电机组就陆续成为我国电力生产中的主力机组。由于已投入运行 30 多年，涉及机组运行、检修、技术改造和节能减排、脱硫脱硝等要求越来越严，以及急需提高实际运行、检修人员的操作技能水平，组织编写了一套《300MW 级火力发电厂培训丛书》，分为《汽轮机设备及系统》《锅炉设备及系统》《热控设备及系统》《电气设备及系统》《电气控制及保护》《集控运行》《化学设备及系统》《输煤设备及系统》《环保设备及系统》9 册。

本书为《300MW 级火力发电厂培训丛书 汽轮机设备及系统》，共十六章，主要内容包括对汽轮机本体及汽轮机调节、保安和油系统，主蒸汽、再热蒸汽、旁路及输水系统，抽汽回热及输水系统，轴封汽系统，湿式凝汽、真空系统，空冷凝汽、真空系统，凝结水系统，给水系统，发电机定子冷却水系统，循环水系统，开式水系统，闭式水系统，压缩空气系统，以及汽轮机设备技术改造和故障处理及检修案例。

本书既可作为全国 300MW 级火力发电机组汽轮机设备系统运行、检修、维护及管理等生产人员、技术人员和管理人员等的培训用书，也可作为高等院校相关专业师生的参考用书。

图书在版编目(CIP)数据

汽轮机设备及系统/山西漳泽电力股份有限公司编. —北京：中国电力出版社，2015.6（2021.10重印）
（300MW 级火力发电厂培训丛书）
ISBN 978-7-5123-7204-7

Ⅰ.①汽… Ⅱ.①山… Ⅲ.①火电厂-蒸汽透平
Ⅳ.①TM621.4

中国版本图书馆 CIP 数据核字(2015)第 028315 号

中国电力出版社出版、发行
（北京市东城区北京站西街 19 号　100005　http://www.cepp.sgcc.com.cn）
北京天泽润科贸有限公司印刷
各地新华书店经售

*

2015 年 6 月第一版　2021 年 10 月北京第二次印刷
787 毫米×1092 毫米　16 开本　17.75 印张　409 千字
印数 3001—3500 册　定价 55.00 元

前　言

随着我国国民经济的飞速发展，电力需求也急速增长，电力工业进入了快速发展的新时期，电源建设和技术装备水平都有了较大的提高。

由于引进型 300MW 级火力发电机组具有调峰性能好、安全可靠性高、经济性能好、负荷适应性广及自动化水平高等特点，早已成为我国火力发电机组中的主力机型。国产 300MW 级火力发电机组在我国也得到广泛使用和发展，对我国电力发展起到了积极的作用。

为了帮助有关工程技术人员、现场生产人员更好地了解和掌握机组的结构、性能和操作程序等，提高员工的业务水平，满足电力行业对人才技能、安全运行以及改革发展之所需，河津发电分公司按照山西漳泽电力股份有限公司的要求，在总结多年工作经验的基础上，组织专业技术人员编写了本套培训丛书。

《300MW 级火力发电厂培训丛书》分为《汽轮机设备及系统》《锅炉设备及系统》《热控设备及系统》《电气设备及系统》《电气控制及保护》《集控运行》《化学设备及系统》《输煤设备及系统》《环保设备及系统》9 册。

本书为《300MW 级火力发电厂培训丛书　汽轮机设备及系统》，共十六章，主要内容包括对汽轮机本体及汽轮机调节、保安和油系统，主蒸汽、再热蒸汽、旁路及输水系统，抽汽回热及输水系统，轴封汽系统，湿式凝汽、真空系统，空冷凝汽、真空系统，凝结水系统，给水系统，发电机定子冷却水系统，循环水系统，开式水系统，闭式水系统，压缩空气系统，以及汽轮机设备技术改造和故障处理及检修案例。

本书由山西漳泽电力股份有限公司胡耀飞主编，其中第一～四章由田明秀、胡新峰、刘海编写，第五～十四章由程青春、张泽、贾宏强编写，第十五、十六章由贾宏强编写。

由于编者的水平、经验所限，且编写时间仓促，书中难免有疏漏和不足之处，恳请读者批评指正。

编　者

2015 年 4 月

目　录

第一章
汽 轮 机 本 体

本书以某电厂350MW机组（1、2号机组）和300MW机组（3、4号机组）为例，对汽轮机设备及系统进行说明。

第一节 概 述

汽轮机是将蒸汽的热能转换为转子转动的机械能，再由转子带动发电机旋转的原动机。为保证汽轮机连续有效地进行能量转换，还配置有若干辅助设备。

汽轮机及其辅助设备由管道、阀门连成的整体系统称为汽轮机装置。

一、汽轮机的分类、型号及系统构成

（一）汽轮机的分类及型号

1. 汽轮机的分类

汽轮机的类型很多，可按不同的方法分类。按工作原理分，有冲动式和反动式；按级数分，有单级和多级；按热力过程分，有凝汽式、背压式、抽汽式、中间再热式；按工质参数分，有低压、中压、高压、亚临界、超临界及超超临界；按主要结构分，有单缸式、多缸式、轴流式、辐流式等；按用途分，有发电用、船用、工业用。

2. 汽轮机的型号

我国生产的汽轮机所采用的系列标准及型号已经统一，汽轮机产品型号的表示方法如图1-1所示。

NZK300-16.7/537/537型汽轮机，其中NZK表示凝汽式直接空冷，300表示机组额定功率为300MW，16.7表示主蒸汽压力为16.7MPa，前一个537表示主蒸汽温度为537℃，后一个537表示再热蒸汽温度为537℃。

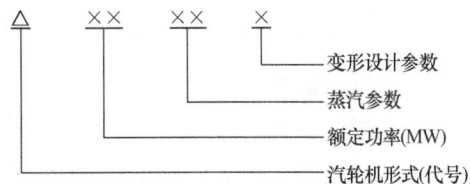

变形设计参数
蒸汽参数
额定功率(MW)
汽轮机形式(代号)

图1-1 汽轮机产品型号的表示方法

（二）汽轮机装置的系统构成

汽轮机装置一般包括以下设备系统：

（1）汽轮机本体包括配汽机构、转子、汽缸、轴承座等。

（2）调节保安油系统包括调速器、调速传动执行机构，危急遮断装置、油箱、主油泵等。

(3) 给水回热加热系统包括高压加热器、除氧器、低压加热器和给水泵等。

(4) 凝汽系统包括凝汽器、凝结水泵、真空泵、循环水泵及冷却系统。

二、TC2F-35.4″型汽轮机

（一）TC2F-35.4″型汽轮机的主要技术规范

（1）型号：TC2F-35.4″型；

（2）汽轮机形式：亚临界、反动式、中间再热、单轴、双缸、双排汽、凝汽式；

（3）额定功率：350MW；

（4）铭牌工况（TRL）：350MW；

（5）最大连续工况（T-MCR）：370.5MW；

（6）阀门全开工况（VWO）：380.1MW；

（7）高压加热器全部停用工况：350MW；

（8）额定主蒸汽压力：16.67MPa；

（9）额定主蒸汽温度：538℃；

（10）额定高压缸排汽压力：3.79MPa；

（11）额定再热器进口压力：3.6MPa；

（12）额定再热器进口温度：538℃；

（13）主蒸汽额定进汽量：1076.8t/h；

（14）主蒸汽最大进汽量：1205t/h；

（15）再热蒸汽额定进汽量：848.5t/h；

（16）排汽压力：4.9kPa；

（17）额定负荷排气量：826t/h；

（18）给水温度：285℃；

（19）配汽方式：喷嘴；

（20）额定转速：3000r/min；

（21）旋转方向（从汽轮机向发电机看）：顺时针；

（22）高压缸效率：88.4%；

（23）中压缸效率：96.9%；

（24）低压缸效率：89.5%；

（25）通流级数：34级；

（26）高压部分级数：1级＋11级；

（27）中压部分级数：10级；

（28）低压部分级数：2×6级；

（29）末级动叶片长度：900mm；

（30）盘车转速：3r/min；

（31）高压转子临界转速：1690r/min；

（32）低压转子临界转速：1610、3700r/min；

（33）启动方式：高、中压缸联合启动；

（34）轴封有无自密封系统：有；

（35）调门开启方式：1、2号—3号—4号；

（36）回热系统：3个高压加热器、1个除氧器、4个低压加热器共8级回热；

（37）给水泵及驱动方式：2台50％容量汽动给水泵和1台50％容量电动给水泵。

（二）TC2F-35.4″型汽轮机热力系统配置

一次中间再热与三级高压加热器，一级除氧器和四级低压加热器组成回热系统，各级加热器疏水逐级自流，最后7、8号低压加热器疏水汇至低压加热器疏水箱，由低压加热器疏水泵打至凝结水系统。机组采用两台汽动给水泵和一台电动给水泵给锅炉供水，其均为半容量泵。

（三）TC2F-35.4″型汽轮机组成

TC2F-35.4″型汽轮机通流部分由高、中、低压三部分组成。高压缸内有1个进汽调节的冲动级和11个反动式压力级，中压缸内有10个反动式压力级，低压部分为二分流式，每一分流由6个反动式压力级组成，全机共34级。汽轮机通流部分结构介于反动式和冲动式之间。末级叶片的长度为900mm。

高、中压外缸是合金钢铸件，以水平中分面分为上、下两半。两只分开的内缸材料及分缸形式与外缸相同。内缸由外缸水平中分面支承，内缸同时起到压力容器的作用，使得外缸只需要较薄的壁和较小尺寸的水平法兰，这样使机组在做调峰运行时所产生的热应力可以大大降低。内缸顶部与底部用定位销导向，以保持汽轮机轴线的正确位置，同时允许其随温度变化自由地膨胀与收缩。

低压缸由一层外缸、两层内缸组成，共三层缸，在进汽口和排汽装置之间的温度由三层缸体来分配承担，轴承箱采用悬臂式结构。中、低压联通管与低压外缸和内缸间采用弹性连接，以降低热应力。

高、中压转子采用整锻结构，在转子中间部分加工出两级平衡活塞，其运行中的平衡推力可抵消部分作用在叶片上的轴向推力，其余轴向推力由设在1号轴承箱处的推力轴承承担。低压转子由整锻合金钢加工而成。高、中压转子及低压转子、发电机转子分别用刚性联轴节连接成汽轮发电机轴系。

每台机组设有两组高压联合汽阀。每一组高压联合汽阀包括一个高压主汽阀和两个高压调节汽阀，高压主汽阀的一端由A形挠性柜架和横向拉杆托架组合件支承，另一端也有一个挠性件支承，两个支承件均由螺栓和定位销固定在台板上，台板再固定在汽轮机基础上。

高压主汽阀靠液压开启，弹簧关闭。高压主汽阀内有预启阀，在锅炉全压力下约通过25％的额定蒸汽流量，在机组启动时能精确控制转速。各调节汽阀由油动机通过外部连杆机构来控制开度。

每台机组设有两组中压联合汽阀。每一组中压联合汽阀包括一个中压主汽阀和一个中压调节汽阀。中压主汽阀为非平衡式的摇板式汽阀，由液压开启，弹簧力关闭。中压调节汽阀是平衡式汽阀，也是由液压开启，弹簧力关闭，用以调节机组的转速和负荷。

新蒸汽经过高压主汽阀后再流经高压调节汽阀进入汽轮机高压缸，从高压缸排出的蒸汽通过外下缸的排汽口进入锅炉再热器,从再热器出来的蒸汽通过中压主汽阀和中压调节汽阀进入中压缸,中压缸排出的蒸汽通过中、低压缸连通管从低压缸的中部进入,并分别流向两端的排汽口排入凝汽器。四个高压调节汽阀控制进入高压缸的汽量,阀后四根高压导汽管分别由上、下缸各两个进汽套管接入高压汽缸喷嘴室,每根套管和喷嘴室之间采用滑动连接;两根中压导汽管也是采用滑动接合连接到中压缸的下部进汽室;低压缸与凝汽器之间采用不锈钢补偿节连接,以吸收低压缸与凝汽器的横向及纵向热膨胀。

三、NZK300-16.7/537/537 型汽轮机

(一) NZK300-16.7/537/537 型汽轮机的主要技术规范

(1) 型号:NZK300-16.7/537/537;

(2) 汽轮机形式:亚临界、一次中间再热、单轴、双缸双排汽、反动式、直接空冷凝汽式汽轮机;

(3) 额定功率:300MW;

(4) TRL:300MW;

(5) T-MCR:321.09MW;

(6) VWO:333.55MW;

(7) T-MCR:321.09MW;

(8) 高压加热器全部停用工况:300MW;

(9) 额定主蒸汽压力:16.7MPa;

(10) 额定主蒸汽温度:537℃;

(11) 额定高压缸排汽压力:3.662 MPa;

(12) 额定再热器进口压力:3.296 MPa;

(13) 额定再热器进口温度:537℃;

(14) 主蒸汽额定进汽量:931.13t/h;

(15) 主蒸汽最大进汽量:1056t/h;

(16) 再热蒸汽额定进汽量:778.92t/h;

(17) 排汽压力:16kPa;

(18) 配汽方式:喷嘴;

(19) 额定转速:3000r/min;

(20) 旋转方向(从汽轮机向发电机看):顺时针;

(21) 调节控制系统形式:DEH;

(22) 汽轮机总内效率:92.173%;

(23) 高压缸效率:87.52%;

(24) 中压缸效率:93.26%;

(25) 低压缸效率:92.92%;

(26) 噪声水平:小于85dB;

(27) 通流级数:34 级;

（28）高压部分级数：1 级＋12 级；

（29）中压部分级数：9 级；

（30）低压部分级数：2×6 级；

（31）末级动叶片长度：620mm；

（32）盘车转速：3.35r/min；

（33）高压转子临界转速：1673、3944r/min；

（34）低压转子临界转速：1755、4194r/min；

（35）启动方式：高、中压缸联合启动；

（36）轴封有无自密封系统：有；

（37）调门开启方式：1、2 号—4 号—5 号—6 号—3 号；

（38）回热系统：3 台高压加热器、1 台除氧器、3 台低压加热器共 7 级回热；

（39）给水泵及驱动方式：3 台 50％容量电动给水泵。

（二）NZK300-16.7/537/537 型汽轮机热力系统配置

一次中间再热与三级高压加热器，一级除氧器和三级低压加热器组成回热系统，各级加热器疏水逐级自流。机组采用三台容量为 50％的电动给水泵。

（三）NZK300-16.7/537/537 型汽轮机组成

本机组通流部分由高、中、低压三部分组成，高压汽缸内有 1 个部分进汽调节的冲动级和 12 个反动式压力级，中压缸内有 9 个反动式压力级，低压部分为二分流式，每一分流由 6 个反动式压力级组成，全机共 34 级。通流结构介于反动式和冲动式之间，末级叶片的长度为 620mm，采用加强型的自带围带整圈连接形式。

高、中压外缸为合金钢铸件，以水平中分面分为上、下两半。两层分开的内缸材料及分缸形式与外缸相同。内缸由外缸水平中分面支承，内缸同时起到压力容器的作用，使得外缸只需要较薄的壁和较小尺寸的水平法兰，这样使机组在做调峰运行时所产生的热应力可以大大降低。内缸顶部与底部用定位销导向，以保持汽轮机轴线的正确位置，同时允许其随温度变化自由地膨胀与收缩。

低压缸由一层外缸和两层内缸组成三层缸结构，在进汽口和排汽装置之间的温度由三层缸体来分配承担，轴承箱采用落地式结构，中低压联通管与低压外缸、内缸间采用弹性连接，以降低热应力。

高、中压转子采用整锻结构，在转子中间部分加工出两级平衡活塞，其运行中的平衡推力可抵消部分作用在叶片上的轴向推力，其余轴向推力由设在 1 号轴承箱处的推力轴承承担。低压转子由整锻合金钢加工而成。高、中压转子及低压转子、发电机转子分别用刚性联轴节连接成汽轮发电机轴系。

NZK300-16.7/537/537 型汽轮机设有两组高压联合汽阀，每一组高压联合汽阀包括一个高压主汽阀和三个高压调节汽阀，高压主汽阀的一端由 A 形挠性柜架和横向拉杆托架组合件支承，另一端也有一个挠性件支承，两个支承件均由螺栓和定位销固定在台板上，台板再固定在汽轮机基础上。

高压主汽阀靠液压开启，弹簧关闭。高压主汽阀内有预启阀，在锅炉全压力下约通过 25％的额定蒸汽流量，在机组启动时能精确控制转速。各调节汽阀由油动机通过外部连杆机构来控制开度。

NZK300-16.7/537/537 型汽轮机设有两个中压联合汽阀。每一组中压联合汽阀包括一个中压主汽阀和一个中压调节汽阀。中压主汽阀是非平衡式的摇板式汽门，由液压开启，弹簧力关闭。中压调节汽阀为平衡式阀门，也是由液压开启，弹簧力关闭，用以调节机组的转速和负荷。

新蒸汽经过高压主汽阀后再流经高压调节汽阀进入汽轮机高压缸，从高压缸排出的蒸汽通过外下缸的排汽口进入锅炉再热器，从再热器出来的蒸汽通过中压主汽阀和中压调节阀进入中压缸，中压缸排出的蒸汽通过中、低压缸连通管从低压缸的中部进入，并分别流向两端的排汽口排入排汽装置。六个高压调节汽阀控制进入高压缸的汽量，阀后六根高压导汽管分别由上、下缸各三个进汽套管接入高压汽缸喷嘴室，每根套管和喷嘴室之间采用滑动连接；两根中压导汽管也是采用滑动接合连接到中压缸的下部进汽室；低压缸与排汽装置之间用不锈钢补偿节连接，以吸收低压缸与排汽装置的横向及纵向热膨胀。

汽轮机排汽经过排汽装置后面的六根管道排到空冷凝汽器，排汽在凝汽器内冷却凝结成水后经除氧装置进入热井——凝结水箱。

抽真空管道接自空冷机组换热器逆流冷却单元的上部，运行中通过水环式真空泵不断地把空冷凝汽器中的空气和不凝结气体抽出，以保持系统的真空。

24 台空冷风机为变频电动机经齿轮箱驱动，通过自动装置调节风机转速，为空冷散热器提供冷却风，保证机组安全连续运行。

主凝结水系统设置两台 100％容量的凝结水泵，正常运行时一台运行、一台备用。凝结水精处理采用中压高速混床。为了汇集空冷换热器中的凝结水，系统中设有一个凝结水箱，其容积按接纳各种启动疏水和溢流疏放水的最大容量来考虑。凝结水自凝结水箱出口，经凝结水泵进入凝结水精处理装置，经 100％处理后，再经一台轴封加热器，三台低压加热器进入除氧器。轴封加热器及三台低压加热器的凝结水管道均设有旁路，以避免有个别低压加热器因故停运时，影响进入除氧器的凝结水温度。

NZK300-16.7/537/537 型汽轮机机组采用直接空冷凝汽器。机组采用 3 台 50％容量电动给水泵，正常运行时两台运行、一台备用，给水经给水泵升压后经过高压加热器加热进入锅炉。高压加热器设有大旁路，便于机组在运行中对高压加热器进行检修。

主机润滑油系统使用主轴传动及电动机带动的辅助油泵供油。汽轮机启、停时，由交流电动机带动的辅助油泵供油；当汽轮机接近或达到额定转速时，装在前轴承箱内由主轴传动的主油泵，与油箱内的注油器配合供油；当其油压不够时，电动机带动的交流辅助油泵接替工作；当交流电源中断或油泵故障时，直流电动机带动的辅助油泵就作为紧急备用泵投入运行。润滑油系统的管道采用套装油管。油管外层为保护套管，兼作回油管，套管内是一根或多根小口径供油管。

NZK300-16.7/537/537 型汽轮机机组的控制油采用高压抗燃油，汽轮机的调节控制采用数字式电液调节（DEH）系统。DEH 系统能对机组的转速（包括启动、升速、甩负荷）和功率进行连续调节，并能满足机组协调控制系统对汽轮机的要求。

第二节 汽 缸

汽缸是汽轮机的外壳，它是汽轮机中质量最大、形状最复杂、工作条件最恶劣的一个部件。反动式汽轮机除了装有喷嘴室外，还包括静叶环与静叶，它代替了冲动式汽轮机的隔板套与隔板的结构。汽缸外连接着进汽、排汽、抽汽及疏水管道。汽缸除了承受内、外压差以及汽缸本身和装在其中的各部件的自重等静载荷以外，还承受由于汽缸轴向、径向温度分布不均匀，尤其在启动、停机和变工况运行时引起的热应力，特别是高参数、大功率的汽轮机，这个问题尤为突出。因此，在考虑汽缸结构时，除了要保证足够的强度、刚度和各部件受热时的自由膨胀以及通流部分要有较好的流动性能外，还应考虑在满足强度和刚度的要求下，尽量减薄汽缸壁厚和所连接法兰的厚度，并力求使汽缸形状简单、对称布置，以减少热应力。

按照进汽压力，汽缸一般可分为高压缸、中压缸和低压缸三个部分。高压缸和中压缸可以设计成合缸结构或分缸形式。某电厂汽轮机高、中压缸采用合缸双层结构。低压缸采用三层缸结构，并装有喷水装置，以在超温时进行喷水冷却。

一、进汽部分

进汽部分由高压主汽阀、高压调节汽阀、中压主汽阀、中压调节汽阀、蒸汽室和喷嘴室等组成，它是汽缸中承受压力和温度最高的部分。

（一）高压主汽阀和高压调节汽阀

TC2F-35.4″型汽轮机高压主汽阀和高压调节汽阀结构示意图如图 1-2 所示。TC2F-35.4″型汽轮机共设有两个高压主汽阀和四个高压调节汽阀。高压主汽阀和高压调节汽阀为联合整体结构，每一个高压主汽阀和两个高压调节汽阀整体做成一组，设置在汽轮机高压缸左、右两侧，并与高压缸分开，直接座装在机组的底座上。高压调节汽阀与高压缸之间用挠性导汽管相连接，以避免汽缸受到额外的附加力。高压主汽阀为卧式布置，高压调节汽阀为立式布置，采用滑动式支架保证了汽阀可以在轴向和横向滑动。高压主汽阀具有危急关闭和启动时调节汽轮机转速两个作用，高压调节汽阀用于正常运行时调节汽量，控制汽轮机的转速和负荷。

高压主汽阀为油压打开，弹簧关闭。高压主汽阀内装有预启阀，在设计的压力下可以通过额定蒸汽流量的 20%。预启阀的作用是在汽轮机启动时控制转速和在初负荷时调节负荷。预启阀的蝶阀装在高压主汽阀的内部，阀座与阀蝶接触处堆焊有司太立合金以提高其耐磨性。当负荷大于 20% 额定负荷时，高压主汽阀全开，用四个高压调节汽阀来控制。高压主汽阀处于在全开和全关的位置时，利用其相对的密封面以减少阀杆的漏汽量。高压主汽阀内部结构如图 1-3 所示。

高压调节汽阀为活塞型结构，如图 1-4 所示，出口侧做成扩压段，阀头与阀杆为挠性连接，对中性能好。阀门采用半压力平衡式，使打开阀门的力为最小。每个高压调节汽阀由一台单独的油动机控制。1、3 号和 2、4 号高压调节汽阀由两台电液转换器控制。通过指令电压信号输入给电液调节器来调节油动机的控制油压，并通过控制油压的改变来调节

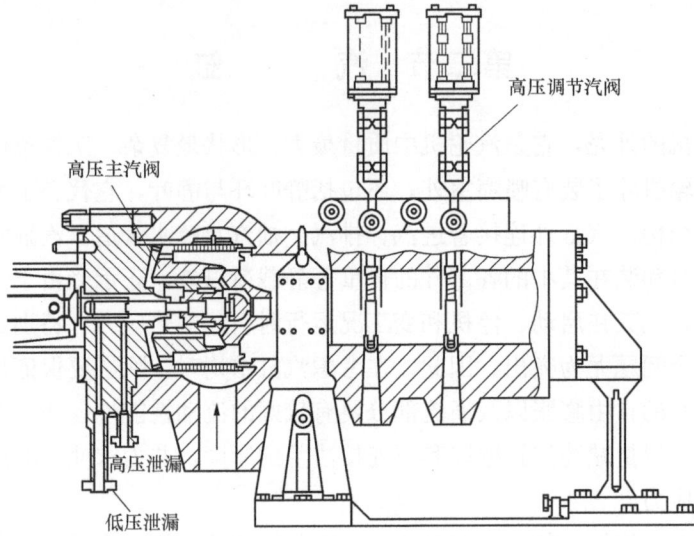

图 1-2 TC2F-35.4″型汽轮机高压主汽阀和高压调节汽阀结构示意图

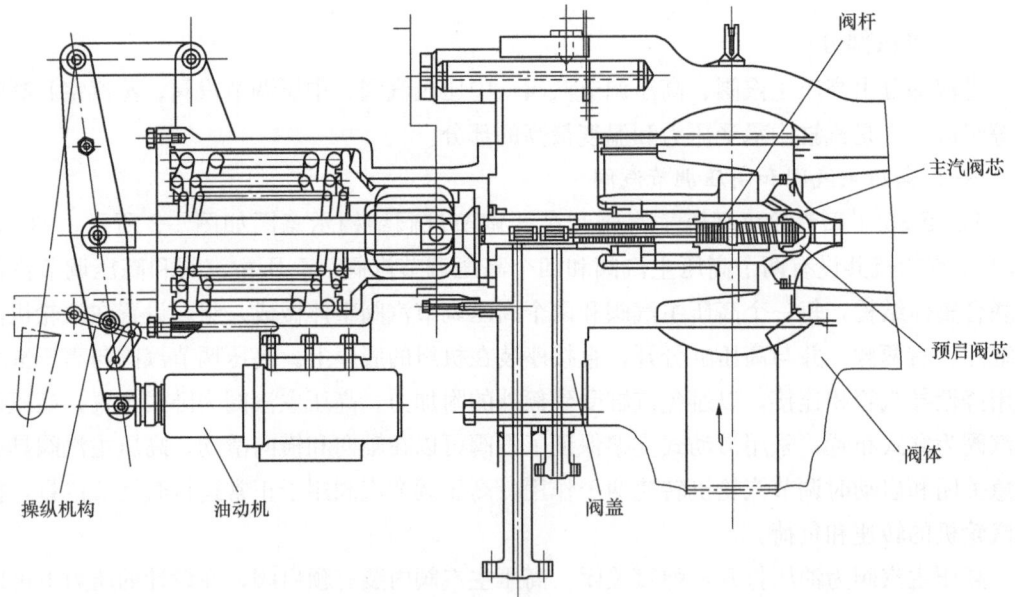

图 1-3 高压主汽阀内部结构示意图

油动机的打开与关闭，使阀门开启和关闭。高压调节汽阀有高压和低压两段漏汽，高压漏汽引入 3 段抽汽；低压漏汽至轴封冷却器。

（二）蒸汽室

高温高压的新蒸汽经过两个主汽阀后进入各带有两只调节汽阀的蒸汽室，四只调节汽阀分别控制四组彼此独立的喷嘴。TC2F-35.4″型汽轮机 1、2、4 号三组喷嘴的面积相同，各有 21 个喷嘴，而 3 号喷嘴组的面积只有其他组的 1/2，有 12 个喷嘴。四组喷嘴沿圆周对称布置。四组喷嘴的开启顺序不是对称的，而是先开 1、2 号调节汽阀，当机组带至

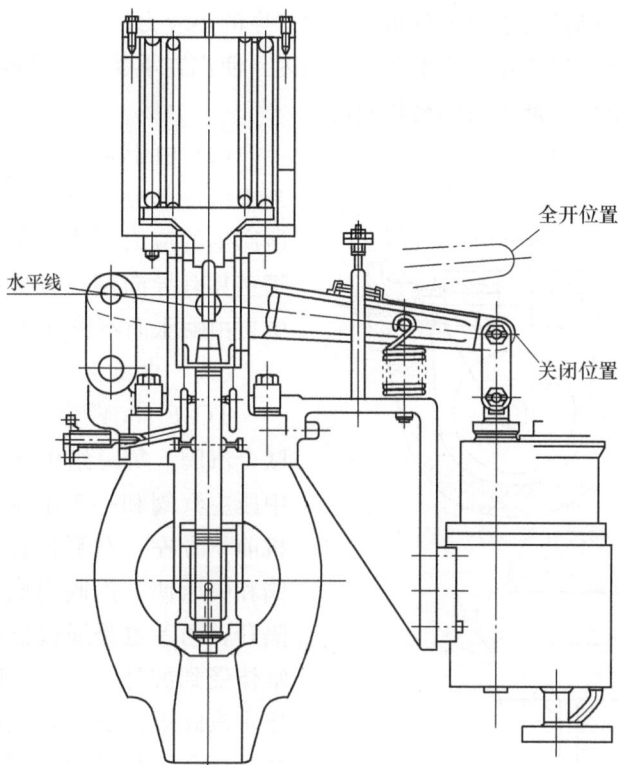

图1-4 高压调节汽阀活塞型结构示意图

63%额定负荷时,调节汽阀开度保持不变,靠蒸汽压力从13.1MPa升到额定压力16.56MPa,将负荷带至83%额定负荷,这个负荷区为汽轮机变压运行区。当负荷超过83%额定负荷时,3号调节汽阀开始打开,同时1、2号调节汽阀开足。三个调节汽阀全开时,负荷可带至350MW,4号调节汽阀在超出力时使用。汽轮机在升速及低负荷时调节汽阀全开,由主汽阀控制转速及负荷,这时汽轮机是全周进汽。

每一个喷嘴室与汽缸在圆周方向和径向方向均装有导向键,来确定喷嘴室的位置。内汽缸凸出部分与喷嘴室内的圆周沟槽相吻合,喷嘴室与汽缸通过法兰用螺栓固定成一体。蒸汽室是用铬钼钢铸成,安装在单独的底座上,膨胀时可沿纵向在底座上自由移动,从而吸收了热变形以减少热应力。蒸汽室与高压缸之间通过四根挠性导管来连接,而导管与缸体之间是通过套管连接的,导管在其中可上下自由膨胀。导管与套管间是靠压力型密封垫进行密封,导管里面是高温高压蒸汽,而导管与套管间是泄漏出去的蒸汽,其压力很低,这使导管内、外形成很大的压差,就是利用这个压差使导管紧套在里面而形成密封,如图1-5所示。这种结构的优点包括:

(1)汽缸形状简单,便于保证铸造质量。

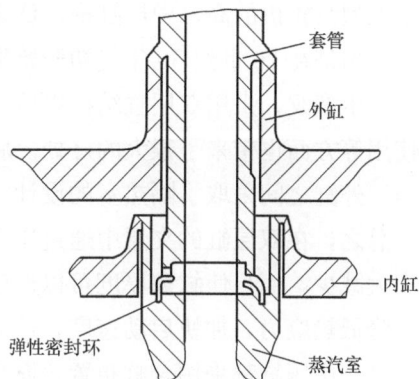

图1-5 套管与汽缸的连接

（2）运行时可以降低由于温度分布不均而产生的热应力。

（3）高温高压蒸汽集中在蒸汽室和喷嘴室内，使汽缸承受的只是调节级喷嘴后的蒸汽温度和压力，故汽缸可用低一级的材料制造。

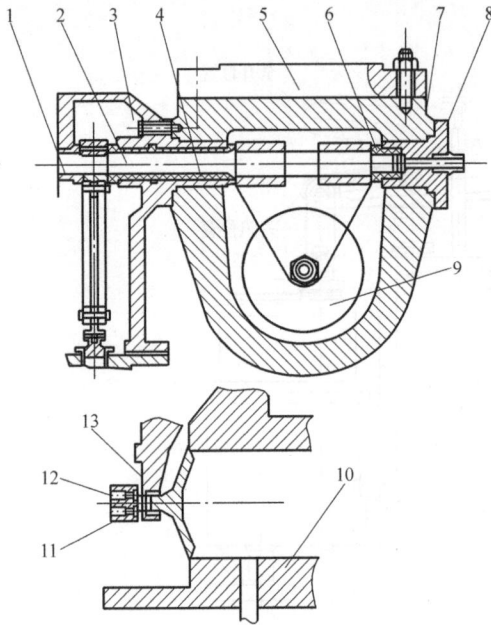

图 1-6　中压主汽阀结构图

1、4、6—轴套；2—阀杆；3—紧固螺栓；
5—阀盖；7—壳体；8—端盖；9—阀芯；
10—阀座；11—固定螺母；12—稳钉；
13—摇臂

（4）由于喷嘴室是单独的结构，因此，当机组带部分负荷时，喷嘴室壁上的温度所产生的应力很小，可不予考虑。而且喷嘴室具有导向键，喷嘴室受热时可在汽缸中自由膨胀而不影响其与汽缸对中。

（三）中压主汽阀和中压调节汽阀

TC2F-35.4″型汽轮机共包括两组中压联合汽阀。每一组中压联合汽阀包括一个中压主汽阀和一个中压调节汽阀，在汽轮机前下方左、右侧各布置一组。中压主汽阀和中压调节汽阀组成一体，它与中压缸隔开，两者也是通过挠性管连接，以缓解缸体受到的外力。为了防止阀杆卡涩，中压主汽阀设计成回转式阀门，并设有压力密封装置，使蒸汽不能从阀杆泄漏出来。每个中压主汽阀配一个油动机，通过液压开启。中压主汽阀只有全开和全关两个功能，不参与调节，只起到保护作用。中压主汽阀、调节汽阀结构图分别如图 1-6、图1-7 所示。

中压调节汽阀为压力平衡式阀门，30％额定负荷时开足。在机组启动及低负荷时投入旁路系统运行，中压调节汽阀和高压调节汽阀同时打开，使流经高压缸的蒸汽流量与流入中压缸的蒸汽流量平衡。

二、高、中压缸

大型汽轮机的高、中压缸都广泛采用双层缸结构，高、中压缸结构图如图 1-8 所示。这种结构是在 20 世纪 50 年代初开始采用的，因为当时在美国发现许多大机组的单层高压汽缸产生裂纹，采用双层缸结构以后，不但减少了汽缸裂纹事故，而且在制造、运行和材料使用等方面也带来了很大的好处。后来对原有的双层结构的汽缸又做了进一步改进，即在内、外缸之间采取了隔热室的设计，隔热室所通入的蒸汽参数应预先通过计算后进行选择。总之，在双层缸的夹层中通过压力和温度较低的蒸汽流动，不但使内、外缸的缸壁压差大大减少，而且使缸壁厚度可以设计得更薄些，有利于机组运行时减少内、外壁温差梯度，降低热应力，加快启动速度，适应负荷的变化。

高、中压缸都采用合缸布置，而且高、中压缸均为双层结构形式。高压缸和中压缸可以采用单独布置，也可以设计成合缸形式。分缸布置和合缸布置各有优、缺点，世界各国

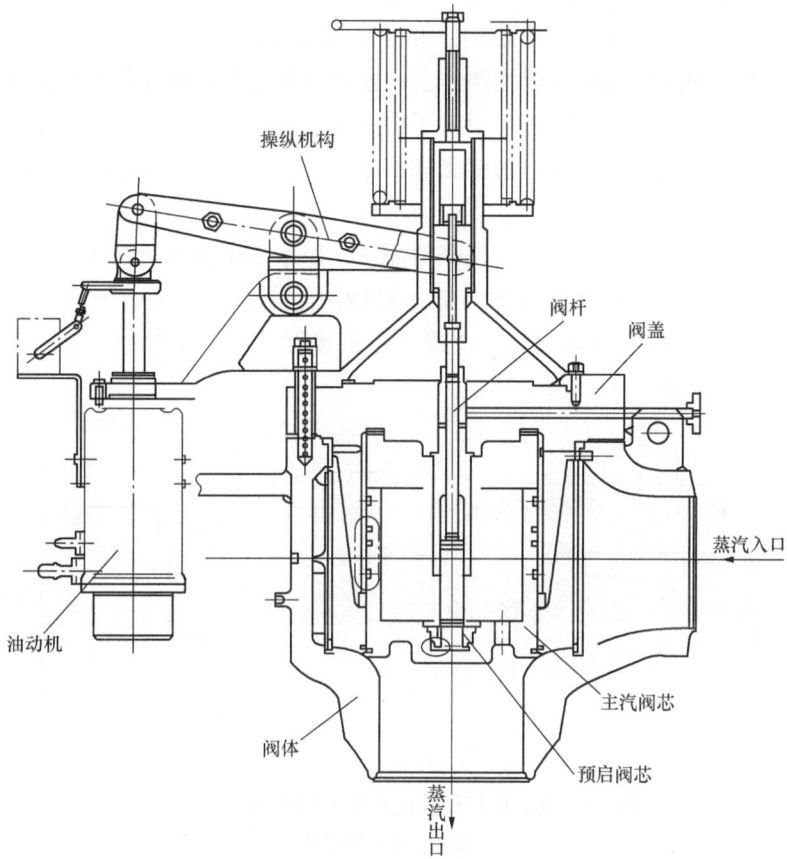

图 1-7　中压调节汽阀结构图

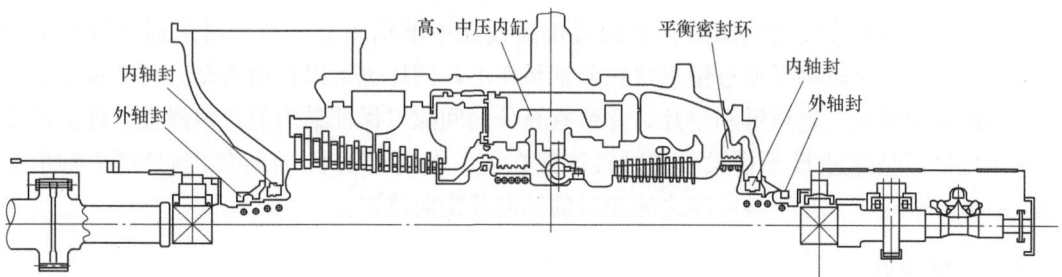

图 1-8　高、中压缸结构图

的汽轮机制造厂家都有自己的习惯。但是对于大型汽轮机组而言，总的发展趋向是采用高、中压合缸结构形式。

　　高、中压缸合缸布置，进汽集中在汽缸中段，这样汽缸热应力小，两端轴封漏汽量也小，同时减少了汽轮机总长度和轴承的数目，降低设备投资与安装费用。另外采用合缸结构后，可以合理采用高、中压缸汽流反向流动，使轴向推力得到平衡，减少了推力轴承所承受的负荷和轴承的尺寸，以及支持轴承受轴封的温度影响等许多优点。但是这种布置方

11

法也使汽轮机胀差变得比较复杂，同时中段管道变得拥挤后不利于检修工作的进行。

TC2F-35.4″型汽轮机的高、中压内缸和外缸的结构形式具有以下特点：

（1）高、中压内缸由铬钼合金钢浇铸。内缸中分面通过挂耳悬挂在外缸下半部上，以外缸凸出部分与内缸凹型槽相吻配，决定了内缸的径向位置。顶部和底部装有导向键以确定轴向位置，并在温度变化时能自由膨胀和收缩。高、中压内上缸用法兰和螺栓与高、中压内下缸连接固定。

（2）高、中压外缸采用铬钼合金钢浇铸而成。以水平中分面分成上、下两半，下半部铸有四个猫爪，位于汽轮机调速器侧与低压缸侧的轴承座上。高、中压外缸的猫爪及H形横梁见图1-9。猫爪位于下缸上部，支撑点尽量接近于水平中分面。猫爪形状采用弯猫爪，这种猫爪的特点是：

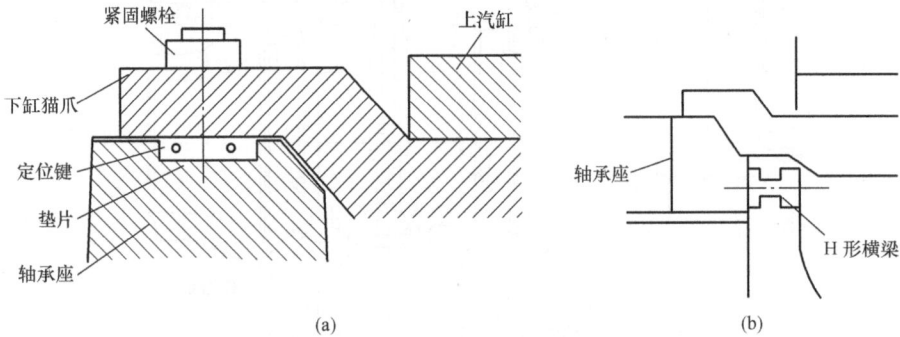

图 1-9 高、中压外缸的猫爪及 H 形横梁结构图
(a) 猫爪；(b) H 形横梁

猫爪支承面与汽缸水平结合面处于同一高度，当猫爪温度升高受热膨胀时，不会由于汽缸水平位置的变化而改变汽缸的中心。这样保证了汽轮机动静间的径向间隙不受影响，从而提高运行的安全性。

高、中压下缸在发电机端的猫爪通过键搭接在中轴承座上，猫爪可以通过键自由滑动。调速器端的下缸猫爪通过键搭接在前轴承座上，同样也可以自由滑动。每个猫爪上装有垂直的紧固螺栓、定位键和垫片，并留有充分的间隙以保证猫爪能自由滑动。外缸两端与轴承座之间是通过 H 形横梁并用螺栓连接在前、中轴承座上，使汽缸与这两个轴承座连成一体，确定了汽缸与轴承座之间相对的轴向及横向位置。

三、低压缸

低压缸排汽容积流量较大，要求排汽口尺寸设计得相当庞大，故一般采用钢板焊接代替铸造结构。图 1-10 为低压缸结构示意图。

TC2F-35.4″型汽轮机低压缸是双排汽口形式，采用一层外缸、两层内缸的三层缸结构，对称分流布置。蒸汽从低压缸中间进入，两侧分流后向下流动，经排汽口一起排到凝汽器。低压缸是采用 SS41 钢板焊接而成，由水平中分面分成上、下两半，为了便于制造和运输，上、下缸在垂直中分面处也分成左、右两段。

TC2F-35.4″型汽轮机低压缸的进汽温度虽然较低（320℃），但排汽温度也很低（约33℃），进汽和排汽温差高达 287℃ 左右，所以低压缸在汽轮机中承受着最大的温度梯度。

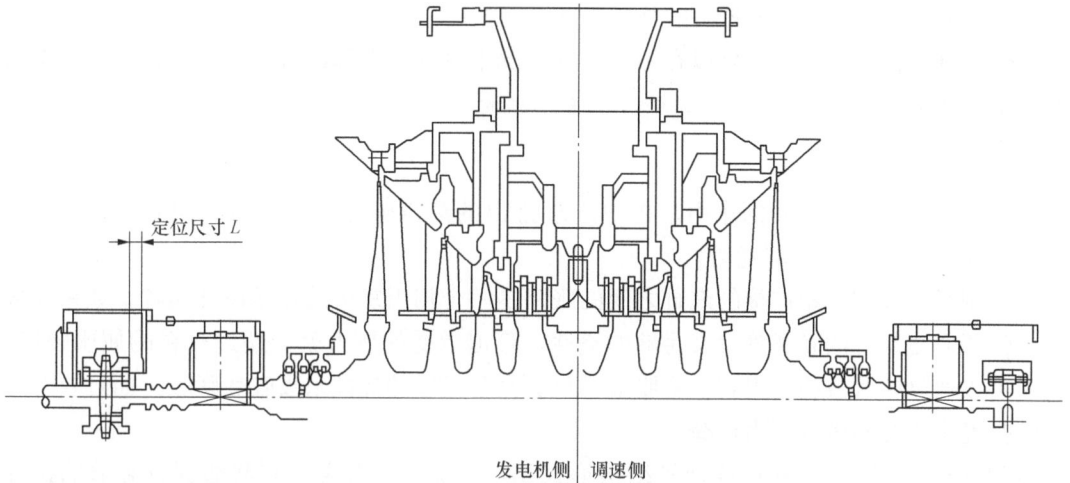

图 1-10 低压缸结构示意图

为了克服如此大的温度梯度引起的热变形，采用了双层内缸和一层外缸结构，使每层缸的温度梯度大大降低，有利于机组的安全运行。

低压缸采用多层缸结构，在内缸与外缸之间的空间形成排汽室。这种排汽室设计成扩压段，可以充分利用末级叶片的排汽速度，将排汽速度能转变成为压力能，克服排汽通道的阻力，使排汽损失减少，以提高汽轮机的效率。

当汽轮机在启动、空负荷或低负荷运行时，通过低压缸末级叶片的蒸汽容积流量减少，蒸汽无法带走低压缸内部由于摩擦鼓风损失而产生的热量。如果低压排汽缸内真空度降低，其饱和温度也会升高。由于摩擦鼓风的作用，使排汽温度升高而引起排汽缸温度上升。当排汽缸温度超过一定值时，就会使汽缸产生热变形，影响汽轮机动静部分的中心一致，严重时还会影响凝汽器的安全运行，使机组产生振动或发生意外事故。因此，为降低排汽温度，低压缸装有喷水装置。

低压缸喷水装置包括喷嘴、水管、恒温开关及电磁阀等。用少量水喷入排汽段可以降低排汽温度。当排汽温度达到 70℃ 时，管路上的电磁阀自动接通电源，打开进水阀门进行喷水。排汽温度由温度表测量，并装有超温报警器，报警温度为 80℃。排汽喷水的水源来自辅助凝结水母管。

低压缸工作在湿蒸汽区，为了防止水蚀，一般都采取以下防腐蚀措施：

(1) 在末级叶片的进汽边焊有司太立合金。用厚 1～2mm，长 180～220mm，钨钴硬质合金带采用自动银焊法焊接在叶片上。

(2) 加热器的抽汽口取在湿蒸汽区，使水分随蒸汽一起抽出。

(3) 末级叶片顶部设有导流槽，将水滴从末级静叶排到凝汽器。

低压缸上部排汽侧装有排汽压力释放隔膜，它是用薄铅板支持在一个圆形受压薄片上，用螺栓拧在防护板上，薄铅板夹在受压片和防护板之间，正常运行时保持密封状态。当排汽压力升高，并高于设计值时，圆形薄片受压就会向外鼓起，将铅膜片切破，膜片撕裂后排汽压力降低，其碎片被防护板挡住不致向外飞扬。这是保护低压缸的一种安全装置。

低压缸隔膜装置与低真空自动跳闸装置同时应用，当排汽压力大于 0.13MPa 时，低

13

压缸盖上的隔膜撕裂，同时低真空保护动作，机组跳闸。

低压缸上设有人孔门，可以在不开缸的情况下对缸体内部进行检查和在转子做动平衡时加平衡块。

四、联通管

联通管（见图1-11）的作用是将中压缸排出的蒸汽输送到低压缸的进汽口。TC2F-35.4″型汽轮机采用单根联通管。

控制联通管与其相连接的汽缸之间的胀差是一个相当复杂的技术设计问题，如果连接中、低压通流部分的联通管没有足够的挠性，管道承受的压力就会超过材料的屈服强度。挠性可以通过膨胀节补偿得到。膨胀节不仅要具备足够的挠性来吸收热膨胀，而且要有足够的强度来承受蒸汽的压力负荷。

TC2F-35.4″型汽轮机的联通管结构形式比较少见，它既考虑到联通管有足够的挠性来吸收热膨胀，又考虑到有足够的刚度来承受因蒸汽压力而引起的变形。

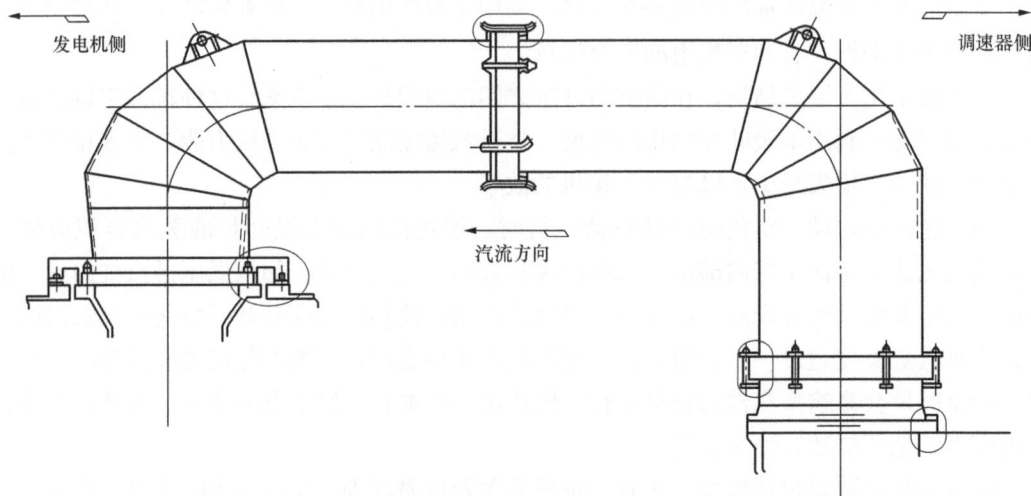

图1-11 联通管示意图

第三节 隔板和静叶环

汽轮机有冲动式和反动式之分，为了适应结构上的需要，冲动式汽轮机在汽缸上装有隔板和隔板套，而反动式汽轮机的汽缸上不用传统的隔板装置而是采取静叶环的结构形式。

一、隔板

大型机组低压缸的末级和次末级使用的是隔板结构。汽轮机的静叶片固定在隔板上，隔板直接装在汽缸上。隔板通常做成水平对分形式，其内圆孔处开隔板汽封的安装槽。隔板通常有焊接隔板和铸造隔板两大类，其具体结构是根据隔板所承受的工作温度和蒸汽压差而决定的。

（一）焊接隔板

焊接隔板（见图1-12）的制造工艺是将铣制（或精密浇铸、模压、冷拉）的静叶片焊接在预先冲好型孔的内、外围带之间而形成的喷嘴弧段，然后再将其焊接在隔板体及隔板外缘之间。

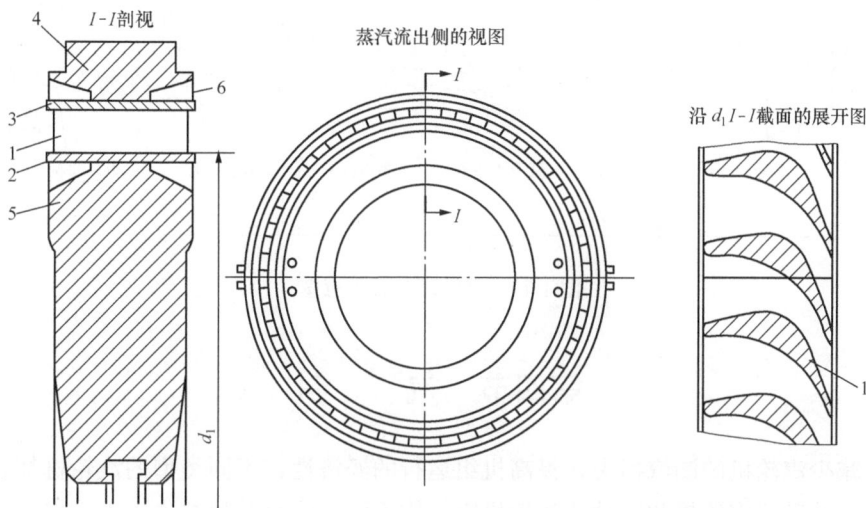

图 1-12　焊接隔板结构图

1—静叶片；2—内围带；3—外围带；4—隔板外缘；5—隔板体；6—焊缝

随着焊接技术的进步，目前所制造的焊接隔板具有相当高的强度和刚度，而且加工制造比较方便，所以至今仍被广泛地用于高、中压参数汽轮机的高、中压部分，也有汽轮机的低压部分也采用焊接隔板。

（二）铸造隔板

铸造隔板（见图1-13）制造工艺是将已成型的静叶片直接浇铸在隔板体内。与焊接隔板相比，铸造隔板制造工艺更加简单，加工比较容易，成本也低。但也存在一些缺点，如静叶片表面的光洁度较差，而且使用温度不能太高，一般只能在300℃左右工作，所以多数被用于汽轮机的低压部分。

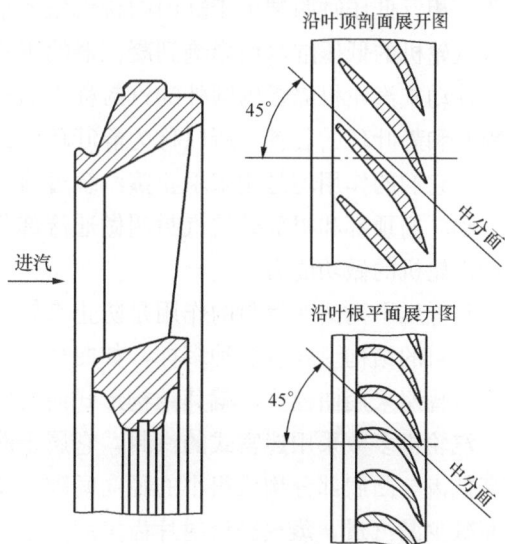

图 1-13　铸造隔板结构图

二、静叶片和静叶环

反动式汽轮机在结构上有许多特点，采用静叶片与静叶环就是其中一例。由于采用了静叶环，这就取消了冲动式汽轮机传统式隔板的复杂结构，静叶轮分布如图1-14所示。TC2F-35.4″型汽轮机高、中压缸静叶环数目如下：高压缸一个，中压缸两个；低压缸的调速器侧有两个，而发电机侧只有一个。静叶安装在静叶环上，静叶环固定在内缸上，这种结构较为简单，制造安装十分方便，也便于拆装检修。

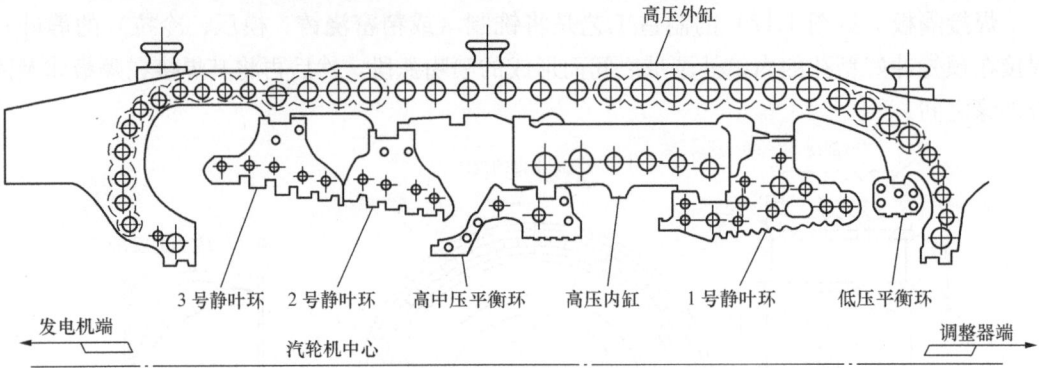

图 1-14　静叶环分布示意图

第四节　汽　　封

为了减少汽轮机的漏汽损失，提高机组运行的经济性，不同类型的汽轮机都装有各种汽封装置。冲动式汽轮机和反动式汽轮机因结构不同，汽封的种类也不太一样。

冲动式汽轮机的汽封有轴端汽封（简称轴封）、隔板汽封和通流部分汽封。而反动式汽轮机除了轴封、静叶环汽封和通流部分汽封外，还有高压平衡活塞汽封和低压平衡活塞汽封。

转子穿过汽缸两端处的汽封称为轴封。轴封分为高压轴封和低压轴封两大部分：高压轴封是用来防止蒸汽从高中压缸内泄漏出来而造成的漏汽损失，并防止汽轮机的运行状况恶化。相反低压缸两端由于缸内的排汽压力小于大气压力，因此低压轴封是为了防止空气漏入汽轮机的低压缸内而影响到凝汽器的正常工作。

冲动式汽轮机隔板内圆外的汽封称为隔板汽封。反动式汽轮机没有隔板结构，采用的是静叶和静叶环的装置，所以称为静叶环汽封。这里将隔板汽封和静叶环汽封统称为静叶汽封，它们的作用均是用来阻止蒸汽绕过喷嘴而引起的能量损失。

动叶栅顶部和根部处的汽封叫做通流部分汽封，用来阻止蒸汽从动叶栅的两端泄漏而降低汽轮机的做功能力。

高低压平衡活塞汽封的作用是防止汽轮机内部蒸汽的泄漏。

汽封的结构形式有多种多样，如曲径式、碳精式和水封式等。目前大型汽轮发电机组的汽封普遍采用曲径式，就其结构形式而言主要有梳齿形、纵齿形和丁字形。

汽轮机多数采用迷宫式的汽封，它属于曲径式结构。曲径式汽封的工作原理是利用许多高低齿与凸肩部分构成很小的径向间隙，使蒸汽的流动因受到节流的影响而增加阻力，从而减少漏汽量。蒸汽经汽封片齿尖后又进入小涡流室，截面积突然增加，汽流膨胀，速度降低，使动能转换为热能。这样，每经过一个节流就形成一次阻力。汽封片数目越多或者径向间隙越小，节流作用就越大，阻力就越大，所以漏汽量就越小。理论计算和试验表明，汽封的漏汽量近似与汽封齿数平方根成反比，与汽封的径向间隙大小成正比，并取决于汽封前、后的蒸汽参数。

有关资料统计表明，轴封与隔板汽封径向间隙增大0.5mm，汽轮发电机组的煤耗就要增加0.3%~0.5%，其与机组的容量有关，机组容量大时则取低限。这说明轴封结构状况将直接影响机组运行的经济性。

下面对TC2F-35.4″型汽轮机反动式汽轮机的轴封、静叶汽封、通流部分汽封、平衡活塞汽封分别做简单介绍。

一、轴封

（一）高、中压轴封

高、中压轴封包括高压缸调速侧的前轴封和中压缸发电机侧的后轴封两个部分，如图1-15所示。高压前轴封装有一个内轴封和一个外轴封：安装在外缸洼窝上的轴封称为内轴封；用螺栓固定在外缸侧面的轴封称为外轴封。内轴封沿水平面对分，在水平结合面的位置支持在外缸洼窝上，并在两个汽封环各自的顶部和底部嵌入定位销以保持相对于汽轮机转子的正确位置，在运行中既能保证自由膨胀，又不与转子的中心发生偏差。

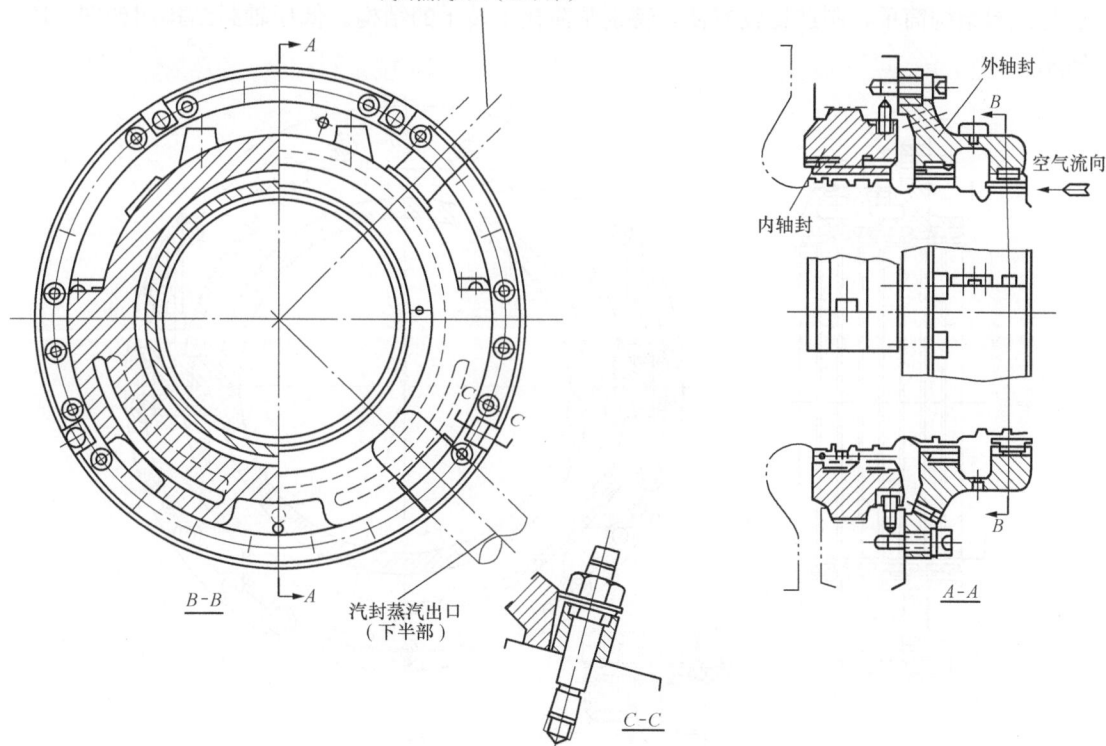

图1-15　高、中压轴封结构图

高压后轴封与高压前轴封的结构形式相同，但是安装位置不同，也分为内轴封和外轴封两个部分。外轴封和内轴封各由两组轴封环组成，即高压前轴封有四组轴封环，高压后轴封也有四组轴封环。高压轴封的每个汽封环设有T形根部，被嵌入轴封体的沟槽内。在汽封环上半部水平接合面处有旋入汽封的止动销，可以防止汽封环旋转。汽封环用带状弹簧与轴封体相连接，弹簧又用螺钉安装在每个密封圈上。螺钉头下部留有充分的间隙，保持弹簧能自由移动。装配后将这些螺钉铆固，使其固定在原有的位置上。

每个汽封环由四个长齿和八个短齿的高、低齿组成，长齿和短齿均与汽封环一起加工出来。一个长齿和两个短齿组成轴封的一个级，所以一个轴封环有四个级，其与汽轮机轴的凹凸部分形成四个腔室，起到增加汽流流动阻力，减少漏汽损失的作用。

各轴封环的安装必须保持原有的设计位置，因此在各接合面要留有记号，这样便于在轴封环拆卸后进行再装配时能使各环片仍维持在原有的装配位置。

在轴封本体紧固螺栓的圆周间距上有两个小孔，这两个小孔从轴封本体下半部的法兰盘一直通到汽缸下半部，用两根销插入此孔，再用四个开口垫圈盖上。在拆卸汽封环时，除去垫圈后把螺钉旋进螺钉孔进行拉拔取下。

泄漏的蒸汽经过汽缸下半部的两根连接管从"Y"室导到轴封蒸汽冷却器内。在机组启动或停机时，密封用的蒸汽却相反地经过上述的连接部流入"X"腔室。

（二）低压轴封

当汽轮机运转时，由于低压缸两侧的排汽压力低于大气压，因此低压轴封的作用主要是防止空气漏入汽缸内部。因为低压轴封的压差较小，所以一般采用平梳齿迷宫式汽封。这种汽封结构简单，制造比较方便，特别是简化了转子的结构。低压轴封结构图如图1-16所示。

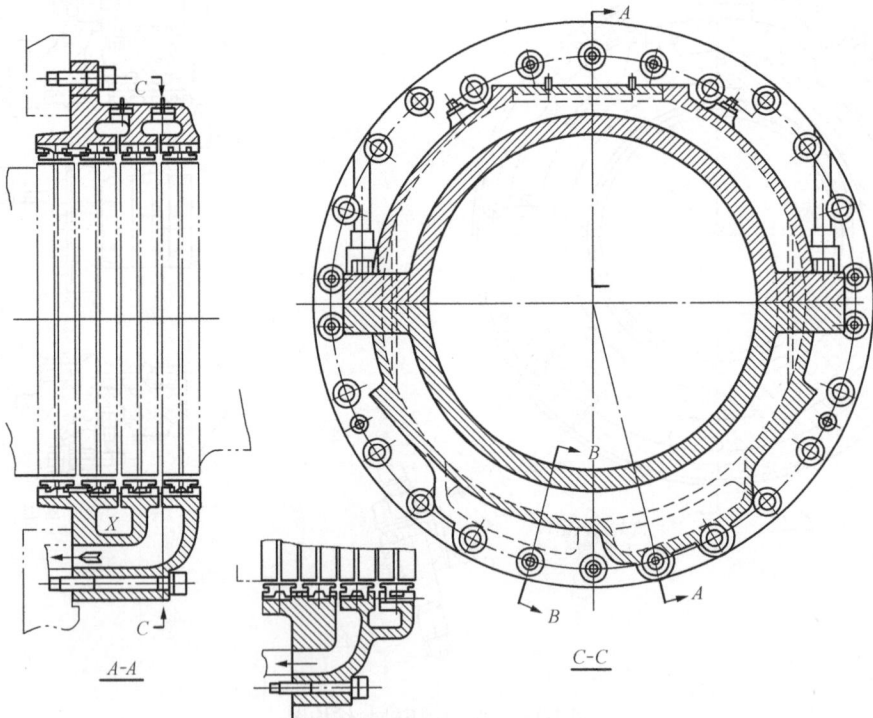

图 1-16　低压轴封结构图

低压缸所采用的这种迷宫式轴封是用螺栓分别固定在低压外缸两侧，每侧由四个轴封环组成。低压轴封环属于平梳齿的结构，每个轴封有八个齿，两个平疏齿组成轴封的一个级，这与汽轮机转子凸凹部分形成四个腔室，起到密封的作用。

在轴封本体紧固螺栓的圆周间距上有两个小孔，这两个小孔从轴封本体下半部的法兰盘一直通到汽缸下半部，用两根销子插入此孔，分解轴封体时，必须将此销子取出。

二、静叶汽封和通流部分汽封

汽轮机通流部分的轴向间隙和径向间隙均有漏汽，通过喷嘴的蒸汽不一定全部经过动叶片。同样，相邻级与级之间也会有漏汽，即前一级来的蒸汽并不是全部通过下一级的喷嘴，而是有一部分从喷嘴与转子之间的间隙（反动级）或者隔板汽封（冲动级）泄漏过去。这样，漏汽虽然最后还能通过动叶片，但不是以正确的速度和方向进入动叶，不能对动叶做功，只能引起动叶中汽流的混乱而造成级效率的降低。所以不论在汽轮机通流部分设计时，还是在汽轮机检修中，都要十分重视静叶汽封和通流部分汽封有一个正确的径向间隙和轴向间隙。

冲动式汽轮机隔板前、后压差大，为了减少这一部分的漏汽损失，必须使间隙设计得较小，通常隔板汽封间隙为 0.6mm 左右，通流部分汽封的径向间隙为 1.0mm 左右，而轴向间隙在 6mm 左右。相反，反动式汽轮机静叶片前后压差小（大约只有冲动式的 1/3），即使增大间隙对漏汽损失的影响也较小。为了机组运行方便，径向间隙一般设计为 1.0mm 左右，而轴向间隙可达到 10.0mm 左右。调节级和压力级汽封分别见图 1-17、图 1-18。

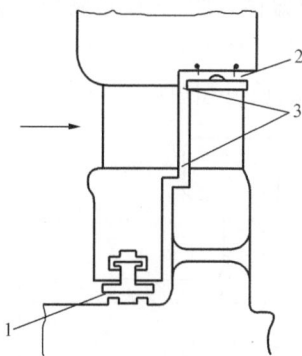

图 1-17 调节级汽封示意图
1—隔板汽封，半径方向间隙为 0.6mm；
2—围带汽封，半径方向间隙为 1.0mm；
3—动叶与静叶的轴向间隙，为 6.0mm

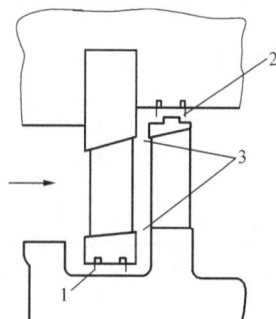

图 1-18 压力级汽封示意图
1—隔板汽封，半径方向间隙为 1.0mm；
2—围带汽封，半径方向间隙为 1.0mm；
3—动叶与静叶的轴向间隙，为 10.0mm

图 1-19 是冲动式汽轮机和反动式汽轮机输出功率与泄漏损失的关系曲线，因为反动式汽轮机轴向间隙和径向间隙比冲动式汽轮机大，所以有泄漏损失大的倾向。但是，从图 1-19 中可以看到，泄漏损失随着汽轮机输出功率的增加而相应地减少。所以对大功率汽轮机来说，反动式汽轮机的静叶汽封和通流部分汽封与冲动式汽轮机相比泄漏损失相差很小。

这里特别指出的是，为了减少汽轮机通流部分汽封的泄漏量，目前世界各国对大型汽轮机的汽封结构做了许多改进。如将叶片围带改成沉没式，同时增加了汽封片的数目，从而达到减少泄漏损失，提高机组热效率的目的。

三、平衡活塞汽封

TC2F-35.4″型汽轮机反动式汽轮机在高压缸与中压缸第一级静叶环之间设有高、中压一体的高压平衡活塞，而在高压缸最后一级叶片排汽口设有低压平衡活塞。为了防止蒸汽内部的泄漏，在汽轮机平衡活塞处分别设有高压平衡活塞汽封和低压平衡活塞汽封。平衡活塞汽封也是采用迷宫式的密封装置，但是这两种汽封的结构形式不太一样，下面以机组改造后的布莱登可调式汽封进行分别介绍。

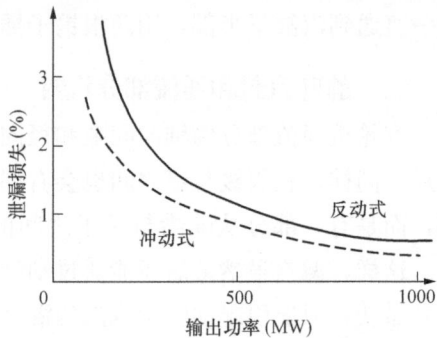

图 1-19　冲动式汽轮机和反动式汽轮机
输出功率与泄漏损失的关系曲线

高压平衡活塞和低压平衡活塞汽封均沿水平中分面分成上、下两半，它分别支持在汽轮机高、中压缸的内缸上。高压平衡活塞由两个部分组成，一部分在高压缸侧，有五个汽封环；另一部分在中压缸侧，有一个汽封环，两部分六个汽封环的结构是一样的。低压平衡活塞汽封由三个汽封环组成。这两种平衡活塞汽封的外壳在各自的最高部位与最低部位均用定位销固定，当温度变化时可以自由膨胀与收缩，所以其相对于汽轮机转子可一直保持着正确的位置，不会因温度的变化而造成中心的偏移。图 1-20 是高压平衡活塞汽封环结构图，设计成迷宫式。每个汽封环有六个长齿和十二个短齿。一个长齿和两个短齿组成汽封的一个级，所以一个汽封环共有六个级。汽封的长齿和短齿是与汽封环一起加工的。

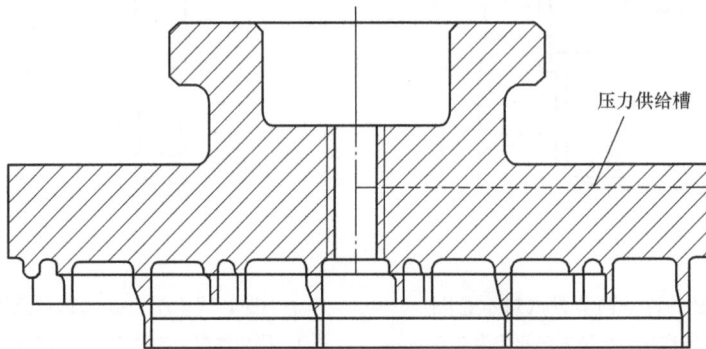

图 1-20　高压平衡活塞汽封环结构图

图 1-21 是低压平衡活塞汽封结构图，与高压平衡活塞汽封环一样，也是设计成迷宫式的，但低压平衡活塞汽封环较窄，每个汽封环只有四个长齿和八个短齿，一个长齿和两个短齿也组成一个级，所以低压平衡活塞汽封只有四个级。同样，汽封的长齿和短齿与汽封环是一起加工的。

高压平衡活塞汽封和低压平衡活塞汽封均设计成具有 T 形的根部，这样可以十分方便地装入平衡活塞的沟槽内。在密封环水平结合面附近，用拧在密封环上的两根径向止动销来防止平衡活塞旋转。当拆卸和起吊平衡活塞的上半部时，这个止动销还可以防止因上半部的汽封环脱落而造成设备的损坏。

汽封环一整圈由四块组成，它与平衡活塞沟槽之间分别用四个带状弹簧片撑着。而弹

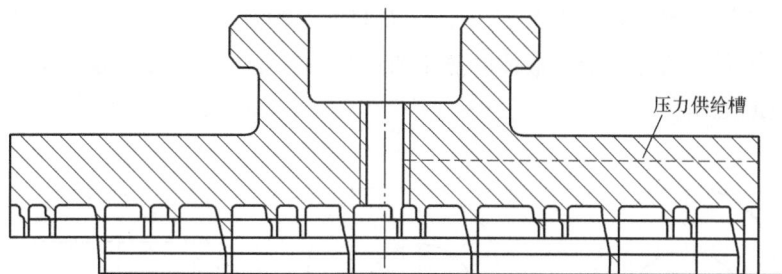

图 1-21　低压平衡活塞汽封环结构图

簧片用螺钉固定在汽封环上，并且在每个螺钉头部留有足够的间隙，使弹簧能自由移动。组装后螺钉要进行铆固，以保证不发生松动。

　　每个汽封环上设有两个压力供给槽。由于蒸汽压力向外产生推力，使汽封环和平衡活塞沟槽之间处于密封状态，防止蒸汽泄漏。因此，各汽封环安装时，必须使蒸汽的压力供给槽对着蒸汽的流动方向。

　　为了标示各汽封环的安装位置，在各个接头处都有对应的记号，在拆装汽封环后进行再组装时，必须保持各汽封环的原始位置。

第五节　轴　　承

　　轴承是汽轮机的一个重要组成部件，分为支持轴承和推力轴承两大类型。支持轴承用来承受转子的重量和确定转子的径向位置，以保证转子的旋转中心和汽缸的中心保持一致。推力轴承是用来承受作用在转子上的轴向推力，并确定转子的轴向位置，以保证汽轮机的通流部分动静间隙在设计的许可范围之内。汽轮机是一种高速重载的旋转机械，无论支持轴承还是推力轴承都是采用以动压液体润滑理论为基础的滑动轴承，借助具有一定压力的润滑油在轴颈与轴瓦之间所形成的油膜而建立起液体润滑。这种轴承承载能力大，可靠性好，可以满足汽轮机安全稳定工作的需要。

一、轴承的基本工作原理

　　汽轮机轴瓦的孔径总是设计得比轴颈的直径稍大一些，在汽轮机转子装入轴瓦后，由于转子的自重，轴颈的中心总要低于轴瓦的中心。所以，当汽轮机静止时，轴颈位于轴瓦下部直接与轴瓦内表面接触，在轴瓦和轴颈两者之间形成了楔形间隙。

　　当连续向轴承供给一定压力、温度的润滑油时，轴颈一旦旋转起来，润滑油由于黏性而附着在轴的表面上随着转轴一起旋转。润滑油被带入轴颈与轴瓦之间的楔形间隙中，从楔形间隙的宽口带流向窄口带，聚积在狭窄的楔形间隙中从而产生一种润滑油膜。在楔形间隙中的油膜可以设想分成若干层，由于轴颈到轴瓦表面各层油的运动速度逐层减少，直接与轴瓦表面接触的油层运动速度为零；而直接与轴颈表面接触的油层运动速度与轴颈线速度相同。随着转速的升高，被带入的油量也相应地增多。同时，随着楔形间隙中油流面积的减少，而油楔中的压力不断升高，当油压增大到足以平衡转子对轴瓦的全部作用力时，轴颈便被油膜托起，使轴颈的中心处于一个稳定的位置。此时轴颈与轴瓦完全由油膜隔开，建立起液体摩擦，如图 1-22 所示，从而避免了轴颈与轴瓦之间产生干摩擦现象。

源源不断的润滑油可以带走液体摩擦中所产生的热量，这就使轴承能够承受转子的负荷并稳定安全地工作。

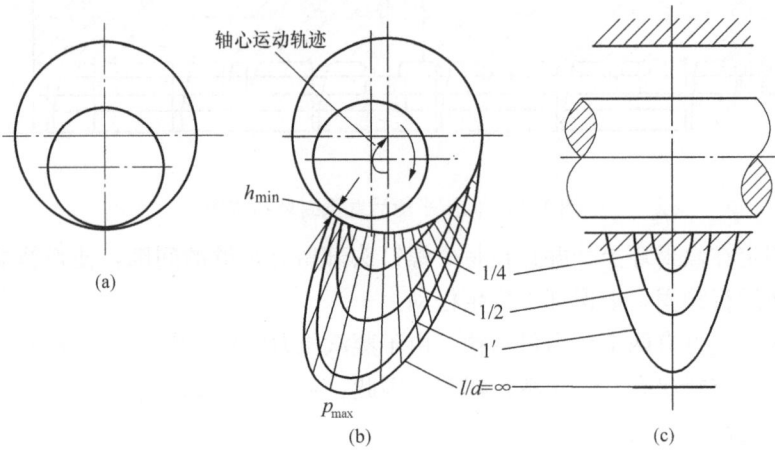

图 1-22　轴承中液体摩擦的建立过程示意图
（a）轴在轴承中构成楔形间隙；（b）轴心运动轨迹及油楔中的压力分布（周向）；
（c）油楔中的压力分布
h_{min}—最小油膜厚度；p_{max}—最大油压

二、轴承的结构与性能

（一）支持轴承

TC2F-35.4″型汽轮发电机组共有六个支持轴承，高/中压转子、低压转子和发电机转子全部采用双轴承支持形式，如图 1-23 所示。

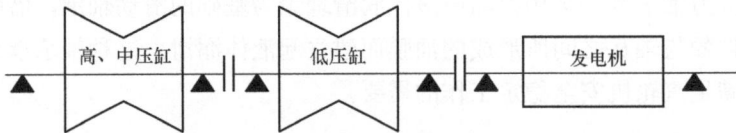

图 1-23　双轴承支持形式

汽轮发电机组支持轴承的结构形式是多种多样的，常用的主要有圆筒轴承、椭圆轴承、多油楔轴承和可倾瓦轴承。表 1-1 为汽轮机不同形式支持轴承的性能比较。

TC2F-35.4″型汽轮发电机组支持轴承的结构形式分别选用了圆筒轴承和可倾瓦轴承两种结构形式。下面对这两种轴承的结构做简单的介绍。表 1-2、表 1-3 分别为 TC2F-35.4″型和 NZK300-16.7/537/537 型汽轮机支持轴承形式。

表 1-1　　　　　　　　　　汽轮机不同形式支持轴承的性能比较

性能	圆筒轴承	可倾瓦轴承
制造	简单	一般
装配	简单	一般
造价	便宜	高

性能	圆筒轴承	可倾瓦轴承
维修	方便	较难
承载能力	较低	较高
稳定性	较差	很好
功耗	大	低

表 1-2　　　　　　　　　　TC2F-35.4″型汽轮机支持轴承形式

名称	支持轴承
高、中压转子	可倾瓦轴承（4块瓦）
低压转子	圆筒轴承（球面式）

表 1-3　　　　　　　　　　NZK300-16.7/537/537 型汽轮机支持轴承形式

名称	支持轴承
高、中压转子	可倾瓦轴承（4块瓦）
低压转子	可倾瓦轴承（4块瓦）

1. 圆筒轴承

圆筒轴承的结构形式可分为固定式和自位式（又称球面式）两种。目前这种形式的轴承多采用球面式的，它和固定式圆筒轴承结构基本相同，只是轴承体外形呈球面形。当转子中心变化引起轴颈倾斜时，轴承可以随之转动，进行自动调整，使轴颈和轴瓦间的间隙在整个轴瓦长度内保持不变。

TC2F-35.4″型汽轮机低压转子采用两个球面式圆筒支持轴承。这种轴承结构简单、造价低，但是轴承耗功大，承载能力较小，而且轴承的稳定性相对来说比较差。

为了减少轴承的功耗，降低润滑油的温升，提高轴承运行的稳定性，目前世界各国的汽轮机制造厂都对旧形式的圆筒轴承进行改进，而采用新型压力式的圆筒支持轴承。即在轴承的上瓦中央部分开有油槽，油槽的深度是根据轴承的结构参数（包括轴颈大小、轴承长颈比等）和轴承的承载能力来确定。一般来说，油槽的宽度约为轴承有效长度的 1/2，其深度为 3～5mm。

圆筒轴承本体分成上、下两个部分，由铸钢铸造而成。在轴瓦内层浇铸 3mm 厚的巴氏合金。为了便于探伤检查，目前多采用无燕尾槽的结构。这种轴承有四块球面调整块，其中两块安装在轴承的下半部，与水平中心线成 45°的地方；另外两块安装在轴承体上半部，与水平中心线成 45°的地方。在各个调整块与轴承体之间设有垫片，通过改变调整块的厚度来调整轴承在垂直方向与水平方向的位置。各调整块、垫片与轴承体都刻有序号，以保证轴承安装时在正确的位置。在上、下轴承体装配时，利用定位销使上、下两半轴承体合为整体。为了防止轴承体转动，在轴承水平结合面的下部采用防止轴承转动销嵌入轴承座的凹口。润滑油通过轴承座的油孔和调整块的中心孔流入轴承体。润滑油经过轴承体后经上半部的油槽（这个油槽仅仅在轴承的中央部分）再流向轴承的两端。另外，在轴承下半部开有几个子排油孔，轴承润滑油的回油经过这些孔排到轴承箱内。

这种球面式圆筒支持轴承的间隙一般选用轴直径的2/1000，但是不能小于0.25mm±0.05mm。

四块调整块的调整主要是利用下半部两块调整块厚度的改变来移动轴承的上、下与左、右位置。由于调整块与水平结合面成45°，因此调整块厚度改变量与水平或垂直移动量的关系约为1：0.70。下面对调整块中垫片厚度和轴承移动量之间的关系举几个例子加以说明。

【例1-1】 位于轴承下半部的一个调整块加0.10mm厚的垫片，则垂直方向移动量为0.10×0.70＝0.07(mm)，水平方向移动量是0.10×0.70＝0.07(mm)，两者移动量相等。

【例1-2】 如果在轴承下半部两个调整块都加上0.10mm厚的垫片时，则不会有水平方向的移动，而垂直方向的移动量为0.10×0.70＝0.07(mm)。

【例1-3】 为了将轴承垂直方向提高0.14mm，只要把下半部的两块调整垫片分别加厚0.2×0.70mm就可以满足要求。

2. 可倾瓦轴承

随着汽轮发电机组容量的不断增加，转子尺寸也逐渐加大，若要求轴承在较大载荷下能够经济安全地工作，除了考虑轴承润滑油的温升和轴瓦的巴氏合金温度外，还要着重考虑轴承支持转子的稳定性问题。通过大量的试验和计算工作，并经现场实践证明，如果合理选择瓦块的结构参数、润滑方法和支持方式，可倾瓦轴承能更好地适用于大功率高转速的汽轮发电机组。与其他轴承相比，可倾瓦轴承具有稳定性好、功率损失小、具有中等的承载能力等优点。

可倾瓦轴承又称活支点多瓦轴承，是密切尔式的支持轴承，通常由3~5块或更多块在支点上倾斜的弧形块组成，其结构图见图1-24。可倾瓦轴承在工作时可随着转速、载荷及轴承温度的变化而自由摆动，使轴承形成油楔。如果忽略瓦块的惯性、支点的摩擦力、油膜对瓦块的剪力及内摩擦力等的影响，那么每个瓦块作用到轴颈上的油膜作用力可以认为总是通过轴颈的中心，从而消除了导致轴颈涡动的力源，避免油膜振荡的发生。

另外，由于瓦块可以自由摆动，增加了支承的柔性，具有吸收轴振动能量的能力，因此可倾瓦轴承有很好的减振性。

TC2F-35.4″型汽轮机1、2号轴承采用可倾瓦轴承结构。该轴承为四块瓦块形式，即轴瓦在圆周方向分成4块，它在轴向、径向和周向既能定位又留有足够的间隙。其轴向两端装有油封环来防止润滑油泄漏，周向依靠瓦块背部的定位螺钉来定位。四块瓦块内表面都精密浇铸有3mm厚的巴氏合金。瓦块自由地放置在轴承的支持环内，由球面支点垫块支持。球面支点垫块与瓦块间有内垫片，球面支点垫块与支持环之间有外垫片，内垫片与球面支点垫块为球面接触，因此瓦块在球面支点垫块上能够在圆周方向上自由倾斜从而形成油楔。四块瓦块均有球面支点垫块，因此形成四个油楔。调整球面支点垫块的厚度，可以保持轴承的设计间隙。圆柱销可以防止支持环在轴承壳体中旋转。

轴承两端装有浮动挡油环，浮动挡油环（上半部和下半部）固定在油挡托板（上半部和下半部）上。整个浮动挡油环分为上、下两个部分，用螺栓直接固定在支持环上。润滑油从轴承下面的孔进入，通过调整块的孔从支持环两端的环形油槽流入轴瓦内部。油均匀地流到轴颈的表面，形成油膜，然后向轴颈两侧流经油槽，从两端挡油环支持板的下半部

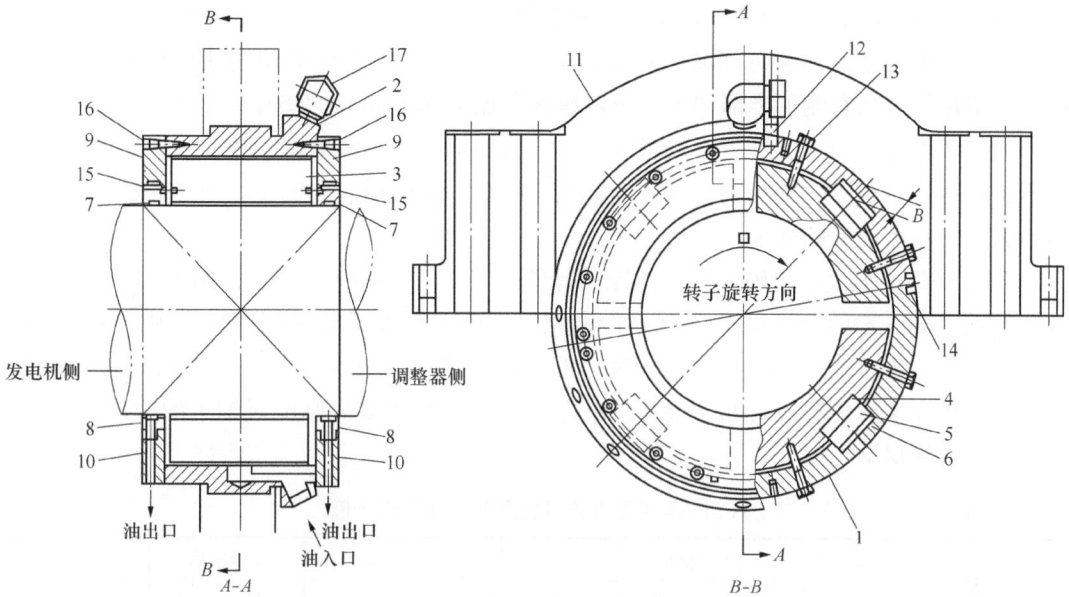

图 1-24　可倾瓦轴承结构图

1—支持环（下半部）；2—支持环（上半部）；3—轴瓦（4 瓦块）；4—内垫片；5—球面支点垫块；
6—外垫片；7—浮动挡油环（上半部）；8—浮动挡油环（下半部）；9—油挡托板（上半部）；
10—油挡托板（上半部）；11—轴承盖；12—圆柱销；13—固定螺栓；14—定位销；
15—防止旋转销；16—螺钉；17—弯管接头

油孔排出，再由轴承的洼窝返回到轴承箱体内。

　　为了正确地调整轴承间隙，首先要检查各调整块或内、外垫片的接触情况，相互接触面要占总接触面积的 75% 以上，否则应重新进行修刮。测量轴承间隙的方法有多种，如抬轴法、压铅丝法和深度千分尺法等。下面介绍一种用深度千分尺法来测量可倾瓦轴承间隙的方法：

　　（1）将可倾瓦轴承的所有部件组装好，紧固结合面的螺栓，并完全松开轴承上部瓦块的固定螺栓，用铜棒轻轻地敲击轴承，使轴承上半部的两块瓦块落到轴上。

　　（2）用一深度千分尺从轴承 45° 位置的支持环上的中心测量孔穿入，测量轴瓦外垫片到支持环上半部外面的距离，记为 A。

　　（3）均匀地拧紧瓦块的固定螺栓，要求每块瓦块上的两个固定螺栓上拧紧量保持一致，直到轴瓦外垫片与支持环的内表面完全接触为止。这时再用深度千分尺测量轴瓦外垫片到支持环上部外表面的距离，记为 B。

　　那么，两次测量的差值 L 为：L＝A－B。L 即为可倾瓦轴承在 45° 方向的间隙。

　　在圆筒支持轴承中，已经介绍过在 45° 方向的间隙与水平和垂直方向间隙之间的关系，可倾瓦轴承的调整与圆筒瓦相同，方法如下：

　　（1）在可倾瓦轴承下半部的一个调整块若加上 0.1mm 的垫片，则垂直方向的移动量和水平方向的移动量均为 0.07mm。

　　（2）在可倾瓦轴承下半部两个调整块上若分别加上 0.1mm 厚度的垫片，则水平方向没有移动，其垂直方向的移动量为 0.14mm。同理，为了将可倾瓦轴承垂直方向提高

0.20mm，就要在轴承下半部的两个调整块上分别加上 0.14mm 厚度的垫片。

（3）若将可倾瓦轴承向右移动 0.2mm，则要从右侧的下半部调整块中取走 0.14mm 厚度的垫片，并在右侧下半部的另一个调整块中加上 0.14mm 的垫片。

但是必须注意到，通过更换或者加减可倾瓦轴承下半部两个调整块垫片的厚度来调整轴承位置时，对可倾瓦轴承上半部两调整垫块垫片也要做相应的调整，使之和轴承座之间的间隙达到轴承设计的要求。

TC2F-35.4″型汽轮机轴承顶部间隙设计值见表 1-4。如 1 号可倾瓦轴承顶部间隙的设计值为 0.56mm±0.05mm，在轴承装配结束后，若用深度千分尺测得轴承顶部间隙比规定值 0.56mm 大（或者小）0.05mm 时，即间隙大于 0.61mm（或者小于 0.51mm）时，必须抽出垫片重新研磨或者调换垫片。总之，通过改变调整块厚度对轴承的中心进行上、下、左、右的移动。

表 1-4　　　　　　　　　TC2F-35.4″型汽轮机轴承顶部间隙设计值　　　　　　　　　mm

轴承号	1 号轴承	2 号轴承	3 号轴承	4 号轴承	5 号轴承	6 号轴承
间隙值	0.51～0.61	0.61～0.71	0.85～1.05	0.85～1.05	0.85～1.05	0.85～1.05

可倾瓦轴承的巴氏合金采用精密浇铸，厚度为 3mm，改变了以往 6mm 厚的巴氏合金，而且取消了燕尾槽的结构，这是为了克服巴氏合金在探伤检查时所带来的困难。可倾瓦轴承瓦块数目的选择主要取决于轴承的结构参数和制造厂家的传统习惯。

（二）推力轴承

汽轮机的推力轴承大部分采用金斯布里可倾瓦水平型轴承，其作用是确定转子的轴向位置和承受作用在转子上的轴向推力。虽然大功率汽轮机通常采用高、中压缸合缸和通流级分流布置，低压缸也采用通流部分分流形式，而且反动式汽轮机也采取了高低压平衡盘等技术措施，使轴向推力大大减少了，但轴向推力仍然存在。特别是在变工况运行的情况，还可能出现较大的瞬间推力以及反向推力，从而对推力轴承提出了较高的要求。

1. TC2F-35.4″型汽轮机推力轴承的结构

TC2F-35.4″型汽轮机的推力轴承是采用独立布置，而不是传统的推力-支持联合轴承的结构形式。推力轴承安装在前轴承座内，其结构如图 1-25 所示。

推力轴承的推力瓦分为工作瓦和非工作瓦两个部分，工作瓦和非工作瓦均由六块瓦组成。工作瓦承受转子正向推力，非工作瓦承受转子反向推力。推力瓦块由调整块 6 和 10 支承着。由瓦块和调整块之间的局部接触而形成支点，使瓦块在圆周方向能够倾斜与推力盘形成油楔，因此推力轴承也是靠动压润滑形成油膜的。推力轴承的承载能力相当大，转子的推力就是通过推力盘传到推力轴承瓦块上的。调整瓦块装配在对分的支持环上，调整瓦块装有销钉。由于调整瓦块可以摆动，使各瓦块保持着合适的位置，以便使整个推力轴承的承力面受力均匀。支持环以水平对分装在推力轴承的外壳中，并用键防止支持环与轴承外壳相对移动，键嵌在推力轴承外壳上半部的槽内。

同样，推力轴承的外壳在水平面处也是对分的，上、下壳体用销子定位，并用螺栓锁紧。为了防止轴承外壳在推力轴承座中移动，外壳的上、下部都设有突缘，这个突缘在水

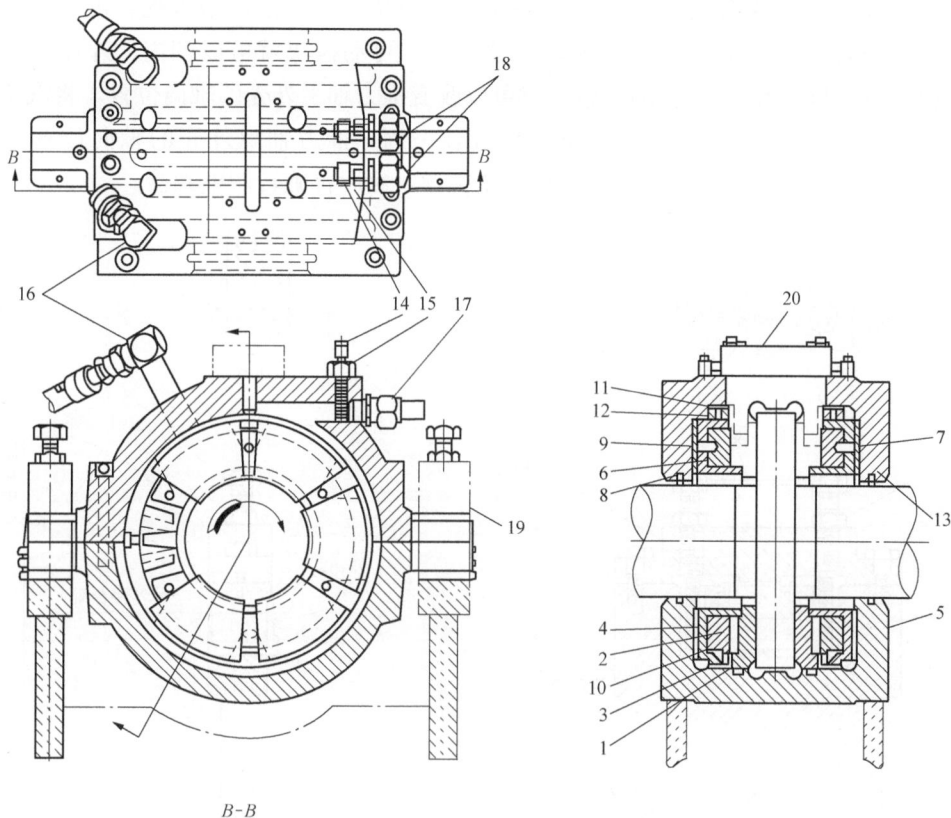

图 1-25 推力轴承的结构图

1—推力瓦块；2—支点块；3—调整块螺钉；4—支持环（2块）；5—轴承外壳；

6—调整块（上部）；7—衬套；8—油封圈；9—调整块用销钉；10—调整块（下部）；

11—键用的固定螺钉；12—键；13—油封圈；14—螺钉；15—防松螺母；

16—进油口；17、18—排油口；19—推力轴承调整机构；20—推力轴承解脱机构

平处伸出到轴承调整机构外壳支承座的槽内。

推力盘设置在主油泵的转轴上，和汽轮机的高、中压转子连成一体。推力轴承的工作瓦块和非工作瓦块设置在推力盘的两侧，每块瓦块受力面积为 $155.7mm^2$，推力轴承总的受力面积为 $934.2\ mm^2$。汽轮发电机组转子的轴向位移无论朝哪个方向，推力轴承都可以承受其轴向推力。

机组正常运行时，润滑油从推力轴承的进油管进入推力轴承外壳下部的进油孔。当推力盘相对于瓦块产生运动之后，由于油楔的作用，使推力盘与推力瓦块之间产生油膜从而起到润滑效果。在推力轴承的回油管上，设置了两个节流孔板用来控制排油量，以维持推力轴承所需供油量。

2. TC2F-35.4″型汽轮机推力轴承的调整装置

推力轴承的调整装置是用来调整推力轴承外壳的轴向位置，使汽轮机转子能保持在正确的设计位置上。汽轮机在运行时，当轴端的千分表指示汽轮机转子的位置不符合要求时，可根据需要在机组连续运行中进行调整，防止汽轮机动静之间产生轴向碰撞。

推力轴承的调整装置见图 1-26。汽轮机的轴向位置主要由调整螺栓、可动楔块、固定楔块以及调整垫片来决定。只要旋转调整螺栓，可动楔块就可以朝内、外任一方向移动。这样，通过可动楔块位置的调整，就可以改变推力轴承外壳的轴向位置，将汽轮机转子调整在汽缸内的正确位置上。调整螺栓旋转一周，推力轴承外壳的轴向位置可改变0.1016mm。在进行调整时，必须先取下锁紧钢丝，然后再旋转调整螺栓。

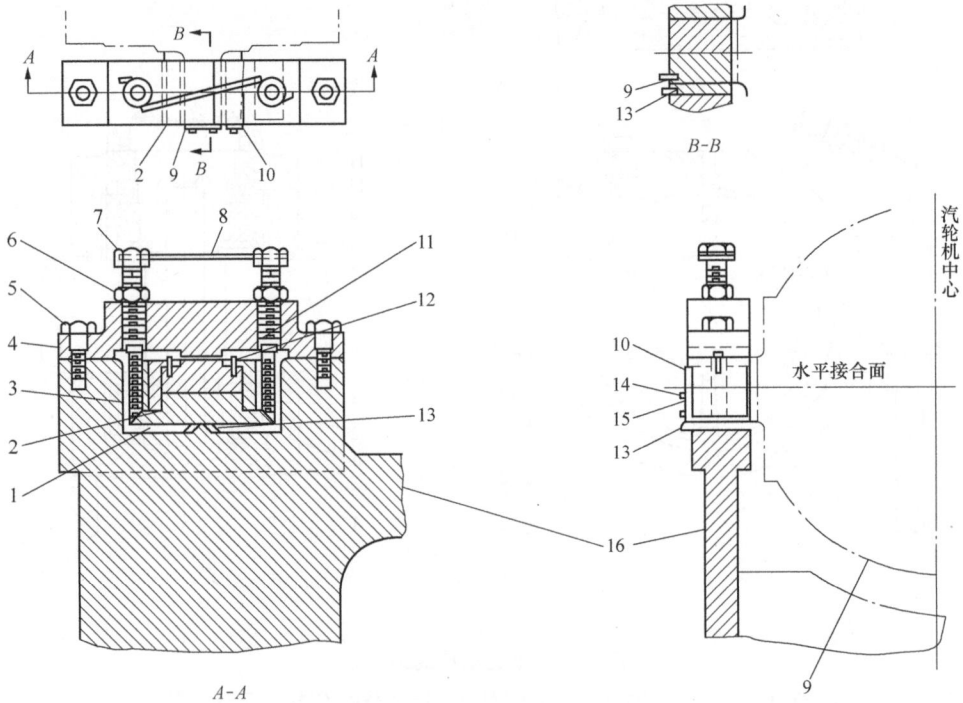

图 1-26　推力轴承的调整装置结构图

1—固定楔块；2、10、13—调整垫片；3—可动楔块；4—罩壳；5、11、14—六角螺栓；

6—防松螺母；7—调整螺栓；8—锁紧钢丝；9—止动挡板；12、15—弹簧垫圈；16—轴承座下半部

从推力轴承的结构图中还可以看到，在推力轴承座的两侧安装有相同的两组调整装置，每一组调整装置中均有前、后两个相同的调整螺母和可动楔块。在正常的情况下，两个调整螺母用锁紧钢丝固定。当需要调整时，将调整螺母的锁紧钢丝取下。在调整中为了使左、右两侧不发生偏斜，两侧调整螺栓的调整量必须相同。同时，为了避免调整后产生松动现象，对每一侧调整装置前、后的调整螺栓的调整量也必须一样。但是，调整装置前、后的调整螺栓的调整方向相反。调整结束后，必须使可动楔块贴紧在轴承外壳的接触部位。

可动楔块必须按下列顺序进行调整：

（1）调整推力轴承座的轴向位置，使汽轮机转子保持在正确的轴向位置，以满足汽轮机通流部分动静间隙的设计值。

（2）将可动楔块向内调整，使可动楔块和推力轴承座的突出部分紧密接触，并将推力轴承座固定在这个位置，使可动楔块与轴承座之间没有间隙。

在进行可动楔块调整时，必须注意以下几点：

(1) 调整螺栓旋转一圈，则推力轴承座移动量为 0.101 6mm，如果所需要的调整量超过 0.743 8mm，则必须改变调整垫片的厚度。

(2) 将调整螺栓沿顺时针方向旋转时，则可动楔块沿着汽轮机中心线向发电机方向移动。

(3) 若将右侧的调整螺栓按反时针方向旋转，则推力轴承向操作者的右方向移动。

(4) 若将左侧的调整螺栓按反时针方向旋转，则推力轴承向操作者的左方向移动。

(5) 在推力轴承座的两侧分别设有一组调整螺栓。因此，若要将推力轴承座向发电机侧移动，则操作者要面向发电机侧。第一步先调整左侧（发电机侧），将左侧的调整螺母按逆时针方向旋转，然后将右侧（发电机侧）的调整螺母按逆时针方向旋转，其左右侧旋转量要保持一致。这时可动楔块和推力轴承座的突出部分之间就形成了一个间隙；第二步按顺时针方向旋转左侧（调速器侧）的调整螺母，使可动楔块向内侧移动。这样，推力轴承座就向发电机侧即向操作者右边的方向移动。接着按顺时针方向旋转右侧（调速器侧）的调整螺母，使可动楔块沿着推力轴承座的突出部分向内侧移动。在锁紧这些调整螺母时，应该确认轴承座是否被牢固地压紧在两块可动楔块之间，使轴承座和罩壳之间没有间隙。

(6) 调整结束后，必须用安装在推力轴承箱盖上的千分表来检查推力轴承座的移动量，并做好记录。

在进行调整时，要向轴承内注射润滑油，必须一边旋转，一边注油。

3. TC2F-35.4″型汽轮机推力轴承的结构特点

TC2F-35.4″型汽轮机推力轴承结构形式有以下特点：

(1) 汽轮机推力轴承的工作瓦和非工作瓦是和转子上的同一个推力盘接触（单推力盘结构），即推力盘两侧都装有推力瓦块，无论朝调速器侧还是朝发电机侧的轴向推力，推力轴承均能承受。

(2) 汽轮发电机组上使用的推力轴承有两种形式——固定瓦块式（斜面式）和可倾瓦式。TC2F-35.4″型汽轮机采用传统的可倾瓦式结构。

(3) 汽轮机推力轴承无论是工作瓦还是非工作瓦都是六块瓦。推力瓦块的数目一方面取决于推力轴承的结构参数和汽轮发电机组的推力大小，另一方面也和汽轮机制造厂家的传统结构设计和加工工艺有密切的关系。随着汽轮机容量的增大，目前汽轮机推力轴承的尺寸也有所增大。但是，推力轴承的瓦块数目一般仍取六～十块。

(4) 推力轴承的润滑形式一般分为浸泡式和油槽供油式两大类。TC2F-35.4″型汽轮机推力轴承采用浸泡式，浸泡式供油方式的推力轴承结构简单，但是推力轴承的功耗比油槽方式的推力轴承稍大一些。

第六节　盘　车　装　置

一、盘车装置的作用

汽轮机的盘车装置是必不可少的，盘车装置的作用可以从下面几个方面来叙述。

（1）停机后便于汽轮机随时进行热态启动。汽轮机停机后，缸内尚有残留的蒸汽，下缸冷却较快，上缸冷却较慢，因此汽缸的上部和下部存在着温差。如果转子静止不动，必然会产生弯曲。对于大型汽轮机这种弯曲可达到十分大的数值，需要经过几十个小时才能逐渐消除。在热弯曲减少到规定的数值之前，汽轮机不允许重新启动。为了使汽轮机在停机后随时进行热态启动，必须投入盘车装置。

（2）便于汽轮机冲转前向轴封送汽。在汽轮机启动过程中，为了减少阻力，必须迅速提高凝汽器的真空，常常需要在冲转转子之前向轴封送汽。由于热蒸汽大部分滞留在缸内上部，使转子和汽缸的上、下部分受热不均，将会造成转子弯曲变形，在机组冲转后势必产生很大的离心力而引起机组振动，甚至造成汽轮机动静部分摩擦。为了保证在轴封供汽后不使转子产生弯曲，必须在轴封供汽之前先投入盘车装置，这样有利于汽轮发电机组顺利冲转启动。

（3）便于在锅炉点火后通过旁路系统向凝汽器排汽。具有中间再热的大容量汽轮机，在机组启动时汽水损失很大，为了减少汽水损失，在锅炉点火后就要通过汽轮机的旁路系统向凝汽器排汽。这样汽轮机在冲转前低压缸的排汽口就会受到来自锅炉低压蒸汽的影响。虽然低压缸有喷水装置，产生水帘起到保护作用，但还有可能使低压缸产生上热下冷的现象。如果转子静止不动，同样会造成转子弯曲从而影响到机组的启动。因此，在低压旁路系统投运前应当先投入盘车装置，使转子在排汽缸内保持均匀的受热，不致引起转子弯曲变形。

（4）便于汽轮机启动前检查动静间隙的状况。汽轮机启动前投入盘车装置进行盘车，除了以上所提到的作用之外，还可检查汽轮机是否具备正常运行条件一种重要方法。例如，汽轮机动静部分是否有摩擦，转子弯曲程度是否在规定的范围内，润滑油系统工作是否正常，等等。在汽轮机的盘车阶段，应该认真检查机组各部分运行情况，及时发现问题加以处理。

二、盘车装置的结构及工作原理

汽轮机的盘车装置可以分为低速盘车（3～5 r/min）和高速盘车（40～70 r/min）两种。低速盘车和高速盘车在大型汽轮发电机组中得到广泛应用，这取决于汽轮机厂家的传统习惯。高速盘车装置和低速盘车装置虽然在结构上不太一样，但是其工作原理大致相同。TC2F-35.4″型汽轮机盘车速度为 3 r/min，属于低速盘车。下面简要介绍 TC2F-35.4″型汽轮机盘车装置的结构形式和工作原理。

TC2F-35.4″型汽轮机机组的盘车装置安装在汽轮机低压缸和发电机联轴器附近，由一台立式电动机带动，经过一整套的蜗轮螺杆和齿轮变速后与盘车齿轮啮合，使汽轮机转子维持在 3r/min 的转速转动。电动机形式为全封闭式三相感应式，功率为 22kW，转速为 970r/min，电压为 380V，额定电流为 40A。

图 1-27 为 TC2F-35.4″型汽轮机盘车装置结构图，它主要由电动机、变速齿轮组以及启动控制杆等组成的。在启动控制杆处设有齿轮，该齿轮轴的轴承和齿轮套筒不需要润滑，而齿轮齿面通过润滑油进行润滑，润滑油由汽轮机轴承润滑油系统供给。这个齿轮是靠支持在两块侧板上的齿轮轴来带动的，这两个侧板的端部用连杆机构与启动控制杆连

接。将控制杆移动到"嵌"的位置时，齿轮就处于啮合状态；将控制杆移到"脱"的位置时，齿轮就处于脱开的位置。根据汽轮机的旋转方向和齿轮与侧板之间的相应关系，只要齿轮与连接衬套之间有一定转矩，齿轮就能保持啮合状态。两个挡板限制了齿轮传动位置，也就限制了齿轮的啮合深度。当手柄置于投入状态时，带动汽轮机转子旋转。同时，还设置有远方自动投入和切除装置，当汽轮机冲转后，随着汽轮机转速的升高，盘车装置可自动退出运行。

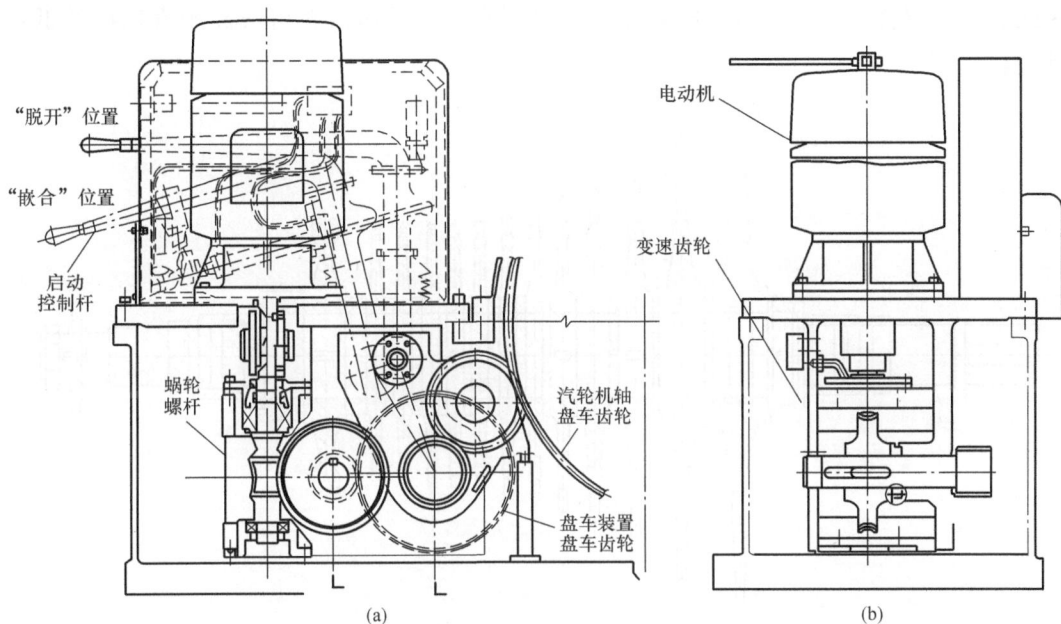

图 1-27　TC2F-35.4″型汽轮机盘车装置结构图

(a) 主视图；(b) 左视图

盘车齿轮的润滑油和滑动轴承一样，都是由主润滑油系统供给。盘车油泵专供盘车和轴瓦的润滑，辅助油泵和事故油泵作为备用。盘车油泵的油直接来自主油箱，中间不设关断阀，只要油泵运行，油都能供给盘车装置，以确保汽轮机盘车供油的需要。

第七节　转　　子

一、转子种类

转子是汽轮机的转动部分，由主轴、叶轮、动叶栅、联轴器以及其他转动零部件组成，是汽轮机最主要的部件之一。

转子的功能是将蒸汽的动能和热能通过动叶栅转变为机械能，并将蒸汽在动叶栅中产生的机械能，通过它的转轴传递给发电机。

汽轮机的转子结构一般分为轮式和鼓式两大类型，冲动式汽轮机的转子通常采用轮式结构，而反动式汽轮机的转子则采用鼓式结构。轮式转子与鼓式转子的区别在于：轮式转子具有叶轮，动叶片装在叶轮上；而鼓式转子没有叶轮，动叶片直接装在转鼓上。随着汽轮机向高参数、大容量发展，为了适应结构上的需要，目前冲动式汽轮机也常常采用整锻或者焊接的鼓式转子。

转子按结构形式可以分为套装转子、整锻转子、组合式转子和焊接转子四种类型。

（1）套装转子。套装转子见图 1-28，转子的叶轮与主轴是分别制造的，然后采用热套的工艺进行装配。以往中小型汽轮机的转子都采用套装转子，其工艺简单、加工方便、材料节省，但不宜在高温条件下工作，快速启动适应性差。因为在高温条件下，叶轮与主轴间的过盈配合会消失，造成松动，一般只用在中、低压汽轮机或高压汽轮机的低压部分。

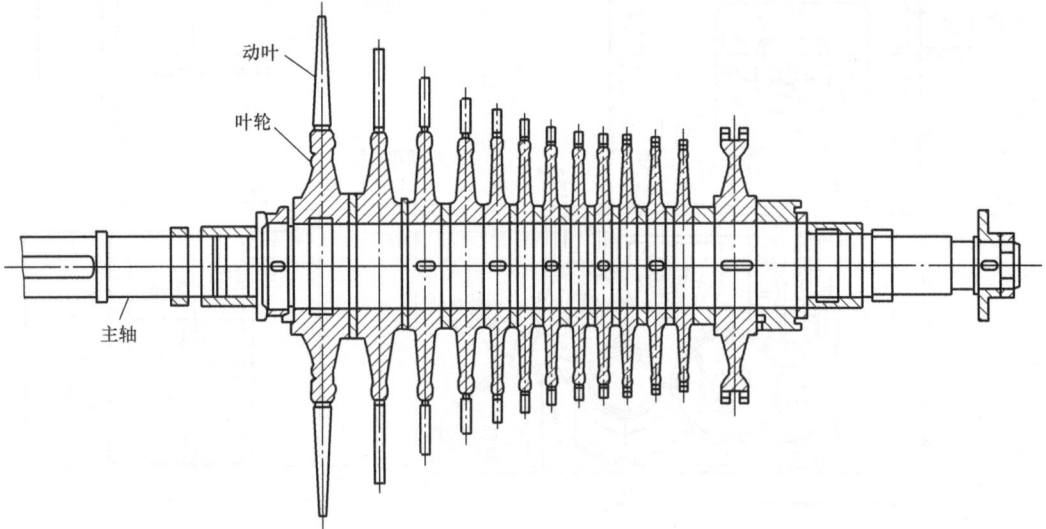

图 1-28　套装转子结构图

（2）整锻转子。整锻转子是将叶轮、推力盘、靠背轮和主轴等均锻成一体，见图 1-29。这样不存在叶轮在高温下引起的松动问题。整锻转子结构紧凑且强度和刚度高，因此在大型汽轮机高温区域得到普遍应用。目前 300MW 以上机组的汽轮机都采用整锻转子。但是，为了保证整锻转子的质量，必须有大型的锻造设备和先进的锻造技术。由于整锻转子质量较难保证，贵重材料花费大，因此限制了其在中参数条件下的应用。

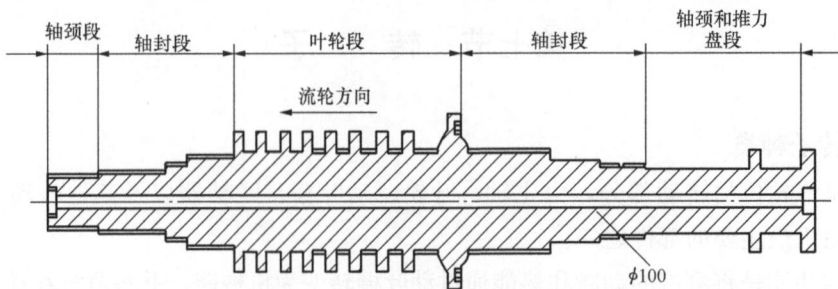

图 1-29　整锻转子结构图

（3）组合式转子。组合式转子是套装转子和整锻转子的组合，见图 1-30。一般组合式转子的高压部分采用整锻式，而中、低压部分采用套装式。这种结构比较合理，取其两者的优点，所以在高参数、中等容量的汽轮机中得到广泛应用。

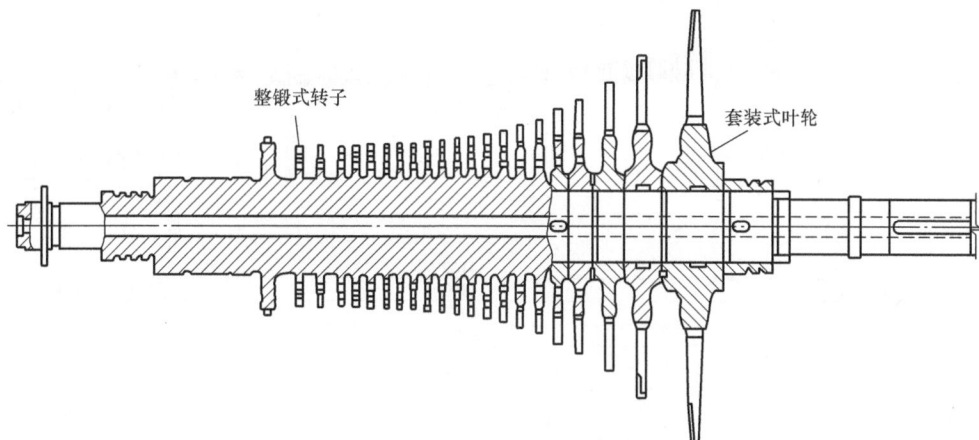

图 1-30　组合式转子结构图

（4）焊接转子。焊接转子是用实心的轮盘和两个端轴拼焊而成的，见图1-31。焊接转子的优点是强度高、刚度大、结构紧凑、质量小，特别是可以满足大型汽轮机低压部分大直径转子的要求，因此常用于大功率汽轮机的低压转子。但是要特别指出，焊接转子对焊接工艺和材料的焊接性能要求非常高，同时要具备完整的检测手段，以保证焊接质量的要求。

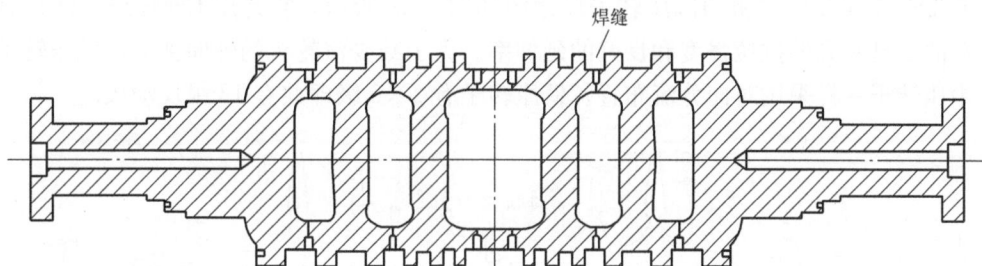

图 1-31　焊接转子结构图

大型汽轮机高、中压转子和低压转子都是采用鼓式的整锻转子结构。

二、高、中压转子

高参数、大容量汽轮机的高、中压转子不仅承受弯矩、传递扭矩，而且还要受到蒸汽的高温、高压作用。在这种工作条件下，一般都采用合金钢整体锻造，可以避免由于高温蠕变而导致叶轮松动的问题。

TC2F-35.4″型汽轮机的高、中压转子尺寸图见图1-32，它是由 CrMoV 合金钢锻制而成，具有良好的抗蠕变断裂强度。前轴端推力盘连接短轴，并带动主油泵和超速保护装置。高、中压转子总长为 8572mm，总质量约为 26.4t，做成对向分流转鼓式，以减少转子上所承受的较大轴向推力。调节级采用了冲动式单列速度级，因此在转子上具有一列整锻型轮式速度级，叶片直接装在轮毂上。高、中压段其余各级均属于反动级，在转子上加工叶片槽，使动叶直接嵌入叶片槽内。整根转子共有 22 级叶片槽。

为了在高、中压转子上加装平衡块，汽轮机高、中压上缸的三个地方设有加装平衡块

33

的圆周平衡孔，可以在不开缸的条件进行现场转子动平衡调整。

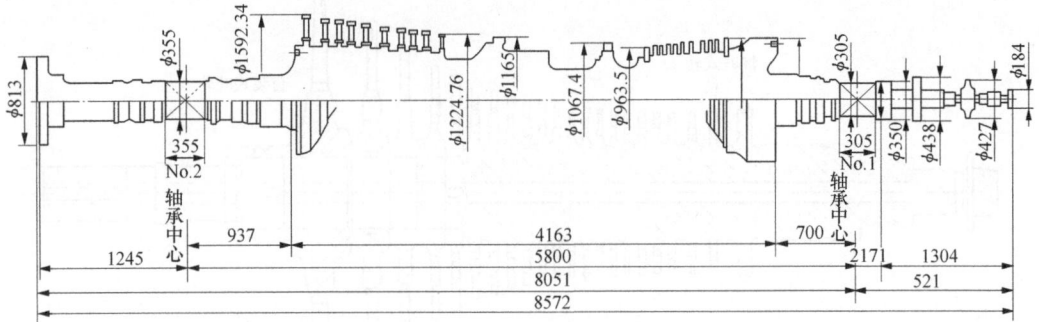

图 1-32　TC2F-35.4″型汽轮机高、中压转子尺寸图（单位：mm）

三、低压转子

大容量汽轮机低压级叶片的高度和平均直径都很大，因此低压转子所承受的叶片离心力及所引起的弯矩是相当可观的。为了保证转子有足够的强度和刚度，转轴的直径一般设计得比较大。

TC2F-35.4″型汽轮机的低压转子尺寸图如图 1-33 所示，它是用 CrMoNiV 合金钢整体锻造的，具有高的抗拉强度和良好的延伸率。为了减少汽轮机的轴向推力，低压转子和高、中压转子一样采用对向分流布置。低压转子有 2×6 级即共有 12 级反动级。

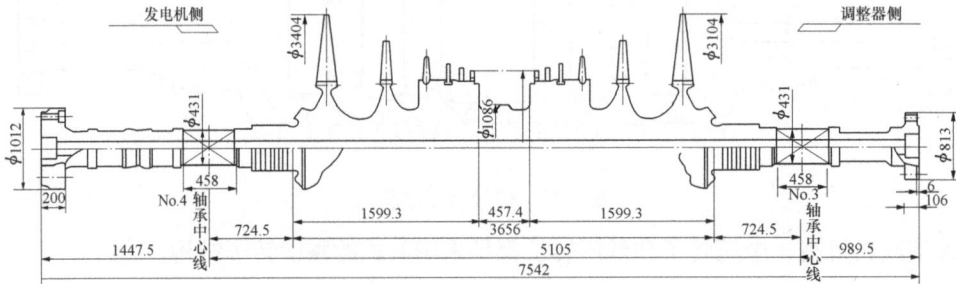

图 1-33　TC2F-35.4″型汽轮机低压转子尺寸图（单位：mm）

为了减小低压转子的质量，末级和次末级（即第六级和第五级）设计成整锻叶轮式。考虑到叶片的振动问题，这两级动叶片的叶根采用松动式。低压转子质量为 57.4t。

低压转子的两端各设置一个轴封轴径和一个轴承轴径以及刚性靠背轮。由于低压转子是对向分流形式，所有前、后轴封槽的数目一般都相同，其形式也完全一样。

为了确保转子的安全，每根转子（高、中压转子和低压转子）的锻件以及组装后都要进行下列项目的试验：

（1）材料试验，化学成分分析、拉力试验，冲击试验和蠕变断裂试验（高、中压转子）。

（2）无损探伤试验。

（3）热指标试验。

（4）动平衡和超速试验。

TC2F-35.4″型汽轮机的低压转子均进行高速动平衡试验和部套的超速试验。为了消除转子的不平衡量，和高、中压转子一样，低压转子也设有三个平面配重处，位于低压转子的中央部分和分流末级叶轮的后部。通过多次调整可以在动平衡台上达到在工作转速下的轴振动小于 0.05mm（双振幅）。同样，在现场也可以做到不开缸进行调整。

转子超速试验可以在制造厂试车台上进行，另外，机组在下列情况之一，必须进行危急保安器的超速试验：

（1）危急保安器在解体或调整之后。

（2）机组大修之后。

（3）机组连续运行一年，小修停机后。

（4）甩负荷试验前。

（5）调速系统经过拆开检修之后。

超速试验可以检验旋转体上所有部件的材料性能和制造质量是否符合运行受力的要求，使大机组在工厂内不试车而到电站直接运行得到可靠保证。汽轮机超速范围一般是111％额定转速，即 3330r/min 左右。超速试验前要做好充分的准备，其中包括：

（1）试验必须在机组带 20％额定负荷（70MW）且运行满 7h 之后进行。

（2）若在停机前进行此项试验，至少要在 25％额定负荷（87.5MW）稳定运行 2h，然后快速减负荷解列后进行试验，主蒸汽参数可维持在 25％额定负荷时的参数。

（3）试验现场职责清楚，分工明确，遇到异常及时处理。

四、转子的临界转速

在汽轮机升速过程中，可观察到这样的一种现象：当转速达到某一数值时，机组发生强烈的振动，超过这一转速时，振动便迅速减弱；在另一高转速下机组又可能发生一次强烈的振动，继续提高转速，振动又迅速减弱。通常把机组发生强烈振动时的转速叫做转子的临界转速，临界转速下的强烈振动相当于机组的共振现象。

汽轮发电机组设计的工作转速若低于第一阶临界转速时，则机组在启动与运转过程中均不会出现临界转速现象，这种转子称为刚性转子。若汽轮发电机组的工作转速高于第一阶临界转速，这种转子称为挠性转子，现代大型机组均采用挠性转子。

汽轮机的转子是一个弹性体，同其他弹性体一样，在激振力的作用下，转子会发生振动。由于制造安装的误差或材料的不均匀性造成的转子质量偏心所引起的离心力，是转子产生振动的一种激振力，转子在这个激振力的作用下做强迫振动。汽轮机升速过程中，当激振力的频率等于转子的自振频率时便发生共振，振幅急剧增大，此时的转速就是转子的临界转速。过大的振动可能导致汽轮机动静部分摩擦、轴承损坏、主轴弯曲甚至断裂等重大事故。

TC2F-35.4″型汽轮机机组在正常运转时，轴振动值（双振幅）要求不超过 0.05mm，允许达到 0.05～0.075mm。如果轴振动值达到 0.075～0.125mm 时，虽然尚能连续运行，但有重新做动平衡的必要。当轴振动值超过 0.125mm 时，可允许在短时间内维持运行，但必须迅速掌握振动的状态并采取适当的措施。当轴振动振幅达到 0.20mm 时就应脱扣紧急停机处理。

汽轮机转子的结构比较复杂，影响转子临界转速的因素也是多方面的。所以，转子临界转速很难简单地用求解一、两个微分方程的办法来得到。目前计算转子一阶临界转速的办法常用能量法或者根据经验公式，但是这只能提供一个参考的数据。

例如：单转子的临界转速 n_z，可以通过转子的静挠度 y 值用下列公式来估算

$$n_z = 310/\sqrt{y}$$

但是，转子的静挠度与转子的质量和弹性有关。转子的弹性取决于转子的跨度、直径和支承连接方式等。转子质量越大、跨度越大，则转子的静挠度就越大，而转子的临界转速就越小。反之，则越大。

汽轮机转子与发电机转子之间用联轴器连接起来，这样就构成了一个多支点的转子系统，通常简称为轴系。由于组成轴系各跨度转子的临界转速各不相同，其振动互相有影响，因此轴系临界转速的数目要比单跨度转子临界转速的数目多。当转子的工作转速与这些临界转速中任一个相等时，轴系就会发生共振现象，从而引起机组强烈振动。实际上最容易发生并且危险性最大的是第一阶和第二阶共振，所以转子的第一阶和第二阶临界转速要特别引起重视。表 1-5 为 TC2F-35.4″型汽轮机机组临界转速。

表 1-5   **TC2F-35.4″型汽轮机机组临界转速**   r/min

临界转速	高、中压转子	低压转子	发电机转子
第一阶	1690	1610	900
第二阶	—	3700	2340

第八节 动 叶 片

一、动叶片的结构与安装

动叶片又称工作叶片，是汽轮机的主要零件之一，通过它可以使蒸汽动能和热能转变为机械能，动叶片的结构如图 1-34 所示。动叶片工作条件相当恶劣，受力复杂，而它的工作好坏直接影响到机组运行的安全性和经济性。所以在设计制造动叶片时，既要考虑到动叶片具有足够的强度，又要保证有良好的叶片型线以提高汽轮机的效率。

随着现代大型机组的发展，特别是低压缸末级叶片将承受更大的负载，所以作为叶栅需要更高的效率。同时，要尽量采用长叶片，以减少排汽损失。

1. 叶型部分

叶型部分是叶片的基本部分，它构成汽流的通道，是实现能量转换的重要部分。为了提高能量转换效率，叶片断面型线及其沿叶片高度的变化规律应符合气体动力学要求。叶型结构、尺寸的选择要考虑到叶片强度和振动安全性，同时又要满足加工工艺的要求。

按照叶型部分的横截面变化规律，可以把叶片分为等截面叶片（直叶片）和变截面叶片（扭转叶片）。等截面叶片的截面积沿叶片高度是相同的，各截面的型线通常是一样的，

这种叶片虽然使效率稍受影响，但加工方便，叶片制造成本低，而且也易于保证，一般用于短叶片。变截面叶片的截面沿叶片高度按一定规律变化，一般地说，叶型沿叶高逐渐变化，即叶片绕各截面型心的连线发生扭转，所以通常称为扭转叶片。扭转叶片在叶片的高度方向反动度的分布更加合理，从而进一步提高了汽轮机的级效率。但扭转叶片的加工比直叶片要困难得多，制造成本也较高，主要用于长叶片。

TC2F-35.4″型汽轮机叶片为了达到低压缸末级叶片入口角的最佳值，在叶片后缘部的背面采用直线形状，减少了汽流冲击的影响，在大范围的工作区域内与原有叶型相比其损失极小，特别在 MACH 数（马赫数）为 1 左右到超声速领域里，收到了大幅度减少损失的良好效果。

在湿蒸汽区工作的叶片，为了提高抵抗水滴浸蚀的能力，通常在叶片进汽边的背弧进行强化处理，如镀硬铬、堆焊硬质合金或电火花强化等处理。TC2F-35.4″型汽轮机末级叶片采用堆焊司太立合金抵抗水滴的浸蚀。该工艺是相当先进的，全部实现自动化，克服以往手工操作所带来的缺陷，不但保证堆焊的质量，而且大大提高了堆焊的速度。机组在大修中，经检查末级叶片所堆焊的司太立合金水蚀十分轻微，也说明了工艺的先进。

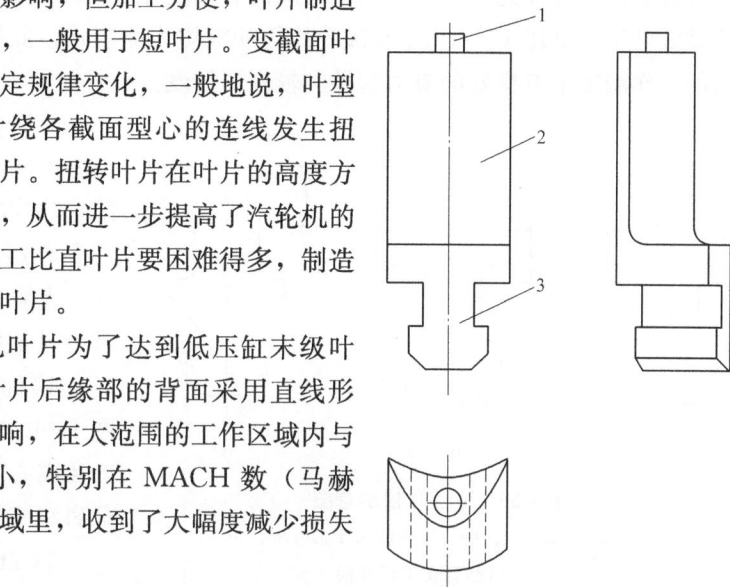

图 1-34 动叶片的结构图
1—叶顶；2—叶型部分；3—叶根

2. 叶根

叶根是安装在动叶叶轮槽中的部分，其安装有两种固定方式：一种是刚性固定，要求叶根与叶根槽配合紧密，并有足够的强度，为了防止叶根在叶根槽中松动，叶根常用半圆销和一个底销固定在叶轮槽中；另一种是松动叶根，叶片在静态时，叶根在叶轮槽中呈松动状态，旋转依赖叶片的离心力使叶根固定。

值得指出的是，松动叶根不能用以往常规的静频测试手段。在测频前应先使用底胶和黏结剂将叶片紧固在叶轮槽中，模拟其离心力，这样方能进行测试。当然也可以采用其他一些办法对松动叶根进行静频的测定。

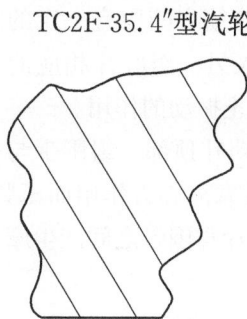

TC2F-35.4″型汽轮机叶根有枞树形和 T 形两种形式。枞树形叶根承力面较多，可承受较大的离心力，但加工精度要求较高，见图 1-35。此叶根是从叶轮的侧面嵌入叶片槽内，此种叶片称为侧装式叶片。为了使叶片牢固地固定在叶轮上，在叶轮的外周面上，沿圆周方向加工成半圆形截面的槽，而在各动叶的叶根上也开有与此槽同心的孔，将各动叶片侧装入槽内。

为了使枞树形叶根的位置正确，用叶片固定销装入叶根与叶轮同心孔中，将叶根固定在叶轮上，逐片安装，并逐片装入

图 1-35 枞树形叶根示意图 叶片固定销。而对于末级叶片，由于无法装入固定销，因此其

固定方式是使该叶片处于叶片组的中心从而通过复环进行固定。高压调节级叶根，高、中压反动式叶根，低压1、2、5、6级叶片的叶根均为侧装式，此种叶根拆装方便，而且在较高的工作温度下有良好的应力特性和较高的强度。

T形叶根结构形式也有多种，见图1-36，图1-36(a)叶根的最大缺陷是叶片的离心力对轮缘两侧截面产生弯矩，使轮缘有张开的趋势。为了克服这些缺点，目前T形叶根常设计成图1-36(b)、(c)形式。图1-36(b)称为带凸肩单T形叶根，而图1-36(c)称为带凸肩双T形叶根，叶片离心力较大的场合一般采用带凸肩双T形叶根。

TC2F-35.4″型汽轮机高压缸（除调节级以外）叶片、低压缸第三级和第四级叶片的叶根就是采用这种带凸肩双T形叶根。T形叶根结构简单，加工装配方便，所以广泛被短叶片所采用，至于带凸肩双T形叶根也同样采用于大功率汽轮机的叶片。

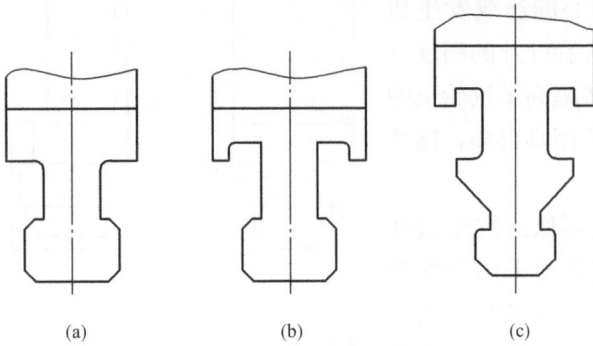

图1-36 T形叶根示意图
(a) T形叶根；(b) 带凸肩单T形叶根；
(c) 带凸肩双T形叶根

T形叶根为周向装配式叶根，这种叶根的轮缘槽上开一个或两个缺口，叶片就从这个缺口一片一片依次装入轮缘槽中。最后装在缺口上的叶片叫做封口叶片（即末叶片），装配后用两个铆钉固定在轮缘上，再由叶根底部的半圆塞片固定。周向装配式叶根的缺点是当个别叶片损坏时不能单独拆换，而必须将部分或全部的叶片拆下重新装配，所以要花费不少工时。

3. 叶顶、围带和拉筋

汽轮机中短叶片常用围带连在一起构成叶片组，其目的是减少叶片中汽流所产生的弯曲应力，提高叶片的刚性和抗振性。围带还构成了封闭的汽流通道，阻止蒸汽从叶顶逸出以减少级内漏汽损失。同时，合理地选择围带组成叶片组，可以调整叶片的自振频率，减少叶片振动振幅，提高叶片振动的安全性。长叶片有时不用围带而用拉筋连成组。叶顶通常削薄以减小叶片的质量，并防止运行中与汽缸相碰损坏叶片。一般用$\phi6\sim\phi12$的拉筋穿在叶片的孔中，用银焊与叶片焊牢。由于长叶片调频需要，根据叶片的高度，可用$1\sim3$根拉筋将$5\sim12$个叶片连成一组。为了允许受热膨胀，相邻2根拉筋之间留有一定的间隙。两组叶片间穿有减振拉筋，它与一组叶片焊牢，而自由地插入另一组叶片相应的孔中，当一组叶片发生振动时，另一组叶片通过减振拉筋对它起到阻止振动的作用。

TC2F-35.4″型汽轮机低压第五级（次末级）、第六级（末级）动顶部一组围带与另一级围带之间内侧装有阻尼片。阻尼片是松动结构，当机组运行时靠离心力作用而压紧，当机组停运时，阻尼片处于松动状态。当叶片组发生振动时，阻尼片与围带之间产生摩擦力使叶片组振动衰减下来，以改善叶片振动的特性。

为了提高汽轮机效率，TC2F-35.4″型汽轮机的围带为沉没式，见图1-37。这样，一方面可以增加汽封片的数目，另一方面可以大大降低叶片顶部的漏汽损失，而达到提高机组效率的目的。

二、叶片材料

汽轮机叶片受力情况复杂，长期在高温或湿蒸汽汽流中工作，所以对材料性能提出了严格的要求：

（1）具有一定的机械性能。主要是具有足够的强度、塑性和冲击韧性。对于在高温下工作的叶片，还应具有高的耐热强度和组织的稳定性。

（2）具有耐蚀性和耐磨性。能够抵抗高温蒸汽中有害物质的腐蚀，湿蒸汽的电化腐蚀以及高速汽流和水滴的冲刷。

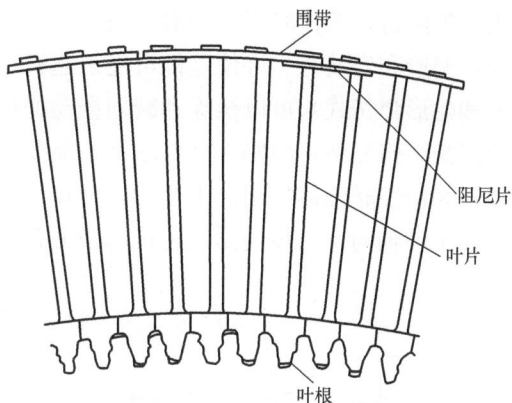

图 1-37　沉没式围带结构图

（3）具有减振性。具有较高的振动衰减率，受一次激振后振幅会很快衰减及消失。

（4）工艺性。具有良好的冷热加工性能。

第九节　联　轴　器

联轴器用来连接汽轮机的各转子以及汽轮机和发电机转子，并将汽轮机的扭矩传给发电机。在多缸汽轮机中，如果几个转子合用一个推力轴承，那么联轴器还将传递轴向推力。如果每个转子都设有单独的推力轴承，则联轴器应保证各转子的轴向位移互不干扰，即不允许传递轴向推力。

汽轮发电机组用的联轴器通常有三种结构形式，即刚性联轴器、半挠性联轴器和挠性联轴器，见图1-38～图1-40。刚性联轴器结构简单，强度和刚度较高，并能传递较大的

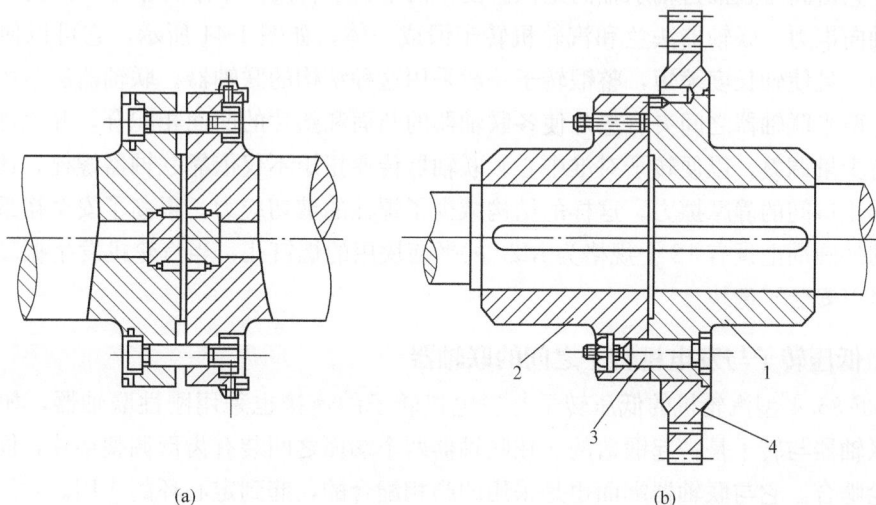

(a)　　　　　　　　　　　　　　(b)

图 1-38　刚性联轴器结构图

（a）高压与中压转子联轴器；（b）低压转子与发电机转子联轴器

1、2—联轴器；3—螺栓；4—盘车齿

力矩和轴向力，工作时不需润滑，没有噪声。其缺点是也传递振动和轴向位移，找中心要求高，制造和安装有少许偏差都可能引起机组较大的振动。相反，挠性联轴器（一般有齿轮式和蛇形弹簧式）可以消除和减弱振动的传递，转子对中的要求没有刚性联轴器高。它的缺点是结构复杂，检修工艺要求高，需要有专门的润滑装置。半挠性联轴器是介于刚性联轴器和挠性联轴器之间，主要用于连接汽轮机转子和发电机转子，以传递扭矩，并将发电机转子的轴向推力传递到汽轮机的推力轴承上。

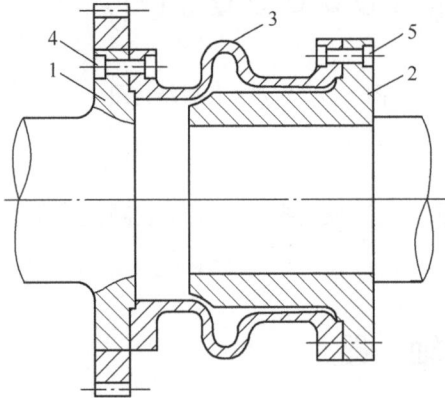

图 1-39 半挠性联轴器结构图

1、2—联轴器；3—波形套筒；4、5—螺栓

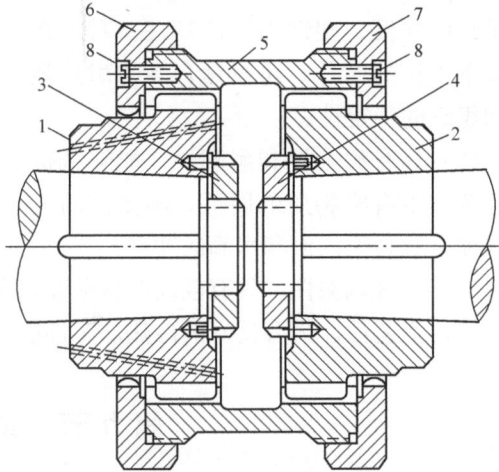

图 1-40 挠性联轴器结构图

1、2—齿轮；3、4—螺母；5—套筒；6、7—挡环；8—螺钉

一、高、中压转子与低压转子之间的联轴器

TC2F-35.4″型汽轮机的高、中压转子与低压转子之间采用了结构简单的整锻式刚性联轴器，它由高压缸推力轴承轴向定位。由于两个转子合用一个推力轴承，因此联轴器还要传递轴向推力。联轴器法兰和汽轮机转子锻成一体，如图 1-41 所示，它可以使联轴器强度增加，且使轴长度缩短，整锻转子一般采用这种结构的联轴器。联轴器法兰用特制螺栓连接，两半联轴器之间夹有垫片使各联轴器的凸面和垫片的凹面相配合，并允许转子轴向位置有少量调整，以便转子对准中心。联轴器传递扭矩不仅依靠联轴器螺栓，还可以通过联轴器止口间的静摩擦力。这样的结构减少了螺栓的剪切应力，提高了安全裕量。联轴器轴端的外圆周上设有 12 个规格为 M20 的平衡块用的螺钉孔，当汽轮机发生振动时，根据需要可以安装平衡块。

二、低压转子与发电机转子之间的联轴器

TC2F-35.4″型汽轮机的低压转子与发电机转子的连接也采用刚性联轴器，如图 1-42 所示。联轴器与转子是一起锻造的。在联轴器两个端面之间装有齿形调整垫片，同时可与盘车齿轮啮合。它与联轴器端面也是采用凹凸相配合的，起到定心环的作用。

在联轴器的外圆周上也设有 18 个规格为 M20 的平衡块用的螺钉孔，当汽轮机发生振动时，根据需要可以安装平衡块。安装平衡块时，轴承盖上半部可不打开，只要卸下轴承盖上的盲板，取出联轴器保护装置上的塞子，就可以在联轴器上安装平衡块。但是，为了

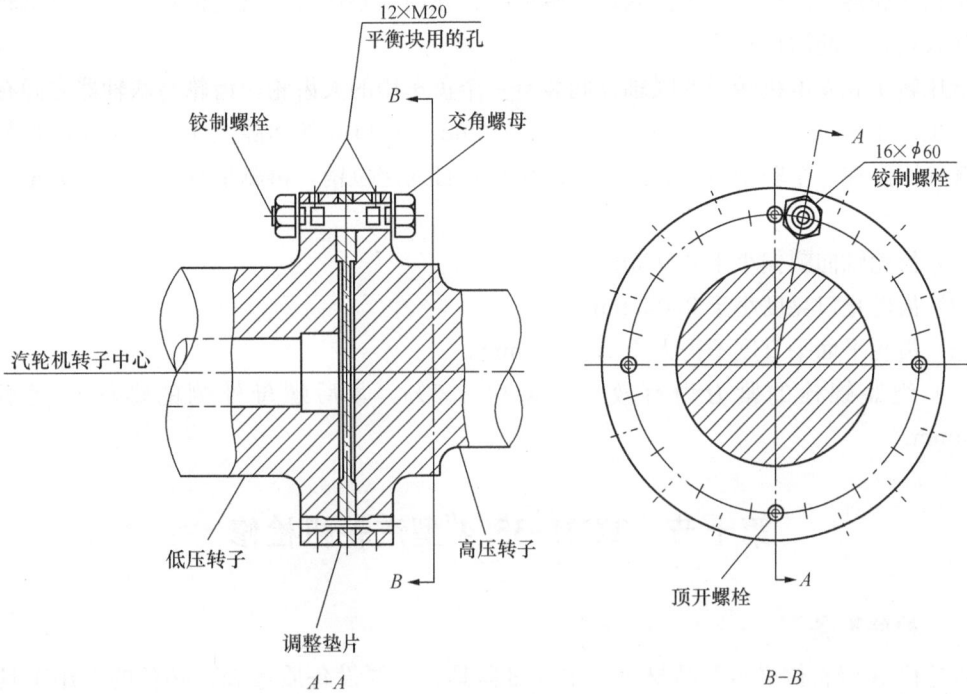

图 1-41 高、低压转子联轴器结构图

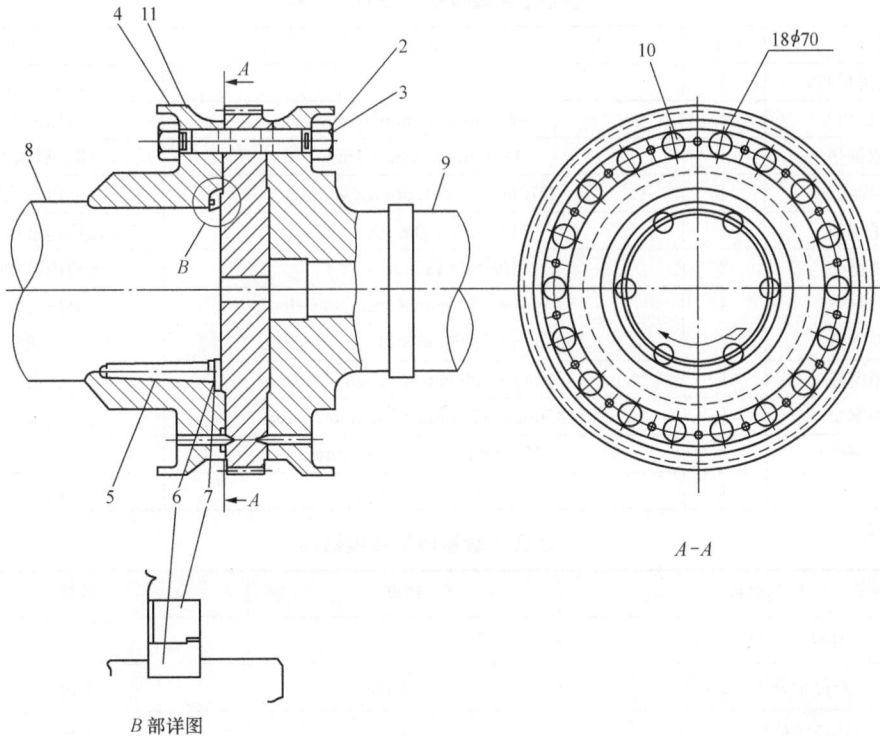

图 1-42 低压转子与发电机转子联轴器结构图

1—齿形调整垫片；2—螺母；3—铰制螺栓；4—联轴器；5—锥形销；6—开口图；7—止动图；8—发电机转子；9—汽轮机转子；10—铰制螺栓（18×φ70）；11—平衡块用的孔（18×M20）

防止平衡块脱落，应进行铆固。联轴器解体时，先用顶起螺钉将汽轮机转子和发电机转子向轴向移动，才能取出垫块。

低压转子和发电机转子的联轴器间装有一个盘车用的大齿轮，齿轮与联轴器之间有定位销，也是用止口配合，紧力为0.025~0.076mm。止口底部间隙大于0.79mm，组装时先用螺栓固定在一个联轴器上，然后钻定位孔，打入定位销，再测量联轴器有关数据，要求如下：

（1）齿轮轴向瓢偏小于0.025mm。

（2）齿轮止口晃度小于0.025mm。

（3）齿轮平面平直度不得大于0.012 7mm。

（4）组装螺栓的紧力为有效长度乘以1.5%，紧后螺母外侧的螺栓长度不少于9.5mm。

第十节　TC2F-35.4″型汽轮机检修

一、检修准备

汽轮机A级检修必备备品材料、主要量器具、主要设备质量表、必备的专用工具分别见表1-6~表1-9。

表1-6　　　　　　　　　　汽轮机A级检修必备备品材料

名称	数量	规格	所属部位
汽缸密封脂	2	MF-3	汽缸结合面
石棉垫	4	640mm×520mm×3mm	低压缸人孔
极软钢垫	4	124mm×78mm×1mm	前、后轴封管
金属缠绕垫	4	227.5mm×194.5mm×4.5mm	高压导汽管
石墨钢垫	2	610mm×450mm×24孔	低压内缸检查孔
石墨钢垫	2	610mm×485mm×32孔	低压内缸检查孔
石棉垫	4	640mm×520mm×3mm×18孔	高压石棉板
石墨钢垫	2	1585mm×1305mm×1475mm×3mm	连通管
石墨钢垫	1	1920mm×2060mm×2150mm×3mm	连通管
石墨钢垫	1	1405mm×1568mm×1654mm×3mm	连通管
石墨钢垫	1	1520mm×1400mm×3mm	连通管
金属缠绕垫	4	990mm×934mm×2mm	低压轴封套法兰

表1-7　　　　　　　　　　汽轮机A级检修主要量器具

量具名称	精度	数量
外径千分尺　0/25	0.01mm	1套
外径千分尺　25/50	0.01mm	1套
外径千分尺　50/75	0.01mm	1套
外径千分尺　75/100	0.01mm	1套
外径千分尺　150/175	0.01mm	1套

量具名称	精度	数量
外径千分尺 175/200	0.01mm	1套
外径千分尺 225/250	0.01mm	1套
外径千分尺 275/300	0.01mm	1套
内径千分尺、深度千分尺	0.01mm	各1套
量块	0.01mm	1套
百分表及表座	0.01mm	8套
螺栓伸长量测量装置		1套
合像水平仪	0.02mm/m	1件
框式水平仪	0.01mm/m	1件
楔形塞尺		1套

表 1-8 汽轮机 A 级检修主要设备质量表

设备名称	质量（t）
汽轮机高、中压外缸盖	28.3
汽轮机低压外缸盖	36.3
高、中压转子	26.4
低压转子	57.4

表 1-9 汽轮机 A 级检修必备的专用工具

工器具名称	规格	数量
钢丝绳	ϕ30	2件
钢丝绳	ϕ30	2件
钢丝绳	ϕ35.5	1件
钢丝绳	ϕ35.5	1件
钢丝绳	ϕ56	2件
钢箍	HA150	2个
索具用螺钉	48	2个
带销 U 形钩	RS50	2个
带销 U 形钩	RB20	4个
转子导向装置	—	1套
起重小梁	—	1件
盘转子专用钢丝绳	—	1套
汽封修刮工具	—	1套
电加热棒及加热柜	—	1套

二、汽轮机高、中压缸解体

（1）必须在机组停运、真空破坏、真空泵停运并停电、锅炉泄压、盘车停运、机组润滑油系统停运、相关油泵停电的情况下，待调节级金属温度降至150℃以下方可进行。

（2）拆主机化妆板和保温及热控测点，联系电气、热工，拆除各自的仪表、管道、导线等，以不影响开缸工作。

（3）拆导汽管螺栓，导汽管吊走后，及时用铁板封好中压缸排汽口、低压缸进汽口，以防杂物掉入缸内。

（4）拆高、中压缸外缸水平面螺栓。

1）拆除汽缸水平面螺栓，使用螺栓加热器。加热时间不能超过20min，避免法兰被加热。加热棒尺寸应合适，露出的发热部分不能超过25mm，不足长度不能超过50mm。

2）汽缸的螺栓在拆除时，应有充分的加热时间，不得硬扳硬打。当发现螺母与螺杆有卡涩时，应用手锤敲震，设法拆除，切忌硬扳。

3）拆螺栓顺序：先拆四个角上的四只定位螺栓（非加热螺栓），而后拆前、后两头的小螺栓，最后从汽缸中部向两端对称松开螺栓。电加热棒插入螺栓内孔，加热过程中不断用手锤确认螺母是否已经松动。一旦松动，即停止加热，松开螺母，拆掉全部螺母。每隔500mm间隔，用塞尺测量中分面间隙，并将实测数据加以记录。

（5）吊高、中压缸外上缸。

1）应认真检查汽缸螺栓是否全部拆完。

注意：中压缸排汽口内侧还有2根螺栓，必须确认已经拆卸。

2）用大钩起吊，共4个吊点，应至少挂2只20t链条葫芦，以调整上缸起吊水平。

注意：高、中压外上缸质量为28.3t。

3）安装好汽缸导杠，检查导杠上无划痕后，涂上润滑脂。

4）各项准备工作做好后，用顶丝和千斤顶将汽缸顶起5～10mm（均匀地顶起），确认缸内无卡涩及物件掉落。

5）挂好钢丝绳，用主钩微速起吊，待钢丝绳完全吃力后，进行找正找平，要求四个角的高度差不超过2～3mm。

注意：起吊工作应由专人负责指挥，四个角以及中间部分均应有人监视，发现异常均可叫停，查明原因后，由负责人指挥操作。

6）当吊至100mm左右时，应再检查一次缸内情况，无卡涩、物件掉落和其他异常时，用主钩微速起吊。

注意：起吊过程中禁止将头或手伸入结合面内。

7）汽缸吊离螺栓或导杆时，要防止转动和摆动。

8）外上缸吊出后，应立即使用棉被堵住内、外缸夹层，防止物件落入汽缸内。

9）外上缸起吊至指定的地方，安放平稳。

10）外上缸放好以后，应仔细检查汽缸水平结合面是否有蒸汽泄漏的痕迹，涂料中是否有硬的铁渣、垃圾等。若有漏汽的痕迹，应详细记录，特别是穿透性痕迹。

（6）高、中压缸内部各部件的解体。

1）拆高、中压内上缸。

a. 拆高、中压内缸水平面螺栓。

b. 拆卸下来的螺栓、螺母、垫圈要妥善分类保管好，不得搞错。螺栓与螺母做好同样的标记，并编号记录。

c. 螺栓拆卸完后，每隔 200～300mm 用塞尺测量中分面间隙，并做好修前数据的记录。

d. 确认影响起吊高压内上缸的一切部件都已拆除。

e. 在汽缸上装好顶丝，用顶丝或千斤顶将高压内上缸略为顶起 5～10mm，确认缸内无物件卡住和脱落。

f. 挂好钢丝绳，用主钩微速起吊，待钢丝绳完全吃力后，进行找正找平，要求四个角的高度差不超过 2～3mm。

注意：起吊工作应由专人负责指挥，四个角以及中间部分均应有人监视，发现异常均可叫停，查明原因后，由负责人指挥操作。

g. 当吊至 100mm 左右时，应再检查一次缸内情况，无卡涩、物件掉落和其他异常时，用主钩微速起吊。

注意：起吊过程中禁止将头或手伸入结合面内。

h. 内上缸吊离螺栓或导杆时，要防止其转动和摆动。

i. 内上缸起吊至指定位置，安放平稳。

j. 内缸分解后，应将蒸汽室喷嘴加封，各开口部位装上堵板，做好安全措施。

k. 内上缸起吊以后，应仔细检查水平结合面是否有蒸汽泄漏的痕迹。

2）拆高压缸两端内轴封螺栓，吊走轴封。

3）拆高、中压平衡鼓螺栓，吊走高、中压平衡鼓。

4）拆高压喷嘴室螺栓，吊走高压喷嘴室。

5）当上汽缸上部静叶环、平衡鼓环等全部分解结束后，修前测量通流部分的间隙、转子扬度、推力间隙。

a. 将转子向机头方向推动，使推力盘紧靠推力瓦。

b. 转子应在规定的位置（一般是靠背轮 0°位朝上）进行第一次测量，然后顺转 90°做第二次测量，两次测量数据相差较大应寻找原因进行复测。

c. 汽轮机高、中压转子的轴向位置确定取决于高压转子的定位，因此高压转子定位必须精确。

d. 用塞尺测量两侧径向与轴向间隙，作为修前记录。

e. 一般正常时可以不测量上、下间隙；如果发现动静部分有碰擦痕迹，则应测量上、下间隙。

f. 应仔细检查各静叶环、平衡鼓环、轴封环等的顶部与底部，发现有接触、摩擦、碰撞印痕或有可疑时，应用压铅丝法测量顶部与底部径向间隙（包括轴封）。

6）轴承和联轴器解体。

7）在各上部轴瓦解体后测量转子在轴颈处的扬度，并做好记录。

8）按照文件包要求，架设 7 块百分表，测量转子晃度，并做好记录。

9）吊出高压转子。

a. 确认汽缸中分面之上所有影响转子起吊的部件都已拆除。

b. 确认所有检查测量项目都已结束。

c. 确认转子座架已经准备完毕。

d. 转子刚吊起后，应检查、调整转子的水平，误差不得超过 0.1mm/m，否则不得起吊。

e. 转子起吊过程中，应检查监视动静部分和前、后轴封，不得发生摩擦、晃荡或卡涩现象。

f. 转子吊出后，应平稳地放在专用支架上。

10）吊出各下部静叶环、平衡活塞环以及喷嘴室、内缸。

a. 下部各部件依照次序起吊，起吊有卡涩时不可强吊，应调整吊点并用铜棒敲击。

b. 起吊结束后，应做好防护工作，堵好各抽汽管口、轴封管口、疏水孔、仪表孔等，并用胶布封好喷嘴，并贴封条。

（7）部件的清理及检查。

1）汽缸的检查与修理。

a. 对上、下汽缸水平结合面的涂料，在检查泄漏情况后，应用铲刀、刮刀等将其清理干净。铲刮时应按汽缸结合面纵向进行，切不可横向进行，并用煤油等将结合面清理干净。如有锈蚀，应用细砂布清理。

注意：清理汽缸不可损伤精加工面，不可将脏物吹入疏水管、抽汽口等不易清理的地方。

b. 在固定的测量位置，用合像水平仪测量汽缸的扬度，做好记录。

c. 对蒸汽室喷嘴进行目视、着色探伤（PT）检查。

d. 用钢丝刷等清除汽缸内表面的水垢、氧化皮等，并用压缩空气或真空吸尘器将其清理干净。

2）测量空缸间隙。

a. 将外上缸吊装入外下缸上，测量空缸结合面间隙，并做好记录。

b. 如果发现空缸间隙偏大，则紧 1/3～1/2 结合面螺栓，测量结合面间隙，并做好记录。

c. 如果要修整平面，假如变形小，以下缸为准，修刮上缸；但变形大时，需根据具体情况进行，要制订技术方案。

d. 紧螺栓后空缸结合面间隙，若仍大于制造厂标准，应分析原因，采取相应措施消除。

3）裂纹检查及处理。

a. 检查的部位：汽缸内表面，汽缸法兰结合面，主蒸汽及再热蒸汽入口管附近，喷嘴室、抽汽口及其附近、热电偶座附近、疏水口及其附近，各嵌合、配合部，各焊接处（制造厂原补焊处）。

b. 检查的内容：有无裂纹，铸件有无砂眼、汽孔，有无损伤。

c. 检查的方法：一般采取目视检查（用 5～10 倍放大镜），如有怀疑，则采用无损探伤的方法，如着色探伤、超声波探伤（UT）、磁粉探伤（MT）等方法进行进一步的检查。具体方法按照有关的标准执行。

d. 所有发现裂纹的地方都应做好详细的技术记录，包括裂纹的长、宽、深，处理的方法，发现人，发现时间及原因分析，所采取的对策。

e. 发现裂纹后应及时进行相应的处理，并做好记录。

f. 对于微小裂纹，若汽缸强度及运行条件允许，可将裂纹全部铲去，在裂纹两端钻止裂孔。

g. 较大的裂纹，应做强度校核计算，必要时应报告制造厂研究对策，进行补焊。

4）高、中压缸静叶环、平衡鼓环的检查与修理。

a. 检查的内容：静叶片有无卷边、突起、松动、裂纹；大焊缝是否良好，是否存在锈蚀及结垢等情况。

b. 静叶片的表面应用刮刀、砂布、钢丝刷等或喷砂的方法清理干净。

c. 静叶片打弯或被打成凹凸不平时，可参照流道的形状做样板，然后塞入流道内用小锤轻轻修复，静叶片修复后，应将卷边毛刺挫平。

d. 静叶片打出的缺口应修刮成圆弧状。

e. 缺口及裂纹应当进行处理。

f. 焊缝不良时应查明原因重新补焊。

g. 检查内缸、静叶环、平衡鼓环、轴封环的背部间隙、轴向间隙，检查底销及顶销间隙，对外缸与内缸的相对高度进行测量并调整。

h. 检查各部挂耳，并测量其间隙。

i. 检查各轴封、汽封、阻汽片有无接触、摩擦、损伤。

5）前/后轴封、汽封阻汽片、弹簧片的检查与修理。

a. 检查轴封套、汽封块凹槽、汽封块、弹簧片等有无锈蚀、裂纹、折断弯曲、变形等情况。

b. 各弹簧片的弹性是否良好，弹性不好时应换新。

c. 从径向间隙测量结果中发现有较大变化时，应检查有无相碰、磨损等。

d. 将各汽封、轴封、阻汽片中被碰弯或压弯的汽封片用鸭嘴钳修理平直。

e. 检查各阻汽片的嵌合部有无松动。

f. 根据间隙的测量数据调整汽封间隙。有的梳齿被轻微磨损，则不必更换，应将梳齿用特制刮刀刮薄削尖；如果损坏严重，已发生折断脱落时，应进行更换。

g. 检查并测量轴封结合面的接触与间隙，不符合标准时进行修正。

6）汽缸螺栓、螺母、垫圈等的清理、检查与修理。

a. 对螺纹用丝锥或板牙进行修理，不许有毛刺、乱扣、缺口、弯曲等缺陷，用手应能够将螺母拧到底。

b. 检查罩形螺母，其与螺栓端部应有 2~3mm 的间隙。

c. 检查螺栓各部应无裂纹、损伤、变形。

d. 用油石修理销子螺栓的销子部位，应光滑无变形。

e. 测量螺栓的销子直径与对应的孔径记录间隙。

f. 测量检查螺栓硬度，并对照标准，有异常时进行处理。

g. 抽查螺栓金相组织。

h. 测量指定螺栓的绝对长度与原始值对照，记录蠕变伸长量。

i. 检查球面垫圈与螺母和汽缸平面的接触面，接触面积小于 75％时进行修刮。

j. 清理、检查螺栓加热中心孔。

7）转子的清理、检查与测量。

8）轴瓦的清理、检查和修理。

9）清扫、检查、测量滑销系统并加油。

（8）对轮找中心，调整转子轴径扬度、通流间隙、推力间隙及测量转子晃度，对轮瓢偏。

1）确认高、中、低压转子的清理、检查与测量已经结束。

2）确认各轴瓦的清理、检查和修理已经结束。

3）对轮找中心。

a. 清理高、中、低压转子，用压缩空气将其吹扫干净，尤其注意对轴颈部位要清理干净。

b. 高、中、低压转子起吊过程中，要严禁摆动、晃动、摩擦、碰撞。

注意：转子水平应调整到不超过 0.1mm/m。

c. 转子就位。

注意：转子就位前在轴瓦上涂抹凡士林。

d. 确认低压转子定位后，就位高压转子，找对轮中心。

e. 结合修前的通流间隙记录、对轮中心记录，调整对轮中心并做好记录。

注意：在调整过程中，轴瓦瓦枕垫片不得超过三层，垫片之间应无间隙。

f. 根据对轮中心记录和修前轴颈扬度记录，调整轴颈扬度，并做好记录。

注意：在调整过程中，轴瓦瓦枕垫片不得超过三层，垫片之间应无间隙。

g. 轴径扬度调整合格以后，吊出转子。

4）调整通流间隙。

a. 确认内缸、各静叶环、轴封环下部及下轴瓦安装完毕。

b. 起吊转子，转子起吊过程中，要严禁摆动、晃动、摩擦、碰撞。

注意：转子水平应调整到不超过 0.1mm/m。

c. 转子就位。

注意：转子就位前在轴瓦上涂凡士林。

d. 将转子设定到"K"值位置。转子径向应在规定的位置（一般是靠背轮 0°位朝上）进行第一次测量，然后顺着转动方向转 90°做第二次测量，两次测量的数据相差较大应寻找原因进行复测。

e. 径向间隙下部和轴封间隙下部采用压铅丝或贴胶布法进行测量，水平结合面两侧用塞尺测量。轴向间隙用塞尺、楔形塞尺、塞块进行测量，并做好记录。测量不符合质量要求时，应进行调整直至符合质量要求。

f. 下部径向间隙调整好以后，放进转子，在各级叶片的覆环上及轴封部放置铅丝或贴胶布。

g. 清扫各水平法兰面、螺钉等，吊入上部静叶环及内缸，因为转子上有铅丝或贴有胶布，所以各部件就位时要平稳、缓慢、准确。

h. 各部件结合面紧 1/3 螺栓，用塞尺测量各部件结合面间隙，如有间隙，可适当增加紧固螺栓数量及扭矩。

i. 确认各部件结合面没有间隙后，拆除各部件结合面螺栓，吊走上部各部件。

注意：不要把铅丝带走。

j. 取出铅丝，测量上部径向间隙和轴封间隙，并做好记录，间隙不符合质量要求时进行调整，直至符合质量要求。

5）测量转子的轴向窜动间隙，分半缸和实缸两种情况，半缸测量时，下缸各部件安装就位；实缸测量时，上缸各部件已就位。在进行上述测量时，要确认联轴器尚未连接，推力瓦已经取出。

a. 在推力盘两侧上各架两块百分表，共四块表。

b. 转子初始位于"K"值位置，使用千斤顶将转子分别向调速器侧及发电机侧移动直至贴紧。

c. 发电机侧最小间隙是高压平衡鼓阻汽片轴向间隙，为 $5.9^{+1.5}_{-0.5}$ mm（从"K"值开始）。

d. 调速器侧最小间隙是高、中压平衡鼓阻汽片轴向间隙，为 $2.2^{+1.5}_{-0.5}$ mm（从"K"值开始）。

e. 转子从"K"值位置向发电机侧和调速器侧分别贴紧时，架在推力盘上的百分表的读数差值即转子向两侧的轴向窜动值，应符合上述的最小间隙。

6）确认推力瓦接触良好，调整推力间隙。

a. 推力瓦盖左、右各架一块表，靠背轮端面左、右各架一块表。

b. 应使用千斤顶将转子分别向调速器侧及发电机侧移动并贴紧，移动转子时应当左、右同时进行。

c. 靠背轮端面百分表在转子处于调速器侧及发电机侧时的读数差值为转子的移动量，减去瓦盖的移动量，就是推力间隙。

d. 推力间隙不合格应调整垫片的厚度。

e. 测量并调整推力盘与推力瓦盖内端面的平行度。

7）测量转子晃度，并做好记录。

8）在对轮端面架设两块百分表，盘动转子，测量对轮瓢偏，并做好记录。

（9）具备扣盖。

1）整理各项技术数据，确认已完成所有的检修项目，对检修过程中所出现的问题进行了相应的处理，可以申请汽缸扣盖。

2）验收组对检修技术数据进行审核，确认同意后，方可进行高压缸扣盖工作。

3）扣盖准备工作。

a. 确认缸内检修工作已全部结束。

b. 检查技术记录应完整齐全、准确，扣盖技术措施已报批。

c. 确认缸内各项检修工作验收合格，质量符合标准。

d. 检查确认各疏水管、抽汽管、轴封蒸汽管无异物，清理干净，用压缩空气吹净。

e. 准备常用工具、量具、电加热棒，包括各种规格扳手，各种规格量规、量表、塞尺、楔形塞尺，并做好登记，扣盖结束后要进行核对。

f. 准备好汽缸密封脂、二硫化钼润滑剂、压缩空气及耐压橡皮管、电源及照明设施等齐全。

4）按照顺序正式扣盖。

a. 各轴瓦清洗干净并回装，找平找正。

b. 高压内下缸、下平衡活塞环、下轴封套等在吊装之前均应经过仔细认真地检查及清扫，特别是各部件配合部位、动/静叶、转子、轴颈、轴封等应清理干净，确保流道畅通、部件清洁。

注意：指定专人进入缸内工作，其他人员一律不准入内。缸内工作人员应穿清洁的连体工作服及胶鞋。扣盖中发现有问题时，应及时反映并采取措施解决。

c. 缸内所有部件都应按顺序就位，扣缸负责人应监督扣缸的每一步骤，并认真仔细地检查，防止打乱顺序或遗忘部件而造成返工。

d. 确认内下缸所有部件已经安装，并检查汽封齿无歪斜，汽封块灵活自如。

e. 安装导轨，清扫转子，吊装转子，调整水平并吊入。

f. 转子就位后，确定 "K" 值。复测抽查径向间隙、测量轴颈扬度，并与记录对照。

g. 做半实缸轴向窜动，复测抽查低压转子晃度。半实缸时将高、中压转子按 K 值定位，先测量 LA 值（高、中压转子调端凸台到高、中压外缸调端汽封内端面尺寸），再进行高、中压转子推拉试验。高、中压转子向调端可移动 $4.37 \sim 0.5$mm，向电端可移动 $6.5 \sim 0.5$mm。

h. 确认内上缸所有部件已经安装完毕，检查转子的全缸轴向窜动，应与半缸时相同。

i. 盘动转子，做摩擦检查。

注意：如有异声，应立即停止扣缸工作，检查原因。

j. 冷紧内缸法兰螺栓，做好热紧标记，热紧法兰螺栓。

三、汽轮机各数据测量

（一）转子的晃动度测量

某电厂汽轮机有两根转子，推力轴承只装在高、中压转子上，因此低压转子在单独盘动时，会轴向窜动，不仅影响测量的正确性，还易发生动静部分的轴向碰擦，损伤零部件，应用专用卡件将转子两端的轴向撑紧，以防止测量时轴向窜动和下轴瓦与转子一起转动而发生事故。专用卡件必须用厚度大于 12mm 的钢板配制，卡在转子凸肩处。防止轴向窜动的卡件触头部位应堆铜焊，锉成光滑的圆头。

将汽轮机转子放置在汽缸轴承上，首先用白布、细砂纸将各转子轴颈及测量部位打磨清理干净。

将百分表架固定在轴承或汽缸水平接合面上，表的测量杆支在被测表面上，拉动测量杆，观察百分表读数是否有变化，指针是否灵活。

将转子被测圆分为八等份，逆时针方向编号；顺时针方向盘动转子从 1 号开始测量，依次记录各点的数值，最后回到位置 1 的测数必须与起始时的数值相符，所测出的数值、方向应有规律，否则应查明原因并重新测量。

每个直径两端所测的数值之差称为这个直径上的晃度,所测各个晃度中的最大值即为转子的晃动度。晃动度的一半称为转子的弯曲度,设计值为小于或等于 0.02mm。转子的晃动度测量记录表格见表 1-10。

表 1-10　　　　　　　　　　　　　　转子的晃动度测量记录表格

测量＼位置	P3	P4	P5	P6	P7	P8	P9	P10
1								
2								
3								
4								
5								
6								
7								
8								
1								
晃动度								

(二)汽轮机转子上部件的飘偏度测量记录

转子的推力盘、联轴器、叶轮等应与轴中心线有精确的垂直度,否则会引起推力瓦发热或磨损、叶轮碰擦、轴系中心不准等异常情况。所以,大修中应对这些部件测量飘偏度。

将转子两端用专用卡件卡紧,并在轴承处和轴向卡件处加清洁润滑油。尽管采取了上述措施,转子在盘动时仍难免有微量的轴向移动,影响测量的准确性。为此,测量时必须在直径相对 180°处架设两块百分表。

将圆周分八等份,按逆时针方向编号,1 号的位置应与 1 号超速保安器飞出端或特定标志相同,以便今后检修测量进行比较和分析。

首先,把表的测量杆对准位置 1 和 5 的端面,并避开端面上的螺孔、键槽等凹凸处,测量杆应与端面垂直,使大指针指在读数"50"处。然后,按转子旋转方向盘动,依次对准各等分点进行读数,依次记录各点的数值。最后,回到 1 和 5 位置,该位置的测数必须与起始时的数值相符,所测出的数值、方向应有规律,否则应查明原因并重新测量。

每次两块百分表读数应先求代数和,再将同一直径上测量出的代数值的最大值与最小值之间求差值,最后取差值的一半即为飘偏度。转子上部件飘偏度测量记录表格见表 1-11。设计值为 0.02mm。

表 1-11 　　　　　　　　　　　转子上部件瓢偏度测量记录表格 　　　　　　　　　　　mm

测点 编号	推力盘		叶轮 1		叶轮 2		联轴器	
	左	右	左	右	左	右	左	右
1-5								
2-6								
3-7								
4-8								
5-1								
6-2								
7-3								
8-4								
1-5								

（三）转子轴颈椭圆度测量

汽轮机转子轴颈加工工艺和检修工艺都要求很高，其椭圆度和锥度小于 0.03mm。但是，由于润滑油中有杂质，经过一段时间运行后，轴颈上往往出现拉毛、磨出凹痕等现象。因此，在测量轴颈椭圆度和锥度前，应先用 W10 以上金相砂纸和细油石涂上透平油沿圆周方向打磨，直到将轴颈打磨光滑为止。然后用煤油将轴颈清洗擦拭干净。最后用外径千分尺在同一横断面测得最大直径与最小直径差。该差值为此断面处轴颈的椭圆度。用外径千分尺卡在同一轴颈的不同横断面上（一般测前、后、中间三处）测量各横断面的上、下、左、右的直径，计算出算术平均值，其最大值与最小值即为该轴颈的锥度。表 1-12 为转子轴颈椭圆度测量记录表格。

表 1-12 　　　　　　　　　　　转子轴颈椭圆度测量记录表格 　　　　　　　　　　　mm

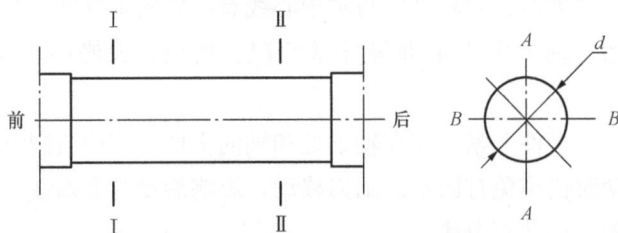

		A-A		B-B		椭圆度	锥度 （不柱度）
测点编号 项目		I-I	II-II	I-I	II-II		
轴颈	设计值					≤0.02	≤0.02
	实测值						

（四）检查测量汽缸结合面的间隙

空缸扣大盖，紧 1/2 螺栓，用塞尺检查结合面间隙，并做好记录，当用 0.05mm 塞尺塞不进或有个别部位塞入的深度不超过结合面密封宽度的 1/3 时，可认为合格。

（五）动静间隙的测量和调整

转子动叶片和隔板静叶片或静叶环的静叶径向、轴向间隙（动静间隙）测量的正确性，是能否保证汽轮机安全经济运行的关键。所以，动静间隙的测量和调整必须严格按工艺要求和质量标准进行。一般工艺要求包括以下内容。

1. 汽轮机转子的轴向定位

要使动静间隙数据正确无误，首先要使汽轮机的轴向位置正确。因推力轴承轴向定位的依据是动静间隙的"K"值，所以对于高压转子的定位，应先测量"K"值是否符合设计值，高压转子的"K"值为高压第1级静叶叶根至第1级动叶复环之间的距离，其值为 $K=9.0^{+1.5}_{-0.5}$mm。同时测量高、中压转子联轴器至第2轴承的距离 L，并测量机头小轴头端面至前轴承座外端面的距离 L_1。倘若测得的 K、L、L_1 三个数值误差偏大或互相矛盾，则说明测量有误，应进行复测，直至三个测数的差值小于 0.05mm，方可测量动静叶间隙。

低压转子的轴向定位同样以"K"值为准，即调速器侧第1级静叶根部与第1级动叶复环间的轴向间隙定义为"K"值，其值为 $23.7^{+1.5}_{-0.5}$mm。此时应测量低压转子联轴器端面至3号轴承轴向距离，并做好记录，待高、低压转子联轴器连接后（推力瓦已定位）再复测。比较两次所测的数值，对动静间隙进行换算。若不符合标准，应查明原因。测量时，高、低压转子均以联轴器的"0"记号朝上为0测位置。0位置测完后，将转子顺着转动方向转90°，按上述方法定位后再测量一次。

汽轮机转子轴向定位经验收合格后，可开始0位置时动静间隙的测量。测量时一般用专用楔形塞尺进行。用楔形塞尺测量时，必须把楔形塞尺插入动、静叶片的轴向间隙中，读出指针所指的读数，该读数即为该级动、静叶片的轴向间隙。对于小于标准的轴向间隙，可在动叶片叶顶或复环上贴胶布做进一步鉴定。

动、静叶片左、右径向间隙的测量，一般用普通塞尺或塞尺片进行。动、静叶片上、下径向间隙的测量，一般用贴胶布法或压铅丝法进行。用贴胶布法或压铅丝法测量时先吊进静叶环、平衡鼓环，并在每级静叶片的顶部和汽缸上对应动叶片的顶部处放好铅丝，用胶布将铅丝粘牢靠。铅丝的粗细应视各级径向间隙大小而定，一般应按间隙标准加粗1.5mm，长度按测量位置而定。吊进汽轮机转子，再在转子动叶片顶部和转鼓上对应的静叶片顶部处放好铅丝，用胶布粘贴牢固。吊进上缸，紧1/3汽缸螺栓，直至汽缸接合面无间隙。松去螺栓，吊出上缸，逐级取出铅丝，用胶布粘在汽轮机纵剖面模拟图板上。吊去转子，以同样方法将下缸铅丝粘在纵剖面模拟图的下方。用专用百分表测量各铅丝压痕处厚度，即为各级动、静叶片的径向间隙。0位置动静间隙测量完毕后，将转子顺着旋转方向转90°，用上述方法再测量一次。比较测量误差，应不大于0.05mm，否则应查明原因。

2. 动静间隙的调整

汽轮机动静间隙一般在制造厂组装时已调整好，所以多数机组的动静间隙原则上不必调整。但是，对于个别小于或大于标准值较大的级，应做适当调整。轴向间隙的调整，通常采用在隔板或静叶环出汽侧车去需调整的数量（缩小动静间隙），在进汽侧加上车去数量的垫片，用螺钉固定牢固。当整根转子各级轴向间隙均偏小或偏大时，可通过改变联轴器垫片厚度来增大或缩小动静间隙。

径向间隙大于标准时，只能通过更换阻汽片（汽封片）来缩小间隙。间隙偏小时，可用刮刀或锉刀修整。

3. 轴窜的测量

为了测定汽轮机各转子动静部分最小轴向间隙，以确定机组在运行工况下的汽缸与转子的胀差值，应对各转子的窜动量进行测量。测量时各转子应相互脱开，有推力瓦的转子应取出推力瓦块。将转子用千斤顶向前推足，读出百分表读数，然后将转子向后推足，读出百分表读数，最后把百分表的两次读数相减，即得该转子的窜动量。各转子测量完毕后，把各转子联轴器连接起来。用同样方法测出轴系的总窜动量，其值应等于或略小于单根转子的最小窜动量。无论单根转子还是轴系的窜动量，均应符合设计要求。如误差大应查找原因处理，确认达到标准后方可扣汽缸大盖。

轴窜的测量分半实缸测量和全实缸测量两种。半实缸测量，即在不扣大盖的情况下测量，只能测量下半汽缸内的最小轴向间隙；全实缸测量，即扣缸后测量转子的窜动量。两种测量均如上所述。

（六）轴封、汽封径向、轴向间隙的测量和调整

1. 工具材料的准备

轴封、汽封的测量、调整应备有一定数量 0～25mm 的外径千分尺，厚度为 0.05、0.10、0.15、0.20、0.25、0.30、0.40、0.50mm 的狭长塞尺片每人一套，刮轴封、汽封的专用白钢刮刀 10 把，铁柄旋凿 10 把，1kg 手锤 2～3 把，中、细锉刀 4～6 把，松锈剂 2～4 瓶，二硫化钼粉 0.5kg，医用胶布 5 大卷，红丹粉 50g，厚度为 4～6mm、长度为 500～1000mm、宽度为 30～40mm 的承压板 10 块等。

2. 轴封块、汽封块在槽内的轴向间隙测量与调整

轴封块、汽封块在轴封壳槽、隔板槽内的轴向间隙标准：隔板汽封为 0.05～0.10mm；轴封块与轴封壳槽的间隙为 0.10～0.15mm。间隙超过标准，轴封块、汽封块在槽内松动严重，在蒸汽压力差的作用下发生歪斜或倾倒，使部分轴封、汽封梳齿发生磨损，另一部分齿间隙过大，导致漏汽量增大，影响机组效率。同时因轴封漏汽量增加，蒸汽通过轴承挡油进入轴承室，使油中含水量增加，促使油质恶化等。反之，轴向间隙小于标准易发生轴封块、汽封块在运行中卡死现象，导致轴封、汽封的磨损或径向间隙变大，使漏汽量增加，机组效率降低，并增加油中含水量，同时使检修时拆装困难，甚至破坏后才能拆出。由此可见，轴封块、汽封块在轴封壳槽、隔板槽内的轴向间隙是不可忽视的。当发现不符合标准或标准不符合实际情况时，应予以修正，切不可强硬装入。另外在轴封、汽封组装时，必须将轴封块、汽封块、轴封块槽、隔板槽上的毛刺等修整光滑，并涂擦二硫化钼粉。

3. 轴封、汽封轴向间隙的测量和调整

轴封、汽封轴向间隙测量的准确性关系到汽轮机胀差限额问题，如果测量调整失误，将使机组发生动静碰擦并产生严重后果。所以，该项工作必须在汽轮机转子就位，并定好转子轴向位置后才可进行。转子位置放准后，用游标卡尺或钢尺测出轴封、汽封轴向间隙。当测得的数值与制造厂质量标准不符时，可调整轴封壳的轴向垫片。当同一轴封壳内有个别轴封块轴向位置不符合标准时，可将轴封块从轴向一侧车去需要调整的数量，另一

侧加上车去的量。隔板汽封轴向位置不符合标准时，可与动、静叶片轴向间隙同时考虑，将隔板一侧车去需要调整的量，另一侧加上车去的量。也可用同样办法调整汽封块的轴向位置。

4. 检验轴封、汽封径向间隙

轴封、汽封径向间隙的检验，是保证汽轮机检修质量的重要环节，所以应用转子进行复核，通常用贴胶布的办法进行检验。贴胶布的工艺要求如下：

（1）胶布应用黏性好的医用胶布，其厚度约为 0.25mm，剪成宽约为 12mm 的带条。

（2）贴胶布前应将轴封块、汽封块上的油污、水及其他污物清理干净。

（3）每块轴封块、汽封块上必须在两端和中间各贴一道胶布，两端所贴的胶布离轴封块、汽封块端部约为 20mm。所贴胶布的层数可按各轴封、汽封径向间隙的上、下限值分别加、减 0.20mm，同时加减汽缸静垂弧等因素的影响数值。在汽缸静垂弧变化较大或汽缸变形严重的情况下，可在每块轴封块、汽封块两端和中间各处再贴一道胶布，其层数可比正常层数加、减 1～2 层。层数可按各道轴封、汽封径向间隙标准的上、下限值分别加、减 0.20mm 左右，同时扣除汽缸变形等因素的影响数值。

（4）轴封块、汽封块的胶布必须贴牢，不得有脱空、拱起、毛边等现象。

（5）最后一层胶布应涂一层红丹粉，其厚度可按胶布与间隙的极限值的差数而定。一般厚度为 0.05～0.10mm。

（6）盘动转子以一周为宜，应逐级逐块进行检查，做好记录，同时抽测胶布厚度。

（7）全部轴封、汽封所贴胶布，必须经质检人员和技术人员验收后方可拆去。

例如，汽轮机组高压轴封径向间隙标准为 0.45～0.65mm，在每块轴封块的两端约 20mm 处贴三层胶布，在轴封块中间贴一层胶布，贴完后涂一层红丹粉。这样，贴三层胶布处的厚度约为 0.80mm，贴一层胶布处的厚度约为 0.30mm，盘动转子一圈，检查胶布的碰擦现象，若两端三层胶布处虽有碰擦而仅割断一层胶布，中间一层胶布无碰擦现象，则说明该轴封块径向间隙大于 0.30mm 而小于 0.55mm，符合标准。若两端和中间胶布均未碰擦，则说明间隙偏大，应进行重新调整。若两端胶布被切断两层，中间胶布也有碰擦，则说明间隙偏小，也应重新调整。

（七）转子扬度的测量

转子扬度测量一般在修前（轴系校中心前）和修后（轴系校中心后）各进行一次。扬度测量前，应检查轴颈上是否有毛刺，轴颈和水平仪上是否有杂质。每次测量应在同一位置，测量时将水平仪放在转子前、后轴承的中央，并在转子中心线上左右微微移动，待水平仪水泡停稳后读数，然后将水平仪转 180°再读数。取两次读数的算术平均值，即为转子的扬度。将测得的转子扬度与制造厂的要求和安装记录进行比较，每次检修前、后基本一致。

第二章

汽轮机调节、保安和油系统

第一节 概 述

汽轮机是在高温、高压、高转速下运行的热力转动机械，其安全、可靠运行对整台机组具有十分重要的意义。汽轮机调节系统的保护装置和各种信号设备、保护系统、自动调节系统联合在一起，组成完善的控制保护系统。这种保护功能包括汽轮机超速、推力轴承磨损、轴承油压过低、凝汽器真空过低、抗燃油压过低。另外，还提供一个可接受所有外部遮断信号的遥控遮断接口。

TC2F-35.4″型汽轮机的油系统和调节系统的使用介质都为32号透平油。而NZK300-16.7/537/537型汽轮机供油系统将润滑油和调节油分开，成为两个相互独立的系统，润滑油系统由主油泵供油，使用介质为32号透平油，而调节油系统由独立的高压油泵供给，使用介质为三芳基磷酸酯抗燃油。

一、TC2F-35.4″型汽轮机控制油系统的组成

供油部分主要靠汽轮机主轴上的主油泵和电动机带动的辅助高压油泵向调节系统供油，这路来的油形成高压油路，可用来做各油动机的动力油，动力油通过高压溢流阀稳压并经过节流降压后作为各个电液转换器的控制用油。

安全油路是高压油路的油经过节流孔后，并接有安全溢流阀而形成，它可以接受各个安全保护元件的脉冲信号作用而跌落，关闭各个高压主汽阀、高压调节汽阀、中压主汽阀和中压调节汽阀。四个电液转换器中一个电液转换器控制两个高压主汽阀，另两个电液转换器控制四个高压调节汽阀，其中在前轴承箱左侧的一个控制1号与3号高压调节汽阀，右侧的控制2号与4号高压调节汽阀，还有一个电液转换器控制两个中压调节汽阀。电液转换器是把DEH系统中各个阀位的控制电信号转换为控制各阀的油压信号。中压主汽阀不用电液转换器，是因为它仅通过接受安全油油压的升或跌来直接开关阀门，就可以满足运行的需要。

汽轮机的高压主汽阀、高压调节汽阀、中压主汽阀及中压调节汽阀都由各自的油动机来驱动。除中压主汽阀的油动机外，其余油动机都是在各自对应的电液转换器输出的控制信号油压作用下工作。

除了上述几部分组成外，系统中还有许多值得注意的元件，用以完善系统的性能，如高压减压阀，它的动作压力整定略低于主油泵的低限压力，一方面可以保证不受主油泵出

口压力波动的影响，另一方面还可以保证各电液转换器用油压力的稳定，使电液转换器动态工作压力相对稳定在一定的水平上，这样输出的控制信号脉动油压会有良好的稳定性。

抽汽止回阀的气动阀是当安全油压跌落时，通过它泄掉抽汽止回阀执行器的压缩空气，使各抽汽止回阀关闭的。

二、TC2F-35.4″型汽轮机电液转换器的结构原理

从 DEH 计算机输出的 3 组进汽阀阀位信号并非直接送到相应的电液转换器，而是先通过相应的阀位控制器，然后再与电液转换器联结，阀位控制器还要接受来自电液转换器输出的控制脉动油压的反馈信号，这样处理后可以提高系统的稳定性，并可以克服电液转换器的非线性。TC2F-35.4″型汽轮机电液转换器见图 2-1，电液转换器的中心有一个脉动信号油腔 PX，从原理上说，信号油腔有 1 个进油口，该油口的来油是来自高压油经过节流孔，并在高压减压阀的稳压作用下的油。这路油经过节流孔 K 进入 PX。PX 还有两个排油口，其中一个是受力矩电动机信号控制的蝶阀排油口，它的变化引起 PX 的压力变化，即电信号转换成液压信号的原理；另一个排油口是受安全油压控制的，当汽轮机脱扣，安全油压下跌时，杯形阀被弹簧打开，PX 油压跌掉，关闭汽阀。此外在杠杆上还作用着弹簧 G 的力，调整弹簧 G 的作用力，可以平移电液转换器特性线。杠杆末端的小活塞起消振作用，从电液转换器的静态特性线看，它具有良好的线性。

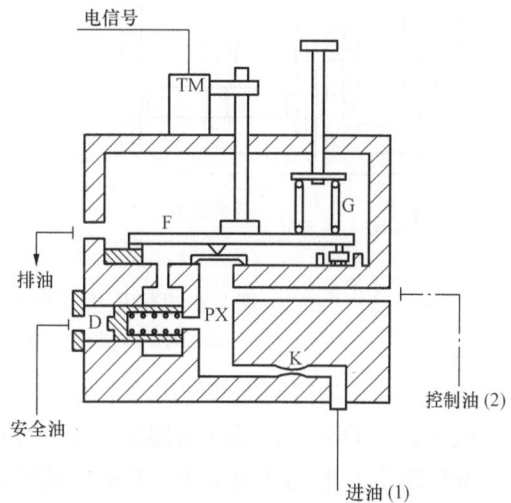

图 2-1　TC2F-35.4″型汽轮机电液转换器结构图

三、TC2F-35.4″型汽轮机油动机结构及原理

TC2F-35.4″型汽轮机的两个高压主汽阀、四个高压调节汽阀及两个中压调节汽阀都配有可调节型油动机（中压主汽阀的油动机是开关型）。可调节型就是接受输入信号后，能输出一个与输入信号相对应的信号，即油动机的行程与控制油压成一一对应关系，油动机活塞能在全行程内的任何位置稳定下来。

可调节型油动机与开关型油动机的不同在于其具有负反馈作用，靠活塞的积分使输入信号消除，使油动机停止下来，平衡在某一位置。而开关型的油动机采用电磁阀控制，其活塞无积分作用，动作位置为全开、全关。

TC2F-35.4″型汽轮机调节型油动机结构见图 2-2，为用于高压主汽阀及高压调节汽阀的油动机。现在先对它进行一下分析，油动机主要由四部分组成，即接受信号的继动器活塞、随动错油门、油动机活塞及反馈杠杆。

（1）继动器活塞上部作用着控制油压，这个油压力克服弹簧力使继动器活塞上、下运动，而且继动器活塞的位移与控制油压成正比。

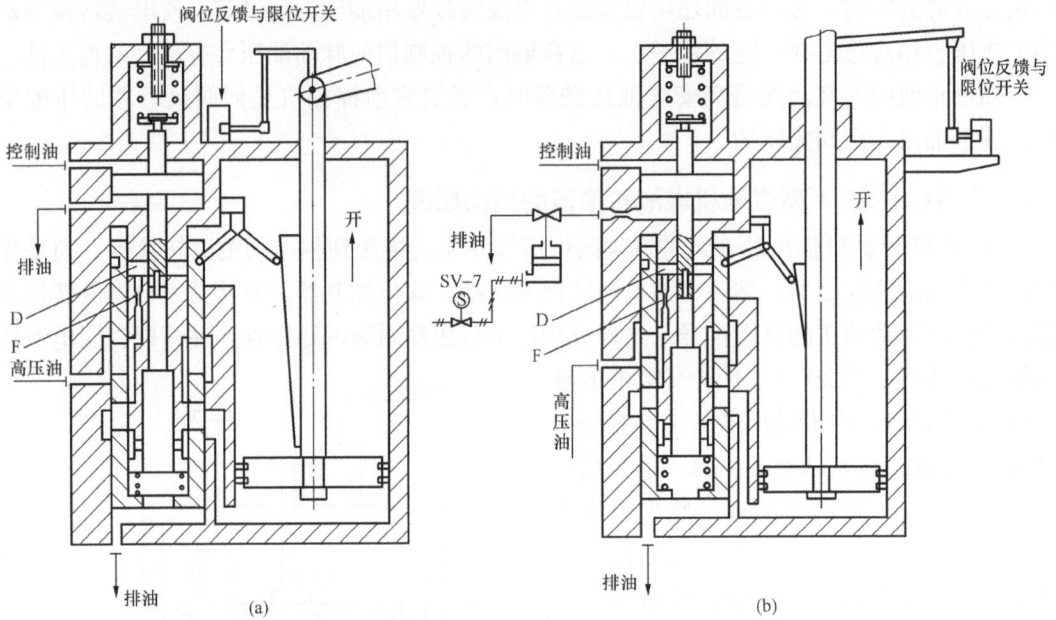

图 2-2　TC2F-35.4″型汽轮机调节型油动机结构图

(a) 高压主汽阀油动机；(b) 高压调节汽阀油动机

（2）随动错油门的上部作用着平衡油压，下部作用着弹簧力，平衡油压是高压油通过节流孔 F 进入 D 腔，以及继动器活塞尾杆伸进错油门孔内形成排油口所建立的。这样继动器活塞移动使 D 腔的压力变化，从而带动错油门，即错油门能跟随继动器运动。

（3）油动机的活塞在油压的作用下能产生强大的推动力，以克服开关阀门的阻力，它是一个积分环节，只要错油门与油动机的反馈套筒之间有错开位置，就会使油动机活塞下腔进油或排油，并使活塞下腔的油压变化，活塞移动，开关阀门。

（4）反馈杠杆则是将油动机活塞的位置变化，反馈到油动机活塞的输入端，即反馈套筒移动使错油门油口重新堵住，使油动机的运动停止下来。

上述四部分的运动关系：假设控制油压升高，则继动器活塞下移，关小随动错油门上部 D 腔的排油口，D 腔的油压升高，随动错油门下移，随动错油门打开反馈套筒的进油口，油动机活塞上移，开大汽轮机进汽阀；在油动机活塞上移的同时，反馈杠杆做逆时针转动，使反馈套筒下移，从而又使打开的反馈套筒的进油口关闭，油动机活塞上移停止，油动机活塞在新的平衡工况稳定下来。

第二节　保　安　系　统

保安系统通常包括两部分内容，即安全监视系统与安全保护系统。安全监视系统发出报警信号，提醒操作者采取必要的措施处理局部故障；安全保护系统则是发出停机信号并且实行停机，以免设备遭到损坏。

安全监视项目比安全保护项目多，这样可以更好地为安全运行服务，安全保护只是取其中的某些必不可少的项目进行保护，避免设备大的损坏，并可使停机可能性降低到最低限度，总之安全保护是为安全运行服务。

一、安全监视与安全保护项目

安全监视与安全保护项目设定值见表 2-1。

表 2-1　　　　　　　　　　　　安全监视与安全保护项目设定值

序号	项目名称	报警值	脱扣值
1	轴振动	0.125～0.25mm	—
2	轴偏心	0.075mm	—
3	轴向位移	±0.9mm	±1.0mm
4	轴位置（推力轴承磨损油压）	0.21MPa	0.54MPa
5	胀差	−1.9～+15.7mm	—
6	径向轴承温度	107℃	113℃
7	推力轴承温度	99℃	107℃
8	轴承排油温度	75℃	—
9	高压外缸上、下金属温度差	42℃	56℃
10	高压缸排汽温度	500℃	—
11	低压缸排汽温度	80℃	120℃
12	真空低	84.7kPa	73.3kPa
13	轴承油压低	0.08MPa	0.04MPa
14	汽轮机转速	—	3330r/min

注意表 2-1 中只列出报警的安全监视项目及安全保护项目。此外还有许多报警的监视项目，如蒸汽室内、外金属温差允许值为 83℃、高压缸法兰螺栓温差允许在 −30～140℃范围、并网带负荷后调节级蒸汽与金属温差允许在 −56～110℃范围（限制 −83～140℃）等，还有许多不报警的安全监视项目，供运行时监视。

二、保安系统主要设备

图 2-3 集中表示了保安系统的有关部分，并以原理图的形式表示出来。在图 2-3 中可以看出保安设备主要包括危急脱扣装置本体、危急遮断器、手动停机阀、推力保护装置、真空保护、轴承油压保护、电磁阀 SV-1、电磁阀 SV-2、各个试验阀等。此外还包括安全油作用的设备，因为这些设备将会因安全油压的跌落而各自动作，才能完成停机，图中未画。安全油作用的设备可以在图中看到，包括控制高压调节汽阀的两个电液转换器、控制高压主汽阀的电液转换器、控制中压调节汽阀的电液转换器，控制各级抽汽止回阀的空气滑阀以及所有的油动机。

应该注意到图中各种保安设备的保护动作，其最终结果是安全油排掉，即安全油压跌落（0kPa），这就是保护动作的总输出，有了这个输出，才引起其后面一系列环节的动作。

由于保安系统的功能是无故障不动作，因此很可能造成积垢，并因锈蚀而卡涩。为了保证保安系统保护设备的动作可靠性，避免拒动和误动，通常在保护设备均不影响机组运行的条件下，能进行各保护设备的试动作，即"在线试验"。满足在线试验必须做到人为

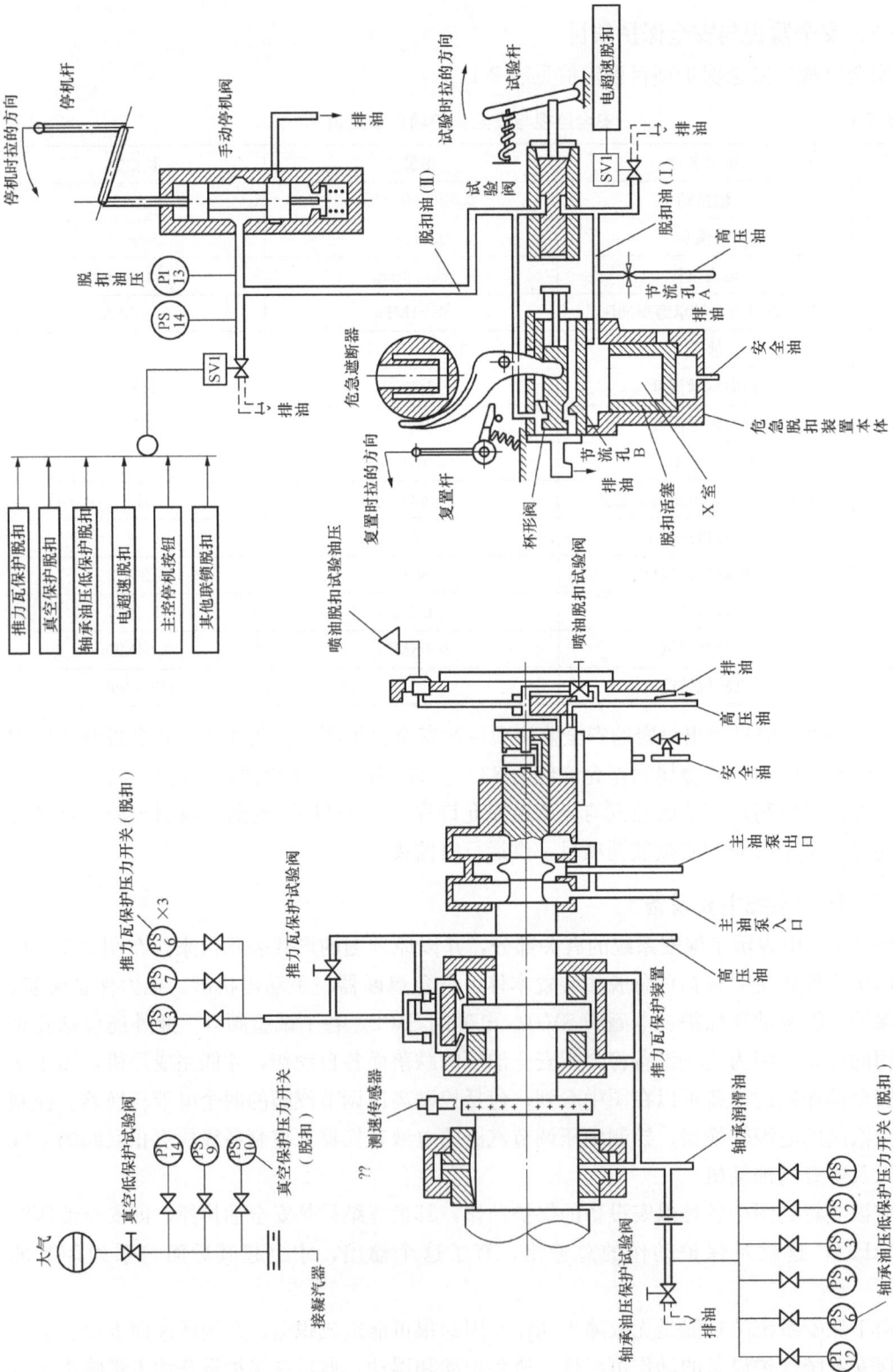

图 2-3　保安系统主要设备结构图

地使某种保护动作（模拟动作）时，不发生真的停机，这样即使确认该保护能可靠地动作，又不影响当时的安全生产运行。

保安系统中实现在线试验的关键机构是受试验杆带动的试验阀，试验阀仅是属于危急遮断装置的一个局部部件，当做在线试验时，只要按指定方向扳动试验杆，将试验杆拉向右边，这样就将原来统一的脱扣油分隔成两部分，即脱扣油Ⅰ与脱扣油Ⅱ。脱扣油Ⅰ还能起到安全保护作用，但是只受电磁阀 SV-2 控制，脱扣油Ⅱ则从保护系统中隔离出来，即脱扣油Ⅱ压力的跌落，不会引起脱扣活塞的动作，所以安全油压不会跌落，机组仍维持正常运行。这时控制脱扣油Ⅱ的三个排油口，即电磁阀 SV-1 的排油口、手动停机的排油口和杯形阀的排油口打开，也不会危及机组的正常运行。因此可以进行能使这三个排油口打开的一系列保护试验，如危急遮断器喷油脱扣试验、推力瓦保护脱扣试验、真空保护脱扣试验、轴承油压低脱扣试验、手动停机试验以及引起电磁阀 SV-1 动作的其他联锁项目的试验。其中进行轴承油压低脱扣试验时，还可连带进行辅助油泵、盘车油泵、事故油泵自启动的试验。在做试验时，试验杆一定要保持在试验位置上。

在做完在线试验之后，放开试验杆，试验阀就会在弹簧的作用下左移，脱扣油Ⅰ与脱扣油Ⅱ重归统一，保安系统全投入戒备，但是放开试验杆之前，必须确认脱扣油Ⅱ的三个排油口均处于关闭状态。

脱扣油的建立是靠高压油通过节流孔 A 而得到，因为正常运行时各个排油口处于紧闭状态，所以其压力很接近高压油的压力。只有某一保护脱扣而打开排油口时，脱扣油压才会跌到很低的程度，脱扣活塞向上动作，放掉安全油，实现停机。

每进行一项试验，脱扣油Ⅱ被排掉一次，脱扣油Ⅱ要靠节流孔 B 来补充油量，重新建立脱扣油Ⅱ的油压，以便进行下一项试验，同时还为机组启动时排出脱扣活塞上的空气。

（一）危急遮断器及危急脱扣装置

危急遮断器及危急遮断装置如图 2-4 所示，机械式危急遮断器装在汽轮机的轴端，位于前轴承箱内，它是汽轮机转速的最后一道保护，动作转速应整定在 109%～111% 额定转速之间。危急遮断器主要由撞击子、压缩弹簧、调整弹簧座、防转销、紧定螺钉、固定座及紧定螺钉所组成。

撞击子的重心偏离汽轮机转子的旋转中心，当汽轮机在动作转速以下转动时，撞击子的离心力小于弹簧压缩力，所以撞击子保持缩进位置；当汽轮机由于某种原因转速上升时，撞击子的离心力增加，当达到足以克服弹簧力而飞出的时候，弹簧力虽然也在增加，但是总是小于离心力的增加速度，最终不可阻挡地飞出到最大位置，这就是危急遮断器撞击子在轴孔内处于不稳定平衡的原理。

撞击子一经打出，速度很快，若有东西阻挡将产生相当大的冲击力，所以当它触到危急遮断装置弧杠杆的弧表面时，将使弧形杠杆以轴为中心旋转，使杯形阀的排油口打开，造成 X 腔室油压下跌，脱扣活塞被安全油顶开，并排出安全油，从而安全油发出关闭汽轮机进汽阀、抽汽阀的信号，实现停机。

危急遮断器动作转速的设定，应按以下方法进行：为使危急遮断器准确地在 109%～111% 额定转速下动作，必须使汽轮机转速升高，引起撞击子飞出；进行这项试验时，要密切注意转速表的指示，并且使汽轮机转速徐徐增高，直至动作转速。

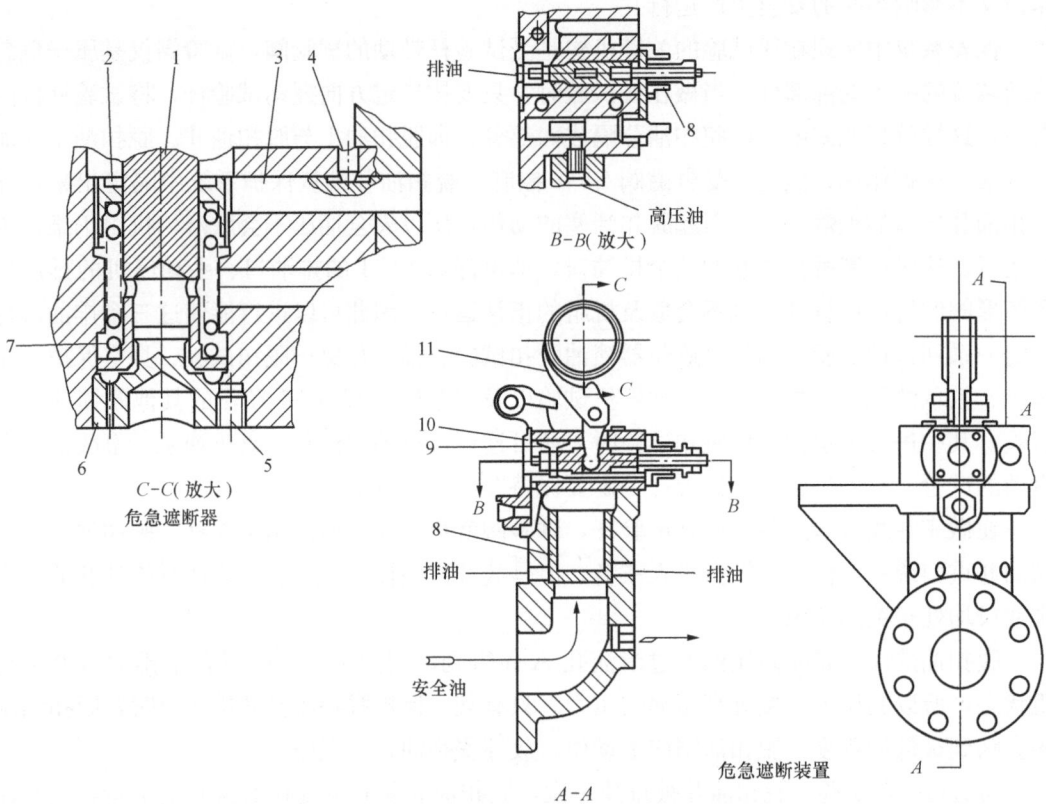

图 2-4　危急遮断器及危急遮断装置结构图

1—撞击子；2—调整弹簧座；3—防转销；4、5—紧定螺钉；6—固定座；7—弹簧；

8—脱扣活塞；9—杯形阀；10—阀座；11—弧形杠杆

在进行超速试验过程中，操作者应派专人守在手动停机杆的旁边，如果转速升到111%额定转速时，撞击子还未动作，必须手动停机杆进行停机，确保试验安全进行，并且停机后检查危急遮断器，确认撞击子没有卡死，再进行超速试验。如果是相同的结果时，可以认为压缩弹簧压缩太紧，调整弹簧预紧力时用专用工具松一下调整弹簧座，以减少弹簧预紧力。

注意：

(1) 防转销必须嵌入调整弹簧座的凹槽中，并用紧定螺钉切实固定好。

(2) 如果动作转速太低则应与上述调整方法相反，应稍微紧一点调整弹簧座，直至调准。

(3) 松紧调整弹簧座时，一般调整一格转速会变化约为 30r/min。

(4) 必须注意撞击子飞出后，转速要降低到 102%额定转速，撞击子方能重新缩回到原来位置。在 102%额定转速以上，汽轮机不得复位，强行复位不但不能成功，而且还会损坏设备。

危急遮断器动作转速的整定是靠机组超速的办法进行，与向撞击子喷油使之跳出的在线试验有原则不同，因为后者仅是确认撞击子是否卡住，而不知道其动作转速及其作用的环节是否良好，两种操作目的不能混淆。危急遮断器动作转速整定好后，应重复试验进行确认，方允许机组投入运行。

危急脱扣装置是一个多功能的机构组合，其功能是接受各方来的脱扣信号，去执行排掉安全油，实现停机。即使各方的脱扣信号立刻又消失，危急脱扣装置仍能自保持在停机状态的记忆。它的试验阀可使许多保护项目进行在线试验。

危急脱扣装置主要由试验阀、试验杆、杯形阀及其弹簧、脱扣活塞等组成。整个装置本体用螺栓固定在主油泵下壳体。

危急脱扣装置能自保持停机状态记忆。当机组正常运行时，由于脱扣油压已建立，脱扣油压把杯形阀压向左边的阀座上，弹簧的作用力小于脱扣油压的作用力，因此排油口被杯形阀口的研磨面紧紧关闭着。一旦其他脱扣动作排油口打开，脱扣油压降低到某种程度，或者因撞击子飞出加在弧形杠杆一个附加力，均能使杯形阀向右移动，打开研磨面处的排油口，杯形阀会在弹簧力的作用下稳定地处于右边位置。因为此后即使脱扣油压因某排油口复关而有所升高，油压力也会使杯形阀推向右边，所以不可能使左研磨面重新关闭，这就是保持停机状态记忆的原理。只有在外力的作用下，例如复位操作，才能使杯形阀重关研磨面排油口。

正常工作状态时，脱扣活塞的上部作用着脱扣油压，下部作用着安全油压。脱扣油塞的底部是一个密封研磨面，因为密封研磨面的面积小于脱扣油压的总面积，所以当脱扣油压与安全油压都处于正常值时，脱扣油压的作用力大于安全油压的作用力，能将脱扣活塞紧压在最低位置，将安全油封住。如果脱扣油压因某种保护动作而稍有降低时，安全油压则能克服脱扣油压而把脱扣活塞顶起，打开排油口，将安全油排掉，给各项保护发出停机指令，实现保护停机。

由于杯形阀的作用，脱扣油压一经跌落就不可能自行建立起来，因此安全油压也不可能重新建立，机组将处于可靠的停机状态。只有复位操作，才能重建脱扣油压，继而重建安全油压。

为了使危急脱扣装置的功能得到正常发挥，必须按以下方法来正确安装和调整：

（1）如图 2-4 $A—A$ 剖面所示，弧形杠杆的中心应与撞击子中心应处于同一轴向位置上，并且弧形杠杆的内弧面与撞击子即转轴外径之间有 $2mm\pm0.4mm$ 的间隙。

（2）弧形杠杆脱扣动作后，内弧与转轴外径之间必须有 9.5mm 的间隙。

（二）手动停机杆及手动停机阀

手动停机杆及手动停机阀是汽轮机现场的停机设备，尤其在现场做各项保护试验时，特别要注意防止误碰，确保试验安全进行。

手动停机杆装在前轴承箱的右侧，手动脱扣阀安装在前轴承箱内，它控制着脱扣油的一个排油口，正常时脱扣阀被弹簧顶在上止点，有一个凸肩挡住排油口；遇到紧急情况时，操作者逆时针摇动手动停机杆，即可克服弹簧力使脱扣阀下移，打开排油口，使脱扣油压跌落，脱扣活塞跳起，把安全油排掉，实现停机。

（三）危急遮断器喷油脱扣试验阀

为了在运行中定期活动危急遮断器的撞击子，使其不致卡涩并处于良好戒备状态，必须做额定转速下的喷油脱扣试验，由于此时撞击子的离心力不够大，必须从内部喷油来增加飞出力以克服弹簧力。

为进行喷油脱扣试验，汽轮机转子的最前端有一小孔，小孔的前面有一喷油嘴，高压油通过喷油脱扣试验阀，可以控制其压力的大小，油从喷油嘴射入小孔，进入危急遮断器撞击子的空心腔，靠油的静压力和转动产生的离心力使撞击子飞出。

在做本项试验时，注意将试验杆保持在试验位置上，然后徐徐打开喷油脱扣试验阀，撞击子空心腔的油压也慢慢上升，当油压上升到可以活动撞击子的时候，撞击子即飞出。通过弧形机械杠杆打开杯形阀的排油口，脱扣油Ⅱ压力下跌，试验完成。在放回试验杆之前，务必先关闭喷油脱扣试验阀，并将复置杆复位。确认脱扣油压恢复到正常压力后，才能缓慢松开复置杆，最后试验杆方许放回原位，本试验结束。

喷油脱扣试验压力表是为显示撞击子飞出时的喷油压力，观察记录这个压力，可供相对比较，判断撞击子是否正常。但这个判断要建立在一定的前提下方能有效，即每当进行超速试验时，调准撞击子飞出转速之后，使汽轮机维持在额定转速，接着进行喷油脱扣试验，记录撞击子飞出时的喷油压力，供以后机组在线试验时参考，并必须每一次记录备案。

用喷油脱扣试验阀进行危急遮断器检查时，最重要的是要使汽轮机转速一直准确地保持在额定转速。

（四）复位杆及远动复置机构

复置杆及远动复置机构（见图2-5）都是为确保脱扣后汽轮机恢复工作状态，使跳闸汽轮机的调节保安系统及时重新投入工作。所以在机组启动前或每进行一项保护试验后均必须进行一次复位，才能继续进行有效的操作。

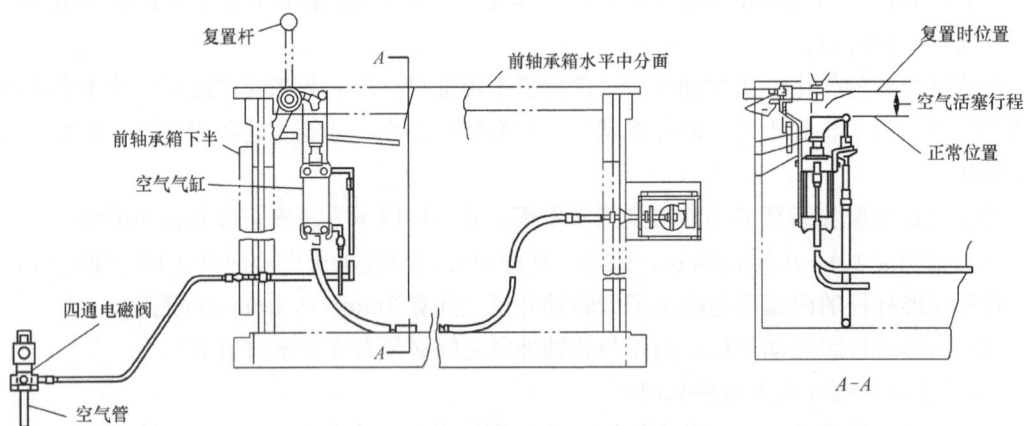

图2-5　复置杆及远动复置机构结构图

复置杆是提供机头操作复位用，远动复置机构是提供主控制室操作复位用。

在汽轮机脱扣后或者某项保护试验后，由于杯形阀的排油口打开，脱扣油压下跌，使脱扣状态自保持，复位的实质就是消除这个自保持记忆，做法很简单，只要在弧形杠杆一端施加一个附加力，强迫杯形阀关闭排油口，脱扣油压重新建立。

复置杆是就地用人力作用于弧形杠杆，把杯形阀推向左边，关掉排油口的复位装置。

远动复置机构是通过主控室操作按钮，即四通电磁阀励磁，用压缩空气的力量将杯形阀推向左边，关掉排油口。

远动复位机构主要由四通电磁阀和空气气缸所组成。空气气缸用支架固定在前轴承箱上，空气气缸的活塞杆顶端装着顶头，当气缸活塞向下运动，在活动行程范围能触到摆动杠杆，这样就与复置杆用手动进行复位效果相一致，把杯形阀推向左边。

正常运行时，四通电磁阀无励磁，压缩空气被通入气缸下腔，气缸上腔接大气，气缸活塞处于冲程的上端。

复位时，四通电磁阀励磁，压缩空气被通入气缸上腔，气缸下腔接大气，这样空气气缸活塞向上运行，结果与扳动复置杆一样，关闭杯形阀油口。活塞到达冲程下端时，复位完成，并将四通电磁阀失磁，空气变向通入气缸下腔，活塞又回到上端点。

复置杆回到"正常"位置后，在杯形阀关闭排油口期间，复置杆始终都处在这个位置上，即复置杆动作只需要脉冲一下即可。

为空气气缸活塞配备限位开关，以确认空气气缸活塞是否回归到正常位置。

（五）真空低脱扣装置

真空低脱扣装置的作用是当机组运行中凝汽器的真空下降到 59 850～73 150Pa 时，保护动作使汽轮机停机。

真空低脱扣装置用 3 个压力开关检测，只要 3 个中有 2 个压力开关检测出脱扣值时，就会使电磁阀励磁动作。试验步骤如下：

（1）先将试验杆从"运行"扳到"试验"位置上，并必须保持住这个位置，直到本试验做完为止。

（2）慢慢地打开位于前轴承座上的真空低保持试验阀，将大气通入真空低脱扣装置压力开关室，真空随即下降，这时要用试验用的压力表监视在达到设定值时，压力开关是否动作，压力开关动作的确认，要以脱扣油Ⅱ的压力是否跌落为准。

（3）记录真空动作值，留待下次试验参考。

（4）扳动复置杆，恢复脱扣油Ⅱ的压力，达到正常值。

（5）松开试验杆，试验杆靠弹簧力弹回到运行位置。

（六）轴承油压低脱扣装置

轴承油压低脱扣装置的作用是在机组运行中轴承油压下降到 45～60kPa，保护动作使汽轮机停机。轴承油压低脱扣由 3 个压力开关检测，当 3 个中有 2 个压力开关检测出脱扣值时，使电磁阀励磁动作。试验步骤如下：

（1）先将试验杆从"运行"扳到"试验"位置上，并必须保持住这个位置，直到本试验做完为止。

（2）慢慢地打开前轴承箱上的轴承油压保护试验阀，压力开关室的润滑油压徐徐下降。

（3）观察压力表，确认当达到保护设定值时，脱扣油Ⅱ压力是否下跌。

（4）记录动作压力值。

（5）关闭轴承油压保护试验阀。

（6）扳动复置杆，恢复脱扣油Ⅱ的压力，达到正常值。

（7）松开试验杆，试验杆靠弹簧力弹回到运行位置。

（七）推力瓦保护装置

推力瓦保护装置设置的目的是当汽轮机转子轴向位移超过设定值时，发出报警，继续发展到危害设备安全时，保护动作使汽轮机停机。

本装置能将推力瓦的磨损量，即汽轮机转子轴向位移量，转变为油压信号。推力瓦保护装置装在前轴承箱内的推力轴承上，壳体是整块锻钢加工而成，壳体内油通道用钻孔加工而成，外部油管很简单，只有一根高压油管做油源和另一根信号油管接到检测压力开关。

高压油通入后，经过内部节流孔再从喷嘴射出，前、后两个喷嘴反向同心，正对着汽轮机转子推力盘边缘，喷嘴与推力盘的间隙很小，相当于一个可变的节流孔，所以喷嘴内的压力随着间隙的变化而改变，成为信号油。两股信号油用两个止回阀进行高值选择，发出油压高信号检测给压力开关。

整个装置可以用螺钉调整位置，然后用螺钉固定，转子在正常位置时，检测信号压力较低，当压力上升到 240kPa 时报警，当 3 个压力开关中有 2 个检测出压力为 540kPa 时，电磁阀励磁动作。正常运行中的试验步骤如下：

（1）先将试验杆从"运行"扳到"试验"位置上，并必须保持住这个位置，直到本试验做完为止。

（2）慢慢地打开推力瓦保护试验阀，引入高压油，压力开关室的压力升高。

（3）观察压力表，确认当达到保护设定值时，脱扣油Ⅱ压力是否下跌。

（4）记录动作压力值。

（5）关闭推力瓦保护试验阀。

（6）扳动复置杆，恢复脱扣油Ⅱ的压力，达到正常值。

（7）松开试验杆，试验杆靠弹簧力弹回到运行位置。

真空低、轴承油压低、推力瓦保护脱扣试验允许在线试验进行检查，如果检查出设定值不对，不允许进行在线调整，必须待机组解列之后进行调整。

（八）电磁阀脱扣装置

电磁阀脱扣装置是指除了上述可以在线试验的项目（即危急遮断器、真空低、轴承油压低、推力瓦磨损）以外的项目，如轴振、胀差、轴承温度、高压外缸上/下金属温差、低压缸排汽温度等，与电磁阀 SV-1 构成的脱扣装置统称为电磁阀脱扣装置，这些不能做在线试验。

（九）汽轮机超速保护电磁阀试验

机组进行在线试验时，汽轮机的转速因某种原因达到超速脱扣值，即正常额定转速的109％～111％时，靠电超速检测出这个超速信号去使电磁阀 SV-2 励磁动作而脱扣。

第三节 供 油 系 统

一、供油系统概述

TC2F-35.4″型汽轮机调节系统放大机构（具体自电液转换器开始）、执行机构（油动机）以及安全保护装置的放大和执行机构都是用 32 号透平油作为工质，同时支持轴承和推力轴承也需要大量的油来润滑及冷却，所以汽轮机必须有供油系统以保证上述装置的正常运行。汽轮机供油系统的作用：

（1）减少轴承接触表面的摩擦损失并带走摩擦产生的热量以及金属中由蒸汽传来的热量。

（2）保证调节系统和保护装置的正常工作。

（3）供给各传动机构的润滑用油。

显然，供油系统的可靠性对汽轮机的正常运行有着非常重大的意义，任何供油的中断，即使是极其短暂的，都将给汽轮机带来严重的后果，同时为了保证调节系统正常工作，还要求供油压力相当稳定。图 2-6 所示为主油箱及其他附属设备结构图。

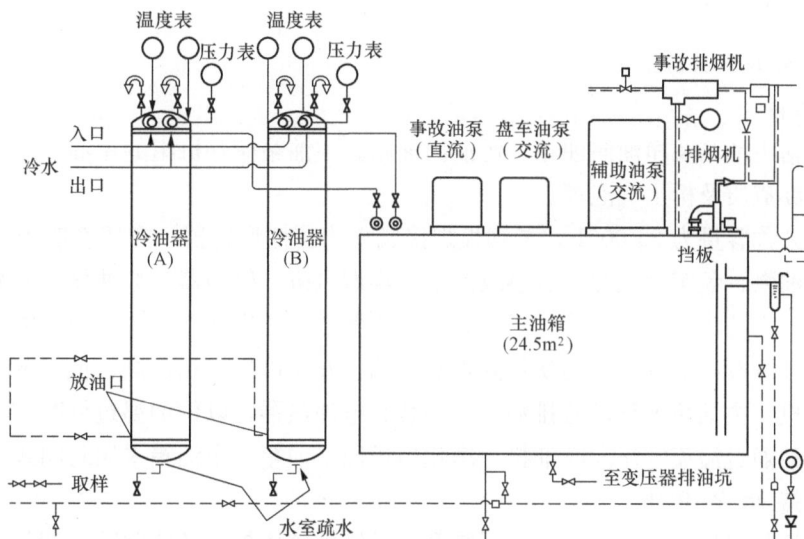

图 2-6 主油箱及其他附属设备结构图

供油系统的主要设备包括主油泵、辅助油泵（高、低压）、盘车油泵、直流事故油泵、射油器、冷油器、排烟风机、滤油器、油箱、溢流阀、净油机等。

正常运行时，系统由主油泵供油，主油泵出口的油经止回阀、滤油器送入高压油管，高压油管的油分四路通往下列各处：一路通往润滑油射油器、一路通往主油泵入口射油器、一路作为调节保安系统油源、一路作为发电机氢密封油系统补充油源。

在启动和停机过程中，当主油泵未达到额定转速时，由辅助油泵供油。辅助油泵能分别向高压油系统及润滑油系统供油。此外，还备有盘车油泵及事故油泵，以备当润滑油压力由于某种原因而下跌时，能在各自油压下相继自启动。

润滑油系统中的溢流阀能保证各轴承油压稳定在 100kPa 左右，还设有防止油压降低的压力开关，当润滑油压力降低到 85kPa 时，辅助油泵自启动；当油压降到 75kPa 时，盘车油泵自启动；当油压降到 65kPa 时，直流事故油泵自启动；当油压降到 30kPa 以下而盘车装置仍在运转时，切断盘车装置电源，停止盘车。

压力开关只能使各油泵自动启动，在油压恢复以后，不会自动停止各泵，只能手动停泵，这样做是防止油泵频繁启、停和油压波动。

各备用泵停用以后如果油压正常，应仍将各泵置于"自动"状态。

润滑油系统中装有两台冷油器，润滑油由射油器或辅助低压油泵的出口经冷油器后送往汽轮发电机各轴承。冷油器的冷却水量可根据油温自动调节。要求轴承回油温度达70℃时，冷油器出口油温保持在40℃，运行中最高温度不超过48℃。

两台冷油器之间装三通切换阀。通过三通切换阀可以在运行中无扰地进行冷油器切换，但备用的冷油器中必须充满油，才能保证切换时连续供油，所以每次检修后必须对冷油器进行充油，以免造成切换中断油。

机组的盘车装置具有自启动功能，配有一套零速度检测装置，当机组转速到 3r/min 时，自动投入盘车装置。

二、主要供油设备

(一) 油箱

油箱包括主油箱及净油储油箱、污油储油箱。主油箱储存机组的用油，还能部分地分离水分，沉淀渣质及析出气泡等。

主油箱公称容量为 25 000L，是钢板焊接成立式圆柱形容器，布置在零米层，油箱上安装有辅助油泵、盘车油泵和直流事故油泵、排烟风机、射油器、滤油器、回油滤网、浮筒式油位计、人孔法兰、回油管（回油管内套装各油泵的供油管）等。油箱侧装有冷油器连接管、溢油管及给油管，油箱扶梯附近装有油位开关以提供油位高、低报警，溢油管的油通往净油机。主油箱下部设有排油口，还装有电加热器，以供油温过低时使用。

油箱的油通过溢流管流向净油机，净化后送回主油箱。主油箱采用封闭式，靠排烟风机使箱内保持 981Pa 负压。

排烟风机除保持油箱内部、排油系统及轴承箱内负压外，还能驱除油烟及水汽，以防油质劣化。排烟风机为蜗壳形，流量为 13m³/min，转速为 2900r/min，电动机功率为 2.2kW。

净油储油箱及污油储油箱是作储油及滤油使用，在检修或紧急时将主油箱的油排出，其容积均为 45m³。

表 2-2 为主油箱检修工序、工艺及质量标准。

表 2-2　　　　　　　　　　　主油箱检修工序、工艺及质量标准

设备名称	检修方法及注意事项	质量标准
主油箱	1. 解体及检修 油箱的检修工作主要是清扫，在每次大修或因油质劣化更换新油时，都应将油箱里的油全部放出，并进行彻底清扫。 （1）打开油箱底部放油门，将油箱中的油放净。打开油箱盖、人孔盖，取出滤网，放置 24h 让油箱内部充分换气，必要时可以用风扇增加通风，防止有害气体损害人体。 （2）打开油箱底部放油门，用海绵将油垢杂质吸附干净。 （3）进入油箱前，工作人员穿上耐油胶鞋和专用工作服，必要时戴口罩和眼镜，工作服不应有金属纽扣和拉链，兜内不能带如钥匙等金属物品，带入的工器具要做好记录，出来时要认真核对。	（1）油箱清理后无任何渣滓。 （2）油位指示器的浮筒完好、无渗漏、无变形，组装上、下活动自如且不卡涩

设备名称	检修方法及注意事项	质量标准
主油箱	（4）工作人员从人孔进入油箱，用配制好的3％～5％的磷酸三钠溶液或清洗剂进行擦洗，直至清除全部污垢后，再用干净无绒毛的白布擦净，最后用面粉团将内壁仔细粘一遍，尤其是旯旮死角要认真仔细，直到把油箱内部残存的细小杂物清除干净为止。 （5）油箱滤网取出后用热水冲洗，再用压缩空气吹净，如果局部破裂，可用焊锡进行补焊，破裂严重时，应进行更换。 （6）检查油箱内防腐漆是否完好，如有脱落，应重新涂上防腐漆，以防油加速氧化。 （7）检查油位指示器的浮筒。 （8）更换油箱盖、人孔盖等处的密封垫。 （9）擦拭油箱外表面，必要时重新涂漆。 2. 注意事项 （1）进入主油箱作业前确保油箱内的烟气、异味等已经放净。 （2）作业人员经常轮换，检修过程中始终保持通风良好。 （3）带入油箱的工器具做好记录，出来时认真核对	

（二）冷油器

在机组运行中，供油系统中的油温度会逐渐升高，轴承中的润滑油温度升高后黏度减小，当温度升高到一定数值时，将使轴承油膜破坏而造成设备损坏事故，为此需要对油进行冷却，冷油器就是使油得到冷却的设备。

每台机组设有两台立式冷油器，在正常运行时，一台运行，一台备用。当冷却水温度较高或冷油器很脏时，也可两台并联运行。冷油器通过三通切换阀和两根润滑进、出油管与主油箱连接。油从冷油器下端进油口进入，经过冷却器的导向板不断改变方向冷却后从冷油器上部的出油口流出。冷却水在冷却管内流动，水从上部水室进入，上部水室隔成出水室和进水室。水从进水室通过第一流程进入回水侧水室，改变方向后再通过第二流程回到出水室。

冷却管为铜管，其两端用胀管的工艺牢固且密封地装在管板上，管板与筒体的结合面都有O形密封圈使水和油隔开。

长期运行筒体内有油泥或脏物沉积时，应抽管束芯进行清洗。抽管束芯前，必须排出全部存油，然后拆下水室盖，把管束芯从上面起吊抽出。冷油器下部回水室设有放水门，进水室内设有排空气门，筒体上还设有排气孔。

（三）主油泵

主油泵安装在汽轮机高压转子的调速器端，它处于危急遮断器和推力轴承的中间，为双侧进油式离心泵，由汽轮机主轴驱动，具有较高的可靠性。主油泵入口油来自射油器出口，射油器的动力油来自辅助油泵供给的压力油（启、停状态）或来自主油泵的压力油（正常运行状态）。主油泵的入口油压应大于69kPa，出口油压为2100kPa，当出口油压降低到2100kPa时，发出报警信号。

（四）主油泵入口射油器

主油泵入口射油器形式为多孔型，数量一台，喷嘴内径为$\phi9.5\times1mm$、$\phi10\times4mm$，出口油压为 200kPa。

（五）润滑油射油器

润滑油射油器形式为多孔型，数量一台，喷嘴内径为 $\phi9.5\times1mm$、$\phi10\times4mm$，出口油压为 320kPa。

（六）辅助油泵

辅助油泵供汽轮机启动及停机时使用，其形式为立式离心泵，在一根轴上串设两个泵轮，高压泵为两级离心泵，向高压油系统供油，低压泵为单级离心泵，向润滑油系统供油。高压油泵出口压力为 2100kPa，流量为 $1.2m^3/min$；低压泵出口压力为 350kPa，流量为 $3m^3/min$，转速为 3000r/min，电动机功率 150kW。辅助油泵的电动机装在主油箱顶部，泵轮淹入最低油面之下，所以吸入压头是有保证的。高、低压油泵入口都装有金属滤网。

（七）盘车油泵

盘车油泵为电动立式单级离心泵。当盘车装置运转时，为盘车润滑油系统供油。若在盘车中润滑油压降到 75kPa，且辅助油泵不能自启动，则压力开关将使盘车油泵自动启动。盘车油泵出油压力为 $3\times100kPa$，流量为 $2.3m^3/min$，转速为 1500r/min，电动机功率为 22kW。盘车油泵电动机也置于主油箱顶部，泵轮淹入最低油面之下。泵入口装有金属滤网。

（八）直流事故油泵

直流事故油泵为电动立式单级离心泵，其作用是当交流油泵电源消失，轴承润滑油压降到 65kPa 时，自动启动，利用直流电源运行，提供润滑油。直流事故油泵的电动机置于主油箱顶部，泵轮淹入最低油面之下，泵入口装有金属滤网。直流事故油泵出油压力为 $3\times100kPa$，流量为 $2.3m^3/min$，转速为 1500r/min，电动机功率为 22kW。

（九）储油输送泵

储油输送泵是作为向主油箱补油或将主油箱油排至净油储油箱或污油储油箱的运油工具，为电动齿轮泵，出口压力为 170kPa，流量为 $441m^3/h$，转速为 945r/min，电动机功率为 5.5kW。

第四节 密 封 油 系 统

MB-J 型发电机采用氢气冷却，机组在运行和备用期间，发电机内腔充入一定压力和纯度的氢气，氢气与大气之间采用密封油隔绝，防止外界空气进入发电机内部及阻止发电机内氢气漏出。由于油氢之间的直接接触，密封油压力高于氢气压力，若运行维护和控制不当，极易造成发电机进油。油进入发电机内，直接导致发电机绝缘腐蚀、老化，如果油未及时排出，油在发电机内蒸发产生油烟蒸汽，会严重威胁发电机的安全运行。

一、发电机密封油系统工作原理

MB-J 型发电机采用双环流式密封瓦。密封瓦装在发电机两端，径向包合转轴，内有空侧、氢侧两个环状配油槽，氢侧密封油流向氢侧配油槽，空侧密封油流向空侧配油槽，然后沿转轴轴向穿过密封瓦内径与转轴之间的间隙流出，分别回到氢侧、空侧密封油箱。发电机密封油系统分为空侧、氢侧两条油路。空侧密封油油路：空侧交流密封油泵或空侧直流密封油泵将来自主润滑油箱的润滑油升压，润滑油经冷油器、滤油器和差压调节阀进入密封瓦的空侧配油槽，由空侧轴向间隙向外流出，与发电机两端轴承回油汇合后进入油氢分离器，去除溶入油里的氢气后回到空侧油箱，多余的润滑油溢流到主油箱。差压调节阀用于调节空侧密封油压，使密封瓦处的空侧密封油压始终高出发电机内氢压 0.085MPa。氢侧密封油油路：油从氢侧密封油箱下流至氢侧密封油泵升压送出，经冷油器、滤油器和平衡阀进入密封瓦的氢侧配油槽，由氢侧轴向间隙流出，进入消泡箱内逸出溶入的氢气后流回氢侧密封油箱。氢侧密封油压通过平衡阀跟踪空侧密封油压，两者差压保持在±490Pa 内。这样，密封油压始终高于机内气体压力，能防止发电机内氢气从机内逸出和外面空气进入发电机。双环流式密封瓦密封效果好，可有效地防止氢气的外泄，即使当氢侧密封油失去时，空侧密封油仍可起到密封作用。

目前，氢冷发电机多采用密封瓦形式的油密封装置。密封瓦内通有一定压力的密封油，密封油除起密封作用外，还对密封装置起润滑和冷却作用。因此，密封油系统的运行，必须使密封、润滑和冷却三个作用同时实现。

二、密封油系统的供油方式

由于密封瓦的结构不同，密封油系统的供油方式也有多种形式，但归纳起来可分为单回路供油系统和双回路供油系统两种。

（一）单回路供油系统

单回路供油系统即向密封瓦单路供油，系统一般设置交流密封油泵、直流密封油泵、注油器，有些系统还有高压阻尼油箱共四个油源。为了保证油质和油温，密封油系统中还有滤网和冷油器等设备。另外，为了保证密封油系统供油的可靠性，有些机组还从润滑油冷油器前后、向密封油系统提供备用油源。当密封油系统供油发生故障，密封油压降到仅比氢压高 0.025MPa 左右时，备用油源管路上的止回阀在备用油与密封油压力差的作用下自动打开，备用油源向密封油系统供油。

（二）双回路供油系统

双回路供油系统即向密封瓦双路供油，在密封瓦内形成双环流供油形式，有空侧和氢侧分别独立的两路油。其油路系统是在单回路供油的基础上增加一路氢侧供油，即增加两台氢侧油泵、氢侧密封油箱、滤网、冷油器等设备。

单回路供油系统由于只有一路油源，使得密封油被发电机内氢气污染的油量较大，因此需要与汽轮机油系统分开，并配置专门的油除气净化设备，同时油也将气体带入发电机内使氢气污染而增加了氢气排污，因而增加发电机的氢气损耗。为了减轻净化设备的负荷并减少氢气的损耗，所以采用双回路供油系统。

双回路供油系统具有两路油源：一路供向密封瓦空气侧的空侧油，一路供向密封瓦氢侧的氢侧油。两个油流在密封瓦中各自成为一个独立的循环系统，空、氢侧油压通过油系统中的平衡阀作用而保持一致，从而使得在密封瓦中（两个循环油路的接触处）没有油的交换。因此，可以认为双回路供油系统被油吸收而损耗的氢气几乎为零（氢侧油吸收氢气至饱和后将不再吸收氢气）。空侧油因不与氢气接触而不会对氢气造成污染。但双回路供油系统较为复杂，对平衡阀、压差阀等关键部件的动作精度及可靠性要求较高。

三、MB-J 型发电机密封油系统介绍

发电机密封控制系统是配套 MB-J 型发电机设计和制造的。它向发电机轴封装置提供了连续不断的密封油并对其进行监控及保护。

MB-J 型发电机采用全氢冷却方式，即定子绕组为氢气冷却，转子绕组为氢气内部冷却，铁芯为氢气冷却。为了密封发电机内的氢气采用了双环流式密封瓦（氢侧和空侧两路油），密封瓦的油量、油温、油压均由密封油系统来保证。

（一）工作原理

密封油系统为集装式，与发电机的双环流式轴封装置相对应。发电机密封瓦内有两个环形供油槽，从供油槽出来的油仍分成两路沿着轴向通过密封瓦内环和轴之间的径向间隙流出，其油压高于发电机内氢气压力，从而防止氢气从发电机漏出。在密封瓦内设有两个供油槽，形成独立的氢侧和空侧的密封油系统。当这两个系统中的供油压力平衡时，油流将不在两个供油槽之间的空隙中窜动。密封油系统的氢侧供油将沿着轴朝着发电机一侧流动，而密封油系统的空侧供油将沿着轴朝着外轴承一侧流动。由于这两个系统之间的压力平衡，油流在这两条供油槽之间的空间内将保持相对静止，起到密封氢气的作用。

（二）密封油系统的组成

密封油控制系统由空侧交流泵、空侧直流泵、氢侧交流泵、氢侧直流泵、空侧过滤器、氢侧过滤器、密封油箱、油位信号器、油水冷却器、压差阀、平衡阀、氢油分离箱、截止阀、止回阀、蝶阀、压力表、温度计、差压变送器及连接管路等部件组成。

（三）密封油系统工作方式

密封油控制系统正常运行时，空侧和氢侧两路密封油分别循环通过发电机密封瓦的空、氢侧环形油室，形成对发电机内氢气的密封作用。除此之外，密封油对于密封瓦还具有润滑和冷却作用。

密封油控制系统采用双环流式结构，发电机内正常工作氢压为 0.4MPa，事故状态下可降低氢压运行。发电机轴封供油系统能自动维持氢油压差为 0.085MPa，并为发电机密封瓦提供连续不断的密封工作油。

（四）密封油系统

密封油系统由氢侧和空侧两个独立又相互联系的油路组成，它们同时向双环流式密封瓦供油。

1. 空侧油路

（1）主工作油源。空侧密封油正常工作油源为空侧交流密封油泵提供的 0.8～1.0MPa 压力油。空侧密封瓦供油采用旁路压差阀调节氢油压差，压差调节阀按机内氢气压力自动调节氢油压差为 0.085MPa，来保证密封瓦的正常工作。空侧密封油由密封油泵升压，经一台管式冷却器降温，再经一台自清理刮板式油过滤器过滤，然后进入发电机两端密封瓦的空侧油环，其回油与轴承润滑油汇合一起回到空侧回油密封箱，形成一个空侧闭式循环系统。

（2）备用油源。

1）第一备用油源（即主要备用油源）是汽轮机主油泵来的 1.6～1.8MPa 的高压油。该备用油经管路上的减压阀减压后供给空侧密封油管，减压阀的出口油压为 0.88MPa，油量为 252L/min。当主工作油源发生故障，氢油压差降到 0.056MPa 时，该备用油源自动投入运行。

2）第二备用油源由汽轮机主油箱上的备用交流辅助油泵供给。因为它与第一备用泵油源接在同一管路中，所以该备用油源也经过备用压差阀，然后进入密封瓦，也是当压差降到 0.056MPa 时投入。当汽轮机的同轴转速为额定转速的 2/3 以上时，汽轮机主油泵能够提供第一备用油源；当低于 2/3 转速或发生故障时，则只能由第二备用油源提供。

3）第三备用油源是密封油系统内自备的直流油泵，它与交流油泵并接在同一油管上，当压差降到 0.035MPa 时，启动直流油泵，氢油压差可恢复到 0.084MPa。直流油泵只允许运行 1h 左右。

4）第四备用油源由汽轮机润滑油系统提供。由汽轮机轴承润滑油泵供给，提供的油压较低，为 0.035～0.105MPa。此时必须及时将发电机内氢气压力降低到 0.014MPa。

2. 氢侧回路

氢侧密封油正常工作油源由交流氢侧密封油泵供给。从交流密封油泵出来的压力油经管式冷却器、自清洗过滤器后分成汽端、励端两路再各经过 2 个平衡阀。该阀根据空侧油压自动调节空、氢两侧压力平衡，平衡后进入密封瓦。氢侧密封瓦回油经发电机消泡箱后进入油箱，再回到油泵形成一个闭式循环油路系统。平衡阀用以保证氢、空侧油压相等，其压差不大于 ±490Pa。

为确保氢侧能提供连续不断的可靠工作油，在氢侧设有备用直流油泵。当交流油泵发生故障时，自动启动备用氢侧直流油泵。

氢侧回路中含有氢气，由密封油箱分离出来的氢气顺着回氢管又回到发电机内。氢侧回油管中安装时要注意坡度和转角处尽量避免有起伏和死弯，防止形成气封，致使回油、回气不畅。

（五）密封油系统中的主要部件

1. 氢侧油箱

氢侧油箱是氢侧油路的油源。油箱上装有一排油浮球阀，它根据油箱油位高低自动进行补排油。补油来自空侧密封油系统，排油排至空侧油泵进油管。油箱上装有磁翻板液位计，当油位高或低时，就地的密封油系统控制柜发出声响和灯光报警信号。

2. 空侧油箱

空侧油箱是空侧油路的来源，其为 Ⅱ 形结构，底部连接管道通至空侧油泵入口。发电机轴瓦的回油和密封瓦空侧的回油一起流回到空侧油箱，多余的润滑油通过溢流管流回主油箱。

3. 压力调节阀（压差阀）

压力调节阀安装在空侧主回路的旁路上，能自动调整氢油压差为 0.085MPa，当压差小时可以调整弹簧压紧，增加压差；当压差大时反之。备用压差阀保证氢油压差为 0.056MPa 时，调整方法同上。

4. 压力平衡阀

压力平衡阀安装在氢侧系统主管路上（立式倒装），阀体内有一压缩弹簧，补偿阀芯压力平衡。通过调整弹簧可以调整压力平衡，调整精度可达 490Pa。

5. 氢油分离箱

空侧回油管路上装有氢油分离箱，其上装有 2 台排烟风机，可将空侧回油箱中的油烟和氢气排放至厂房外，排油烟系统中设有排烟止回阀，防止油烟倒灌。

6. 油—水冷却器

油—水冷却器采用管式冷却器，空、氢侧各 2 台。

7. 油过滤器

空、氢侧分别装有刮板式自清洗油过滤器各一台，该过滤器承受压差的能力大，滤油精度高，运行安全可靠。当滤芯脏时，可以转动手轮，滤芯上的脏物即被刮掉，排到滤油器外面。

（六）密封油系统的运行维护

1. 运行原则

（1）密封油系统在发电机充氢前投运，发电机充有气体（氢气、空气、二氧化碳）压力高于大气压时，密封瓦处应保持密封油系统的运行，且油压高于发电机内的气体压力。

（2）密封油系统在机组盘车前投运。

（3）密封油系统投运前一般应先投运主机润滑油系统。

（4）发电机内充有氢气时，密封油箱、主油箱上的排烟风机必须运行。

2. 运行维护

（1）为保证氢冷发电机内氢气不致大量泄漏，在机内充氢前就必须向密封瓦不间断供油，且密封油压要高于发电机内部氢气压力，并保持一定的差压。如果压差过小会使密封瓦间隙的油流出现断续现象，造成油膜破坏，氢气将从油流的中断处漏出，不但漏氢处易着火，而且氢气漏入空侧回油管路容易发生爆炸。此外，若氢压降至零后，室内空气将可能漏入发电机，威胁发电机安全。

（2）密封油系统启动前应按运行规程的要求做好准备工作，使密封油箱保持适当的油位，且交流密封油泵和直流密封油泵试运转正常，做交流油泵事故联动直流油泵的试验，并利用油压继电器做直流备用泵油压低自启动试验，正常后投入交流油泵使密封油系统投入运行，并维持进入密封瓦的油压高于氢压。对于双回路供油系统，空、氢侧分别做联动试验，正常后投入交流油泵运行，投入压差阀和平衡阀，保持油压高于氢压。

（3）在运行中应加强对密封油调节系统的检查维护，以确保平衡阀、差压阀等调节部件的正常跟踪。当发现调节阀跟踪不上，油压和氢压偏差过大时，应及时切换为手动调节，并及时消除缺陷。在切换过程中应注意保持油压平稳。

（4）油温升高后向密封油冷却器通冷却水，并保持冷油器出口油温在 33～37℃ 之间。随着密封油温度的升高，油吸收气体的能力逐渐增加，50℃ 以上的回油约可以吸收 8% 容积的氢气和 10% 容积的空气。发电机的高速转动也使密封油由于搅拌而增强了吸收气体的能力。为了保持发电机内部的氢压和纯度，冷油器出口的油温不宜过高。

（5）运行中直流备用密封油泵联动，说明密封油系统出现故障，应迅速检查密封油压力、交流密封油泵情况、密封瓦温度，并尽量使油压维持正常，待查明联动原因确信可以停止被联动油泵后，方可将其停止。

（6）正常运行中，因某种原因需切换密封油系统的运行方式时，应填写操作票，并在班长监护下进行。

（7）密封油中断不能恢复时，为防止设备的损坏，应立即停止机组的运行，同时进行排氢。

（8）运行中，运行人员应监视密封装置的供油压力、中间回油压力、供油温度、回油温度、回油油流情况以及密封瓦温度，定时检查油泵冷却器的运行情况；有真空处理设备的机组还要检查真空泵的工作情况和监视真空油箱的真空度、氢气分离箱和补油箱的油位。双回路供油系统中还应加强对氢侧油箱油位的监视，以防止油箱满油而造成发电机进油或因油箱油位低而造成漏氢和氢侧油泵工作不正常断油。运行中应保持适当的供油压力，油压过高时油量大，带入发电机的空气和水分多，吸走的氢气也多，容易污染氢气，增大耗氢量；油压过低，则油流断续，氢气易泄漏。当密封油漏入发电机的情况严重且调整无效或其他原因造成密封装置损坏，影响发电机安全时，应停机处理。

（9）运行中还应保持主油箱排烟风机连续运行，并定时对油烟中的氢气含量进行化验，当排油烟风机故障时，应采取措施，防止发生氢爆。对密封油系统中的排烟设备要经常检查，使其处于良好的运行状态，以防油系统积氢。

（10）运行中要防止密封油进入发电机内部，当漏入的油量较大时，会被发电机风扇吹到线包上，不及时清理会损坏绝缘。此外，大量向发电机内进油会导致汽轮机主油箱油位下降。因此，运行中应定期在发电机底部排放管或油水继电器处检查是否漏油。

（七）发电机进油的原因分析及防止措施

发电机进油可能因为氢侧密封油箱油位控制不当，油箱满油而溢入发电机内，也可能因为密封瓦配油槽处油压过高流入发电机内。因此，氢侧密封油箱液位控制及密封油压力调整是防止发电机进油的关键。

（1）发电机密封作用是通过密封油在密封瓦和转轴之间的间隙流动阻止氢气外逸，因此要求装配间隙精度相当高，如果制造、安装达不到要求，间隙过大，极易造成密封油进入发电机。另外，运行中因杂质堵塞油路，或者其他原因造成供油不足，两侧不平衡，都会引起轴瓦磨损，增大轴瓦间隙，造成密封油进入发电机。

（2）发电机运行中要求平衡调节阀调节精度高，差压阀动作灵敏，并有足够的调节范围。这两个阀的装配精度相当高，特别是机械配重式平衡阀和差压阀，长期保持某一个开度几乎不动，如果油中含有杂质、水分等，则极易造成阀门卡涩、工作失常，导致发电机进油。

（3）氢侧密封油箱自动排补油装置一般采用浮球阀形式，当补油阀卡住，排油阀在较高油位时不能自动开启，或因氢压低影响（氢压低时排油压差低，补油压差高）使得排油量减少甚至不能排出，而又不断补油，导致氢侧密封油箱满油，直至消泡箱满油，最后油进入发电机。另外，运行中开、关浮球阀机构手动门时，往往容易误操作引起发电机进油。浮球阀排补油装置排补油较为缓慢，对系统油压冲击较小，但容易出现卡涩；采用液位开关控制排补油门时，排补油门瞬间全开全关，易冲击系统油压，但较为可靠且不易卡涩。

（4）差压阀大多采用机械配重式，调节不灵敏且调节范围较小，容易卡涩，发电机进油事故大多是因此引起。新投产机组多采用薄膜波纹管式，跟踪灵敏不易卡涩，但易受油压波动冲击。

（5）系统管路布置、配置影响到回油和油压控制及氢侧密封油箱油位控制。国内有不少机组均出现过密封油排烟风机排油烟故障，其原因为管路布置不合理、风机压头大。

（6）密封油中含有杂质，特别是铁屑，不仅会磨损密封瓦和转轴，破坏原有的轴瓦间隙，造成发电机进油，还会使设备孔洞堵塞和差压阀、平衡阀、密封油箱排补油装置调节机构卡涩失灵。

第五节　EH　油　系　统

NZK 300-16.7/537/537 型汽轮机采用数字式 DEH，其液压调节系统（EH）的控制油为 14MPa 的磷酸酯抗燃油，而机械保安油为 0.7MPa 的低压透平油，该系统有一个独立的高压抗燃油供油装置。每一个进汽阀门均有一个执行机构控制其开关，其中中压主汽阀执行机构为开关型两位式执行机构，高压主汽阀执行机构及高、中压调节汽阀执行机构为伺服式执行机构，可以接受来自于 DEH 控制系统的 ±40mA 的阀位控制信号，控制其开度，所有阀门执行机构的工作介质均为高压抗燃油，单侧进油。所有阀门执行机构均靠液压力开启阀门，弹簧力关闭阀门。

启机时首先通过挂闸电磁阀 20/RS 使危急遮断器滑阀复位，然后由 DEH 开启高压主汽阀，全开后高、中压调节汽阀执行机构接受 DEH 的阀位指令信号开启相对应的蒸汽调节汽阀，从而实现机组的启动、升速、并网带负荷。

在超速保护系统中布置有两个并联的超速保护电磁阀（20/OPC-1、2），当机组转速超过 103％额定转速时或机组甩负荷时，该电磁阀带电打开，迅速关闭各调节汽门，以限制机组转速的进一步飞升。

在保安系统中配置有一只飞锤式危急遮断器和危急遮断器滑阀，危急遮断器滑阀和危急遮断器杠杆的工作介质为 0.7MPa 压力的安全油。当转速达到 109％～111％额定转速时，危急遮断器的撞击子飞出击动危急遮断器杠杆，拨动危急遮断器滑阀，泄掉薄膜阀上腔的保安油，使 EH 危急遮断（AST）母管的油泄掉，从而关闭所有的进汽阀门，进而实现停机。除此以外在 EH 中还布置有四个两"或"一"与"的自动停机（20/AST-1、2、3、4）电磁阀，它们能接受各种保护停机信号，遮断汽轮机。

一、调节保安系统的基本组成

调节保安系统的组成按其功能可分为三大部分：供油系统部分、执行机构部分、危急遮断部分。

（1）供油系统部分又可分为供油装置、自循环冷却系统、自循环再生过滤系统以及油管路及附件（油管路、高压蓄能器、膨胀支架等）。

（2）执行机构部分包含高、中压主汽阀执行机构各两台，高压调节汽阀执行机构六台，中压调节汽阀执行机构两台。

（3）危急遮断保护系统包括：AST-OPC 电磁阀组件、薄膜阀、危急遮断器、危急遮断器滑阀、保安操纵装置及手动喷油截止阀。

二、供油系统

EH 供油系统的功能是提供高压抗燃油并由它来驱动阀门和执行机构，这种高压抗燃油是一种磷酸酯合成油，它具有良好的抗燃性能和流体稳定性，自燃点约为 537.8℃。

（一）供油装置

1. EH 供油装置的组成和功能

供油装置的主要功能是为执行机构提供所需的液压动力，同时保持液压油的正常理化特性，由油箱、油泵、电器组件、控制块、滤油器、磁性过滤器、溢流阀、蓄能器、自循环冷却系统、抗燃油再生过滤系统、EH 油箱加热器、ER 端子盒和一些对油压、油温、油位进行报警、指示和控制的标准设备所组成。

供油装置的电源要求：

（1）两台主油泵的参数为 30kW、380VAC、50Hz、三相、60A。

（2）一台循环泵的参数为 1.5kW、380VAC、50Hz、三相、3.7A。

（3）一组电加热器的参数为 2×3kW、380VAC、50Hz、三相、15A。

2. 供油装置的工作原理

由交流电动机驱动的高压柱塞泵（恒压变量柱塞泵 PV29）是一种变量的液压能源，泵组根据系统所需流量自行调整，以保证系统压力不变。采用变量式液压能源减轻了蓄能器的负担，也减轻了间歇式能源特有的液压冲击，并且利于节能。正常运行时通过油泵及滤网将 EH 油箱中的抗燃油吸入，油泵出口的压力油经过滤油器通过单向阀及溢流阀进入 EH 油箱出口高压蓄能器，和该高压蓄能器相连的高压油母管（HP）将高压抗燃油送到各执行机构和 OPC、超速保护及 AST 自动停机危急遮断系统。

变量柱塞泵对油液清洁度及黏度要求很高，必须在确认油温高于 20℃ 才允许启动泵组。泵出口压力可在 0～21MPa 之间任意设置。

油泵启动后，油泵以全流量 85L/min 向系统供油，同时也给蓄能器充油，当油压达到系统的整定压力 14MPa 时，高压油推动恒压阀上的控制阀，控制阀操作泵的变量机构，使泵的输出流量减少，当泵的输出流量和系统用油相等时，泵的变量机构维持在某一位置，当系统需要增加或减少用油量时，泵会自动改变输出流量，维持系统油压在 14MPa，当系统瞬间用油量很大时，蓄能器将参与供油。

供油装置有两路独立的泵组，既可以同时工作，使流量提高两倍，又可以在正常时独立工作，互为备用。正常运行时一台工作，另一台备用，当汽轮机调节系统需要较大流量或由于某种原因系统压力偏低时，通过压力控制器逐级联锁另一台油泵，使它们投入工作，以满足系统对流量的需要。

供油装置所有密封件均采用氟橡胶，蓄能器皮囊采用了丁基橡胶，油漆采用特殊的聚氨酯漆。

供油装置设有先导式溢流阀作为系统的安全阀。当系统压力由于某种原因高于设定值

时，溢流阀动作，使系统不致承受过高的油压冲击。溢流阀在高压母管压力达17.0MPa
±0.2MPa时动作，起过压保护作用。

液压系统各执行机构的回油通过压力回油母管（DP），经过一个冷油器冷却后再通过
一个$3\mu m$的回油滤油器回到油箱。除此以外，本装置还设置了自成体系的滤油与冷油系
统，专门的油泵（循环泵组）将油从油箱吸出进行过滤和冷却，即使伺服阀不工作，油液
的冷却和过滤也可进行。

回油过滤器设有过载旁路装置，当因回油流量波动（如系统快速关闭）致使回油压力
超过0.35MPa时，过载旁路动作，避免回油过滤器损坏。另外，本装置备有再生泵组，
可按油液质量随时投运再生装置，以改进油液的品质。

高压母管上的压力开关63/MP以及63/HP、63/LP能自动启动备用油泵和对油压偏
离运行正常值进行报警和提供信号，冷油器出水管道装有油箱温度控制器，油箱内设计有
油温过高报警测点的位置，并提供油位报警和遮断油泵的信号装置，油位指示器位于油箱
侧面。

3. 供油装置的技术规范

(1) 油源压力：11～15MPa。

(2) 工作介质：三芳基磷酸酯抗燃油。

(3) 介质工作温度：35～45℃。

(4) 主油泵（每台）最大流量：100L/min（$n=1500r/min$）。

(5) 主油泵（每台）电机功率：30kW。

(6) 循环泵组流量：40L/min。

(7) 循环泵组电动机功率：1.5kW。

(8) 再生泵组流量：10L/min。

(9) 再生泵组电动机功率：0.75kW。

(10) 高压滤芯过滤精度：$10\mu m$。

(11) 回油滤芯过滤精度：$3\mu m$。

(12) 蓄能器容积：10L×2。

(13) 冷油器有效冷却面积：$2.6m^2 \times 2$。

(14) 冷却水压力：小于0.3MPa。

(15) 加热器：2×3kW、220VAC（星形连接）。

(16) 油箱有效容积：900L。

4. 供油装置的主要部件

供油装置采用集装式，其主要部件包括油箱、油泵、过滤器组件、蓄能器组件、回油
过滤器、冷却器、油加热器、循环泵组、再生泵组以及必备的监视仪表。

(1) 油箱。油箱用不锈钢板焊接而成，密封结构，设有人孔板供维修、清洁油箱时使
用。油箱上部装有空气滤清器（兼作加油口）和空气干燥器，使供油装置呼吸时对空气有
足够的过滤精度，以确保油系统的清洁度。油箱设计成容纳1200L液压油的油箱，为防
止抗燃油中少量的水分对碳钢有腐蚀作用，选用1Cr18Ni9T作为油箱的材料。油箱中还
插有磁棒，用以吸附油箱中游离的磁性微粒。

EH 油箱下面有一个手动排放阀，以排放 EH 油箱中的抗燃油。油箱侧面装有磁翻板式液位开关（油位报警和遮断）、控制块组件、溢流阀等液压元件。另外，油箱侧面还有一组电加热，以便在 EH 油箱油温低于 20℃时加热 EH 抗燃油。

（2）油泵。考虑到系统的稳定性及其工作介质的特殊属性，本系统采用了变量柱塞泵，弹性套柱销联轴器。泵和电动机的连接采用法兰套筒连接，便于泵和电动机的检修。本机采用双泵联锁工作系统，当一台泵工作时，另一台泵备用，以提高供油系统的可靠性。两台泵布置在油箱下方以保证油泵正的吸入压头。

（3）控制块组件。控制块组件安装在油箱侧面，设计成能安装下列部件。

1）高压过滤器（10μm）。两个高压过滤器位于油泵出口的高压 EH 油管路上，用以过滤进入系统的 EH 油。

2）溢流阀。两个有安全阀作用的溢流阀位于两台油泵出口高压 EH 油管路上，用于监视系统油压，并且当油压高于设计值时，将 EH 油液返回 EH 油箱，确保系统的工作压力在正常的范围内，避免系统承受不必要的高压。

3）泵出口截止阀。泵出口截止阀在运行时全开，装在单向阀后的高压 EH 油母管上，当手动关闭其中任意一个截止阀时只隔离系统中的一路，不影响机组的正常运行，以便及时对该路的滤网、单向阀等进行在线维修或更换。

4）直角单向阀。两只直角单向阀装在 EH 油泵的出口侧高压 EH 油路中，以防止高压 EH 油倒流。

5）压差发信器。两个压差发信器位于油泵出口的高压 EH 油管路上，用来检测高压过滤器流动情况，并给出相应的报警信号。这两个压差发信器是一种远传式压差发信器，当高压过滤器因污物堵塞致使压降大于 0.35MPa 时，压差发信器发出信号以示警告。

（二）EH 油泵出口蓄能器

两个 10L 的蓄能器装在油箱旁边的过滤器组件上方，中间有 1 个 φ45 的孔相通。蓄能器组件包括 2 个 10L 高压蓄能器配套的 SHV25 截止阀（进口）、SHV64 截止阀（出口）以及 25MPa 压力表，各自组成两个独立的系统，关闭 SHV25 截止阀可以将相应的蓄能器与母管隔开，因此蓄能器可以在线维修。SHV64 截止阀用以排放蓄能器中的剩油，压力表指示系统的工作压力。此蓄能器用来吸收油泵出口高频脉动分量，稳定系统油压。

（三）磁翻板式液位报警装置

一个磁翻板式液位报警装置安装在 EH 油箱的侧面，当液位改变时，推动开关机构，在液位达到设定值时发出报警或停机信号。

（1）EH 液位低报警：450mm（降）。

（2）EH 液位低－低预遮断并停加热器：370mm（降）。

（3）EH 液位低－低遮断（并停主油泵）：270mm（降）。

（四）自循环冷却－滤油系统

供油系统除正常的回油冷却和滤油外又增设了一台冷油器和一台滤油器，以确保在非正常工况下工作时，油箱油温能控制在正常工作范围内，并保证 EH 抗燃油的质量。机组在正常运行时，系统的滤油效率较低，为了不影响机组正常运行，同时保证油系统的清洁度，使系统长期运行可靠，在供油装置中设置了独立的自循环冷却－滤油系统。自循环冷却－滤油系统的设置可实现在线油循环，即在油温过高或油清洁度不高时，可启动该系统对油液进行冷却和过滤。设置该系统后，即使伺服系统不工作，油液冷却和过滤也可进行。

自循环冷却－滤油系统是由一台循环油泵、电器组件、一台 $3\mu m$ 滤油器、一台 EH 冷却器及冷却水流量控制电磁阀组成。

循环油泵可以由温度开关 23/CW 来控制，也可以由人工控制启动或停止（启动按钮在电控箱上），该泵的流量为 40L/min。

EH 冷却器采用列管式冷油器，共两台，一台装在自循环冷却－滤油系统中，另一台装在压力回油管路上的回油过滤器的后面，用以冷却从系统返回的油液。

（五）抗燃油再生装置

抗燃油再生装置是保证 EH 油质合格必不可少的装置，当油液的清洁度、含水量和酸值不符合要求时，应启用再生装置改善油质。

EH 供油装置所配套的再生装置有两个滤芯：其中一个为硅藻土滤芯，用以调节三芳基磷酸酯抗燃油的理化特性，去除水分及降低抗燃液的酸值；另一滤芯用以对抗燃油中的颗粒进行调整。在每一个滤芯的外壳均有一个压差指示器，当滤芯污染程度达到设计值时，压差指示器的红色钮跳出，表明该滤芯需要更换。硅藻土过滤器和波纹纤维过滤器均为可调换式滤芯，关闭相应的阀门，打开滤油器盖即可调换滤芯。

再生泵组用以给再生装置供油，再生泵的流量为 10L/min，电动机功率为 0.75kW，电源 380VAC，50Hz、三相。再生泵组为进口齿轮泵。

（六）压力开关、温度开关及电磁阀

压力开关及温度开关控制箱装有接线端子和以下各压力开关组件：

（1）一个压力开关（63/MP）：接收 EH 油压低信号，调整到当系统压力低至 9.3MPa±0.05MPa 时闭合，并启动备用油泵 B。

（2）一个压力开关（63/HP）：接收到 EH 油系统油压过高信号，调整到当系统压力高于 16.2MPa±0.05MPa 时，接点闭合，并发出报警信号。

（3）一个压力开关（63/LP）：接收到油系统油压过低信号，当系统压力低于 11.2MPa±0.05MPa 时，汽轮机遮断，并发出报警信号。

（4）一个压力传感器（XD/EHR）：将 0～21MPa 的压力信号转换成 4～20mA 的电流信号，此信号可用作用户的下列选择项目：

1）驱动一个记录仪送给电厂计算机（DCS）以监视 EH 油压。

2）将信号送给一个装在控制室中的传感器接收器。

（5）本装置安装有一个 EH 油泵启动试验电磁阀 20/MPT，该电磁阀安装在油箱侧板上，利用它可实现对备用油泵启动开关（63/MP）进行远方试验。当电磁阀动作时，使高压油路泄油，随着压力的降低，备用油泵压力开关就会将备用油泵启动。此电磁阀及压力开关与高压 EH 油母管用节流孔隔开，因此试验时高压 EH 油母管压力不会受到影响，备用油泵压力开关装在端子箱内。

（6）装有一个 WP 型数字式温度控制器（23/EHR），当处于联锁状态，油箱温度低于 20℃时，此温度控制器可控制加热器启动，对油箱加热同时切断主油泵电动机电源并启动循环油泵。当油箱油温超过 50℃时，停止加热。

（7）数字式温度控制器来的信号控制继电器，再由继电器操作电磁阀。当 EH 油箱油温高于 57℃时触点闭合，发出信号，冷却水控制电磁阀打开，冷油器开始工作；当 EH 油温低于 37℃时触点闭合，发出信号，冷却水控制电磁阀关闭，冷油器停止工作。

（8）两个压差开关（63-1/MPF 及 63-2/MPF）：用以测量主油泵出口滤网的进、出口压差，以监视滤网的运行状态，当其压差达到 0.35MPa 时报警，表示滤网堵塞需立即更换。

（9）一个压力控制器（63/OPC）：当 EH 油系统 OPC 超速保护控制母管油压低于 7.0MPa 时，该压力控制器触点闭合，发出信号，表明 OPC 电磁阀已动作。

（10）两个压力控制器（63-1/AST、63-2/AST）：当 EH 自动停机，危急遮断母管油压低于 7.0MPa 时，这两个压力控制器触点闭合并发出信号，表明薄膜阀已动作。

（11）两个压力控制器（63-1/ASP、63-2/ASP）：当 AST 电磁阀组件中第一或第三个电磁阀中有一个动作，并且油压低于 9.85MPa 时，63-1/ASP 压力控制器触点闭合并发出信号；当 AST 电磁阀组件中第二或第四个电磁阀中有一个动作时，并且油压低于 4.2MPa 时，该压力控制器触点闭合发出信号。

（七）EH 油系统供油、回油管蓄能器

1. 高压蓄能器

四个高压蓄能器分别放置在两个支架上，其充氮的理论压力整定值为 8.6～9.8MPa。汽轮机左右两侧的调节汽阀组件旁边分别放置两台高压蓄能器，每个蓄能器均通过单独的高压截止阀与高压母管相连。其作用在于当油泵突然失电时，它们可向 EH 供油。当蓄能器需在线更换时，只需关闭蓄能器控制块上的高压截止阀，然后，打开其常闭回油截止阀以便进行卸压，待卸压结束后拆下蓄能器即可。

2. 低压蓄能器

两个低压蓄能器组装在 EH 回油管路上。它们作为缓冲器在负载快速泄去时吸收有压回油系统中的油。蓄能器由一个有合成橡皮袋的钢外壳组成。橡皮袋是用来将气室与油室分开的，袋中充有 0.21MPa 的干燥氮气。外壳上装有与橡皮袋相连的充氮防护气体阀。当蓄能器需要在线更换时，只需关闭蓄能器控制块的高压截止阀，然后打开其常闭回油截止阀以便进行泄压，待泄压结束后，拆下蓄能器即可。

3. 蓄能器的作用

（1）积蓄能量：液压系统利用蓄能器在某段时间将油泵输出的液压能储存起来，短期地或周期性地给执行机构输送压力油液或用作应急的动力源。

（2）补偿压力和流量损失，以补充系统内的漏油消耗。

（3）减小因液压阀突然关闭或换向等产生的系统冲击力。

（八）回油过滤器

EH 油系统装有两个回油过滤器，一个串联在有压回油管路中，过滤系统回油；另一个串联在循环系统回路中，在需要时启动自循环系统过滤油箱中的油液。

本装置的回油过滤器做成筒式，内装有三个相串联的精密过滤器，为了避免当过滤器被污物堵塞时，过滤器被油压压扁，回油过滤器中装有过载单向阀，当回油过滤器进、出口之间的压差大于 0.35MPa 时，单向阀动作，将回油过滤器短路。

（九）电加热器

电加热器安装在 EH 油箱底部外侧，当油温低于 21℃时电加热器在数字式温度器控制下投入；当油温高于 50℃或油箱油位处于低油位时，停止加热。

（十）抗燃油

随着汽轮发电机组容量的不断增大，蒸汽温度不断提高，控制系统为了提高动态响应而采用高压控制油。在这种情况下电厂为防止火灾而不能采用透平油作为系统的工作介质。所以，EH 采用的液压油为三芳基磷酸酯型抗燃油，其正常工作温度为 20～60℃。

（十一）抗燃油的安全使用

应避免吸入或在意外情况下吞入抗燃油，应禁止在工作场地进食与吸烟，并尽可能避免接触皮肤。如抗燃油溅落在保温层上应立即擦去，应尽量避免将抗燃油滴落在电缆上，以免腐蚀其绝缘层。如抗燃油不慎溅入眼睛内应立即到就近医院进行冲洗。

第六节　顶 轴 油 系 统

汽轮发电机组在启动前和停机后须进行盘车。由于机组的轴系很重，盘车时所需要的启动转矩大，为减少盘车与电动机的功率，并避免轴瓦和轴颈间发生的干摩擦，特设有高压顶轴油系统。

顶轴油系统用油来自冷油器出口，经滤网进入两台变量柱塞泵，柱塞式结构精密，油质要求高，故进入油泵的用油一定要经过滤网过滤。为使进入各轴承顶轴油孔的油量均匀，减少各油泵压力脉冲的影响，出油汇集到母管，再分配进入各轴瓦顶轴油孔，并在通向每一轴承的顶轴油管上装有单向止回阀，分别向 3、4、5、6 号轴承供油。顶轴油泵由回程盘、滑靴、柱塞、定位销、轴承座、泵轴、主体部、配油盘、缸体、钢套、缸体壳、内套、定心弹簧、外套、钢球、手轮、丝杆、变量活塞、度量活塞壳体、指示盘、度量头、圆头销、变量机构等部件组成。

NZK 300-16.7/537/537 型汽轮机设有顶轴油系统，该系统装有两台顶轴油泵。NZK 300-16.7/537/537 型汽轮机顶轴油系统采用单元制系统，机组所有轴承由两台变量柱塞泵供给，一台运行，一台备用。油泵进油由机组冷油器出口的润滑油母管来，经滤网过滤后进入泵体，泵排出的高压油首先到母管，然后经压力管单向止回阀向单个轴承输送。母管上有连通门、疏油门、截止阀。当母管压力超过疏油门整定值时，可通过疏油门直接回油箱。另外，当柱塞泵出现漏油等缺陷时，可在系统运行状态下隔绝柱塞泵的进、出口阀门进行检修。

第七节　调 速 系 统 的 检 修

一、检修准备

调速系统 A 级检修必备备品和测量器具见表 2-3、表 2-4。

表 2-3　　　　　　　　　　　　　　调速系统 A 级检修时必备备品

名称	数量	规格	所属部位
金属缠绕垫	2 件	580mm×530mm×4.5mm	高压主汽阀
极软钢垫	2 件	73.5mm×58mm×0.8mm	高压主汽阀
极软钢垫	2 年	50mm×38mm×0.8mm	高压主汽阀
金属缠绕垫	4 件	229mm×261mm×4.5mm	高压调汽阀
极软钢垫	4 件	73mm×34mm×0.8mm	高压调汽阀
极软钢垫	4 件	51mm×21mm×0.8mm	高压调汽阀
金属缠绕垫	2 件	617mm×574mm×4.5mm	中压主汽阀
金属缠绕垫	2 件	217.8mm×192mm×3.3mm	中压主汽阀
极软钢垫	2 件	142mm×65mm×1mm	中压主汽阀
金属缠绕垫	2 件	779mm×736mm×4.5mm	中压调汽阀
极软钢垫	2 件	73mm×34mm×0.8mm	中压调汽阀

表 2-4　　　　　　　　　　　　　调速系统 A 级检修必备测量器具

量具名称	精度	数量
外径千分尺　0～25mm	0.01mm	1 套
外径千分尺　25～50mm	0.01mm	1 套
外径千分尺　50～75mm	0.01mm	1 套
外径千分尺　75～100mm	0.01mm	1 套
外径千分尺　150～175mm	0.01mm	1 套
外径千分尺　175～200mm	0.01mm	1 套
外径千分尺　225～250mm	0.01mm	1 套
外径千分尺　275～300mm	0.01mm	1 套
内径千分尺	0.01mm	1 套

调速系统大修必备的专用工具按照汽轮机厂家提供的专用工具和技术要求准备。

二、调速系统检修的基本要求

（1）检修人员必须认真学习《电业安全工作规程　第 1 部分：热力和机械》（GB 26164.1—2010）及各种补充规定，认真执行工作票制度，做到安全生产。

（2）了解并掌握所要检修的各部件构造及原理，熟悉 GB 26164.1—2010 提出的标准和要求。

（3）做好文明生产工作，检修前应布置好场地，清除无用的物品。检修完毕或一段工作完毕后应及时清理现场。

（4）所有设备和部套在拆卸、解体、回装过程中应做好记录，尤其对于解体中出现的问题、缺陷，更换的零部件。机组运行中出现的隐患以及革新改进等情况，应有完整、齐全、详细的检修记录。

（5）检修时应用专用工具进行拆卸、组装，不得随意使用其他工具代替。零部件不易拆卸或组装时应查找原因，禁止盲目敲打。

（6）大修时，所有部套和设备除制造厂规定不允许解体外，均应进行解体、清理和检查。

三、调节、保安系统的检修通则

（一）调节、保安系统设备、部套检修说明

调节、保安系统设备、部套多为一些滑阀、滑阀套筒、活塞杆、活塞缸及油室等，下面对这些较有共性部件的检修做统一说明。

（1）滑阀、活塞、活塞杆应无严重磨损及腐蚀和卡涩现象，否则应检查原因进行消除，并根据具体情况研究更换或采取措施。如有轻度磨损、锈蚀、结垢、卡涩、腐蚀等应查明原因，用金相砂纸、细油石（活塞和活塞环可以用水砂纸）加透平油打磨光滑，禁止使用锉刀或粗砂布修理。

（2）活塞环应灵活无卡涩、无裂纹等缺陷，复装时两个环的接口应错开180°位置，三个环应错开120°位置，并且接口均应错开缸室的孔口。

（3）活塞及活塞杆等解体后应放置在妥当的地方，并使用清洁柔软材料包裹和覆盖以防碰撞，与检修无关的人员禁止随意乱动。

（4）滑阀及活塞的行程、过封度、油口开度等应符合图纸或相关规程要求，测量时应使用可靠准确的精密量具和专用量具等。

（5）滑阀套筒、活塞、活塞杆、活塞缸室及外壳体的洼窝油室孔口等应用煤油仔细清洗，用白布擦拭，白面团粘净，最后用压缩空气吹干。

（6）复装滑阀及活塞应在滑阀、活塞、活塞杆等滑动部位表面涂抹透平油，并应配合灵活。

（7）一般情况下，不取出紧配合套筒及缸室，必要时制订措施备好专用拉套工具，或者用铜棒轻轻均匀敲击取出，不允许直接锤击套筒及缸室。

（8）所有滑阀、套筒、活塞、活塞杆、活塞环、缸室、油室、外壳及其他零部件应进行仔细的宏观检查，确保无裂纹、毛刺等缺陷。

（9）各油口应畅通，尤其是排气孔必须确保其畅通。

（10）各油室、缸室、阀室的上盖、法兰结合面的垫料应拆除，拆卸后按原有的规格配制，在确保各技术要求准确无误的情况下保证其严密性。

（二）调速系统质量要求

（1）当主汽阀完全开启时，调速系统应能维持汽轮机空负荷运行。

（2）当汽轮机由满负荷甩到零负荷时，调速系统应能维持汽轮机的转速在危急遮断器的动作转速以下。

（3）主汽阀和调速汽阀阀杆、油动机、各滑阀以及调速系统连杆上的各活动连接装置，应没有卡涩和松弛情况，动作灵活。当负荷改变时，调速汽阀应均匀平稳地移动，在系统负荷稳定的情况下负荷不能摆动。

（4）在危急遮断器动作后，应保证调速汽阀、主汽阀关闭迅速且严密。

（5）调速系统的最大迟缓率不应大于0.2%。

（6）调速系统在检修或某一局部进行修理、改进及调整后应进行动态试验，试验及调整后调速系统各个部分应完全满足静态试验的各项标准要求。

（三）保安系统的质量要求

（1）当转速超过额定转速的108%～110%（即3240～3300r/min）时，危急遮断器动作停机。

（2）当危急遮断器失灵，转速升至额定转速的111%～112%（即3330～3360r/min）时，附加保安滑阀动作停机。

（3）如上述两道保安装置皆不动作，和附加保安滑阀动作值相同，即为额定转速的111%～112%，测速装置将发出遮断信号，使电磁阀动作并停机。

（4）手动停机保护：机组运行时，遇有机械危险，手打停机按钮，故障停机。

（5）保安系统动作，主汽阀关闭时间不超过0.4s。

四、液动元件检修工艺

液动元件工作质量的好坏直接影响调节、保安系统的安全、可靠性，检修时必须注意以下事项：

（1）凡能改变调节系统特性的部件，如弹簧紧度调整螺栓、垫片、连杆等零件的尺寸和相对位置，拆装时必须进行测量，并做好详细记录。

（2）解体时，必须测量和记录每个部件的间隙和必要的尺寸，如错油门门芯间隙、过封度、行程等，油动机活塞间隙、行程，调节汽阀行程、门杆间隙、弯曲度等。

（3）拆下的零件应分别放置在专用的零件箱内。对于精密零件应特别注意保护，并用干净的白布或其他柔软的材料包住，拿取时应谨慎小心，防止碰撞、损坏。

（4）滑阀、活塞、活塞杆、活塞环、套筒、弹簧等部件应仔细进行检查，无锈蚀、裂纹、毛刺等缺陷，滑阀凸肩应保持完整，无卷边、毛刺。

（5）滑阀、活塞上的排气孔、节流孔应清理干净，以免堵塞油路，影响正常工作。

（6）滑阀、套筒、活塞、活塞杆及外壳体的凹窝、油路孔口等应用煤油仔细地清洗，用白布擦拭，用面团粘净。

（7）复装滑阀及活塞时，应在滑阀、活塞、活塞杆等活动部位涂抹透平油。滑动及转动部分应灵活且无卡涩与松动现象，全行程动作应灵活、准确。

五、油动机检修工艺

（一）油动机的检修通则

（1）油动机在解体前应做好相对记号，反馈部分在拆下之前应测量定位尺寸，以备复装使用。

（2）单侧进油的油动机，关闭方向是用弹簧来进行关闭的，因此在分解油室上盖时，须用两个长螺栓来放松弹簧，以防止松开上盖螺栓后弹簧顶出上盖造成人身或设备损坏事故。

（3）油动机解体前应将油动机外壳的油垢和尘土清理干净，以防在解体时落入油动机中，油动机解体后用煤油清洗零部件上的油垢。

（4）检查油动机活塞胀圈有无磨损、裂纹，胀圈应弹性良好、无卡涩现象且与外壳接触良好，活塞与活塞杆的装配良好且无松动现象。胀圈在一般情况下不要拆下以免损坏。

必须拆下时，应小心地将胀圈从环槽内撬出，不要撬出太多或太高，以免胀圈断裂损坏。活塞杆与套筒有轻微摩擦时，可用细油石打磨光滑。

(5) 测量油动机活塞杆与套筒的间隙值一般应在 0.10～0.20mm，组合式活塞检修时一般不予分解。

(6) 对设备各零部件应仔细检查，各弹簧应无变形、裂纹，弹性良好，弹簧的自由长度应无变化并符合图纸尺寸要求。各部件应完整无损，固定连接件应牢靠紧固，活动连接件应灵活、稳定。

(7) 组装前应将各部件清理干净。清理时取出临时封堵，清除油污。管子孔洞用压缩空气吹干净，较小的油眼、排气孔可用喷烟检查，保证畅通无阻。部件和油室用面团粘净并涂抹透平油。

(8) 组装时，要求活塞上相邻胀圈对口应错开 120°～180°。油动机端盖结合面应涂上薄薄一层涂料，如有垫片时，应保持原垫片的厚度。

(二) 油动机错油门的检修

错油门是中间放大机构，其作用是将上一级的信号接收并加以放大后传递给下一级机构。按其控制油流方式可分为断流式错油门和贯流式错油门两种。

错油门的凸肩和套筒上的窗口组成一个可调节的油路。断流式错油门在平衡状态下处于中间位置，此时错油门的凸肩将套筒上的油口完全关闭。为了关闭严密不致因其他波动而将油口打开，造成调节系统摆动，错油门的凸肩总要比窗口的尺寸大些，并将窗口过度封严。凸肩超过窗口的部分叫过封度（重叠度），过封度太大，调节过程中动作将迟缓；如没有过封度或过封度太小，则会漏油，造成调节系统摆动。

油动机的错油门大都采用断流式，在稳定工况下错油门应处于在中间位置，其检修工艺包括以下内容：

(1) 在解体错油门之前应做好相对位置记号，测量好定位尺寸，测量好错油门门芯的行程。

(2) 应将错油门壳体清理干净再进行解体。

(3) 拆下的部件用煤油清理干净，仔细地检查错油门油口处的棱角是否锋利，有无腐蚀、擦伤和毛刺。门芯如有擦伤，应用细油石或油砂纸打磨光滑。如错油门棱角变钝或出现凹坑时，应予以更换，不可用锉刀打磨。用压缩空气吹通各孔眼，用干净的白布擦拭干净并用白布扎好妥善保管。

(4) 错油门的套筒一般不需抽出，如需抽出时，对于配合较松的错油门套筒，取出只要不歪斜，用铜棒敲打即可抽出；对于有较小紧力的套筒，取出时可用专用工具拆出。

(5) 测量错油门门芯与套筒前，应用细油石及水砂纸将门芯打磨光滑。间隙应符合图纸尺寸要求。

(6) 测量错油门的过封度应符合图纸尺寸要求。

(7) 当更换错油门门芯及门套时，应将备件尺寸进行详细测量，并与原件的尺寸进行比较，符合要求后方可更换使用。

(8) 组装错油门时，首先在错油门门芯上涂抹干净的透平油再装入。组装后使错油门外壳与水平成 30°斜角，检查门芯的灵活性，这时错油门门芯能自动移动其全行程。组合时无垫片的结合面需涂抹薄薄一层涂料，均匀、对称地紧上螺栓。

（三）高压油动机检修工艺

1. 结构及工作原理

350MW 机组汽轮机高压油动机结构如图2-7。它是由油动机活塞、继动器活塞、反馈斜板、反馈连杆等组成。

继动器活塞上部作用着高压调节汽阀的控制油，与活塞杆上部的拉簧弹性作用力相平衡。当调节汽阀控制油压升高时，继动器活塞上部作用力大于弹簧作用力，使活塞向下移动，关小活塞杆下面四个进油口使错油门上部油压升高，错油门的平衡被破坏而向下移动。打开高压油进入油动机活塞下面的进油口，使油动机活塞下面的油压升高，活塞杆向上移动，带动调节汽阀门杆向上移动，将调节汽阀开大。在油动机活塞杆向上移动的同时，通过反馈斜板及连杆，使错油门套筒向下移动，从而把油动机活塞底部的进油口关闭，使油动机活塞处于一个新的稳定位置，调节过程结束。当控制油压降低时，动作过程与上述相反。

一旦机组出现甩负荷或发生事故，控制油压首先跌落，继动器活塞在拉簧的作用下，迅速向上移动，继动器活塞杆下部的泄油口随之关闭，错油门上部的油压泄掉，错油门在弹簧的作用下向上移动，打开油动机活塞下的两个泄油口，使活塞下部的油压泄掉，油动机活塞向下移动，迅速关闭高压调节汽阀。

2. 高压油动机检修工序、工艺及质量标准

高压油动机检修工序、工艺及质量标准见表 2-5。

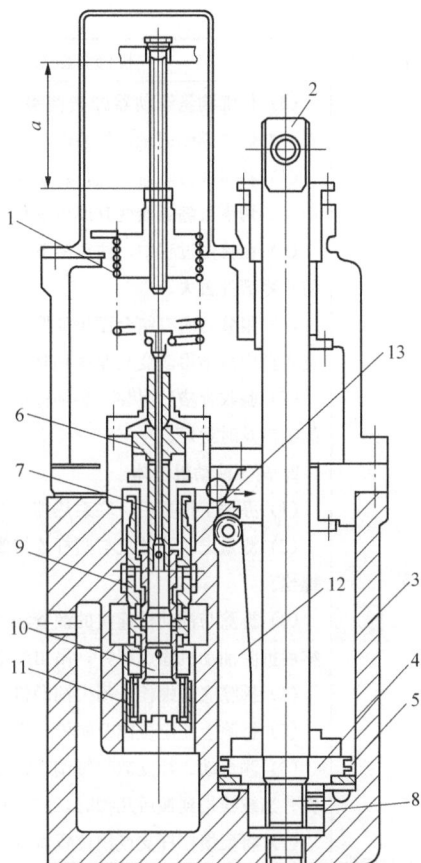

图 2-7　汽轮机高压油动机结构图

1—继动器拉弹簧；2—活塞杆；3—油动机外壳；4—活塞；5—活塞环；6—继动器活塞；7—继动器活塞杆；8—油动机缓冲活塞；9—错油门；10—错油门套筒；11—错油门弹簧；12—反馈斜板；13—反馈连杆

表 2-5　　　　　　　　　高压油动机检修工序、工艺及质量标准

设备名称	检修方法及注意事项	质量标准
高压油动机	1. 解体前的准备 （1）油动机解体前，应先读出油动机标尺上的读数，并做好记录，然后拆除与门杆的连接销，使油动机活塞关到底，再读出标尺上的读数。两次读数之差即为油动机关闭时的富裕行程。 （2）解体继动器时，不可将继动器活接头折断，将继动器上盖和搁脚拆去后，将继动器整体取出，放在专用油盘内解体。	（1）继动器活接头的间隙小于 0.03mm。 （2）继动器活塞间隙为 0.08～0.12mm，活塞杆间隙为 0.06～0.10mm。 （3）继动器各零部件应光洁完整，无锈斑、裂纹、毛刺等现象。

设备名称	检修方法及注意事项	质量标准
高压油动机	(3) 仔细测量继动器弹簧调整螺栓的尺寸和螺母的转角位置，并做好详细记录。组装时应使尺寸和位置保持不变。 (4) 各零件拆装时，应仔细测量尺寸和记录其位置，并做好记录，切不可随意改变其厚度和位置。 (5) 在检修过程中，注意滑阀、部套不要碰伤，妥善保管，防止零部件丢失。 (6) 组装时所有结合面垫片厚度，无特殊情况及未经技术负责人员同意不得改变其厚度和材质。 (7) 验收合格后组装，必须仔细、全面地复查一遍，各敞开的油口及时封好。 2. 高压油动机解体 (1) 办理工作票后，联系热控人员拆除相关部件。 (2) 测量记录油动机与阀杆连接螺栓尺寸，拆除连接销子和螺栓。 (3) 拆除与油动机连接的油管法兰螺栓及活接头，待吊车吊牢后拆除油动机固定螺钉，吊出油动机放在检修平台上。 (4) 拆除底盖螺栓，吊去油动机上部。 (5) 拆除上盖定位销及螺栓，揭下上盖。 (6) 测量动、静反馈弹簧调节螺栓尺寸，两侧均匀地松出弹簧。当螺栓松到最后几扣时，应注意防止弹簧弹出伤人。 (7) 将反馈杠杆支点销位置做好记录，拆除销子，将拉杆翻到一边。 (8) 拆除继动器壳体螺栓，取出继动器，并测量垫片的厚度做好记录。取出错油门门芯和弹簧。 (9) 拆去连杆销子，拆下反馈杠杆。将油动机水平放好，拆去油动机活塞止动螺母，取出油动机活塞和活塞杆。 3. 高压油动机检查、测量 (1) 测量继动器行程。 (2) 测量继动器活接头间隙，一般用手拉时应感觉不动，但转动灵活即可，也可用百分表来测量。 (3) 测量继动器活塞间隙和限位销尺寸。 (4) 检查继动器各零部件。 (5) 检查继动器弹簧。 (6) 检查错油门活塞过封度。过封度的测量可将套筒拆除放在检修平台上，放入活塞，对准油窗，把百分表架在活塞端部，往复移动活塞，使进出油窗刚好关闭（可用0.02mm的塞尺检验，读出百分表值，两读数之差除以2，即为过封度值。 (7) 检查和测量错油门套筒与外壳配合检修。 (8) 检查油动机壳体。 (9) 检查油动机活塞环。 (10) 检查油动机活塞缸衬套内壁。 (11) 检查上、下轴承。油动机上的轴承均有磨损现象，但	(4) 继动器弹簧无锈蚀、裂纹，自由长度变化量小于10%，刚度变化量小于5%，装配时初紧力与检修前相同。 (5) 错油门活塞光滑且无毛刺、无磨损，油窗无钝口、圆角，与套筒配合灵活不卡涩，径向间隙为0.05～0.12mm，错油门过封度为0～0.15mm。 (6) 错油门套筒与外壳配合严密无渗漏，紧力为0.005～0.02mm，错油门弹簧无锈蚀、裂纹，自由长度变化量应小于10%，弹簧座无松动。 (7) 错油门上部的高压油进油口应畅通无污垢。 (8) 油动机壳体无裂纹、渗漏现象，壳体内无锈蚀、垃圾、油垢，壳体与底盖结合面光滑。高压油的腔室周围接触全周接触，接触面积大于80%，用0.02mm的塞尺检查应塞不入。垫片厚度小于0.30mm。 (9) 油动机活塞环无严重磨损，接头处间隙为0.40～0.50mm，在槽内轴向间隙为0.04～0.06mm，上、下两活塞环接头应错开180°，活塞环压板与缸体的间隙为0.12～0.25mm，缓冲活塞与缸体的间隙为0.42～1.2mm，其富裕行程为7mm，活塞与缸的间隙为0.6～0.9mm。 (10) 油动机活塞缸衬套内壁光滑且无拉毛现象，磨损量小于0.50mm（直径总量），与壳体装配过盈为0.02～0.05mm，装好后衬套比油动机壳体平面低0～0.02mm。 (11) 油动机活塞杆无弯曲、磨损、裂纹等现象，表面光滑无结垢。活塞行程符合设计标准。活塞杆限位圈紧固不松动，开口销弯脚无裂纹。 (12) 上、下轴承光滑，无严重磨损。轴承与活塞杆之间的间隙为0.06～0.13mm。 (13) 反馈杠杆无变形，连接螺栓不松动，各连接销光滑且无毛刺、裂

设备名称	检修方法及注意事项	质量标准
高压油动机	一般不予处理。 (12) 检查反馈杠杆。 (13) 检查各连接销衬套。 (14) 检查油动机各螺栓。 4. 高压油动机的组装 组装按拆卸相反的顺序进行。组装时各零部件必须用清洁的煤油或其他清洗液清洗干净，用经过过滤的压缩空气吹净，并做到洗一件、吹一件、装一件。装入前应反复核对零件记号、尺寸、方位，切勿弄错。装入时涂抹适量的透平油，装入后检查活动的部件应动作灵活不卡涩，固定的部件无松动等现象。各种保险完整无缺，各油口畅通，位置正确，继动器壳体上二次油孔及垫片上的二次油孔必须对准	纹、磨损，径向间隙小于 0.05mm，轴向间隙为 0.5～1.0mm 转动灵活。销子表面应进行渗碳、氮化处理。 (14) 各连接销衬套光滑无毛刺、磨损、裂纹等现象。衬套装配牢固无松动，并捻打保险。衬套内表面应进行渗碳、氮化处理。 (15) 油动机各螺栓完好无缺，开度指针、刻度标尺清晰

（四）中压油动机检修工艺

中压油动机结构如图 2-8 所示，主要由油动机活塞、继动器活塞、错油门套筒、反馈斜板、反馈连杆等组成，其工作原理与高压油动机类似。在稳定工况下，继动器活塞上部作用着高压调汽阀的控制油压，与拉簧上的弹性拉力相平衡。

错油门上部油室的油由高压油经节流孔供给，再从继动器活塞杆上的排油口排油，此时错油门上部油压与错油门下部弹簧的弹性力相平衡，错油门处于中间位置，把通往油动机活塞下部的油口堵住，油动机活塞稳定不动。

当控制油压升高时，继动器活塞上部的油压作用力增加，破坏了原来的平衡状态。活塞克服弹簧的弹性拉力而向下移动，把泄油口关小，使错油门上部油压升高，错油门上部作用力增加，破坏了原来的平衡，使错油门克服弹簧的作用力而向下移动，打开了通往油动机活塞下部的高压油入口，油动机活塞向上移动，调节汽阀随之开大。在油动机活塞上移的同时，反馈斜板及连杆使错油门套筒向下移

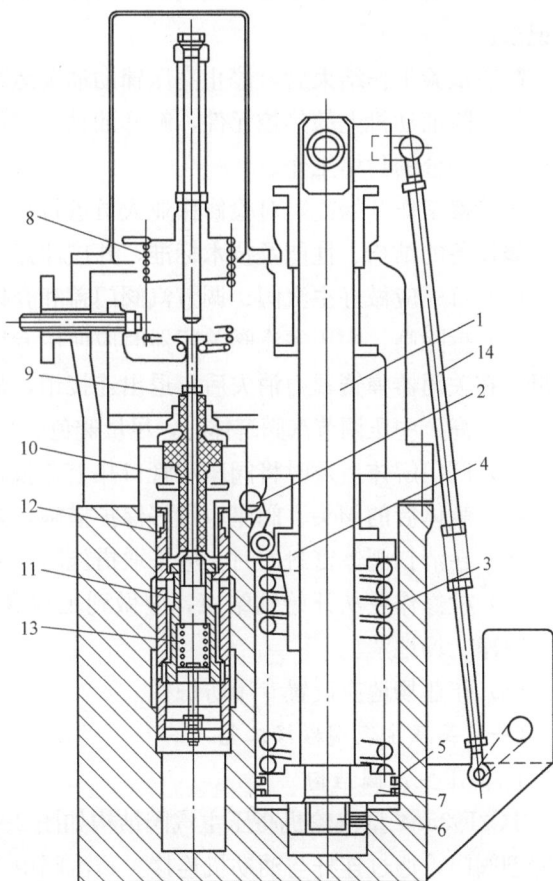

图 2-8 中压油动机结构图

1—活塞杆；2—反馈连杆；3—活塞弹簧；4—反馈斜板；5—活塞环；6—缓冲活塞；7—油动机活塞；8—继动器弹簧；9—继动器活塞；10—继动器活塞杆；11—错油门滑阀；12—错油门套筒；13—错油门套筒；14—连杆

动，关闭高压油入口，使油动机活塞趋于稳定，调节结束。当控制油压降低时，动作过程与上述相反。

中压油动机的检修工艺与高压油动机基本相同，值得注意的是：在拆装油动机活塞时，应使用专用的衬圈将油动机活塞缸内的环行槽填平再进行拆装，否则油动机活塞胀圈卡在环行槽内，将给检修工作带来极大的麻烦。

六、杠杆传动机构检修工艺

这种机构结构简单，检修时应注意连接销轴的磨损情况，要求叉形接头能灵活转动，但并不松动，叉形接头销子方向应与杠杆垂直，球形接头灵活无卡涩并松动。滚针轴承应无磨损，保证灵活无卡涩。吊环的上、下部分间隙符合图纸要求。

七、主汽阀、调节汽阀检修工艺

汽轮机组在停机检修之前要做好检修前的各种试验，并以此来确定检修工作重点。其中停止盘车后的调速系统静态试验对主汽阀、调速汽阀的检修具有重要意义，应做好详细的记录。

静态试验工作结束后，停止高压辅助油泵运行，排净供油管路内的存油。通知热控检修人员拆除油动机上的热控元件，解开油动机与门体的联结部件，吊出油动机，并做好油管路敞口部分的封堵工作。

在检修工作开始前，对检修作业人员进行技术交底和必要的安全知识培训，使其了解所检修设备的结构、性能及技术标准，并应注意以下几点：

（1）首先应做好主汽阀、调节汽阀门盖和壳体及油动机的相对位置记号。

（2）拆除高、中压主汽阀关闭器时应使用专用加长螺栓，吊绳吃力后，三点均匀回旋螺母，在关闭器弹簧紧力消失后，退出连接销，吊出关闭器。

（3）高、中压调节汽阀解体时，尽量避免交叉作业。无法避免时采取必要的安全措施。

（4）阀门解体后及时将阀座和管口扣上盖板，作业人员离开现场时盖板应加封条。

（5）解体后的阀头、阀座应做好保护措施，防止吊运及检修作业时碰伤阀门密封线。

（6）在清扫阀体密封面时，应采取措施防止杂物及工具落入管道。

（7）检修作业从开始到结束，应做到工器具摆放整齐，设备及零部件摆放整齐，工完、料净、场地清。

（8）作业场地应设置专用防护栏。

（一）高压主汽阀检修工艺

1. 高压主汽阀结构

TC2F-35.4″型汽轮机高压主汽阀结构如图 2-9 所示。它是液压动作式的带有预启阀的活塞型阀门，通过连杆与油动机连接。蒸汽阀由主汽阀和预启阀组成，预启阀由两部分组成，挠性连接在一起，阀门关闭时，密闭在主阀中心的阀座上。开启主汽阀时，通过阀杆先打开预启阀。当阀杆的凸肩碰到固定在主阀上套筒的凸肩时，主阀开始开启。主阀全开后，套筒左端的台阶就靠在阀杆套筒的右端面上，起密封作用，防止蒸汽沿阀杆泄漏。当油动机活塞下没有油压时，阀门便在活塞弹簧弹力的作用下迅速关闭。在全开状态下，阀杆导向套筒靠紧在阀杆套筒端面上，起到密封作用。圆筒形的蒸汽滤网与阀盖是一体的，

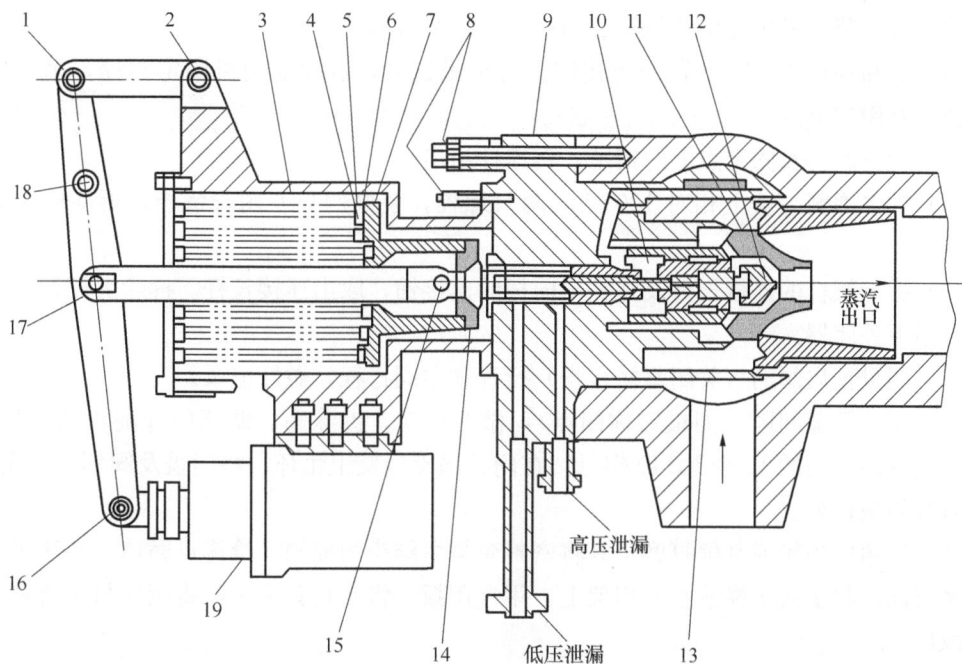

图 2-9 TC2F-35.4″型汽轮机高压主汽阀结构图

1、2、15、16、17—销子；3—壳体；4、5、6—弹簧；7—弹簧座；8—罩帽；9—阀座；10—阀杆；

11—主阀；12—预启阀；13—滤网；14—弹簧导向块；18—连杆；19—油动机

嵌在蒸汽阀体的周围。在蒸汽滤网的外围，汽室上有一块防涡流钢板，用来防止蒸汽汽流的涡动，并可以防止由涡流引起的阀头及阀杆振动。

2. 高压主汽阀检修注意事项

（1）熟悉掌握螺栓加热器的使用方法，电源应带有漏电保护器，防止触电。

（2）门盖吊出后，主汽阀入口及门杆漏汽疏水管法兰应及时封堵，检修人员离开现场时加封条。

（3）从阀盖套筒中抽出的阀杆与阀头如不能及时解体时，应立式摆放，并妥善保管，以防止门杆弯曲和碰伤。

（4）解体前对各部件的方位及相对位置做好标记，门盖 M140 大螺母进行编号，以便回装。

（5）中压主汽阀、调节汽阀解体和回装时，作业现场应设安全防护栏，作业结束后及时恢复原盖板。

（6）整个检修现场应铺设塑料布，在塑料布上铺设胶皮。重大部件如必要时应铺设木板及枕木。做到工器具、零部件、垃圾不落地。

3. 高压主汽阀解体工序

在工作票办理完，并确认所有检修和安全措施全部正确实施后再进行以下的解体工作：

（1）在具备解体检修条件以后，将保温拆除。门体保温扒到结合面以后 100mm，疏水管保温扒到第一道法兰以下 100mm。

（2）联系热控人员，拆除热控元件并妥善保管。做好接油工作后，依次松开与油动机连接的油管活节，采用先用塑料布后用白布双层及时封堵。

（3）拆卸油动机与传动臂的连接销。行车吊稳后，拆除油动机固定螺栓，吊出油动机，放在专用架上。

（4）拆下阀杆及固定点上的销子，将连杆吊出。

（5）拆去弹簧端盖上相对 180°处的两只螺栓，装好两只专用长螺栓，拆除端盖，取出弹簧。

（6）拆下阀杆的连接长杆及弹簧导向杆的连接销，取出连接长杆。拆除关闭器的固定螺栓，吊下关闭器。

（7）测量预启阀的（关闭富裕行程）行程和主阀行程，做好记录。

（8）测量门盖间隙（测量对称四点），做好记录。拆除高、低压门杆漏汽法兰螺栓，拆卸主汽阀结合面的 16 个 M140 螺母，在门盖吊点处旋上吊环，将门盖及阀体一同吊出，并及时封堵敞口处。

（9）用角向砂轮或其他打磨工具将密封套与主阀头的锁销、捻铆点磨掉，并注意切勿碰伤密封面。将主阀头横放在专用架上，用专用扳手将密封套旋出，将阀杆与预启阀从阀头中取出。

（10）将预启阀与阀杆放在带有销子的专用架上，使销子插入预启阀的径向孔，用夹具将预启阀阀头夹牢。

（11）旋出结合面，将预启阀阀头上的螺母顺时针方向旋出，取出弹簧、阀杆、弹簧座及预启阀头。

4. 高压主汽阀检修工序、工艺及质量标准

高压主汽阀检修工序、工艺及质量标准见表 2-6。

表 2-6　　　　　　　　　　　　　高压主汽阀检修工序、工艺及质量标准

设备名称	检修方法及注意事项	质量标准
高压主汽阀	（1）预启阀间隙测量。阀杆推以关闭位置，确信阀杆被预启阀弹簧顶以与预启阀阀芯背部接触。在阀杆端部架一块百分表，调整指针使其读数为 7mm，用力将阀杆向关闭方向推，确信弹簧导向杆与外封套的密封面靠紧。读出百分表的读数，两次读数之差即为预启阀间隙。反复测量几次，比较每次测量之差基本相同，以避免测量误差。 （2）主汽阀头与预启阀头的行程测量。用手推、拉主汽阀头，确认阀头开关到位，分别测量出阀杆端面至基准面的距离，两值之差即为主汽阀头的行程。将主汽阀推到关闭状态，确认预启阀头密封面与主汽阀头靠紧，在没有外力的作用下，测量阀杆端面到基准面之间的距离。然向外拉动阀杆，在确认主汽阀头不动的情况下，听到预启阀全到位的金属撞击声，再测量阀杆端面到基准面之间的距离，两值之差即为主汽阀行程。应反复测量几次，比较每次测量之差基本相同，以避免测量误差。 （3）各部套配合间隙的测量。 （4）阀杆的弯曲测量。首先，把阀杆的两端架在 V 形铁上，V形铁应放置平稳、牢固；再把百分表支好，使测量杆指向阀杆轴心；然后，缓慢地盘动阀杆，在阀杆弯曲的情况下，每转动一周则百分表有一最大读数和最小读数，两读数差值的一半即为阀杆的弯曲值。同时测出中间和两端三点，判断阀杆的弯曲情况。当测得的弯曲度大于阀杆与密封套间隙上限值的一半时，应更换阀杆。	（1）预启阀间隙标准为 3.20mm ±0.20mm。 （2）主汽阀行程为 102mm。 （3）预启阀行程为 22mm。 （4）下封套与阀头的配合间隙为 0.05～0.14mm，内、外封套与阀杆的配合间隙为 0.05～0.30mm，外封套与弹簧导向杆的配合间隙为 0.25～0.33mm，主阀头与导向套筒的配合间隙为 0.28～0.44mm，预启阀弹簧座与阀杆的配合间隙为 0.25～0.31mm，阀盖与阀体相配合的止口间隙小于 0.50mm，预启阀头螺母内孔与阀杆之间的间隙为 1.45～1.75mm

设备名称	检修方法及注意事项	质量标准
高压 主汽阀	（5）各密封部件的研磨及检验。主汽阀头、阀座的阀线研磨，应使用厂家制作的专用研磨胎具。使用研磨砂，由粗到细，直到研出金属光泽、表面光滑为止。预启阀的阀线和阀杆套密封面的研磨，应采用加研磨砂对研的方式进行研磨。采用撞击法检查主汽阀阀线的步骤：首先将阀盖密封面及研磨好的阀头、阀座清理干净，将预启阀、阀杆、主阀头及阀盖正式组装好，并将阀头拉到全开位置；然后在主阀座的阀线位置少量、均匀地涂抹红丹油，按照解体时的相对位置，回装主汽阀阀盖，在相互垂直地方向上对称把紧四条螺栓，检查阀盖四周间隙应基本相同（注意：在回装过程中不要将阀头推向全开位置），用力将阀头推向关闭位置，使其发出清脆的撞击声（注意：不允许旋转阀头）；最后将阀头拉到全开位置，松开结合面螺栓，吊出门盖及阀头，检查阀头的接触线，应连续均匀。 （6）检查阀壳内壁应无裂纹及氧化皮脱落，若有氧化皮脱落现象，应设法将其磨去。清理检查各弹簧、弹簧座、防涡流板及焊缝、阀杆、弹簧导向杆、各传动连接销及阀头弹性密封限位环等部件，应无变形、腐蚀、损伤，用着色法探伤应无裂纹，表面氧化层打磨光滑。 （7）结合面螺栓、螺母硬度及光谱探伤合格，按编号配合旋转无卡涩现象。 （8）高压主汽阀的组装。各零部件清扫、检查、测量、修理结束后，按拆卸时的逆顺序进行组装。 　1）将结合面大螺栓的螺纹上均匀涂抹二硫化钼后按编号回装，当确认螺栓旋到底后，再将其旋出半扣，留出膨胀间隙。 　2）检查各零部件应无毛刺、损伤，涂抹二硫化钼粉，滑动配合的部件，装配后应灵活不卡涩。若有更换的部件，应对其尺寸和间隙进行全面的测量。 　3）修后的预启阀及主汽阀行程、预启阀与阀杆的间隙等尺寸应与修前无变化。 　4）对所有锁销进行捻打，并与门盖组装。 　5）清扫汽室，并确认汽室及管道内无杂物；紧固螺栓完好无损；密封面清扫干净，加好密封垫。 　6）将组装好的阀体按照解体时记号吊入壳体就位，用力矩为800N·m的力矩扳手均匀地冷紧四角的四条螺栓。检查阀盖与壳体的间隙应均匀。用手反复推拉阀杆，使阀线接触，然后在第一或第二调节汽阀阀孔内用内窥镜观察阀线的接触情况。阀线接触合格可以回装，否则应吊出查明原因并消除，同时复查预启阀及主阀头的行程合格。 　7）使用加热棒加热对角的四个螺栓，热紧应对角逐次地进行，热紧弧长为220mm。螺栓自然冷却到室温后，检查门盖与壳体的四周间隙和解体应相接近。由于螺栓的材质和每个螺栓热紧弧长的差异，有时结合面间隙有所不同，可在第二次热紧时调整。 　8）用力矩为800N·m的力矩扳手逐个对称地冷紧其他12条螺栓，并逐一对称热紧这12条螺栓，热紧弧长为170mm。待其冷却到室温后，再松开先紧好的四条螺栓，用相同力矩扳手将其紧好后逐一热紧，热紧弧长为170mm。 　9）组装结束后，再一次检查预启阀及主阀的灵活性，行程是否符合标准。 　10）按解体的标记和记录，回装关闭弹簧支座、传动杆、弹簧座盘、组合弹簧、弹簧压盖，回装油动机	

（二）高压调节汽阀检修工艺

1. 高压调节汽阀结构

高压调节汽阀结构如图 2-10 所示。调节汽阀的汽室与主汽阀相连接，形成了一个整体。调节汽阀为单座柱塞型，包括四个调节汽阀，一个主汽阀带两个调节汽阀，每个调节汽阀由一个油动机控制，蒸汽压力与主汽阀相同。

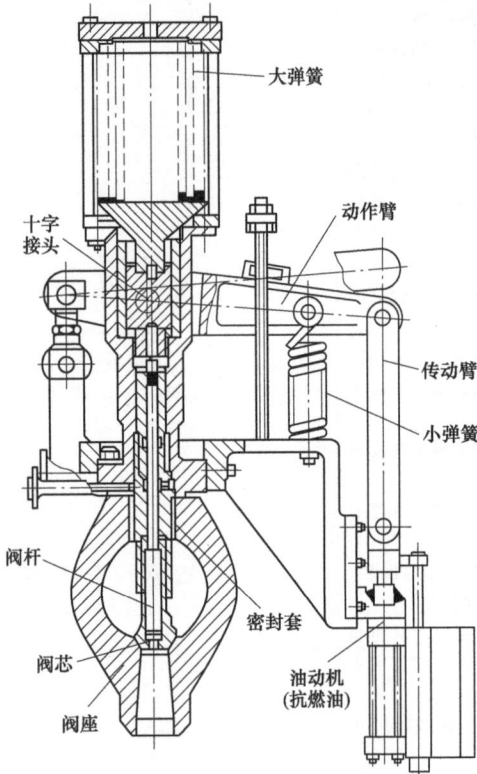

图 2-10　高压调节汽阀结构图

高压调节汽阀主要由阀座、阀芯、阀杆、密封套、十字接头、大小弹簧、动作臂、传动臂等组成。阀杆与十字接头为螺纹连接，并有销子固定；十字接头通过一个可相互转动的销子与传动臂连接；传动臂的一头通过活销与油动机活塞杆连接，另一头通过活销与支架连接。这种连接方式有足够的挠性，使阀杆在上下运动时始终保持沿轴线运动。当油动机活塞下油压增加时，油动机活塞杆通过动作臂克服大弹簧的张力和小弹簧的拉力，带动阀杆向上运动，开启调节汽阀。当油动机活塞失去油压时，在大小弹簧力的作用下，调节汽阀迅速关闭。调节汽阀的动静间隙密封，是由固定在门盖上的门杆密封套及套上的高、低压门杆疏汽来完成。四台高压调节汽阀按一定的过封度依次开启。

2. 高压调节汽阀检修注意事项

（1）待高压缸调节级温度降到 150℃ 以下后，办理工作票。

（2）拆除调节汽阀的化妆板。

（3）将阀体保温拆到阀体结合面以下 150mm 处，使阀杆漏汽疏水管法兰露出，便于拆除法兰螺栓。

（4）用螺栓松动剂或煤油浸泡阀体结合面罩帽、阀杆漏汽疏水管法兰螺栓、传动臂限位架螺栓等紧固件。

（5）检修解体前将每个调节阀及零部件做好编号及相对位置标记，以防零部件混乱。

（6）在检修作业开始前，应对检修现场的地面做好保护措施，铺设塑料布、胶皮等，保证设备零部件、工器具、垃圾三不落地。

（7）阀杆及精密部件的摆放应防止弯曲、碰伤和丢失。

（8）解体后的汽室、阀座、疏汽管及油管等，应及时做好封堵工作，以防杂物落入。

（9）与两个主汽阀相邻的 1、2 号调节汽阀必须在主汽阀组装验收合格后才能回装，否则将无法检查主汽阀阀线的接触情况。

（10）各调节汽阀就位时，必须调整好径向位置，即油动机平面与主汽阀平面垂直，这样可以保证油动机油管的正确安装。

（11）所有解体密封面的O形圈、密封垫不应重复使用。

3. 高压调节汽阀检修工序、工艺及质量标准

高压调节汽阀检修工序、工艺及质量标准见表2-7。

表 2-7　　　　　　　　高压调节汽阀检修工序、工艺及质量标准

设备名称	检修方法及注意事项	质量标准
高压调节汽阀	1. 解体 （1）将现场及检修设备清扫干净，联系热工人员，拆除阀位发送器的连杆接头及阀位开关箱。 （2）拆除油动机底部油管法兰连接螺栓，并注意防止存油流入保温内，取下控制油、动力油、回油管O形密封圈。 （3）拆除油动机活塞杆上的连接销子，用行车吊住油动机后，拆去油动机与阀体的连接螺栓，吊出油动机，固定在专用的支架上。 （4）拆除弹簧架顶部压盖螺栓，吊下顶盖，取出弹簧及弹簧座，拆除门架与弹簧架的连接螺栓，吊下弹簧架。 （5）拔掉传动杆拉簧两端的开口销，取下垫片，拆下弹簧。 （6）拆除传动架限位架，冲出传动臂与十字头的连接销及传动臂与连杆的连接销，取下传动臂。 （7）在行车钩上挂上手拉葫芦提升阀杆，测量阀杆的全行程为34mm±0.5mm。 （8）拆除阀杆高、低压疏水管法兰螺栓，拆除阀盖紧固罩帽，吊出阀盖、阀杆、阀芯等组件。 （9）将十字头锁销的捻打点磨去，用销冲从小头向大头冲出十字头锁销。 （10）将直径与十字头连接销直径接近的紫铜棒插入十字头销孔内，并使其单边靠紧，用专用的过渡扳手塞入阀芯中心孔内，用常规扳手套在过渡扳手上，将阀杆从十字头中旋出。 （11）旋出阀体结合面螺栓。 2. 高压调节汽阀的组装 各部件清理、检查、测量工作完毕后，可按解体工序时的逆顺序进行组装。组装时各部件应清扫干净无毛刺，特别是各个密封面要清洁。各部位均应涂抹二硫化钼粉，阀盖紧固螺栓应涂抹高温润滑剂，其紧固力矩为1322N·m	（1）阀杆全行程为34mm±0.5mm。 （2）清扫、检查各零部件，应光滑无损伤。凡有氧化皮脱落或过厚的部件，将氧化皮用砂布或砂轮片磨去。 （3）测量阀杆在阀芯中的轴向自由度为3.2mm±0.5mm。当不符合标准时，可将阀芯与其螺母固定的销子钻掉，用钩扳手将螺母旋出，即可将阀杆与阀芯分离，进行调整。测量阀杆的弯曲度小于0.05mm。 （4）将阀头卡在车床上用柔性砂轮打磨阀线位置，直至表面粗糙度为1.6～3.2μm。阀座用专用的磨具涂研磨膏研磨，直至表面粗糙度为1.6～3.2μm。将阀座清扫干净后，在阀线的位置上涂抹一薄层红丹油，将阀芯、阀杆、阀盖组装好后与阀体组合，反复提升阀芯几次撞击阀座，然后吊出检查阀线的接触情况。若阀芯全周上有一窄条均匀不间断的红线，说明接触良好，否则应进一步进行研磨，直至合格。 （5）阀盖与阀壳之间的密封面应用研磨砂和平板一起进行研磨。最好在平板上涂红丹油检查研磨质量，直至接触均匀并达到80%以上，内外圆方向没有贯穿的槽道和划痕方算合格。高、低压疏水管法兰用同样的方法进行研磨。油动机油管法兰应表面光滑无毛刺，O形圈的凹槽完好无损。 （6）测量各弹簧的自由长度，其变化量应小于5%，并视情况做弹簧特性试验。外圈关闭弹簧自由长度为536mm，弹簧刚度为27kg/mm；内圈关闭弹簧自由长度为535mm，弹簧刚度为20kg/mm；传动臂的拉簧刚度为10.7kg/mm。 （7）弹簧导向块（十字头）与衬套的配合间隙为0.30～0.40mm，阀杆与密封套的间隙为0.25～0.30mm，阀芯止动螺母与密封套的间隙为0.25～0.35mm。活动销与连杆之间的间隙，其固定支点与油动机间隙为0.05～0.16mm，与阀杆端间隙为0.06～0.12mm，与外置关闭弹簧端间隙为0.05～0.1mm，与其余部分为过度配合，间隙为0～0.02mm。 （8）结合面螺栓应无毛刺，旋转自如、无卡涩，并经硬度和探伤合格

（三）中压主汽阀检修工艺

1.中压主汽阀结构

中压主汽阀布置结构如图 2-11 所示，主要由阀杆、轴套、壳体、摇臂、阀芯、阀座等部件组成。其控制油压是在组合孔板内，由高压油经节流后形成。它受安全油的控制，只要安全油压建立，中压主汽阀就全开。一旦安全油压跌落，中压主汽阀的控制油就从组合孔板中泄掉，中压主汽阀立即关闭。中压主汽阀只能全开或全关，在正常运行时不参与调节。

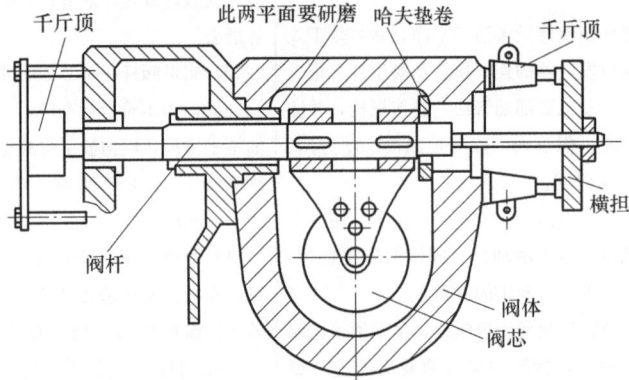

图 2-11　中压主汽阀布置结构图

2.中压主汽阀检修工序、工艺及质量标准

中压主汽阀检修工序、工艺及质量标准见表 2-8。

表 2-8　　　　　　　　　　中压主汽阀检修工序、工艺及质量标准

设备名称	检修方法及注意事项	质量标准
中压主汽阀	1.中压主汽阀检修注意事项 （1）在拆除阀杆时，应先将关闭器给予阀杆的预紧力消除，并将连接拐臂与阀杆的相对位置、键槽与键的相对位置做好标记，再开始向外顶阀杆。 （2）在关闭器的拐臂与阀杆脱离后，应将阀芯捆绑并用手拉葫芦将其稍稍抬起，防止阀杆抽出后，阀芯脱落碰伤阀线。 （3）阀门组装穿阀杆时，前部拐臂连接套与阀杆套之间应垫一定厚度的垫块，防止阀芯与壳体之间碰伤。在抽阀杆和穿阀杆的过程中由专人指挥。 （4）使用千斤顶顶阀杆时，应将其捆绑好，固定在支架上，防止滑落伤人。 （5）及时封堵敞开的油管法兰、疏水管法兰及阀口，防止杂物落入。 2.中压主汽阀的解体工序 （1）作业场所清扫干净，通知热控人员拆除限位开关。 （2）拆除阀杆疏汽端的端盖螺栓，用行车或手拉葫芦吊住平衡管，拆除平衡管另一端法兰螺栓，吊下平衡管。 （3）拆除阀盖紧固螺栓，吊下阀盖。	（1）清理、检查各部件应无磨损、毛刺，用砂布或细砂布清除阀杆、拐臂套内壁上的氧化皮，应注意氧化皮清除即可，不要将部件表面渗氮层磨掉。 （2）测量阀杆弯曲，方法与测量主汽阀阀杆弯曲的方法相同。 （3）对阀杆、阀芯、阀座进行着色探伤，应无裂纹。 （4）肩环密封垫圈与壳体密封面用研磨膏进行对研，并用红丹粉检查接触连续均匀，形成一条密封线。 （5）清扫、检查阀盖密封面、疏汽管法兰密封面，表面光滑、无纵向沟痕、接触均匀即可。 （6）用红丹粉检查阀芯与阀座的接触，应全周连续均匀接触。 （7）各部件间隙测量

设备名称	检修方法及注意事项	质量标准
中压主汽阀	（4）用行车或手拉葫芦将关闭器拐臂轻轻吊起，在拐臂与活塞缸之间加一垫块，防止拐臂恢复原位，使阀杆处于自由状态。 （5）阀杆与阀芯的连接套上喷松动剂浸泡，将顶杆用的钢板在圆周三等分点用螺栓固定在阀门驱动端的加强筋上。在平衡管端对称用两台千斤顶（或用手拉葫芦向外拉），前者将阀杆由驱动端向内顶，后者由疏汽管端向外顶。顶的过程中由专人指挥，同时施力，并用铜棒敲击拐臂套。若顶不出，可采用两副烤把同时加热两拐臂套，当拐臂套的温度达到200～250℃时，用千斤顶同时加力的方法将阀杆顶出。 （6）用行车或手拉葫芦吊起拐臂，取下拐臂与活塞缸之间的垫块，使拐臂恢复到原位，拆除拐臂与活塞之间的连接销，取下拐臂。 （7）拆除关闭器的供油管、泄油管法兰螺栓，行车吊好关闭器并拆除关闭器的固定螺栓，吊下关闭器挂在专用的支架上。 3. 中压主汽阀的组装 各部件全部清扫并检查合格后，可按解体的逆顺序进行组装，组装时各部件均应涂抹二硫化钼粉；更换全部密封垫片；阀芯螺母止动稳钉应锁紧。组装后，用手拉葫芦开关阀门应无卡涩现象	1）阀杆与套的间隙为0.39～0.49mm。 2）阀杆与拐臂套的间隙为0.05～0.15mm。 3）疏汽管端盖与壳体的径向间隙为0.02～0.15mm。 4）拐臂与阀芯螺栓的总间隙为2.75～2.95mm。 5）阀芯与拐臂的间隙为0.35～0.40mm。 6）疏汽管端盖螺栓紧固力矩为723N·m。 7）阀盖螺栓紧固力矩为1620N·m

（四）中压调节汽阀检修工艺

1. 中压调节汽阀结构

中压调节汽阀的结构为单座型阀门，主要由阀芯、阀杆、密封套筒、蒸汽滤网、传动部件、压缩弹簧等部件组成。阀芯通过支撑螺母与阀杆连接，采用密封套筒及疏汽管来防止动静间隙漏汽。当调节汽阀全开时，阀杆上的凸台与密封套的凹端面紧密结合，防止阀杆漏汽，在密封套筒中间，有一疏汽口将阀杆漏汽引至轴封加热器。蒸汽滤网安装在阀芯周围，上端固定在阀盖与壳体之间，下端固定在阀体的凹槽内。为了防止漏汽和阀芯在运动过程中偏斜，在阀芯上还装有两道密封胀圈和8个定位块。油动机悬挂在与阀盖固定的门架上。中压调节汽阀的开启和关闭是由自身的油动机来控制的，油动机的活塞杆通过连杆和传动臂带动调节汽阀门杆，当油动机活塞下油压增加时，活塞杆通过传动臂克服弹簧作用力带动阀杆向上移动，调节汽阀打开。当油动机活塞下油压失去时，在弹簧的作用下，迅速关闭调节汽阀。

2. 中压调节汽阀检修工序、工艺及质量标准

中压调节汽阀检修工序、工艺及质量标准见表2-9。

表2-9　　　　　　　　　　中压调节汽阀检修工序、工艺及质量标准

设备名称	检修方法及注意事项	质量标准
中压调节汽阀	1. 中压调节汽阀检修的注意事项 （1）阀门解体前应首先在关闭弹簧压盖上圆周三等分点测出弹簧的装配长度，并做好记录和记号，以便安装时作为参考。 （2）在解体的过程中，如果阀盖无法吊出，可采用在起吊和拧紧	（1）零部件应无损伤、毛刺等现象。 （2）阀杆、阀座、阀芯、弹簧、壳体的应力集中区应无裂纹。

设备名称	检修方法及注意事项	质量标准
中压调节汽阀	顶丝的同时用楔铁在阀口的四周向外撑门盖的方法吊出门盖。在撑的过程中，要求阀盖与阀体的间隙应均匀。分离阀盖与阀芯之前应首先做好阀芯与阀盖的相对位置标记。 （3）阀门检修清扫氧化皮时，可用砂轮碎片由手工打磨，然后用砂布或油石磨光；对于内孔表面，可用芯棒加研磨砂研磨。禁止使用锉刀、电动工具打磨氧化皮，防止碰伤或除去渗氮层，造成运行中阀门卡涩。 （4）及时封堵和保护好解体后的阀座、阀口、疏水管法兰、油动机油口、油管法兰及各密封面，防止杂物落入密封面造成损坏。当解开油管法兰时，防止油渗入阀体的保温材料中，以免造成火灾。 （5）阀芯密封胀圈组装后，两胀圈开口处应按180°错开。 （6）中压调节汽阀解体工序为：做好关闭弹簧的装配后，用电动扳手逆时针转动弹簧压紧螺栓，直到弹簧处于自由状态为止。用行车吊出弹簧压盖、弹簧、弹簧座圈，按组装时的相对位置整齐地摆放好。 2. 解体 （1）用手拉葫芦轻轻吊起油动机端传动杆，拆除传动杆与阀杆十字头之间的连接销子，用吊车吊住传动杆，拆除传动杆与油动机及支点间的连接销，吊下传动杆摆放在检修场地上。 （2）拆除油动机供、回油管法兰螺栓，用行车水平吊住油动机，拆除油动机的固定螺栓，吊出油动机放在专用的支架上。 （3）拆除油动机悬吊架的固定螺栓，用手拉葫芦和行车将其水平吊出放在检修现场。 （4）将手拉葫芦挂好，用绳子将阀杆十字头与手拉葫芦钩子相连接，用手拉葫芦提升阀杆到全开位置，测量阀杆自由度。 （5）在阀杆端面架一块百分表，使表的指针读数为4.5mm左右。用手提升阀杆，直到提不动为止，读出百分表的读数，两次读数之差即为阀杆与阀芯的自由度，做好记录。 （6）拆除阀盖及阀杆疏汽管法兰螺栓，用顶起螺栓或楔铁将阀盖顶出，吊出阀盖、阀杆、阀芯组件，放在专用的支架上。吊出蒸汽滤网放在检修现场。 （7）轻轻地磨去阀杆十字头锁销的捻打点，冲出锁销。将阀芯吊起，在阀芯底部用枕木垫牢，使阀杆上卡销的位置露出，用活扳手卡住，再用直径与活销孔径相近的紫铜棒插入孔内，用锤子击打铜棒，按顺时针方向旋出十字头，吊出阀盖。 （8）若阀杆与阀芯的自由度符合或接近标准值，用锤击法检查阀杆无裂纹以及阀杆没有其他缺陷时，可不必解体阀杆与阀芯。反之，应拆松阀杆和阀芯的连接螺母，取出阀杆查明原因进行处理。 （9）拆除壳体结合面上的螺栓。 3. 中压调节汽阀检修 （1）清理、检查各零部件，检查各密封面及其他部件，凡有高温氧化皮的部位，用砂轮片、砂布、油石、研磨砂等将氧化皮清除。	（3）检查阀线，将阀杆、阀芯组装在阀盖上，在清扫干净的阀座上涂抹一薄层红丹油，将阀盖组件吊入阀壳，用撞击法检查阀线的接触情况，阀芯、阀线的红丹粉印痕应全周均匀不断。 （4）各密封面应表面光滑无毛刺，没有纵向贯通的沟痕。用红丹油着色检查应接触均匀。 （5）阀杆与密封套的间隙为0.27～0.36mm，阀芯汽封环与槽的轴向间隙为0.20～0.30mm。 （6）阀杆在阀芯内的自由度为2mm±0.2mm，阀头的全行程为173mm＋2mm。 （7）测量弹簧的自由长度与上一次检修时所测量的值相比无明显变化

设备名称	检修方法及注意事项	质量标准
中压调节汽阀	（2）将阀杆、阀座、阀芯、弹簧、壳体的应力集中区进行着色、探伤试验应无裂纹。结合面螺栓应进行硬度及光谱探伤检查，不合格应进行更换。 （3）检查阀线，将阀杆、阀芯组装在阀盖上，在清扫干净的阀座上涂抹一薄层红丹油，将阀盖组件吊入阀壳，用撞击法检查阀线的接触情况，阀芯阀线上的红丹粉印痕应全周均匀。 （4）检查各密封面，所有解体密封面的密封垫都应更换。 （5）测量各部间隙。 （6）测量行程。 （7）测量弹簧的自由长度。 　4. 中压调节汽阀的组装 （1）各部件清理、检查、测量完毕符合标准后，可按解体时的逆程序进行组装。组装时用压缩空气将各零部件吹扫干净，并复查各部件表面应无毛刺及碰伤等现象。 （2）各部件组装前应涂抹二硫化钼粉，并将所有密封面的密封垫全部更换。两调节汽阀的零件应按记号装配，防止弄混。 （3）在阀芯装入导向套时，应用手拉葫芦缓慢下落阀盖，当阀芯密封胀圈接近导向套的锥面时，应用 3 根 $\phi16$ 的圆钢按 $120°$ 等分的位置撬住密封胀圈，再继续提升阀芯直到两道密封胀圈全部进入导向套为止。 （4）将检查合格后的阀门结合面螺栓、螺母清扫干净，检查螺母旋转灵活，紧度适中，并在螺栓表面涂抹高温螺栓润滑剂，其拧紧力矩为 1322N・m	

第三章

主蒸汽、再热蒸汽、旁路及疏水系统

第一节 主蒸汽、再热蒸汽系统

一、系统的布置方式

在汽轮机热力系统中，将锅炉过热器出口到汽轮机高压缸进口和锅炉再热器出口到汽轮机中压缸进口的管道系统、疏水系统及其附属设备统称为汽轮机的主蒸汽和再热蒸汽系统。

汽轮机的主蒸汽系统常见的有单元制、带切换母管单元制、单母管集中制和双母管集中制等。但是随着机组容量的增大和自动控制技术的发展，目前采用单元制的蒸汽系统更加普遍。TC2F-35.4″型汽轮机与NZK300-16.7/537/537型汽轮机都是采用一台锅炉供给一台汽轮机用汽的单元制系统，它和母管制系统相比，具有系统简单、管道布置容易、操作方便等优点，并能提高机组运行的经济性和稳定性。但是，单元制蒸汽系统与母管制相比，单元制蒸汽系统灵活性差，一旦系统某部分出现故障无法切换，就会影响机组的安全运行。

图3-1是TC2F-35.4″型汽轮机的主蒸汽和再热蒸汽系统图。主蒸汽和再热蒸汽的管道采用2—1—2的连接方式，即由锅炉过热器两侧出口端分别引出一根主蒸汽短管，汇合到一根主蒸汽管，到汽轮机高压缸入口处再分两根主蒸汽短管进入汽轮机两侧的高压主汽阀，然后分成四路进入汽轮机的四个高压调节汽阀。

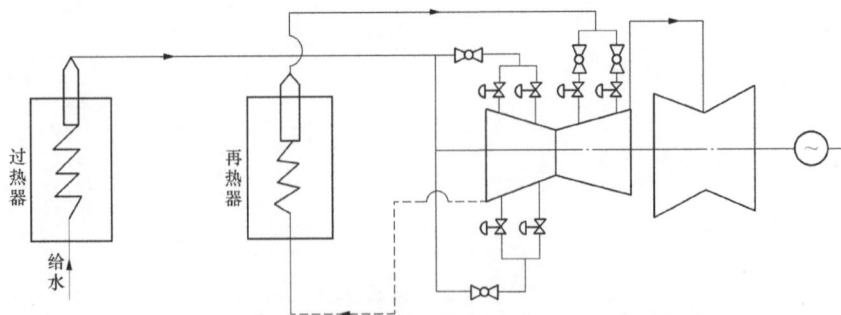

图3-1 TC2F-35.4″型汽轮机主蒸汽和再热蒸汽系统图

同样，锅炉再热器两侧出口端也是以两路蒸汽管汇合到一路再热蒸汽管，然后再分两路进入汽轮机的中压主汽阀和中压调节汽阀。这种蒸汽管道的连接方式在汽轮机入口处产生了较好的蒸汽混温效果，蒸汽管道热偏差小，汽轮机受热膨胀比较均匀，克服了以往两根蒸汽管道所带来的管道布置复杂、汽轮机两侧进汽温度不均匀等问题。

二、系统组成

汽轮机主蒸汽和再热蒸汽系统除了已介绍的高压调节汽阀、中压主汽阀和中压调节汽阀以及管路系统和支吊架外，还包括以下几个组成部分。

（一）疏水装置

汽轮机的蒸汽管道比较长，在蒸汽管道上都设有疏水阀。一方面是为了在汽轮机冲转前，将凝结在汽轮机蒸汽管道内的凝结水及时排放，防止汽轮机产生水冲击现象而造成设备的严重损坏；另一方面，在汽轮机发生事故时，可以通过加强疏水而提高汽温。另外，当机组停运时，蒸汽管道及时疏水可以起到减少管道锈蚀的作用。

（二）主汽阀

TC2F-35.4″型汽轮机在主蒸汽管道上不设置电动隔离主汽阀，而是依靠汽轮机自身的高压主汽阀作为隔离汽阀。这种主蒸汽系统布置简单，节约了投资，降低了压力损失，相对提高了机组的热效率。但是，当汽轮机高压主汽阀泄漏时，将直接影响到锅炉的水压试验和机组的充氮保养。泄漏严重时，还会影响机组的开机和停机。

TC2F-35.4″型汽轮机高压主汽阀采用压力自密封式结构，这种密封结构的特点是：当阀内主蒸汽压力越高时，其密封效果越好。

（三）高压排汽止回阀

大型汽轮发电机组的锅炉再热器及其蒸汽管道容积庞大，蓄汽量相当可观。为了防止在汽轮机停机时，因再热蒸汽倒流而影响机组的正常停机，汽轮机在高压缸排汽管道上均设有高压排汽止回阀，以防止蒸汽倒流。

第二节 旁 路 系 统

一、汽轮机旁路系统的任务

对于单元制的汽轮发电机组，只有在锅炉的蒸汽量等于汽轮机所需要的汽耗量时，汽轮机才能适应负荷的要求。如果锅炉的蒸汽量小于汽轮机所需要的汽耗量，汽轮机由于缺乏蒸汽而无法带足所要求的负荷。相反，如果锅炉的蒸汽量大于汽轮机所需要的汽耗量，则锅炉的多余蒸汽必须及时排放掉，以免造成锅炉超压。多余蒸汽排放有两种基本的方法，即直接排放法和设置汽轮机旁路系统。直接排放法蒸汽管道系统简单，运行方式简便，一次投资小。但是，直接排放法除了给人们带来难以忍受的噪声外，还浪费了大量可回收的蒸汽，增加了锅炉补给水量，降低了汽轮发电机的效率，直接排放法是一种不可取的办法。因此，设置汽轮机旁路系统，将多余的蒸发量通过旁路系统通入凝汽器，实现蒸汽的回收和循环利用，克服了直接排放法所带来的不足。

再热式单元制机组与母管制系统不同。由于采用了一机与一炉相匹配的方式，在汽轮机启动、并网、升负荷和甩负荷等运行工况时，严格要求汽轮机和锅炉运行状态保持协调。设置旁路系统可实现这种技术要求。汽轮机旁路系统的功能是多方面的，可以归纳为以下几点：

（1）提供机组快速启动的能力。汽轮机在热态启动时，要求锅炉的主蒸汽和再热蒸汽温度能尽快升高，以满足汽轮机启动要求。目前锅炉的再热器较多布置在锅炉低温烟气段，允许干烧。但是，当燃料量较多时，再热器金属仍有超温损坏的危险。因此，再热器内部需要通汽冷却。在机组启动前，要打开高压和低压旁路阀，一方面可以防止再热器超温，另一方面可尽快达到机组冲转对高汽温的要求，达到快速启动的目的。

（2）快速切断负荷（FCB）时，提供带厂用电运行或停机不停炉的能力。当电网或者汽轮发电机组发生故障时，如果故障能很快消除，则要求在机组带厂用电（约5％额定负荷）运行或已停机但不停炉的情况下（分别称为5％FCB 和0％FCB）稳定运行，以便待故障排除后能迅速地使机组重新并网带负荷，恢复正常运行，为了使机组能够在最低负荷下稳定运行，应尽快打开高压和低压旁路阀，维持足够的蒸汽流量。旁路控制阀的选择应该考虑到发生 FCB 时锅炉安全阀不动作。

（3）泄压保护和调压功能。在机组变工况或者负荷波动时，可以通过高压或低压旁路阀泄去一部分蒸汽，以保证锅炉既不超压又能达到机组稳定运行的目的。

（4）回收工质，提高机组运行的经济性。设立旁路系统后，在机组启、停过程中，工质可以通过旁路系统直接排入凝汽器，不必向空间排汽，从而回收蒸汽，提高机组运行的经济性。

二、旁路系统的形式

汽轮机旁路系统种类繁多，主要有以下三种形式：

（1）一级大旁路加两级减温减压系统。

（2）两级旁路加二（三）级减温减压系统，图3-2 为两级旁路的再热式单元制机组示意图。

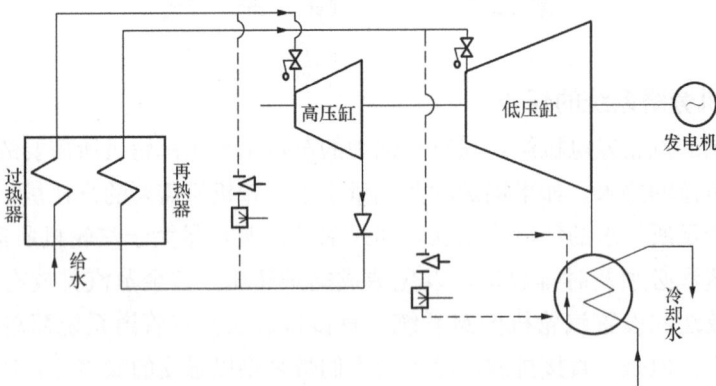

图 3-2　两级旁路的再热式单元制机组示意图

（3）三级旁路加四级减温减压系统。

TC2F-35.4″型汽轮机采用的就是两级串联的旁路系统。一级旁路（高压旁路系统）的主蒸汽经减温减压后通入汽轮机高压缸排汽管，二级旁路（低压旁路系统）是再热蒸汽经减温减压后直接排到汽轮机的凝汽器，这种系统既能进行工况调节，又可保护锅炉的再热器不超温，再热器即使布置在高烟温区域也是安全可靠的。目前大型汽轮机一般都采用这种形式的旁路系统。运行实践表明，这种旁路系统能够满足各种运行工况的要求，在机组冷态和热态启动时，只要旁路系统容量足够，就可通过两级旁路的适当调节来满足机组启动的各项要求。因此，这种旁路系统既能适用于带基本负荷的机组，又能适用于调峰机组。

高压旁路系统的减温水来自给水母管，而低压旁路系统的减温水是来自凝结水辅助母管。旁路减温水管道设有气动快关阀和调节阀以及手动截止阀。

三、汽轮机旁路系统容量的选择

汽轮机旁路系统容量的选择要经过经济性能比较，主要考虑以下几个方面。

（一）锅炉的最小持续负荷

在机组正常运行时，汽轮机根据需要可以在空负荷到最大负荷某一工作点运行。而锅炉必须在某一负荷下才能稳定运行，这个负荷称为锅炉的最小持续负荷，锅炉最小持续负荷与锅炉形式，特别是与炉膛形式有着密切的关系，一般约为额定负荷的 30%～40%。所以旁路系统的设置也应该满足锅炉最小持续负荷的要求，也就是说高压旁路系统的容量选择最低限制应该是锅炉额定负荷的 30%～40%。

对于两级串联的旁路系统，低压旁路还要考虑到高压旁路中注入的减温水量，此部分减温水量与主蒸汽混合为再热蒸汽，故此再热蒸汽量是原主蒸汽与高压旁路减温水量之和。

（二）汽轮机冲转时锅炉的蒸发量

为了回收蒸汽，汽轮机冲转前锅炉的蒸汽需全部通过旁路系统，进入凝汽器。所以，此时锅炉的蒸汽量就成为决定高压旁路系统容量选择的依据。

对于带基本负荷的机组，由于启动次数少，多为冷态或温态启动，又采用滑参数运行，启动时间短，在汽轮机冲转时，锅炉的蒸汽损失相对来说比较少，旁路系统容量仍可选用 30%～40%的锅炉额定负荷。

对于频繁启停的调峰机组（特别是两班制运行的调峰机组），需要热态启动的次数多，为了满足蒸汽高温度的要求，在汽轮机冲转时，锅炉蒸汽通过旁路的量会高些，所以要适当增加旁路系统的容量，比如，增加 50%的锅炉额定负荷。

（三）汽轮机甩负荷时锅炉的蒸汽量

在机组甩负荷时，为了不造成排汽损失，又保护锅炉再热器不超温，对于两级串联的旁路系统，高压旁路容量必须等于锅炉的全部蒸汽量，而低压旁路容量还要考虑到减温水量（约等于锅炉 150%的全蒸汽量）。这样不但使旁路系统设计得十分庞大，而且汽轮机凝汽器冷却面积也大大增加，必然增加基建投资。所以，一般旁路系统的容量仍选择锅炉最小的持续负荷，或者稍大些，多余的蒸汽可以通过锅炉安全阀排放掉。

（四）再热器冷却所需要的最低汽流量

为了提高再热蒸汽温度，将锅炉再热器布置在高温烟气区域。在这种情况下，机组在启、停和甩负荷运行过程中，再热器的冷却保护已成为旁路系统的重要任务，旁路系统容量选择首先要满足再热器冷却所需要的最低汽流量。实践表明，高压旁路系统容量选取锅炉额定负荷的 30％～40％，是可以满足锅炉再热器冷却要求的。

TC2F-35.4″型汽轮机旁路系统的容量选取 30％锅炉最大蒸汽量（即锅炉最小持续蒸发量）。低压旁路投入运行时，凝汽器喉部的水帘喷水门打开喷水，形成的水膜使汽轮机保持适当的排汽温度，起到保护汽轮机低压缸的作用。

四、汽轮机旁路系统调节

汽轮机旁路系统设有压力和温度的调节控制系统。压力控制是利用高压和低压旁路前的蒸汽压力值作为旁路调节阀是否开启的信号。当蒸汽压力高于额定值的 5％时，高压旁路阀可自动打开泄压，使蒸汽压力保持在设定范围内。另外，在旁路系统中还设置了快速开启或关闭旁路阀的装置，当机组出现故障，如突然发生 FCB 或凝汽器真空急剧下降时，可以快速开启或关闭旁路阀，以适应机组运行的需要。

高、低压旁路系统的蒸汽温度是靠调节阀后的减温器喷水装置进行调节。减温水量是由减温水调节阀依据蒸汽温度来控制。高压旁路的减温水来自给水泵出口母管的高压给水，低压旁路的减温水来自凝结水泵出口母管的凝结水。图 3-3 为高、低压串联旁路系统图。

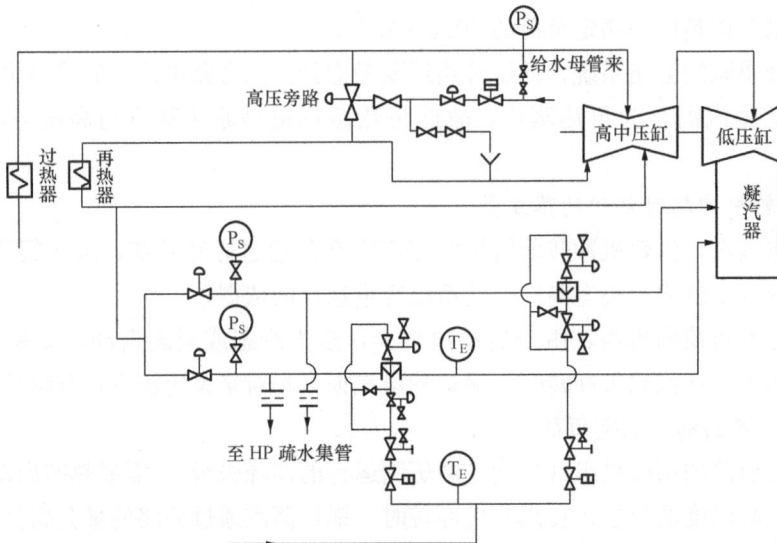

图 3-3 高、低压串联旁路系统图

旁路调节阀的控制机构一般有电动式控制机构、液压式控制机构和气动式控制机构三种，TC2F-35.4″型汽轮机旁路调节阀采用的是气动式控制机构。气动式控制机构采用汽轮发电机组气压为 0.7MPa 的仪用压缩空气做动力，虽压力较低，但旁路阀气动头尺寸较大，可提供足够的作用力。

五、旁路系统的运行

汽轮机在正常运行状况下，高压和低压旁路阀都是关闭的，如有特殊需要可用"手动"控制打开。如果高压和低压旁路阀处在"自动"控制位置时，就会按压力设定值自动进行蒸汽压力调整。

当高压旁路阀出口的蒸汽温度大于 280℃时，高压旁路减温水阀门自动打开。当低压旁路阀出口蒸汽温度大于 180℃时，自动喷水冷却。

汽轮机启动方式不同，旁路系统投运的方式也不同。TC2F-35.4″型汽轮机冲转和带初负荷运行时，汽轮机高、中压缸同时进汽，旁路系统投运，其操作方式基本与汽轮机冲转前的暖管一致。只是要严格控制再热蒸汽压力，高、中压缸能够得到合理的暖机。

当机组发生 FCB 时，为了维持锅炉最小负荷稳定运行，回收蒸汽不使锅炉安全阀动作，旁路系统设置了一套自动快速开启旁路阀的装置。

两级串联的旁路系统，最终将高温高压的蒸汽经过减温减压后直接排入凝汽器。为了防止排汽时减温水系统出现异常造成设备损坏，在高、低旁路系统中设置了部分联锁保护，在减温水系统异常时自动关闭低压旁路调节阀。

第三节　汽轮机疏水系统

汽轮机在启动冲转时，不论在蒸汽管道还是在汽轮机内部都有一部分凝结水需要及时排放。特别在锅炉满水或者减温水系统出现故障而造成汽轮机进水时，更必须加大排水，否则将对汽轮机运行造成严重的威胁。所以必须在汽轮机蒸汽系统中适当位置设置疏水装置，以便将这些凝结水及时排放，防止损坏汽轮机。

一、汽轮机疏水系统的布置

汽轮机疏水系统布置方式因机组结构不同有很大的差异。对于大容量再热机组，一般在以下部位的最低点设有疏水点：汽轮机调节级后，汽轮机缸体，高压主蒸汽管道，高压缸排汽和低温再热蒸汽管道，高温再热蒸汽管道，高压和中压导汽管，高压主汽阀和高压调节汽阀，中压主汽阀和中压调节汽阀，低压旁路阀后的导汽管，各级抽汽止回阀前、后，轴封汽管。

疏水通入以下几个装置：锅炉排污扩容器，汽轮机排污集管（又称为闪蒸管），凝汽器，轴封冷凝器以及加热器、疏水箱等。

TC2F-35.4″型汽轮机主蒸汽管道的疏水布置在高压主汽阀之前。疏水直接排至锅炉排污扩容器（锅炉排污箱）。为了保证机组在启动时主蒸汽参数能达到要求，疏水必须保持畅通，同时将机前主蒸汽管道的蒸汽温度作为汽轮机复位的条件之一。

汽轮机疏水系统分高压和低压两大部分，设置相应的高压和低压疏水联箱。疏水联箱平卧呈母管式布置在汽轮机零米层凝汽器两侧。疏水经联箱汇集后排入凝汽器的汽侧。

二、汽轮机疏水系统的设置原则

汽轮机疏水系统设置要经过综合比较，除了考虑其运行安全、操作方便外，还要考虑机组的经济性问题。

1. 区分不同压力等级的疏水

汽轮机疏水压力差别很大。为了防止疏水由高压倒流至低压疏水部分，可根据汽轮机疏水压力等级设置高压疏水联箱和低压疏水联箱。TC2F-35.4″型汽轮机疏水压力高于三段抽汽压力（2×10^3 kPa）的疏水均流入高压疏水联箱，其中包括高压缸排汽止回阀前/

后疏水、高温再热蒸汽管疏水、高压调节汽阀出口疏水、调节级疏水、中压主汽阀和调节汽阀导汽管疏水、中压调节汽阀出口疏水、汽轮机外缸疏水、一段抽汽止回阀前/后疏水、二段抽汽止回阀前/后疏水和低压旁路疏水等。疏水压力等于或低于三段抽汽压力的疏水均流入低压疏水联箱，如三、四、五、六段抽汽止回阀前/后疏水、除氧器进汽阀前疏水、辅助蒸汽供轴封管道和轴封联箱以及轴封供汽管疏水等。

同时，接入疏水联箱的疏水点要按疏水压力的等级依次排列，压力低的靠近凝汽器侧，而压力高的则远离凝汽器侧，以防疏水倒流。疏水联箱要留有充分的富裕量，以满足异常工况时汽轮机的疏水需要。

2. 疏水要畅通

为了保持汽轮机疏水畅通，在高压和低压疏水联箱至凝汽器的管道上不设置隔离阀，而且疏水排放管道尽量用直管通往凝汽器。必须指出，为了防止疏水直接冲刷凝汽器管束，在疏水接入口内侧应装设防冲刷的挡板。另外，接入口的位置均设在凝汽器热井最高水位的上方，各疏水管均以 45°角斜接在疏水联箱上，方向指向凝汽器侧。

3. 设置疏水罐和闪蒸管

为了监视汽轮机是否进水，在低温再热蒸汽管道和除氧器抽汽管道的最低点设置了疏水罐。疏水罐结构形式基本相同。疏水罐上安装有水位开关，水位高时，打开疏水阀并且发出高水位报警，这样就可以起到监视、保护的作用。

设置疏水罐的同时还考虑到机组在启动和正常运行的疏水要求。当机组的负荷低于10%额定负荷或者机组跳闸停机时，疏水罐的疏水阀会自动打开进行事故疏水。

为了集中排放品质较差不回收的疏水，在疏水系统中设有闪蒸管（又称汽轮机的排污集管），它从零米层垂直通往除氧器层，顶部加装消声器。品质较差不回收的疏水通入闪蒸管内，在管内扩容减压。蒸汽部分排入空间，冷却后的凝结水排至循环水出水管或凝汽器排水坑内。TC2F-35.4″型汽轮机就设有这种闪蒸管。进入闪蒸管的水包括机组启动过程中高压主汽阀阀杆的漏汽、停运后高/低温再热蒸汽管道的疏水、凝结水管路的排放水、高/低压加热器启机过程中的疏水，以及机组启动前给水系统管道和水箱冲洗的排水。

4. 经济安全措施

疏水系统的目的是将可能进入汽轮机的凝结水疏走，在不同工况时还可调整疏水的走向。汽轮机疏水系统的构成不仅要考虑到疏水的安全和方便，还要考虑到疏水的热经济性，能利用的疏水应尽量利用。例如，高压加热器的疏水通入除氧器；低压加热器的疏水排放到疏水箱，再用疏水泵打入 8 号低压加热器水侧的出口。这样就能充分利用疏水自身的热量，减少热量损失。高压主汽阀的阀杆漏汽在机组并网前疏入排污管，而机组并网后切换到抽汽管，这样就可利用这部分漏汽的余热。

各抽汽管道止回阀前、后，辅汽联箱和轴封蒸汽联箱等正常疏水管道上都设置自动疏水器，并在其前、后加装截止阀。在自动疏水器后另设置排放阀，便于在疏水器清洗时泄压用。为了特殊运行工况（如启动时）的需要设置了气动活塞式疏水阀作为旁路阀。

由于锅炉给水泵汽轮机与主汽轮机共用一台凝汽器，设备相距较远，为了安全起见，锅炉给水泵汽轮机疏水系统单独设置了高、低压疏水集管，直接排放到凝汽器。

三、汽轮机疏水系统在运行中的应用

随着汽轮发电机组自动化程度的提高，对一些主要的疏水如主蒸汽管、主汽阀和调节汽阀阀杆漏汽，高/低温再热蒸汽管、汽缸等疏水都配备气动或电动阀门的控制机构，能在集控室操作站上直接操作，并可通过联锁自动控制。TC2F-35.4″型汽轮机将各主要疏水阀按功能分组控制，即在投入顺序控制功能后，各功能组可自动按设定值分别进行操作。如汽轮机本体疏水阀，只有当负荷大于20％额定负荷时，才能保证无凝结水存在，因此必须设定当负荷大于20％额定负荷时才能关闭疏水阀。各级抽汽电动阀也必须在本级抽汽止回阀前、后疏水完成后才能开启，以防止凝结水对高压加热器的冲击；反之，当负荷下降至小于15％额定负荷时，也应打开各疏水阀进行疏水，防止汽轮机进水。

机组运行中，如果发现因锅炉汽包满水或者减温水失灵造成汽温突然下降时，必须及时打开汽轮机主蒸汽进口疏水阀和汽缸疏水阀进行疏水，以免汽轮机进入冷汽或冷水造成事故。

随着机组运行方式的变化，部分疏水方式也跟随变化，为此，对这部分疏水要设置具有切换功能的疏水系统，以便在运行方式改变时，将疏水方式进行切换。如高温再热器管道的疏水，正常运行时疏水至凝汽器，在机组启动阶段或停运后也可将疏水疏往闪蒸管。因此，需要设置切换系统以满足需要。

机组在正常运行时，许多管道仍有不定量凝结水需要及时排放，因此，在疏水系统中设置了部分自动疏水器。例如各级抽汽止回阀前、后疏水，在机组正常运行时，应保持自动疏水器的畅通和完好。

第四章

抽汽回热及疏水系统

第一节 抽 汽 回 热 系 统

一、给水回热循环的概念

在汽水循环中，有很大一部分的热量在汽轮机凝汽器中被冷却水带走从而造成损失。采用给水回热循环是减少凝汽器热量损失的有效方法。所谓给水回热就是利用从汽轮机某中间级后抽出的一部分蒸汽来加热锅炉给水。具有给水回热的循环通常称为"回热循环"。

采用给水回热循环以后，从汽轮机中间级后抽出一部分蒸汽，加热锅炉给水，提高了锅炉给水温度。这样，一方面可使抽汽不在凝汽器中冷凝放热，减少了冷源损失；另一方面，提高了锅炉给水温度以后，必然减少了给水在锅炉中的吸热量。因此，在蒸汽初、终参数相同的情况下，采用给水回热循环的热效率比朗肯循环的热效率要高得多。

一般回热的级数不只一级，大容量机组往往采用多级抽汽回热循环。一般中参数的机组回热级数为3～4级；高参数机组回热级数为6～7级；而超高参数的机组回热级数不超过8～9级。增加回热级数会获得更高的热效率，但是，也必然会造成系统复杂、设备投资费用增加等问题。因此，回热级数的选取要经过综合技术经济性比较。TC2F-35.4″型汽轮机采用八级抽汽回热循环，这是通过经济性比较后得到的。

表4-1为汽轮机回热循环与热效率关系，是在不同参数的机组选取的回热级数和相应的给水温度下，采用回热循环所提高的热效率对照表。从表4-1中可以看出，随着机组蒸汽参数的提高和回热级数的增加，给水温度也相应提高，机组回热循环的热效率得到了明显提高。

表 4-1　　　　　　　　　　　　汽轮机回热循环与热效率关系

主蒸汽参数		回热级数	给水温度	热效率提高值
压力（MPa）	温度（℃）	（级）	温度（℃）	（%）
2.35	290	1～3	105～150	6～7
3.43	435	3～5	150～170	8～9
8.82	535	6～7	210～230	11～13
12.75～13.24	535/535	7～8	220～250	14～15
16.18	535/535	7～8	245～270	15～16

二、给水回热抽汽参数和位置

大型汽轮发电机组都采用多级回热循环，除了可以减少凝汽器排汽冷源损失，提高机组循环热效率外，还可以减少低压缸末级叶片的尺寸，给汽轮机的设计和制造带来方便。TC2F-35.4″型汽轮机机组设有八级抽汽，分别送到七个加热器和一个除氧器。表4-2为各级给水回热抽汽参数和位置。

表4-2　　　　　　　　　　　　各级给水回热抽汽参数和位置

抽汽级数	压力（MPa）	温度（℃）	流量（t/h）	抽汽口位置
第一级（至1号高压加热器）	7.03	407.5	90.4	高压缸第6反动级后
第二级（至2号高压加热器）	3.97	327	84.9	高压缸排汽
第三级（至3号高压加热器）	1.93	433.7	53.8	中压缸第5反动级后
第四级（至除氧器）	0.84	315.6	60.4	中压缸排汽
第五级（至5号低压加热器）	0.27	189.1	28.6	低压缸调汽门侧第2反动级后
第六级（至6号低压加热器）	0.14	125.1	25.1	低压缸发电机侧第3反动级后
第七级（至7号低压加热器）	0.073	90.9	29.9	低压缸两侧第4反动级后
第八级（至8号低压加热器）	0.028	67.8	35.6	低压缸两侧第5反动级后

回热抽汽点：一级抽汽从高压缸第六反动级抽出供到1号高压加热器；二级抽汽从高压缸排汽抽出供到2号高压加热器；三级抽汽从中压缸第五反动级抽出供到3号高压加热器；四级抽汽从中压缸排汽抽出，当机组正常运行时作为除氧器及给水泵汽轮机的汽源；除氧器在正常运行情况下由第四级抽汽供汽，启动时由辅助蒸汽供汽。从低压缸上按压力等级抽出四级抽汽分别送到5、6、7、8号低压加热器。

回热加热器抽汽点的位置和抽汽量直接影响汽轮机的循环和热效率，所以对抽汽点位置和抽汽量要经过详细的分析计算。

三、给水回热抽汽管道系统

为了防止汽轮机在甩负荷时汽缸内部形成真空，使加热器中的蒸汽及疏水倒流造成汽轮机超速；或者由于加热器满水造成汽轮机进水，在给水回热抽汽管道上除了设有抽汽截止阀外，还设有抽汽止回阀。抽汽截止阀均采用电动式传动结构，这样有利于操作安全。TC2F-35.4″型汽轮机机组均采用气动式的抽汽止回阀。

TC2F-35.4″型汽轮机机组的7、8号低压加热器安装在汽轮机凝汽器的喉部，该低压加热器的抽汽直接来自汽轮机的低压缸，受位置限制，没有安装抽汽阀和抽汽止回阀。为了安全起见，在至除氧器的抽汽管道上装设有两道抽汽止回阀。

根据汽轮机运行的需要，抽汽管道上装有自动疏水器，在各抽汽止回阀前、后均设有气动式疏水阀，以满足在机组启动和低负荷运行时疏水需要，同时起到防止汽轮机进水的作用。

第二节　加热器疏水系统

将加热蒸汽在加热器或管道内的凝结水排放的过程称为疏水。疏水方式一般有逐级自流和疏水泵排放的方式。

一、TC2F-35.4″型汽轮机机组加热器疏水系统

TC2F-35.4″型汽轮机机组加热器的疏水系统采用逐级自流和疏水泵排放相结合的系统。图 4-1 所示为 TC2F-35.4″型汽轮机机组综合式回热系统图。

1、2、3 号高压加热器分别布置在汽机房 22.5、12.5、6.5m 层。利用位置势能和抽汽压力差，其疏水由 1、2、3 号高压加热器逐级自流。最后利用 3 号高压加热器与除氧器之间的压力差，使凝结水流入除氧器。各台高压加热器的疏水管路设有气动疏水调节阀，在正常疏水情况下调节高压加热器汽侧的液位。每台高压加热器还分别设有事故疏水气动调节阀，如高压加热器运行中管束发生泄漏，汽侧水位发出高报警，则会将疏水排至凝汽器。

5、6 号低压加热器分别布置在汽机房 12.5、6.5m 层，其疏水同样利用位置势能和抽汽压力差逐级自流排至 7 号低压加热器。7 号和 8 号低压加热器的疏水都排放至位于 4m 层的低压加热器疏水箱。低压加热器疏水箱下方 0m 平台处安装两台低压加热器疏水泵，将疏水打入 7 号低压加热器水侧入口进入凝结水系统，而不排入凝汽器。各台低压加热器也同样设置了气动正常疏水调节阀及事故疏水调节阀。事故疏水直接排入凝汽器。低压加热器疏水箱技术规范见表 4-3。

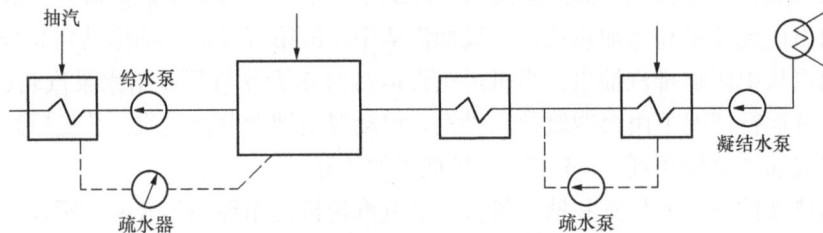

图 4-1　TC2F-35.4″型汽轮机机组综合式回热系统图

表 4-3　　　　　　　　　　　低压加热器疏水箱技术规范

序号	项目	规范	序号	项目	规范
1	型号	SS-3	4	设计温度	120℃
2	设计压力	0.09MPa	5	质量	1515kg
3	试验压力	0.15MPa			

二、NZK300-16.7/537/537 型汽轮机机组高、低压加热器疏水系统

NZK300-16.7/537/537 型汽轮机机组高、低压加热器的疏水系统采用逐级自流方式。图 4-2 所示为 NZK300-16.7/537/537 型汽轮机机组加热器疏水系统图。

1、2 号高压加热器加布置在 12.5m 层，3 号高压加热器布置在 6.5m 层。利用位置势能和抽汽压力差，其疏水由 1、2、3 号高压加热器逐级自流。最后利用 3 号高压加热器与除氧器之间的压力差，疏水自流到除氧器。各台高压加热器的疏水管路设有气动疏水调节阀和事故疏水气动调节阀。事故疏水排到热井西侧的高压加热器疏水扩容器。

5、6 号低压加热器分别布置在 12.5、6.5m 层，其疏水同样利用位置势能和抽汽压力差

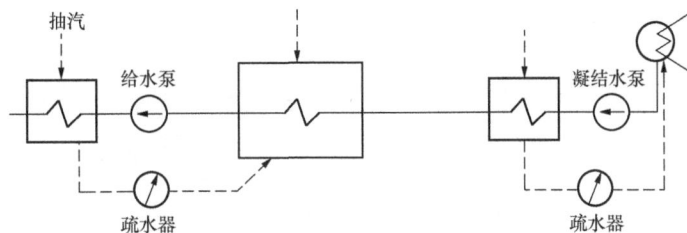

图 4-2　NZK300-16.7/537/537 型汽轮机机组加热器疏水系统图

逐级自流排至 7 号低压加热器，7 号低压加热器安装在低压缸下部的排汽装置内，其疏水通过正常疏水调节阀排入热井高、低压加热器的疏水扩容器。各台低压加热器也设置了气动正常疏水调节阀及事故疏水调节阀。事故疏水排入热井高、低压加热器的疏水扩容器。

第三节　低压加热器疏水泵

TC2F-35.4″型汽轮机机组低压加热器疏水泵为 MMK150/6 型分段式 6 级离心泵。

一、低压加热器疏水泵的结构

低压加热器疏水泵按级分段组合而成，如图 4-3 所示。每段包括叶轮和导叶，各级叶轮均串联安装在同一根轴上，连同平衡装置、轴封装置和联轴器等构成水泵转子。泵壳整体分成了各级叶轮对应的导叶组成的中间段、吸入段和压出段三个部分。这三个部件用 8 根较长的双头螺栓压接紧固在一起，连同轴承和泵座等构成了水泵的定子。

低压加热器疏水泵的驱动端轴承为 NU413 型圆柱滚动轴承，非驱动端装有一对背靠背安装的 7314 型角接触轴承。轴承靠安装在轴承上的甩油环带油飞溅润滑。

低压加热器疏水泵叶轮上设有平衡孔，平衡孔的水流通过平衡管与泵入口管连接的平衡水室，平衡了转子的大部分轴向推力。剩余轴向推力由非驱动端的角接触轴承承担。

低压加热器疏水泵与电动机的联轴器为齿轮式联轴器，须加注润滑脂。轴端密封采用盘根密封，由于泵入口为负压，因此盘根室需外接密封水，以防空气漏入泵体内。表 4-4 为低压加热器疏水泵技术规范。

表 4-4　　　　　　　　　　低压加热器疏水泵技术规范

序号	项目	规范	序号	项目	规范
1	型号	MMK150/6	3	流量	155t/h
2	形式	6 级离心泵	4	压力	1.8MPa

二、低压加热器疏水泵的检修

（一）拆除泵附属件及测量联轴器中心

（1）拆除泵体保温，拆卸与泵体连接的密封水管、排空气管、平衡水管，拆下对轮安全护罩。在联轴器、轴承端盖、分级壳体等处做位置标记。放掉驱动端和非驱动端轴承室的润滑油。

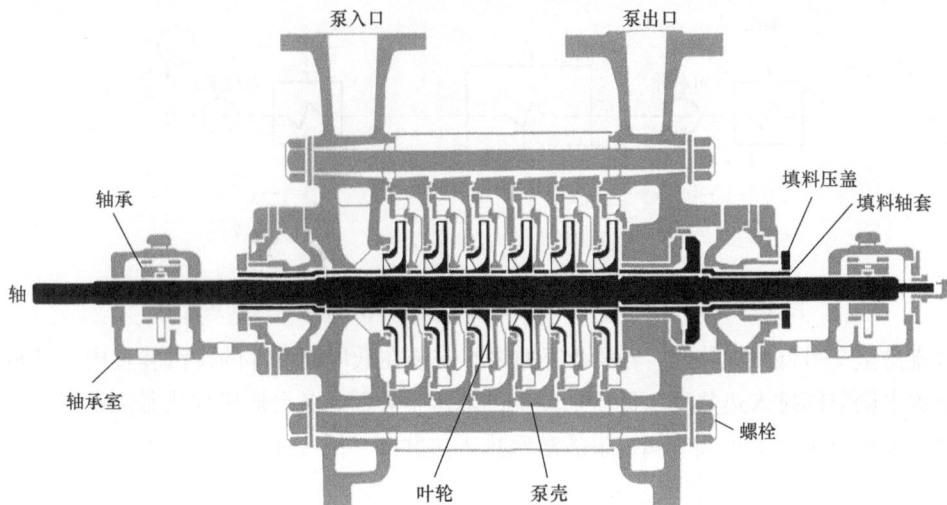

图 4-3 低压加热器疏水泵内部结构图

（2）拆卸联轴器螺栓，测量对轮中心。

（3）联系电气人员拆除电动机电源线，拆除电动机地脚螺栓，移走电动机。

（4）用百分表测量泵侧联轴器的工作窜量。

（5）采用加热法拆下泵侧对轮。

（二）拆卸轴承装置

（1）松开非驱动端轴承外压盖螺栓，并拆下压盖。

（2）松开驱动端及非驱动端填料压兰螺栓。

（3）测量转子半窜量。

（4）拆卸非驱动端轴承、轴承架及轴上的甩油环轴套、中间套、中间环、内侧甩油环轴套、轴承定位卡环及挡水环等部件。

（5）拆卸非驱动端密封水室及盘根压兰。

（6）拆卸驱动端轴承、轴承架、轴上的挡水环及轴套。

（7）测量泵转子总窜量。

（三）泵体拆卸

（1）拆下非驱动端轴套（注意：轴套螺纹是正扣，应按逆时针方向拆下）。

（2）用木块垫住泵体中段后，松开泵体出口法兰螺栓、泵体出口端盖地脚螺栓及泵体拉紧螺栓。

（3）用倒链钢丝绳平行吊出泵体出口端盖。

（4）依次从轴上拆卸各级叶轮和键、泵壳中段及中间套。

（5）拆下驱动端轴套（注意：轴套螺纹是反扣，应按顺时针拆下）。

（6）从驱动端泵盖内抽出轴。

（四）清理、测量、回装

清理打磨各部件，测量数据，检查合格后，进行回装。更换泵体密封件、轴套、轴承等部件。

（五）低压加热器疏水泵解体检查测量项目及标准

（1）联轴器张口、外圆偏差：小于 0.05mm。

（2）泵转子工作窜量：0.20～0.30mm。

（3）泵转子半窜量：3mm±1mm。

（4）泵转子总窜量：6mm±1mm。

（5）着色探伤，叶轮和轴表面应无裂纹。

（6）测量泵壳拉紧螺栓平行偏差：设计值为 0.3～0.4mm，允许值为 1.0mm。

（7）测量叶轮密封环间隙 B：设计值为 0.3～0.4mm，允许值为 1.0mm。

（8）测量叶轮导流器与轴套间隙 C：设计值为 0.3～0.4mm，允许值为 1.0mm。

（9）叶轮小装，测量叶轮密封环晃度：允许值为 0.07mm。

第四节　高、低压加热器

高、低压加热器为表面式加热器。高压加热器利用汽轮机中做过部分功的蒸汽加热锅炉给水，提高给水温度，以减少锅炉的热负荷，提高热经济效益。低压加热器利用汽轮机中做过部分功的蒸汽或汽封漏气来加热主凝结水，回收热量和蒸汽。

一、高压加热器的组成及工作原理

高压加热器的水室设计成半球面形，在球面部分除了设置检修人孔外，还设有锅炉给水的进、出口，进、出水室流道用隔板隔开。管子与管板连接采用胀管后再在管板上堆焊镍铬铁耐热钢，实现密封焊接。为了防止抽汽和压力疏水冲刷 U 形加热管造成爆管现象，在高压加热器的蒸汽和疏水入口处均装有防冲刷保护板。卧式加热器的壳体下部设有四个滚轮，解决了加热器运行中产生的膨胀和检修时抽芯等所遇到的问题。

高压加热器内部设有蒸汽过热段、蒸汽凝结段和疏水冷却段三个部分。

（1）蒸汽过热段。这是蒸汽进入加热器的第一段。过热段的主要目的是利用给水将入口蒸汽的过热热量吸收，将高压加热器的高温区控制在过热段之内，减少高压加热器的热冲击，延长高压加热器的寿命，同时可进一步提高锅炉给水的温度。

蒸汽在过热段内只是释放过热量，不凝结成水，以免发生过热段的水蚀现象。当蒸汽离开过热段进入下一区段——蒸汽凝结段时，仍是微过热蒸汽，即此时蒸汽温度高于该压力下的饱和温度。

（2）蒸汽凝结段。高压加热器和低压加热器均设有蒸汽凝结段，它是加热器的主要换热区域。除了过热段和疏水冷却段之外的空间属于蒸汽凝结段，占整个加热器空间的 3/4 以上。蒸汽凝结段主要是利用蒸汽凝结成水时的汽化潜热。

（3）疏水冷却段。疏水冷却段的主要目的是将凝结水温度进一步降低，保证疏水在流出加热器时具有一定的过冷度，即疏水温度要低于加热器工作压力下的饱和温度，避免疏水流出加热器时发生汽水两相流现象，影响加热器水位的监视和控制。同时，设置疏水冷却段也可避免发生疏水不畅和疏水管磨损等现象。

为了避免抽汽压力过高而损坏加热器，在每个加热器汽侧均设有一个安全阀，而在水侧情况有所不同。根据加热器水侧是大旁路还是小旁路联结，有的在每个加热器上设置一个安全阀，有的在连通管上设置一个共用安全阀。

同时，在加热器的汽侧还设有排空气系统，加热器上部未能凝结的气体可通过排空气系统排出，以保证加热器的正常工作。在机组启动时需要排出大量气体，而机组正常运行时只有少量气体需要排出。

二、高、低压加热器的联锁保护

当机组工况发生变化时，抽汽的压力和流量也会发生变化，加热器水位就会上升或下降，水位太高或太低都不利于系统正常运行。

加热器水位太低，会使疏水冷却段的吸水口露出水面，蒸汽进入该段。这将破坏该段的虹吸作用，造成疏水端差变化和蒸汽热量损失。而且蒸汽还会冲击该冷却段的 U 形管束，发生振动。加热器水位太高，将使部分管子浸在水中，从而减小换热面积，导致加热器性能下降。同时，加热器在过高水位下运行，一旦操作稍有失误或处理不及时，就有可能造成蒸汽管道水击，甚至造成汽轮机进水。

加热器水位的调节通过正常疏水阀和事故疏水阀实现。当加热器水位升高到高水位时，就会报警。水位升高到高Ⅱ水位时，报警并开启加热器事故疏水阀。到高Ⅲ水位时，高Ⅲ水位开关动作，自动关闭该抽汽管道上的电动隔离阀和气动止回阀，水侧走旁路（对于高压加热器，任何一台出现高Ⅲ水位时，自动关闭 1～3 段抽汽管道上的电动隔离阀和气动止回阀，大旁路阀动作，高压加热器全部解列）。同时，管道上的气动疏水阀联动打开，以排除抽汽管道内的积水。

高、低压加热器用汽轮机内部分做过功的抽汽加热给水、凝结水，使这部分抽汽没有进入凝汽器，提高了机组的热效率。采用给水回热加热一般可降低燃料消耗 10%～15%。

三、TC2F-35.4″型汽轮机机组高、低压加热器

机组配置卧式高压加热器，如图 4-4 所示，1 号高压加热器安装在汽机房 22.5m 平台，2 号高压加热器安装在汽机房 12.5m 平台，而 3 号高压加热器安装在汽机房 6.5m 平台。

TC2F-35.4″型汽轮机机组设有八段抽汽，分别加热 1、2、3 号高压加热器，除氧器及 5、6、7、8 号低压加热器。其中第一、第二、第三段抽汽分别供 1、2、3 号高压加热器。

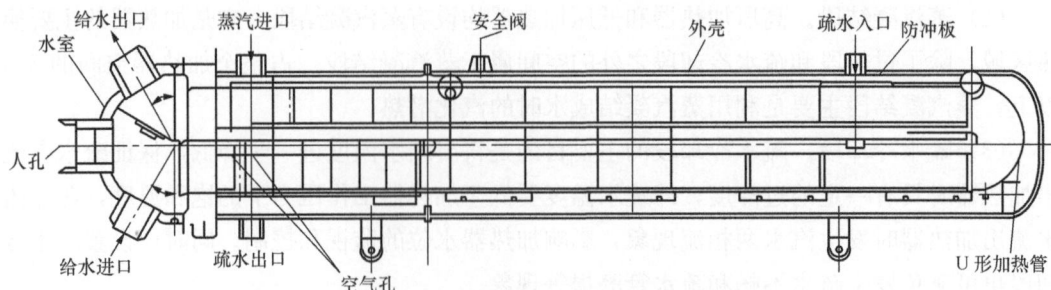

图 4-4　卧式高压加热器结构图

（一）高压加热器

1. 高压加热器的组成

高压加热器水室、管板、壳体焊为一体。水室为半球形封头，水室人孔密封原设计是焊接式结构，因每次对高压加热器检修时，需要打开水室人孔，这样就使得同一位置要多次焊接，对焊接工艺和密封都造成一定的困难，所以技术改造为自密封式的人孔密封。进、出水管焊接在水室上、下两侧，水室分隔板焊在管板上，通过过渡后与出水管接通，未与半球封头直接焊接。

高压加热器管束与管板是胀接加焊接的连接方式。高压加热器采用两支座结构，给水水室侧固定，壳体侧下方安装滚轮。这样便于高压加热器壳体受热膨胀。

高压加热器内部蒸汽采用三段式结构，即过热蒸汽冷却段、凝结段及疏水冷却段。蒸汽流向与给水 U 形管逆流布置。这样减小了高压加热器的端差，提高了高压加热器的传热效率和热经济性。

TC2F-35.4″型汽轮机机组高压加热器的容量偏小，存在管束结垢问题。管束结垢导致给水压降增大，最高时达到 4.3MPa，特别是 1 号高压加热器的水室隔板，因压差大而严重变形。目前采取酸洗清除管束污垢来降低高压加热器的给水压降。

2. TC2F-35.4″型汽轮机机组高压加热器技术规范

TC2F-35.4″型汽轮机机组高压加热器技术规范见表 4-5。

表 4-5　　　　　　　　　　TC2F-35.4″型汽轮机机组高压加热器技术规范

序号	项目	单位	规范		
			No. 1. HP	No. 2. HP	No. 3. HP
1	形式	—	水平布置 U 形管式		
2	总换热面积	m²	1061	1296	954
3	流程数	—	2	2	2
4	冷却管外径	mm	15.88	15.88	15.88
5	管壁厚	mm	1.83	1.83	1.83
6	冷却管有效长度	m	7.740	9.451	6.958
7	U 形管数	根	1374	1374	1374
8	过热蒸汽冷却段换热面积	m²	162	205.9	159
9	凝结段换热面积	m²	677	904.0	718.2
10	疏水冷却段换热面积	m²	222	186.1	76.8
11	端差	℃	−1.0	−1.0	−1.0
12	壳侧设计压力	MPa	2.35	5.0	8.92
13	管侧设计压力	MPa	21.92	21.92	21.92
14	壳侧设计温度（壳/壳衬）	℃	223/466	265.5/352	303.5/446
15	管侧设计温度（壳/壳衬）	℃	223	265.5	303.5
16	水侧压降	MPa	0.073	0.088	0.074

3. 高压加热器技术改造

TC2F-35.4″型汽轮机机组高压加热器人孔门原采用钢板焊接密封，再用堵板压紧封堵。按金相有关要求，同一处焊接不得多于四次。由于高压加热器换热管渗漏和高压加热器压差过大等原因，高压加热器人孔门已多次焊接封堵，超过规定要求，对焊接工艺和密封都造成一定的困难。因此，对该人孔门密封进行了改造，割除原装人孔门，更改为自紧密封式人孔门，如图4-5所示。

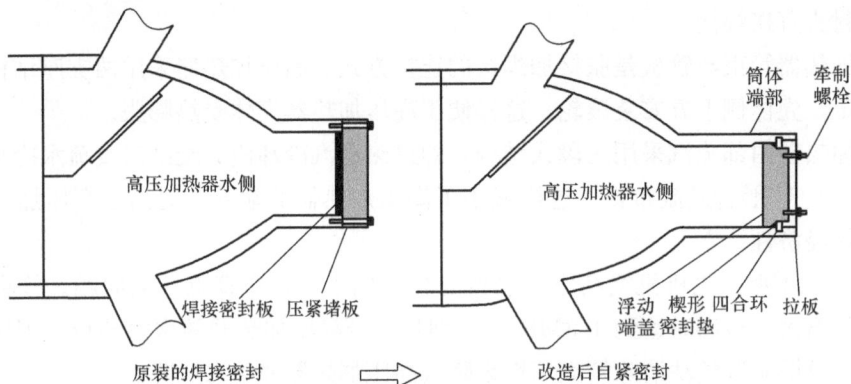

图 4-5　高压加热器人孔改造前后结构对比图

自紧密封（伍德密封）是一种自紧式密封的组合式密封，该密封装置由浮动端盖、四合环、楔形密封垫和筒体端部四大部分组成。密封时首先拧紧牵制螺栓，靠牵制环的支承使浮动端盖上移，同时调整拉紧螺栓将楔形密封垫预紧而形成预密封。随着容器内介质压力的上升，浮动端盖逐渐向上移动，端盖与楔形密封垫之间以及楔形密封垫与筒体端部之间的压紧力也逐渐增加，从而达到密封目的。楔形密封垫的外侧开有1～2道环形沟槽，使压垫具有弹性，能随着浮动端盖的上、下移动而伸缩，使密封更加可靠。为便于将浮动端盖从筒体内取出，该装置使用了由四块元件组成的圆环，称为四合环（又称压紧环）。

这种密封结构的密封性能良好，密封面上的工作密封比压由两部分合成：一是预紧密封比压，二是由介质压力形成的比压。介质压力总是趋于增加预紧密封比压，增加密封性能。介质压力越高，工作密封比压就越大，密封性能越好，且不受温度与压力波动的影响，拆装方便，适用于要求快开的压力容器。TC2F-35.4″型汽轮机组的六台高压加热器人孔改造后密封效果良好。

（二）低压加热器

TC2F-35.4″型汽轮机机组每台配置由两台卧式低压加热器（5、6号低压加热器）和两台合体式低压加热器（7、8号低压加热器）。

5、6、7、8号低压加热器的加热汽源分别由第五、第六、第七、第八段抽汽供给。5号卧式低压加热器安装在汽机房12.5m平台，6号卧式低压加热器安装在汽机房6.5m平台，而7、8号低压加热器安装在汽轮机低压缸下部的凝汽器喉部。

1. 低压加热器的组成

低压加热器由水室、壳体、U形加热管束和隔板等组成，设有蒸汽口、疏水口，以及配有测量、抽汽和排水等装置。水室为半球封头型，设采用金属密封圈加法兰端盖密封的人孔门。进、出水管焊接在水室上、下两侧。水室分隔板焊在管板上，通过过渡后与出水管接通。管束与管板采用胀接加焊接的连接方式。5、6号低压加热器采用两支座结构，凝结水水室侧固定，低压加热器壳体侧下方安装滚轮，这样便于低压加热器壳体受热膨胀。7、8号低压加热器安装在凝汽器喉部，抽汽温度与压力较低。5、6号低压加热器设有蒸汽凝结段和疏水冷却段。7、8号低压加热器只有蒸汽凝结段，没有疏水冷却段。图4-6为卧式加热器结构图。

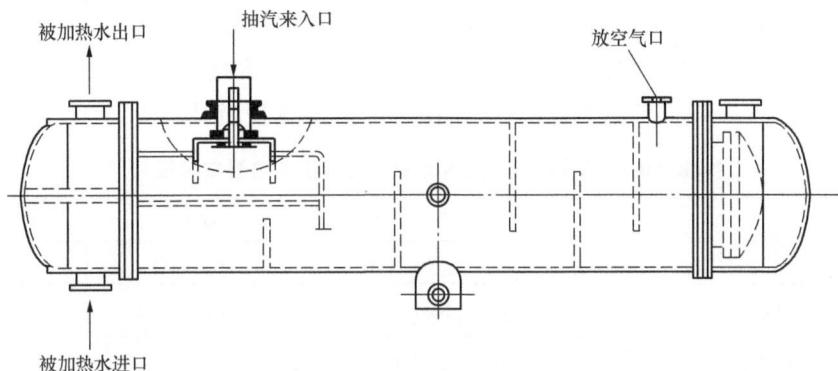

图 4-6　卧式加热器结构图

2. TC2F-35.4″型汽轮机机组低压加热器技术规范

TC2F-35.4″型汽轮机机组低压加热器技术规范见表4-6。

表 4-6　　　　　　　TC2F-35.4″型汽轮机机组低压加热器技术规范

序号	项目		单位	规范			
				No. 5. LP	No. 6. LP	No. 7. LP	No. 8. LP
1	台数		—	1	1	1	1
2	形式		—	水平布置 U 形管式	水平布置 U 形管式	U 形管式	水平布置组合
3	总换热面积		m²	504	523	700	780
4	端差		℃	2.8	2.8	2.8	2.8
5	计压力	壳体	MPa	0.25	0.25	0.09	0.09
6		管侧	MPa	2.45	2.45	2.45	2.45
7	计温度	壳体	℃	337.5	337.5	191.5	144.5
8		管侧	℃	138.5	138.5	138.5	118.5

四、NZK300-16.7/537/537 型汽轮机机组高、低压加热器

NZK300-16.7/537/537 型汽轮机机组每台设有七段抽汽，分别加热1、2、3号高压加热器、除氧器及5、6、7号低压加热器。

（一）高压加热器

NZK300-16.7/537/537 型汽轮机机组每台配置三台卧式高压加热器。1、2号高压加热器安装在汽机房 12.5m 平台，3号高压加热器安装在汽机房 6.5m 平台。

1. 高压加热器的组成

高压加热器水室、管板、壳体焊为一体。水室为半球封头型，设自密封式的人孔门。进、出水管焊接在水室上、下两侧。水室分隔板焊在管板上，通过过渡后与出水管接通。管与管板采用胀接加焊接的连接方式。高压加热器采用两支座结构，给水水室侧固定，壳体侧下方安装滚轮，便于高压加热器壳体受热膨胀。高压加热器内部蒸汽采用三段式结构，即过热蒸汽冷却段、凝结段、疏水冷却段。蒸汽流向与给水 U 形管逆流布置，这样减小了高压加热器端差，提高了高压加热器传热效率和热经济性。

2. NZK300-16.7/537/537 型汽轮机机组高压加热器技术规范

NZK300-16.7/537/537 型汽轮机机组高压加热器技术规范见表 4-7。

表 4-7　　　　　　　NZK300-16.7/537/537 型汽轮机机组高压加热器技术规范

序号	项目	单位	规范		
			No. 1. HP	No. 2. HP	No. 3. HP
1	型号	—	JG-1100-8-1	JG-1360-8-2	JG-950-8-3
2	总换热面积	m²	1100	1360	950
3	给水端差	℃	−1.7	0	0
4	疏水端差	℃	5.6	5.6	5.6
5	壳侧设计压力	MPa	7.23	4.47	2.0
6	管侧设计压力	MPa	24	24	24
7	壳侧设计温度	℃	420/295	340/265	450/230
8	管侧设计温度	℃	310	280	240
9	U 形管束数	根	1395	1365	1365

（二）低压加热器

NZK300-16.7/537/537 型汽轮机机组每台配置两台卧式低压加热器（5、6 号低压加热器）和一台由哈尔滨汽轮机厂配套提供的低压加热器（7 号低压加热器）。

5、6、7 号低压加热器的加热汽源分别由第五、第六、第七段抽汽供给。5、6 号低压加热器安装在 6.5m 平台，7 号低压加热器安装在汽轮机低压缸的排汽装置内部。

1. 低压加热器的组成

低压加热器由水室、壳体、U 形加热管束和隔板等组成，设有蒸汽进汽口、疏水口以及配有测量、抽汽和排水等装置。水室为半球封头型，采用金属密封圈加法兰端盖密封的人孔门。进、出水管焊接在水室上、下两侧。水室分隔板焊在管板上，通过过渡后与出水管接通。管束与管板采用胀接加焊接的连接方式。低压加热器采用两支座结构，凝结水水室侧固定，壳体侧下方安装滚轮，这样便于低压加热器壳体受热膨胀。低压加热器设有蒸汽凝结段和疏水冷却段。7 号低压加热器只有蒸汽凝结段，没有疏水冷却段。

2. NZK300-16.7/537/537 型汽轮机机组低压加热器技术规范

NZK300-16.7/537/537 型汽轮机机组低压加热器技术规范见表 4-8。

表 4-8　　　　　NZK300-16.7/537/537 型汽轮机机组低压加热器技术规范

序号	项目		单位	规范		
				No. 5. LP	No. 6. LP	No. 7. LP
1	台数		—	1	1	1
2	型号		—	DR-600-5	DR-600-6	JD-890-1
3	总换热面积		m²	600	600	890
4	出水端差		℃	2.8	2.8	2.8
5	疏水端差		℃	5.6	5.6	5.6
6	计压力	壳体	MPa	0.5/-0.1	0.5/-0.1	0.6/-0.1
7		管侧	MPa	4	4	3.45
8	安全阀动作压力	壳体	MPa	0.5	0.5	—
9		管侧	MPa	4	4	—
10	计温度	壳体	℃	235	180	125
11		管侧	℃	165	150	125
12	U 形管束数		根	729	729	—

五、高、低压加热器的运行和维护

回热循环的工作状态直接影响机组的热效率，所以要十分重视并正确处理回热加热器运行中所出现的问题。

（一）加热器运行中要监视的主要参数

（1）锅炉给水在加热器出、入口的温度。

（2）加热蒸汽在加热器中的压力和温度。

（3）加热蒸汽和通过加热器锅炉给水的流量。

（4）加热器蒸汽凝结水的水位高度。特别要指出的是，回热加热器的给水温度直接影响机组的循环效率。据计算，给水温度每降低 10℃，机组的热耗率增加约 0.4%。有些机组在退出回热加热器运行后，出力就会降低（无法达到额定出力），所以要严格控制回热加热器的各项运行参数，确保加热器安全经济运行。

（5）回热加热器的端差。用饱和蒸汽作为加热器加热汽源时，其加热蒸汽的饱和温度与加热器出口的给水温度之间的温差称为加热器的端差。端差越大，回热循环的效率越低，所以在加热器运行中应尽量减少端差。对于表面式加热器，其端差值一般为 3～7℃，有些大容量机组加热器的端差很小，甚至为微负值端差。

加热器端差过大，表明加热器工作失常。造成加热器端差增大的原因是多方面的，主要有以下几点：

1）汽轮机抽汽压力或者抽汽量不稳定。抽汽压力和流量的波动，主要是由汽轮机负荷变化或抽汽止回阀卡涩等原因引起的。所以在机组运行中，要经常监视抽汽压力的变化。

2）加热器集聚了空气或者加热管束表面结垢。加热器中集聚空气和其他不凝结气体，不但影响加热器的热交换，而且还会腐蚀加热器。特别对低压加热器，这种现象更加严重。加热器受热面的结垢，在检修时可用稀盐酸或者硫酸等化学药品进行清洗。

3）加热器凝结水水位过高。如果加热器疏水装置控制不良，必然造成凝结水水位过高，甚至淹没加热器。

总之，要降低加热器的端差，除了对以上几项采取必要的措施外，还应该改善加热器本身的结构和回热循环系统。

（二）回热加热器在运行中出现泄漏

加热器投入运行时，要特别注意加热器是否泄漏以及加热器满水保护能否正确动作。

1. 加热器发生泄漏时的异常情况

（1）加热器的端差升高。因为锅炉给水漏入加热器的汽侧后，部分加热管子被浸没，减少了热交换面积。

（2）加热器出口的锅炉供水温度下降。

（3）加热器水位计水位过高或者满水。

（4）抽汽管和疏水管振动。泄漏严重时，加热器汽侧压力升高，可能引起抽汽管和疏水管振动、加热器的水位计漏水等现象。

2. 加热器泄漏的主要原因

加热器泄漏的主要原因包括以下几方面：

（1）加热器隔板设计或安装不当，使加热器管束产生严重振动，造成加热器管束磨损或破裂。

（2）加热器管束严重腐蚀。

（3）水冲击（水锤）现象造成加热器管束破裂。

（4）管道的材质和制造工艺不符合要求。

在加热器运行中，要及时检查加热器是否有泄漏。检查的方法可用抽真空法和水压法。如果发现加热器泄漏，要及时用带圆锥度的铜塞头封堵泄漏管。当堵塞的管道数量超过总加热管数的10％时，有必要更换新管束。

六、高压加热器的检修

（一）高压加热器水室自紧密封人孔装置的拆卸

（1）在高压加热器人孔处搭设三角形吊架，悬挂1t导链，用于起吊高压加热器人孔自紧密封浮动端盖，拆除拉板和四合环拆卸孔处的保温。

（2）拆卸高压加热器人孔自紧密封拉板牵制螺栓，拆下拉板。

（3）用M16的顶丝旋入四合环，用铜棒敲打顶丝，拆卸下四合环。

（4）用螺栓松动剂和砂纸清理高压加热器人孔内壁，以保证浮动端盖和楔形密封垫能顺利拆出。

（5）安装高压加热器人孔自紧密封拉板，拧好高压加热器人孔自紧密封外盖板牵制螺栓。

（6）用导链挂住浮动端盖上的吊环，再紧高压加热器人孔自紧密封外盖板牵制螺栓，拆出高压加热器浮动端盖、楔形密封垫和拉板（用导链吊下）。

（7）拆除高压加热器进水、返水侧检查盖板螺栓，拆下两块检查盖板。

（8）清理高压加热器水侧内壁、管板表面。

（二）高压加热器内部检查

（1）联系化学专业人员检查高压加热器内部。在化学人员进入高压加热器前，在高压加热器人孔内壁自紧密封接合面覆盖胶皮，防止物件碰伤密封面，在高压加热器内部入口管口覆盖 $\phi380\times1mm$ 的铁皮，再在铁皮上覆以 $500mm\times500mm\times5mm$ 的胶皮，防止物件掉入给水管道。

（2）化学人员采样，拍照记录高压加热器内部实际情况。检查高压加热器内部是否清洁，有无锈蚀、焊瘤、杂物，内部附件是否齐全。高压加热器水室内壁、管板等表面清洁、无氧化物粉末等杂质。高压加热器入水侧 U 形管口的护衬管齐全、无变形、无破损。分水隔板无变形。螺栓孔无冲蚀扩大。

（三）高压加热器的查漏、堵漏

如在运行中或停机前发现高压加热器汽侧水位有不正常升高的现象，应将高压加热器的汽侧隔离，保持水侧压力为 10MPa。1h 后检查汽侧水位的变化并打开汽侧放水门检查是否有水。如果发现汽侧水位升高并且汽侧放水门放出大量水，说明高压加热器管束有水侧向汽侧泄漏的现象，应进行查漏、堵漏工作。

在高压加热器与系统隔离的情况下，向汽侧注水或充压缩空气进行查漏，确认漏点。具体操作包括以下内容：

（1）查漏。

1）注水法。在高压加热器水位计底部的排污阀处接透明塑料管作为临时水位计。塑料管必须安装牢固并保持上部通气。拆除高压加热器汽侧安全阀，从安全阀管孔向高压加热器内部注入常温凝结水，水位至高限时做记号。在高压加热器水侧 U 形管板处检查漏水点。

2）充压缩空气法。在高压加热器切出系统，安全常温状态下进行查漏。在高压加热器水位计排污阀处接手动阀和压力表。将 0.6MPa 的压缩空气充入高压加热器汽侧。当压力达到 0.6MPa 时，关闭充气阀，记录压力表数值。在高压加热器水侧管板处刷肥皂泡进行查漏，有气泡处即是泄漏点。

（2）确定漏点做标记。检查出漏点后，必须确认是管板泄漏、管束的胀口泄漏，还是 U 形管内部泄漏。如是 U 形管内部泄漏，必须采用吹气法确认 U 形管的另一个管口，并做好记号。堵漏后应及时记入设备检修台账。

（3）堵漏。如是管板泄漏，必须请金属专业人员进行检验并确定处理方案。一般采用打磨、深挖、补焊的方法处理。如是管束内部和胀口的问题，应用加工不锈钢锲堵头封堵。堵头一般结合 U 形管内径加工，长度为 50mm，锥度为 1:50。堵漏后再进行注水或充压缩空气的方法检查确认。

（四）内部返水侧检查盖板的回装

用 3mm 厚的高压石棉板作为高压加热器进水、返水侧盖板密封垫。装上密封垫，回装高压加热器进水、返水侧盖板。在螺栓上装双耳止动锁片。紧固螺母后，用 0.05mm 的塞尺检查高压加热器进水、返水侧盖板结合面，塞不入为合格。再用扁錾将锁片分别与螺母和盖板锁死，以防螺母松脱。

（五）水室人孔自紧密封的回装

（1）请化学人员验收高压加热器内部，合格后取出在高压加热器内部入口管口覆盖物。

（2）用砂纸打磨清理高压加热器人孔浮动端盖、拉板、四合环、筒体端部内壁。依次回装高压加热器浮动端盖、楔形密封垫、压板、四合环、拉板及牵制螺栓。

（六）打压、复紧人孔螺栓并恢复保温

锅炉打水压过程中，检查并拧紧高压加热器人孔自紧密封牵制螺栓。机组启动带满负荷后，再次检查拧紧高压加热器人孔自紧密封牵制螺栓。最后恢复高压加热器人孔处的保温。

第五节　除　氧　器

一、除氧器的作用

当水与某种气体或空气接触时，就会有一部分气体溶解到水中。水中溶解某种气体量的多少，与该气体在水面上的压力成正比，与水的温度成反比。机组给水是封闭循环的，其含气的来源有：

（1）开口疏水箱内的疏水表面直接与大气接触而溶入的气体。

（2）由于汽轮机的真空系统不严密，漏入凝汽器内的空气。

（3）往给水系统内补充化学补给水时带入的溶解气体。

（4）凝结水在凝汽器内存在过冷却度。

给水中溶解的气体，有一些是活动性很强的气体，如氧气和二氧化碳。这些气体对热力设备的管道、省煤器及锅炉本体内部表面、热交换设备等部位起腐蚀破坏作用，降低设备的使用寿命。如给水中溶解氧气超过 0.03mg/L 时，给水管道和省煤器在短时期内就会出现穿孔的点状腐蚀。

给水中所溶气体在热交换设备中是不凝结的。当蒸汽被凝结，气体就会逸出。这些气体会在热交换设备中的水管与蒸汽之间形成一层气膜，影响热交换设备的传热效果。因此，给水中溶解气体是影响安全经济运行的主要因素之一。

防止设备腐蚀最有效的办法是除去给水中的溶解氧和其他气体。这一过程称为给水的除氧。给水中溶解的气体对机组的安全经济运行危害极大，所以在给水进入高压加热器和锅炉之前必须将其除掉。而氧对设备的危害最严重，该除气装置主要是去除给水中的溶解氧，所以将这种除气装置称为除氧器。

二、热力除氧的原理

气体的溶解度与气体的种类以及在水面上的分压力和水温等因素有关，在一定压力下，水温越高，气体的溶解度越小；相反，水温越低，气体的溶解度越大；在一定温度下，气体在水面上的分压力越小，气体的溶解度也越小；相反，气体在水面上的分压力越大，气体的溶解度就越大。因此，可以得出结论，单位体积水中溶有的气体量是与水面上该气体的分压力成正比的。如果在水面上充满蒸汽，则水面上其他气体的分压力将等于零。此时，水中气体的溶解度将为零，这就是热力除氧的基本原理。

除氧器靠蒸汽来加热给水，将给水加热到与除氧器内压力相应的饱和温度时，水中溶解的气体即会分离逸出。这是因为当加热给水时，其饱和蒸汽压力要增加，液面附近的水蒸气分压力必然会增加，相应液面上的其他气体的分压力就会下降。蒸汽加热给水达到沸腾时，水蒸气压力就会接近于液面上的全压，而其他气体的分压力等于零，所有气体将完全从沸腾的水中被清除，这就达到了除氧的目的。

热力除氧的必要条件是：定压加热锅炉给水达到饱和状态；及时排放水中所逸出的气体。

除氧器在除氧过程中，需要注意的事项包括：

（1）在加热除氧过程中，只要有少量的加热温度不足（仅几分之一度），就会引起除氧效果恶化，使水中的残余含氧量增加。

（2）在加热除氧过程中，气体从给水中逸出的过程不是瞬间所能完成的，而是需要有一定的持续时间才能逐渐分离出来。这是因为气体从水中逸出的过程要克服水表面的张力和黏滞力，短时间内是很难达到除氧的目的。

但是在除氧器除氧过程中，即使采用了许多技术措施，一般锅炉给水含氧量也只能达到小于或等于 5mg/L 左右，要想完全排除给水中的含氧量是不太可能的。

（3）除氧器在除氧过程中，除了定压加热给水达到饱和温度外，还必须采用机械的办法将给水分层雾化，形成水膜状态，使蒸汽和水加强接触，提高传热效果。降低水表面张力和黏滞力对气体逸出的影响，以缩短气体从水中分离出来的时间。

三、TC2F-35.4″型汽轮机组除氧器

TC2F-35.4″型汽轮机组除氧器除氧方法采用加热式除氧。加热式除氧是利用气体在水中溶解的性质进行除氧。在除氧的过程中水被加热到除氧器内蒸汽压力下的饱和温度。其优点是在将水中溶解的各种气体除掉的同时，还能起到一级加热器的作用。

（一）除氧器的形式和结构

除氧器为高压式除氧器，如图 4-7 所示，其加热蒸汽的压力为 0.50～0.90MPa。特点是工作稳定、效率高，减少了高压加热器的数目。为了防止给水泵运行中产生汽蚀现象，除氧器要安装到高位，该除氧器安装在 22.5m 层。

除氧器采用水平布置、喷雾淋水盘式除氧器。它综合了喷雾式和淋水式两种结构的优点，具有除氧速度快、效果好、负荷适应强和体积小的优点。除氧器与锅炉给水的储水箱构成了一体，包括除氧头和储水箱两大部分。除氧器主要由喷嘴、淋水盘、给水室和接触式冷却器等组成。淋水盘分上、下两层，均采用不锈钢材料铆接结构。除氧器的喷嘴是保证给水除氧效果的关键。

在喷嘴的下方设有淋水盘，水从喷嘴下落经淋水盘继续与从下而上的加热蒸汽接触，进行良好的热交接。分离出来的不凝结气体从除氧器上部空气管直接排出。

除氧器除氧后的水经过中间下降管流入储水箱。在除氧器的上方设有溢流孔，并装有溢流阀。当除氧器出现高水位时，自动打开溢流阀，进行水位调整。

除氧器通入辅助蒸汽进行预热，汽水直接接触，加热沸腾后进行除氧。在进行除氧器

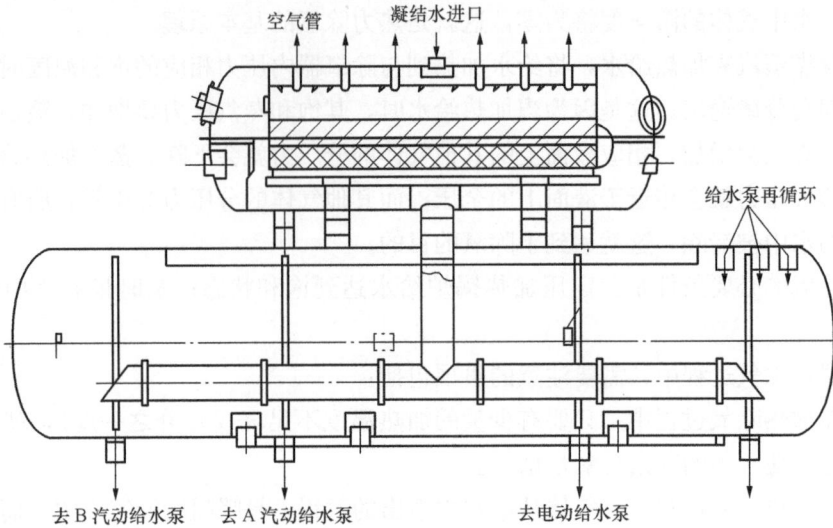

图 4-7 TC2F-35.4″型汽轮机组除氧器结构图

内水的预热过程中，在储水箱的下降管上设置一台除氧器再循环泵，将出水打入凝结水管，再经过除氧头回到储水箱。

（二）TC2F-35.4″型汽轮机机组除氧器设备规范

TC2F-35.4″型汽轮机机组除氧器设备规范见表 4-9。

表 4-9　　　　　　　　　TC2F-35.4″型汽轮机机组除氧器设备规范

序号	项目		单位	规范
1	形式		—	水平布置、喷雾淋水盘式
2	数量		台/单元	—
3	除氧能力（最大）		t/h	12.5
4	储水箱容量（有效容积）		m³	140
5	设计压力		MPa	0.84
6	除氧器出口含氧量		μg/L	≤5
7	质	壳体	—	钢板（A516-70）
8		给水储水箱	—	钢板（A516-70）
9		淋水盘	—	不锈钢板（SUS304）
10		喷嘴	—	不锈钢（SUS304）

（三）除氧器的检修

除氧器的检修一般在机组大修时进行，除氧器的检修项目包括以下内容：

（1）打开除氧头人孔，检查淋水盘、喷嘴、焊口。

（2）打开除氧器水箱人孔，清理水箱内部，检查防护挡板的固定和水箱焊缝。

（3）安全阀检修、校验。

（4）各汽水阀门、调整门检查。

（5）水位计检修。

（6）消除缺陷。

四、NZK300-16.7/537/537型汽轮机机组除氧器

（一）除氧器的形式和结构

NZK300-16.7/537/537型汽轮机机组除氧器采用卧式、内置式除氧器。经过低压加热器加热的凝结水通过除氧器上部的恒速喷嘴注入除氧器内，同时蒸汽通过除氧器下部的蒸汽排管从水下注入，这样利用蒸汽除去给水中的溶氧。该机组除氧器是一台混合式加热器，不仅肩负锅炉给水的除氧任务，同时又是一个压力较高的汽、水汇集容器，汇集了3号高压加热器的高温高压疏水和锅炉连排扩容器的排汽疏水。

内置式除氧器由壳体、恒速喷嘴、加热蒸汽管、挡板、排氧管、出水管及安全阀、测量装置、人孔等组成，如图4-8所示。

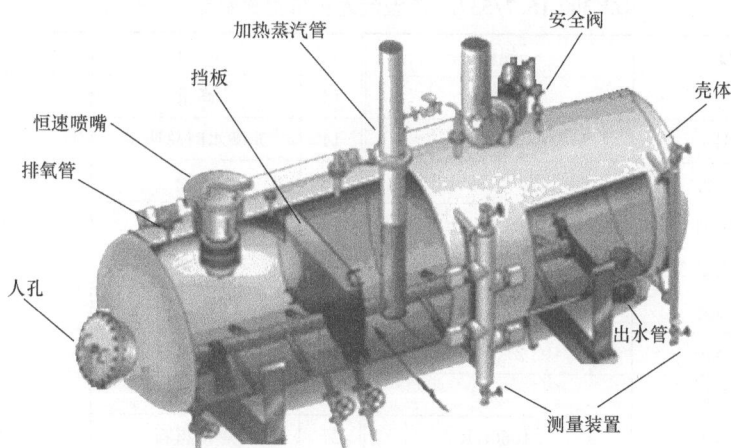

图4-8 NZK300-16.7/537/537型汽轮机机组内置式除氧器结构图

（二）热力除氧的工作原理

水达到饱和温度时，水面上蒸汽的分压力接近于其混合气体的总压力，而不凝结气体的分压力接近于零，这样水中溶解的气体就会不断地排出水面，达到去除气体的效果。

为达到良好的热力除氧效果，必须满足以下条件：

（1）有足够的蒸汽将水加热到除氧器压力下的饱和温度。

（2）及时排走析出的气体，防止水面的气体分压力增加，影响气体析出。

（3）增大水与蒸汽接触的表面积，增加水与蒸汽接触的时间，蒸汽与水采用逆向流动，以维持足够大的传热面积和足够长的传热、传质时间。

（三）除氧器的检修

（1）打开除氧器人孔，进行通风冷却。内部温度低于50℃后，人员方可进入内部。在除氧器内须采用12V行灯或强光手电照明。打开人孔，具备进入的条件后，先联系化学监督人员进入除氧器内部进行检查、取样、拍照。

（2）解体清理检查恒速喷嘴。拆卸恒速喷嘴上部的凝结水管与管道法兰的螺栓与恒速喷嘴盖的螺栓，起吊弯管。拆卸恒速喷嘴与除氧器壳体的固定螺栓，装上吊环，起吊恒速

喷嘴至检查场地。在恒速喷嘴和板片上做好记号，测量恒速喷嘴拉紧螺栓的拉紧长度后，拆卸拉紧螺栓。拆下每一组间隔环与板片，按次序摆好位置，进行清理检查。清理干净后，及时按记号组装。

（3）检查防冲挡板，应无焊口开裂、变形、掉落现象，如有则进行焊接加固处理。

（4）检查加热蒸汽排管出气孔，无堵塞杂质，如有则进行清理。

（5）清理检查除氧器内壁，无积水、锈蚀粉末等杂质。

（6）检查除氧器焊缝及金属表面，应无裂纹、腐蚀坑等缺陷。裂纹一般发生在水位线以下部位，特别是纵向焊缝等处。另外，需要进行金属专业的焊缝抽检工作。将焊缝打磨后，用磁粉、着色等无损探伤法检查有无裂纹等缺陷。

（四）NZK300-16.7/537/537 型汽轮机机组除氧器技术规范

NZK300-16.7/537/537 型汽轮机机组除氧器技术规范见表 4-10。

表 4-10　　　　　　　　　**NZK300-16.7/537/537 型汽轮机机组除氧器技术规范**

序号	项目	规范	序号	项目	规范
1	形式	内置式	13	净重	8000kg
2	类别	一类	14	充满水时总质量	40 000kg
3	工作压力	0.147～0.895MPa	15	外径	3856mm
4	设计压力	1.012MPa	16	总长	约 19 000mm
5	最高出水温度	175.5℃	17	焊缝系数	$\phi 1.0$
6	设计温度	220℃	18	介质	水、水蒸气
7	几何容积	217m³	19	腐蚀裕量	2.5mm
8	有效容积	150m³	20	壳体材料	20R
9	额定出力	1060t/h	21	焊接材料	焊丝 H08MnA
10	出水含氧量	≤5μg/L	22	焊接材料	焊剂 HJ431
11	喷嘴最大出力	1200t/h	23	焊接材料	焊条 E4315
12	喷嘴压降	最大出力时 0.058MPa			

第五章

轴 封 汽 系 统

第一节 概　　述

一、轴封汽系统的作用

轴封是汽轮机的重要部件之一。汽轮机的动静部分总存在一定的间隙，如果不设置轴封，汽轮机高压部分的蒸汽将泄出，低压部分的空气将吸入。这不但造成机组效率的下降，而且还使润滑油中含水量增加和凝汽器真空下降，直接影响了机组的安全经济运行。

轴封汽系统就是为了使汽轮机高压部分蒸汽不外漏，低压部分不进空气，将汽轮机内部与外界隔离开。

二、轴封汽系统的组成

轴封汽系统主要由汽轮机的轴封、轴封供汽母管、轴封冷却器、轴封（加热器）风机以及疏水系统等组成。轴封汽母管分别连接汽轮机高、中压缸前/后轴封及汽轮机低压缸前/后轴封、各调速汽阀阀杆向外的泄汽管。

三、轴封汽系统供汽

轴封蒸汽的汽源来自两路：一路是锅炉高温辅助蒸汽，作为机组启动和备用时的轴封用汽；另一路是来自低温再热蒸汽，主要用于机组低负荷运行。

轴封汽系统为自密封系统，当机组达到一定的负荷时，其高、中压缸轴封段的溢汽量完全可以供给自身轴封的用汽需要量。轴封蒸汽母管就不需要低温再热蒸汽供汽，而是通过汽轮机高、中压缸轴封溢汽来供应低压缸轴封的用汽，并且将轴封汽母管中多余的蒸汽排至低压加热器，以回收热量。轴封汽母管至凝汽器的调节阀只有在上述的情况下仍无法泄压或轴封加热器有高水位信号时，才自动开启，作为轴封汽母管排出多余蒸汽的备用出路。当机组负荷降低，轴封汽母管压力小于 35kPa 时，通常由低温再热蒸汽来补充轴封汽母管的蒸汽。而锅炉高温辅助蒸汽汽源仅在机组启动时使用。

（一）TC2F-35.4″型汽轮机的轴封供汽与控制压力

TC2F-35.4″型汽轮机的轴封供汽与控制压力见表5-1。

表 5-1   TC2F-35.4″型汽轮机的轴封供汽与控制压力

全部采用气动调整阀控制		
运行方式	汽源或溢流	压力
启动供汽	辅汽	30kPa
正常运行	冷端再热器	30kPa
溢流至	8 号低压加热器	>35kPa
溢流至	凝汽器	>40kPa

（二）NZK300-16.7/537/537 型汽轮机的轴封供汽与控制压力

NZK300-16.7/537/537 型汽轮机的轴封供汽与控制压力见表 5-2。

表 5-2   NZK300-16.7/537/537 型汽轮机的轴封供汽与控制压力

采用气动和电动调整阀控制		
运行方式	汽源或溢流	压力
启动供汽	辅汽	30kPa
正常运行	冷端再热器	30kPa
气动调整阀溢流	至热井疏水扩容器疏水集管束	>40kPa
电动旁路阀溢流	至热井疏水扩容器疏水集管束	>60kPa 开启，<50kPa 关闭

（三）对轴封汽的要求

（1）轴封汽的过热度不得小于 14℃。

（2）低压缸轴封汽温度要求小于 120℃，不得超过 180℃。

四、汽轮机的轴封回汽

汽轮机的轴封回汽经轴封回汽管道进入轴封加热器汽侧。由于水侧不断流过的凝结水对轴封回汽进行冷却，蒸汽凝结成水体积缩小。同时轴封加热器风机不断地将不凝结气体抽出，在轴封加热器汽侧形成微负压，使汽轮机轴封回汽流畅，防止靠近油挡处的蒸汽泄漏，避免润滑油中进水。在收集轴封回汽凝结水的同时，回收轴封回汽的热量，提高了热力循环的经济性。

第二节　轴　封　加　热　器

轴封加热器的作用是将汽轮机汽封系统的汽气混合物抽出，防止汽气混合物从汽轮机轴端汽封漏到油系统中而破坏油质。这些汽气混合物进入轴封冷却器被冷却成水的同时将凝结水加热，没有凝结的气体被轴封加热器风机抽吸排往大气。

一、TC2F-35.4″型汽轮机的轴封加热器

TC2F-35.4″型汽轮机的轴封加热器为表面冷却形式的冷却器，装设在汽机房的 3.5m 平台。在轴封加热器的上方装设了两台轴封加热器抽气风机。轴封加热器抽气风机一台运行，一台备用。

表 5-3 TC2F-35.4″型汽轮机的轴封加热器技术规范

序号	项目	单位	规范
1	形式	—	表面冷却
2	管数	根	772
3	管材	—	不锈钢
4	管子外径和厚度	mm	16×1
5	冷却面积	m²	65
6	凝结蒸汽容量	t/h	1106
7	真空	mmH$_2$O	600
8	冷却水量	t/h	140

二、NZK30016.7/537/537 型汽轮机的轴封加热器

NZK30016.7/537/537 型汽轮机的轴封加热器装设了一台 LQ-116-1 型轴封加热器，装设在汽机房的 6.5m 平台。轴封加热器采用单程管式加热器。在轴封加热器的上方装设了两台轴封加热器抽气风机。轴封加热器抽气风机一台运行，一台备用。

NZK300-16.7/537/537 型汽轮机的轴封加热器技术规范见表 5-4。

表 5-4 NZK300-16.7/537/537 型汽轮机的轴封加热器技术规范

序号	项目	规范	序号	项目	规范	
					管程	壳程
1	型号	LQ-116-1	6	设计压力	3.45MPa	0.59MPa
2	容器类别	2	7	试验压力	4.31MPa	0.88MPa
3	冷却面积	116m²	8	设计温度	80℃	300℃
4	容器质量	5753kg	9	冷却水最小流量	300t/h	—
5	冷却水流量	700t/h				

第三节 轴封加热器抽气风机

轴封加热器抽气风机的作用是排出轴封加热器内的不凝结气体，在轴封加热器汽侧建立并保持微负压，使汽轮机轴封回汽顺利排入轴封加热器内，防止汽轮机轴封溢汽。

一、TC2F-35.4″型汽轮机的轴封加热器抽气风机

TC2F-35.4″型汽轮机的轴封加热器上安装了两台卧式离心式轴封加热器抽气风机。轴封加热器抽气风机一台运行，一台备用。

轴封加热器风机主要由底座、风机蜗壳、叶轮等组成。叶轮采用不锈钢制作，装于蜗壳内，套装在电动机轴上，用键连接固定。采用前向式叶片的叶轮转动时气流不平稳、撞击剧烈、能量损失大、噪声大、效率低，但其气体流速高，在风机的出口处可以获得较大的静压，在风机的入口处可产生较大的负压。表 5-5 为 TC2F-35.4″型汽轮机的轴封加热器风机技术规范。

表 5-5   TC2F-35.4″型汽轮机的轴封加热器风机技术规范

序号	项目	单位	规范
1	形式	—	卧式离心式
2	功率	kW	11
3	压头	mmH$_2$O	670
4	外壳设计压力、温度	MPa、℃	大气压、100
5	管子设计压力、温度	MPa、℃	3.19、76.5

二、NZK300-16.7/537/537 型汽轮机的轴封加热器抽气风机

NZK300-16.7/537/537 型汽轮机的轴封加热器上安装了两台 PQ8 型前向式叶片的轴封加热器抽气风机。轴封加热器抽气风机一台运行，一台备用。表 5-6 为 NZK300-16.7/537/537 型汽轮机的轴封加热器抽气风机技术规范。

表 5-6   NZK300-16.7/537/537 型汽轮机的轴封加热器抽气风机技术规范

序号	项目	单位	规范
1	型号	—	PQ8
2	流量	m³/h	1500
3	转速	r/h	2900
4	电动机功率	kW	15
5	全压	Pa	10 000
6	介质密度	kg/m³	1.2
7	介质温度	℃	20

三、轴封加热器抽气风机检修

（一）轴封加热器抽气风机解体

（1）先用钢丝绳吊住轴封加热器抽气风机进口段，拆除轴封加热器抽气风机管上的法兰螺栓，并吊开进口段。

（2）用专用工具拉出叶轮。检查轴键有无毛刺。

（3）清除叶轮上的积灰污垢，再检查叶轮的磨损的程度、铆钉的磨损情况。

（4）检查叶轮的槽道进、出口管内无杂物及堵塞物。

（5）检查外壳无磨损、裂缝及其他损坏现象。

（二）轴封加热器抽气风机组装

（1）把轴键装好后，将风机叶轮水平套在电动机轴上，用铜棒敲入轴端。

（2）转子定位紧固后，进行风机找正工作，盘动电动机如风机有摩擦，可在电动机下加、减垫片或左、右移动电动机进行找正。

（3）安装风机进口及管段，送电试运。

第六章

湿式凝汽、真空系统

第一节 凝 汽 器

凝汽系统主要由表面式凝汽器、抽气设备（真空泵）、凝结水泵、循环水泵以及这些部件之间的连接管道等组成。凝汽系统结构图如图 6-1 所示。

一、凝汽器的作用

汽轮机低压缸的排汽通过凝汽器后因受到循环水的冷却而凝结。所以凝汽器在汽轮机热力系统中是起到了"冷源"的作用，即降低排汽温度，提高循环效率。

由于蒸汽在凝汽器内受到冷却凝结成水之后，其体积骤然缩小，压力降低，原蒸汽所占据的大部分容积就形成了真空。这样，凝汽器就可以起到两个作用：提高汽轮机的工作效率和形成凝结水提供锅炉给水。此外，由于凝结水在凝汽器里处于饱和

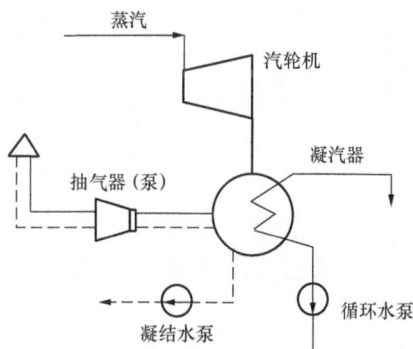

图 6-1 凝汽系统结构图

状态，凝汽器也起到了对凝结水的除氧作用。凝汽器的作用有两个方面：

（1）提高汽轮机的工作效率。设置了凝汽器之后，汽轮机的排汽就形成了高度的真空。这样进入汽轮机工作的蒸汽在汽轮机中膨胀远低于大气压力，使得蒸汽所含的热量尽可能多地转变为机械能，提高了汽轮机的工作效率。

（2）凝结水作为锅炉的给水。通过凝汽器后，汽轮机低压缸排汽凝结成水，收集起来可重新送回锅炉内去加热蒸发。因为这种凝结水是不含杂质的蒸馏水，品质纯净，最适合作为锅炉的给水，这样可以完成汽轮机的热力循环。

必须指出，对凝汽器而言，要求凝结水的温度应等于汽轮机排汽压力对应下的饱和温度（对湿蒸汽而言，即等于进入凝汽器的蒸汽温度）。但是，凝汽器的汽侧空间总会漏入一定量的空气，同时蒸汽在凝汽器中流动也存在着阻力。受到空气和阻力的影响凝汽器中的蒸汽分压力降低，造成凝结水温度也相应地下降，而出现过冷现象。过冷度的出现，消耗了更多的汽轮机回热抽汽量来加热锅炉给水，增加了循环的热耗率。一般认为，凝结水每过冷 1℃，其热耗率约增大 0.5％。因此，现代大型汽轮发电机组要求凝汽器的过冷度不超过 0.5～1.0℃。

二、凝汽器的结构

TC2F-35.4″型汽轮机采用回热汽流向心式、表面式凝汽器，主要由壳体、水室、端盖、管束和管板等组成。

凝汽器喉部与汽轮机排汽口用膨胀节连接，底部由固定支座支撑，运行时，凝汽器的热膨胀由膨胀节补偿。凝汽器的外形设计成方形结构，并且为了减少大直径抽气管的长度，将末级低压加热器置于凝汽器的内部，位置在凝汽器进气口的上部。

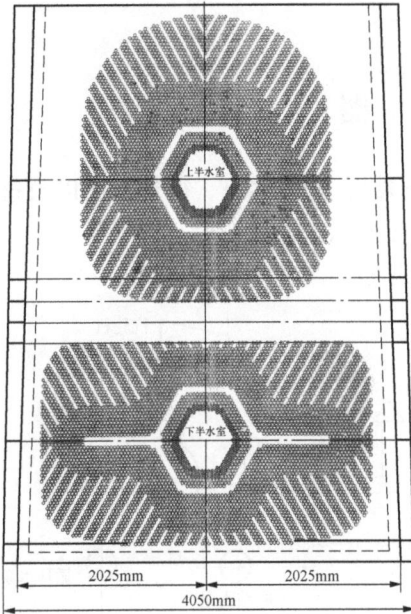

图 6-2　凝汽器 A（或 B）侧管束布置图

凝汽器采用双流程形式，冷却水在冷却水管内经过一个往返流程再排出凝汽器。凝汽器 A（或 B）侧管束布置图如图 6-2 所示，凝汽器分为 A、B 两侧，在凝汽器冷却入口水室中设有垂直隔板，将入口水室分为两个各自独立的部分，使凝汽器单侧各自有独立的单盖和进、出口水管。它的主要优点是当凝汽器冷却水管污脏或冷却水管泄漏时，汽轮机不需要停机，只要降低一定的负荷便可分别进行检修或清扫。

凝汽器管束布置为汽流向心式，汽轮机排汽口进入凝汽器的蒸汽沿着外壳与管束形成的通道包围了管束的四周，并沿半径方向流向中央抽气口。汽流向心式凝汽器的优点是：其结构能保证管束下部有足够的蒸汽通道，向下流动的凝结水与向心流动的蒸汽接触受到加热，保证了凝汽器的回热效果，减小了凝结水的过冷度；蒸汽在管束中的流程较短，流动阻力小。由于凝结水不与被抽出的蒸汽、空气混合物接触，因此凝结水在凝汽器中有良好的除氧效果。

表面式凝汽器内部空间由铜管分隔成两部分：一部分为蒸汽空间，在铜管壁外；另一部分是冷却水空间，在铜管内。蒸汽与铜管外表面接触，冷却水与铜管内表面接触，蒸汽放热经铜管壁传给冷却水，使排汽冷却成为纯净的凝结水，重新供给锅炉用水。为使表面式凝汽器达到更高的真空度，连接凝汽器的管件及凝汽器外壳焊缝等必须保持高度的严密性，否则大气会漏入凝汽器内引起真空降低。往凝汽器内漏入空气量过多，还会引起凝结水含氧量增大。因此，保证表面式凝汽器的严密性，是汽轮机检修和运行人员的一项重要任务。

凝汽器的工作过程：汽轮机排汽由排汽室进入凝汽器的蒸汽空间。管板固定在凝汽器外壳的两端，冷却水管按照一定的结构规律排列在两端的管板上。冷却水管的两端开口与循环冷却水室相通。管板与凝汽器端盖所构成的空间称为水室，冷却水的进口端称为前水室，另一端称为后水室。前水室内设有一块水平隔板，将前水室分成上、下两部分，冷却水由进水管进入前水室的下部，再分别流入各个冷却水管内，经后水室转向进入前水室的上半部，最后从出水口排出凝汽器。汽轮机的排汽在冷却水管外部横向冲刷流动，放出汽化潜热被冷却水吸收而凝结成水。凝结水沿排汽方向流至热水井内，然后由凝结水泵抽出，经加热除氧后送至锅炉。在凝汽器中没有凝结的蒸汽随凝汽器中的空气由抽气口抽出。TC2F-35.4″型汽轮机凝汽器的技术规范见表 6-1。

表 6-1　　　　　　　　　　TC2F-35.4″型汽轮机凝汽器的技术规范

序号	项目	单位	规范
1	形式	—	分流（双侧）、辐向、表面式凝汽器
2	冷却面积	m²	22 280
3	凝汽器真空	MPa	0.004 9
4	循环水入口设计温度	℃	20
5	循环水量	m³/h	38 190
6	流程	—	双流程
7	管材（空抽区）	—	B30 白铜管
8	管材（主凝结区和顶部）	—	HSn70-1 黄铜管
9	管外径及壁厚	mm	28.58×1.24
10	管内循环水流速	m/s	2.0
11	有效管子长度	mm	12 515
12	管数（空抽区）	根	604
13	管数（主凝结区和顶部）	根	19 224
14	管板材质	—	海军黄铜（B171-C46400）
15	水室材质	—	有环氧涂层的碳钢
16	壳体设计承压	kPa	10.09（全真空）
17	水室设计压力	MPa	0.44
18	管板厚度	mm	32
19	水室壁厚	mm	22
20	壳体厚度	mm	22
21	热井容量	m³	59.4
22	凝汽器净重	t	640
23	凝汽器正常运行时质量	t	1060
24	凝汽器灌满水时质量	t	1785
25	凝汽器端差	℃	2～6
26	支撑方式	—	刚性支撑
27	颈部与低压缸连接方式	—	膨胀节
28	循环水进、出口连接方式	—	下进上出，即中间底部为进口，两侧上部为出口

三、凝汽器的检修

凝汽器的检修一般包括水侧的检查和清理；汽侧及空气系统的检查；凝汽器附件的检

修；查漏和凝汽器铜管保护等项目。

（一）凝汽器水侧的检查和清理

凝汽器水侧包括循环水进/出口水室、循环水滤网及收球网、凝汽器管道内部等。只有在停止循环水运行，并将凝汽器进、出口水室内的存水放净以后，方可开始凝汽器水室的检查和清理工作。

1. 凝汽器水侧检查

在水侧人孔打开后，首先检查铜管的结垢情况，然后检查水室、管板的泥垢和铁锈以及防腐情况，如有应及时进行清理。

2. 凝汽器水侧的清理

（1）铜管的清理：运行中的凝汽器由于铜管内壁结垢或污泥而使端差增大，可投胶球清洗装置对铜管进行清理；在检修中用高压水射流清洗机清洗铜管；当铜管结有硬垢，可制订措施进行酸洗。

（2）水室的清理：将水室及管板的泥垢、铁锈及其他杂物清理干净，必要时应在水室及管板上涂防腐漆，再检查和清理收球网，将其中杂物全部清理干净。

（二）凝汽器汽侧的检查

凝汽器的汽侧是指低压缸排汽通过并在其中被凝结成水的一侧，包括凝汽器喉部、两侧管板以内、铜管外侧及凝结水热水井。

凝汽器汽侧的检查需在停机后方可进行。检查的主要项目包括：检查凝汽器管板壁及铜管表面是否有锈垢，若有应制订措施进行处理；检查铜管表面，监督铜管是否有垢下腐蚀，是否有落物掉下所造成的伤痕等。对于腐蚀或伤痕严重的铜管，应采取堵管或换管的措施。

（三）凝汽器附件的检修

凝汽器在运行中若要保证有良好的真空，除真空系统正常外，还必须保证凝汽器本身及附件的严密性。每次检修时，应对凝汽器的附件进行细致的检修。为保证凝汽器的正常运行，水侧附件也应进行检修。

检查汽侧放水门、人孔盖、水位计的法兰垫、人孔盖垫及阀门盘根处应严密不漏。一般情况下，每次大修均应把附件彻底检修，更换新垫片和阀门盘根。在检修时，还应对水侧放水门进行检修，组装时保证法兰及盘根处不得泄漏。

另外，还应对凝汽器喉部、热水井等部件进行彻底检查，观察有无裂纹、砂眼等缺陷，如有应及时消除。

（四）凝汽器的查漏

凝汽器的查漏有不停汽侧查漏和停汽侧查漏两种情况。

1. 不停汽侧查漏

机组运行中，如果出现凝结水硬度增大并超标现象，则可能是凝汽器铜管破裂或胀口渗漏所致。因此，如果机组不允许停止凝汽器汽侧，则可采取火焰查漏法或塑料薄膜查漏法进行查漏，将破裂或胀口渗漏的管子找出。若是管子破裂，可在其两端打入锥形塞子将其堵住；若是胀口渗漏，则可以重新胀管；若管口损坏严重不能再胀管，则只能将其胀口用铜管塞子堵死。

火焰查漏法和塑料薄膜查漏法是同样的原理，都是在水侧停止运行并将水放尽后而汽侧继续保持运行时进行的。由于汽侧在真空状态运行，如果有铜管破裂或铜管胀口渗漏，则这根铜管管口就会发生向里吸空气的现象。这两种方法需打开水侧人孔盖，人员进入水室进行查漏。火焰查漏法是用蜡烛火焰逐一靠近管板处的每根铜管管口，如果有破裂或胀口不严的铜管，则当蜡烛火焰靠近这根铜管管口时，火焰就会被吸进去。而塑料薄膜查漏法是用极薄的塑料膜贴在两侧管板上，如果有泄漏的铜管，则该铜管两端管口处的薄膜将被吸破或被吸成凹窝，可非常直观地看到。

2. 停汽侧查漏

在机组检修中查漏时，可以采用灌水查漏法。灌水查漏是凝汽器查漏中最为有效的方法，它不仅能找出破裂的铜管和渗漏的胀口，还可找出真空系统及凝汽器汽侧附件是否有泄漏。对凝汽器进行灌水查漏必须在汽侧和水侧均停止运行，并将水侧存水放尽后进行。具体方法为：打开水侧人孔盖，用压缩空气将铜管内的存水吹干净，并用棉纱将水室管板及管孔擦干，以便于检查不很明显的泄漏。

为了防止灌水后凝汽器因支承受力过大而损坏，在灌水过程中，必须时刻监视水位，一旦水位到达标准，应立即停止灌水，以防水位过高对凝汽器造成损坏。在凝汽器灌水过程中，应随着灌水高度的上升，随时检查铜管及胀口是否有泄漏，如有应做记号，采取堵管或补胀措施。如需换管，则应在放水后进行。

灌满水后，还应检查真空系统、汽侧放水门、凝汽器水位计等处是否有泄漏，如有则应在凝汽器放水后彻底消除。

（五）凝汽器铜管的保护

铜管的电化学腐蚀防护采用牺牲阳极镁合金保护板的方法，在凝汽器水室的进水侧、返水侧、出水侧的四个端盖内壁分别安装了镁板。为了防止镁板从背面腐蚀而掉落，在每块镁板的背面涂刷环氧树脂沥青漆，再装上橡胶垫片。镁板的检查更换周期为4～6个月，机组运行中需停运半侧凝汽器，才能进行检查更换镁板工作。

第二节　真空系统及真空泵

真空系统主要由真空泵及其管道系统等组成，用以建立和维持凝汽器系统的正常真空。

一、真空系统

汽轮机低压缸排汽进入凝汽器后，由于蒸汽凝结，其体积急骤减少形成真空。虽然凝汽器严密性好，但或多或少总会有部分空气漏入负压设备及其管道，而且补给水本身也会带入一定量的不凝结气体。所以，真空泵的主要任务就是在机组启动时，建立凝汽器真空；在机组正常运行中，抽除因真空系统不严密而泄漏的空气和未凝结的蒸汽。

真空泵种类繁多，目前普遍采用的是水环式真空泵。为了更好地了解凝汽器真空系统，首先对带抽气器的水环式真空泵的结构、工作原理做简单的介绍。

二、TC2F-35.4″型汽轮机真空泵

TC2F-35.4″型汽轮机真空泵采用 SONIT-F200B 水环式真空泵。

（一）水环式真空泵的结构

从图 6-3 SONIT-F200B 水环式真空泵结构图中可以看到，水环式真空泵主要由泵轴、叶轮、泵壳、端盖、隔板和密封装置等组成。

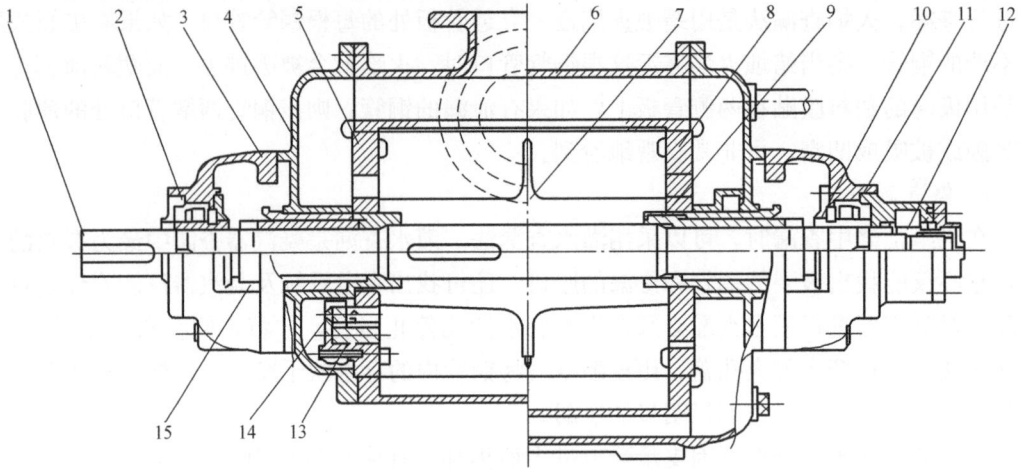

图 6-3　SONIT-F200B 水环式真空泵结构图

1—泵轴；2、11—滚动轴承；3—密封装置；4—端盖；5、8—隔板；6—泵壳；7—叶轮；9—密封轴套；
10—油封圈；12—推力轴承；13—浮动球；14—排气装置；15—并紧并帽

泵壳为圆筒形双层结构，泵壳的夹层分别与两侧的隔板 5 和 8 的进、排气口及密封水入口相通，形成进气、排气和密封水三个空间。借助端盖上的螺栓，将隔板压紧在泵壳上，并使它与叶轮端面的间隙保持在 0.2～0.4mm。

叶轮为整体铸造式，安装有前弯式的叶片。叶轮由泵轴两端的并紧螺母固定在泵轴中间部位。靠近电动机侧隔板上开有多个吸气孔和排气孔，在每个排气孔上都装有浮球式止回阀。这种止回阀动作灵活可靠，噪声和振动都十分小。在叶轮的另一侧隔板上开有密封水入口，叶轮外的密封水由该孔进入叶轮的工作腔室。

由于叶轮端面与隔板的轴向间隙很小，为了防止真空泵在工作时泵轴窜动而引起动静部分的磨损，在泵轴的自由端设有一个双向推力球面轴承，作为泵轴轴向定位的基准，而泵轴两端分别由两个径向滚柱轴承支承。

（二）水环式真空泵的系统

从图 6-4 水环式真空泵的系统图可以看到，水环式真空泵系统中还设有抽气器、密封水泵、密封水冷却器等。

抽气器为射气式抽气器，主要由喷嘴、扩散器、外壳等部分组成。当真空泵进口的负压达到 13.3kPa 时，通过气动阀门的切换，射气式抽气器投入运行。利用真空泵进口处大气压力和负压力之间的差吸入空气，在射气式抽气器的进口处可获得比真空泵内更高的真空度。抽气器结构图如图 6-5 所示。

图 6-6 是型号为 50X 40CSH-L 的单级卧式离心泵结构图，它作为水环式真空泵的密封水泵，结构形式与一般卧式离心泵并无太大差别。但是，水环式真空泵在工作中，由于叶轮与水环不断撞击摩擦，使水环温度不断上升，直接影响泵的吸入真空度。同时，密封水随气体被送到气水分离水箱，这就要求在真空泵的工作过程中，必须连续地向泵内补入

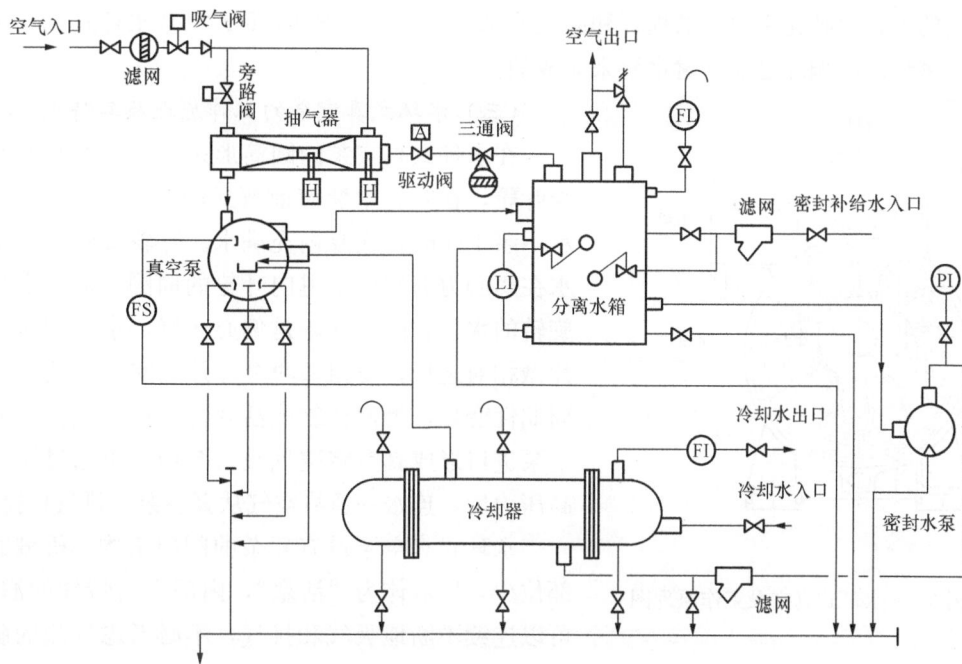

图 6-4 水环式真空泵的系统图

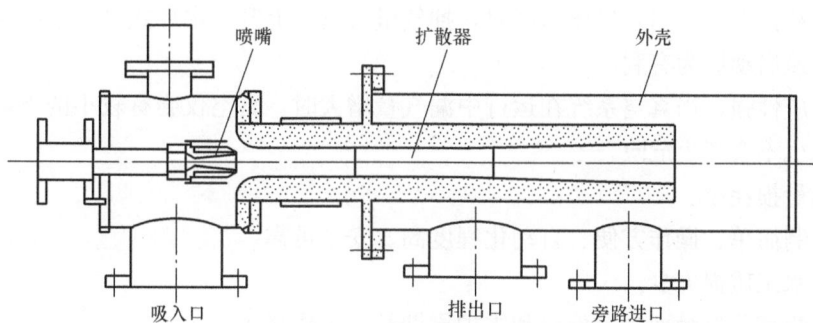

图 6-5 抽气器结构图

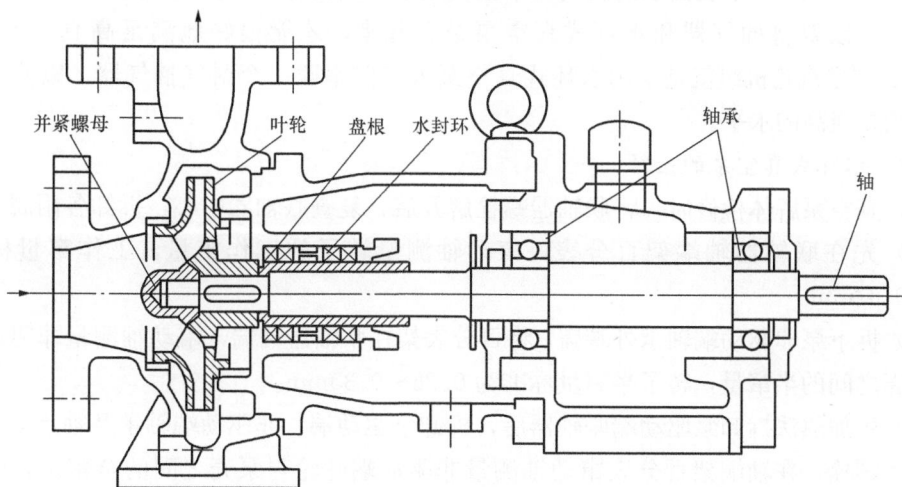

图 6-6 50X 40CSH-L 单级卧式离心泵结构图

一定量的水,以补充密封水的损耗和起到冷却的作用。在SONIT-F200B水环式真空泵装置中,密封水的循环是靠密封水泵来完成的。

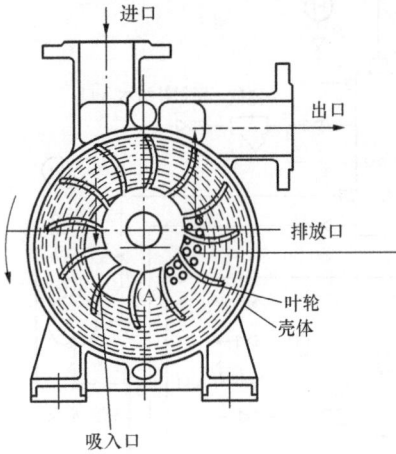

图6-7 水环式真空泵工作原理图

(三)水环式真空泵的工作原理及其特点

在水环式真空泵的圆筒形泵壳内,偏心地安装着叶轮,在叶轮中装有前弯式的叶片。如图6-7所示,泵工作时,在泵内充满水。叶轮旋转时,工作水在离心力的作用下甩向叶轮的周围,形成沿泵壳旋转的水环。由于叶轮是偏心布置,水环相对于叶片做相对运行,使相邻两个叶片之间的空间容积呈周期性变化,类似往复式活塞。工作水先膨胀使真空泵进口形成真空将空气吸入泵内,再通过压缩提高压力后,连水一道将空气从真空泵的排气口排出。

水环式真空泵没有复杂的阀门机构,机械磨损部位少,以液体为"活塞",内部无需特殊的润滑,可以连续不断地吸气和排气,不必考虑气流的脉动问题,即使是气水混合物同时进入水环式真空泵,也不会影响到泵的正常工作。同时,水环式真空泵还具有以下几点特点:

(1)启动性能好,当入口压力高时,抽气量会迅速上升。水环式真空泵的这种特性对汽轮机的快速启动极为有利。

(2)适应性强,当真空系统在运行中漏气量增大时,真空仅会有较小的下降,且抽气过程中进水也不会产生危险。

(3)能量损耗小。

(4)控制简单、操作方便、自动化程度高、安全可靠。

(5)汽水工质损失少。

(6)动静部分接触面少、检修和维护周期长、工作量小。

随着对凝汽器真空度要求的提高,单独使用水环式真空泵往往无法达到凝汽器真空度的要求。所以要将抽气器和水环式真空泵结合起来,才能很好地满足高真空的要求。TC2F-35.4″型汽轮机组就是采用水环式真空泵入口前串联一个射气抽气器,以使机组的真空达到相当高的水平。

(四)水环式真空泵的检修

(1)真空泵解体检修时,将联轴器螺栓解开后,复查联轴器中心,拆卸各附属水管。

(2)先在联轴器轴端架百分表,窜动轴测量转子的工作窜量,工作窜量标准为0.05~0.07mm。

(3)拆下泵非驱动端轴承外端盖,将百分表架在联轴器轴端,窜动轴测量非驱动端叶轮与泵壳之间的半窜量,转子半窜量标准为0.25~0.35mm。

(4)用加热法拆卸泵驱动端联轴器后,拆卸泵驱动端、非驱动端轴承及轴承架,松开盘根压兰螺栓,在轴端架百分表窜动轴测量非驱动端叶轮与泵壳之间的全窜量,标准为0.8mm±0.1mm。

（5）将泵壳中间用枕木垫起，松开并拆下泵壳非驱动端盖与泵壳固定螺栓，起吊拆下非驱动泵盖，用一长管套在泵轴联轴器处，水平托起轴和叶轮的重量，水平地从泵壳内移出泵轴和叶轮。

（6）对泵盖的各个结合面、轴及叶轮表面进行清理打磨后，联系金相人员对轴和叶轮进行着色检查，以发现裂纹等缺陷。

（7）更换盘根轴套及O形圈后回装泵转子，其工序与拆时相反，并更换轴承、盘根，调整转子的半窜量、工作窜量、联轴器中心。

（五）TC2F-35.4″型汽轮机水环式真空泵设备规范

TC2F-35.4″型汽轮机水环式真空泵设备规范见表6-2。

表6-2　　　　　　　　　　　TC2F-35.4″型汽轮机水环式真空泵设备规范

序号	项目	单位	规范
1	型号	SONIT-F200B	水环式真空泵
2	出口压力	MPa	大气压
3	功率	kW	110
4	泵转速	r/min	585
5	泵容量	m³/min	29（在33.9MPa下）

第七章

空冷凝汽、真空系统

第一节 排汽装置及热井

一、凝汽设备的组成

直接空冷凝汽式汽轮机的凝汽设备通常由表面式空冷凝汽器、抽气设备、凝结水泵、空冷风机以及这些设备之间的连接管道组成。

二、凝汽设备的作用

排汽离开汽轮机后进入排汽装置，通过排汽大管道，到达空冷凝汽器。凝汽器通过空气流通将管束翅片的热量带走，将汽轮机乏汽凝结为水。由于蒸汽凝结成水时，体积骤然缩小，从而在原来被蒸汽充满的凝汽器封闭空间中形成真空。为保持所形成的真空，水环式真空泵则不断地将漏入凝汽器内的空气抽出，以防不凝结气体在凝汽器内积聚，使凝汽器内压力升高。集中在凝汽器底部的凝结水，则通过凝结水泵送至除氧器作为锅炉给水。所以，凝汽设备的作用为：

（1）在汽轮机排汽口建立并维持高度真空。

（2）将汽轮机的排汽凝结成凝结水作为锅炉给水循环使用。

凝汽器下部收集凝结水的集水井称为热井，它的作用是收集凝结水，并且给凝结水泵提供一定的静压头。

三、排汽装置及热井布置结构

NZK300-16.7/537/537型汽轮机配套的直接空冷凝汽式汽轮机的低压缸下部装设了排汽装置，在排汽装置的下方是热井。它们在外形结构上是一个整体，内部用钢结构支撑，中间为排汽通道，用圆弧、斜坡面形钢板与热井隔开。在热井的南侧是本体疏水扩容器，采用U形水封管与热井连通；在热井的西侧是高、低压加热器疏水扩容器，同样采用U形水封管与热井连通。排汽装置与低压缸采用波纹膨胀管连接。排汽装置和热井的重量由底部钢筋混凝土支座支撑。

第二节 空冷凝汽器系统

一、空冷凝汽器的结构

空冷凝汽器通过向大气释放热量对汽轮机排汽或汽轮机旁路的减温过热蒸汽进行冷

凝。从以下四方面对空冷凝汽器结构进行描述：

（1）空冷凝汽器由六个街区 A 形屋顶翅片管排构成。如图 7-1 所示，每街区组管排包含四个单元 [三个一次模块（管束）和一个混合模块（次级管束）]，每个模块由 12 个翅片管束构成。

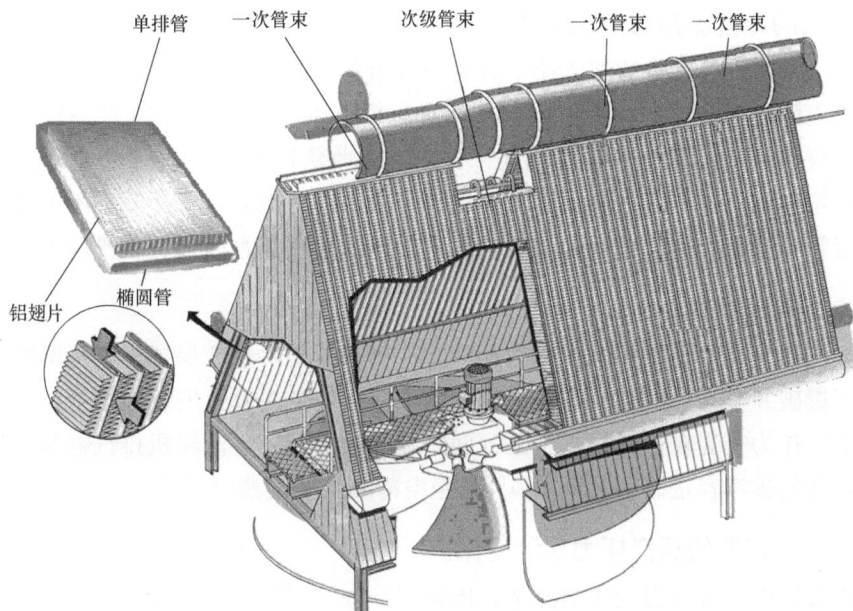

图 7-1　NZK300-16.7/537/537 型汽轮机的空冷凝汽器单元内的结构及单排管与翅片剖面图

（2）屋顶结构下方布置的轴流风机使冷却空气穿过翅片，进行冷却。

（3）凝汽器单元内的管束及风机。凝汽器由翅片管束形成管束模块组成。每个管束包含 36 根管道，每个模块包含 12 个管束。风机提供冷却空气（每个单元配置一台风机）。

（4）管束采用单排管模块。管束外装置铝制翅片，以增大换热面积。图 7-2 所示为 NZK300-16.7/537/537 型汽轮机的空冷凝汽器外形图。

图 7-2　NZK300-16.7/537/537 型汽轮机的空冷凝汽器外形图

NZK300-16.7/537/537 型汽轮机空冷凝汽器街区的第一、三、四单元的管束为主要管束，蒸汽由分配管从上向下流动，并冷凝，冷凝水和没有被冷凝的蒸汽及不凝结气体进入凝结水集管，流至第二单元管束，即次级管束内，次级管束的上部与抽真空管相通，不凝结气体被抽走排至大气，凝结水再回至凝结水集水管。

二、蒸汽的冷凝流程与工作原理

蒸汽经过排汽大管道分流成六个上升管至六组蒸汽分配集管，通过蒸汽分配集管进入一次冷凝管束的翅片管道，在管道内下行的过程中一部分蒸汽（大约 80％）被冷凝。凝结水和未冷凝蒸汽进入 A 形屋顶结构底部的凝结水收集联箱。剩余蒸汽（大约 20％）通过凝结水联箱的底部进入二次冷凝管束的翅片管道，逆向流动获得冷凝。不可冷凝的气体在二次冷凝管束顶部汇集，被吸入与真空系统相连的空气集管内，直至排向大气。

三、空冷安全爆破片（爆破膜）

空冷凝汽器装有两个复合安全爆破片对空冷凝汽器提供过压保护。安全爆破片设计为高压情况下爆破并全开，瞬间减压及排汽。两个复合安全爆破片安装在第三、第四街区蒸汽分配管上，作为安装在汽轮机排气缸上两个爆破片的补充。汽轮机排汽缸和空冷凝汽器的四个爆破片的排汽容量总和达到 100％排至空冷凝汽器的蒸汽流量。

四、空冷凝汽器的蒸汽压力与温度保护

汽轮机背压由三台压力变送器测量，依据"3 选 2"原理，将汽轮机背压数据发送给 DCS，来控制风机的运行并实现过压保护功能。当出现过压（大于 115 kPa）时，保护动作关闭旁路阀，以防止凝汽器超压。凝汽器超温保护功能是当温度元件测量到凝汽器超温（大于 120℃）时，通过关闭旁路阀来保护凝汽器避免过热。

凝汽器压力过高，$p > 53$kPa 时，低压旁路阀关闭；当 $p > 65$kPa 时，机组跳闸。凝汽器温度过高，当 $t \geqslant 100$ ℃时报警；$t > 120$℃时，导致低压旁路阀关闭。

五、防冻保护

空冷凝汽器冬季运行采取自动模式，当环境温度出现极端过低的情况，"防冻保护模式"自动起作用。即当环境温度降到零度以下，背压设定值自动调节在 15～20kPa，自动控制降低风机的转速，使排气温度达到 50℃以上，控制抽气温度在 40℃左右，以保护空冷设备。

在空冷凝汽器的第一和第六街区的蒸汽分配集管上各装有一个大型蝶阀，可以实现在环境温度极端低时关闭阀门，并切除这两个街区的蒸汽，实现防冻保护。

六、NZK300-16.7/537/537 型汽轮机空冷凝汽器参数

NZK300-16.7/537/537 型汽轮机空冷凝汽器参数见表 7-1。

表 7-1　　　　　　　NZK300-16.7/537/537 型汽轮机空冷凝汽器参数

序号	项目	规范
1	空冷系统地面投影（宽×长）	72.99m×49.86m
2	风机平台高度	35m

序　号	项目	规范
3	挡风墙高度	45.5m
4	最高母管高度	48.15m
5	设计压力（凝汽器）	49 000Pa（g）＋FV
6	设计温度（凝汽器）	120℃
7	光管热传导系数	472W/（m² · ℃）
8	翅片热传导系数	30.1W/（m² · ℃）
9	空冷模块（单元）数量	24 块
10	主要模块数量	18 块
11	次要或混合模块数量	6 块
12	混合模块的位置	第二单元
13	单个模块的地面投影（宽×长）	12.162m×12.463m
14	管排类型	单排管
15	单个模块的管束数量	12 根
16	主要管束数量	240 根
17	次要管束数量	48 根
18	主要模块的管束尺寸	10.250m×2.077m
19	次要模块的管束尺寸	9.450m×2.077m
20	管束斜度	60°
21	光管材料	焊接 CS＋50μm 铝层
22	光管规格	椭圆形，219mm×19mm，壁厚为 1.5mm
23	翅片材料	铝
24	翅片规格	波纹形，200mm×19mm，厚 0.3mm，翅距为 2.8mm
25	光管与翅片的焊接	铜焊
26	所有光管表面	47 769m²
27	所有翅片表面	748 488m²
28	凝汽器的容积	4438m³

第三节　除　氧　装　置

在热井负米装设的除氧装置利用汽轮机排汽加热凝结水进行热力除氧，并将氧气和不凝结气体抽至真空系统。另外机组运行中的补充水也从除氧装置补入。

除氧装置上部接空冷凝结水回水管，凝结回水进入除氧装置内部后，从内部管道上的许多喷管孔喷出。在喷水室的下方是填料室，用带孔的隔板上、下隔开，内部装有不锈钢填料，以增大水与蒸汽的接触面积。除氧装置的中部与排汽装置相通，引入汽轮机排汽，加热凝结水，进行热力除氧。除氧装置的顶部与抽真空管相通，抽出氧气及不凝结气体。除氧装置底部的管道与热井相通，凝结水排入热井。检修时打开人孔检查内部的喷头有无堵塞，填料隔板的螺栓有无松动等。

第四节　NZK300-16.7/537/537 型汽轮机的真空泵

NZK300-16.7/537/537 型汽轮机抽气系统装有 3 台 33％容量偏心水环式真空泵。每台真空泵的设计抽汽量为 207.3kg/h。当"启动"时，为尽快降压（30min 内从大气压强降至 35kPa 或者 60min 内从大气压强降至 16kPa），3 台真空泵同时运行。在机组正常运行时，一台真空泵运行用来保持负压系统的真空。

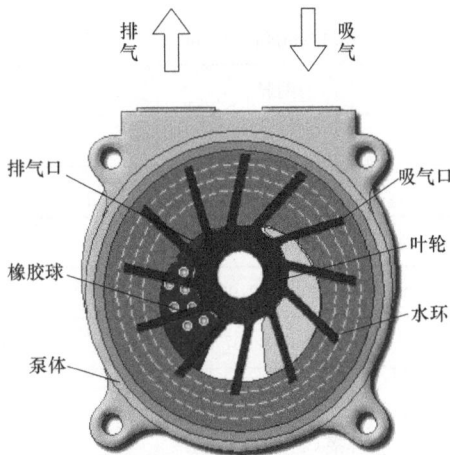

图 7-3　NZK300-16.7/537/537 型汽轮机
真空泵工作原理图

一、真空泵的工作原理

真空泵组由真空泵、气水分离器、板式冷却器、入口气动蝶阀等组成。真空泵的工作水采用凝结水补充至气水分离器水箱。NZK300-16.7/537/537 型汽轮机真空泵工作原理图如图 7-3 所示，真空泵启动前，气水分离器水箱的液位补至高限，这时真空泵内的水与水箱连通，液位等高。启动时，叶轮旋转带动水形成液环。偏心式真空泵叶轮与泵体存在偏心，叶轮上有许多叶片，泵侧端盖上有吸气口和排气口分别与泵的入口和出口相通。当叶轮旋转时，离心力将壳体内的水压向壳体的内表面并随着叶轮的旋转形成偏心圆的水环，叶轮的下面是空的，相邻的两叶片之间形成了一封闭的小室，在叶轮前半转，空腔逐渐增大，气体被吸入；在叶轮后半转，空腔逐渐减小，气体被压缩，然后经排气口排出。真空泵的泵体吸入口也接有工作水管，吸入口处的压力比气水分离器内的压力低，这样形成压差，真空泵运行时，工作水从水箱出来，进入板式冷却器被开式水冷却后，进入真空泵泵体，形成液环，并带走气体压缩热量以及起到密封分配板与叶轮端面间隙的作用。

二、真空泵的结构

如图 7-4 所示，真空泵泵体的主要部件有轴、叶轮、壳体、轴承等。联轴器形式是尼龙柱销式。为了防止汽蚀损坏，泵体和叶轮全部采用不锈钢材质。驱动端采用一盘 NU226 滚柱轴承支持，非驱动端采用两盘背靠背安装的 30 226 推力轴承进行径向和轴向定位，泵的轴封采用盘根密封。聚四氟乙烯材质的柔性阀板安装在排气分配板处，起到逆

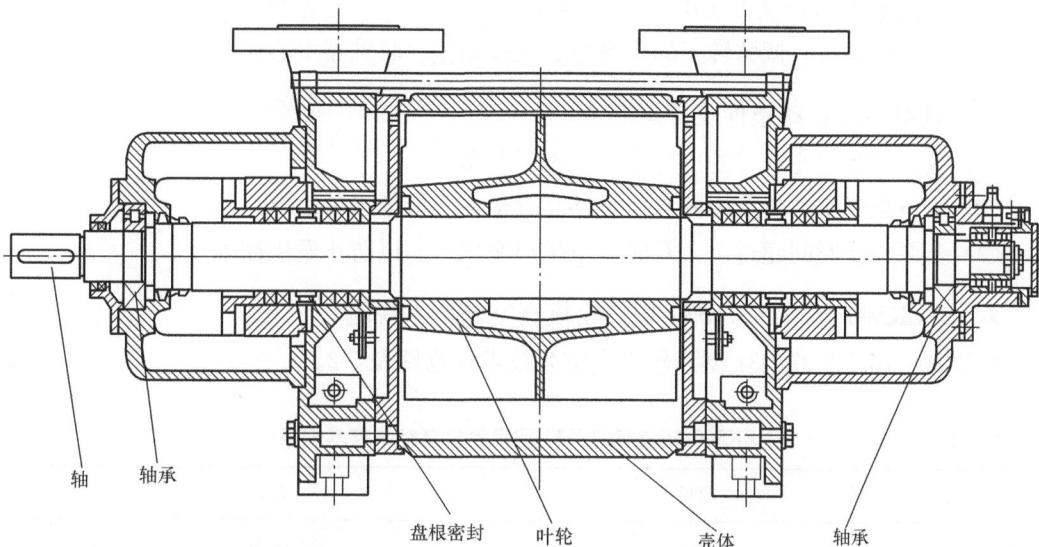

图 7-4　NZK300-16.7/537/537 型汽轮机真空泵的结构图

止的作用。

三、真空泵的维护项目

3 个月定期添加轴承润滑脂，6 个月检查更换聚四氟乙烯柔性阀板，1 年更换盘根等。

四、真空泵的检修

（1）真空泵解体检修时，将与泵体连接的附属管路拆除，联轴器解开后，拆除泵地脚螺栓，将真空泵整体吊至检修场地进行解体。

（2）在联轴器轴端架设百分表，窜动轴测量转子的工作窜量，标准为允许轴承最大轴向游隙为 0.45mm。

（3）拆下泵非驱动端轴承外端盖，将百分表架在联轴器轴端，窜动轴测量非驱动端叶轮与泵壳之间的半窜量，标准为泵单边间隙为 0.33～0.38mm。

（4）用加热法拆卸泵驱动端联轴器，拆卸泵驱动端、非驱动端轴承及轴承架，松开盘根压兰螺栓，在轴端架百分表窜动轴测量非驱动端叶轮与泵壳之间的全窜量，标准为泵总间隙为 0.65～0.75mm。

（5）将泵壳中间用枕木垫起，松开并拆下泵壳前盖与泵壳固定螺栓，用一根长管套在泵轴联轴器处，水平托起轴和叶轮的重量，水平地从轴上移出泵前盖及填料室。

（6）松开并拆下泵壳与后盖的固定螺栓，水平从轴上移出泵后盖及填料室。吊住转子，水平地将转子从泵壳内移出。

（7）分别拆除泵前盖与分配板的内六方螺栓，拆开泵前盖与分配板；拆除泵后盖与分配板的内六方螺栓，拆开泵后盖与分配板。

（8）对泵盖的各个结合面、轴及叶轮表面进行清理打磨后，联系金相人员对轴和叶轮进行着色检查，以发现裂纹等缺陷。

（9）更换盘根轴套及O形圈后回装泵转子，工序与拆时相反，并更换轴承、盘根、聚四氟乙烯柔性阀板，调整转子的半窜量、工作窜量、联轴器中心。

五、真空泵的启动条件及停运防冻

（1）真空泵板式冷却器的冷却水处于投运状态。

（2）真空泵气水分离器中的水位足够高（最高及最低水位之间）。

（3）若泵停止时间超过1个月时，应排出泵内水，以防止发生冰冻。

六、NZK300-16.7/537/537型汽轮机真空泵技术规范

NZK300-16.7/537/537型汽轮机真空泵技术规范见表7-2。

表 7-2　　　　　　　　　**NZK300-16.7/537/537型汽轮机真空泵技术规范**

序号	项目	规范
1	型号	2BW4353-0EK4
2	抽速	30～35m³/min
3	吸入绝对压力	10.13～33MPa
4	排气绝对压力	10.13MPa
5	供水量	4.3～12.5m³/h
6	转速	500r/min
7	电动机功率	160kW
8	泵质量	2000kg

第五节　空冷风机及齿轮箱

一、空冷风机

NZK300-16.7/537/537型汽轮机单台空冷凝汽器安装24台空冷风机。风机采用型号为0754/05/60F/A×1.0A的轴流风机，由轮毂、5个长度为5m的玻璃钢叶片等组成。风机轮毂直接安装在齿轮箱的低速输出轴上。叶片角度可调整（根据风机应达到的规定功耗来调校）。图7-5为空冷风机简图。

（一）风机叶片角度的定期检查、调整

（1）测量该风机其他叶片顶部与风道距离 A（标准值为25～50mm）。

（2）用测量角钢架在叶片上，再用数显水平角度尺放在角钢上测量叶片角度，应为15.4°±0.5°，且同一台风机的叶片角度偏差小于±0.5°。

（3）用力矩扳手检查风机叶片及轮毂螺栓的紧力（按表7-3参数检查复紧）。

（4）用力矩扳手检查该风机齿轮箱的固定螺栓的力矩。

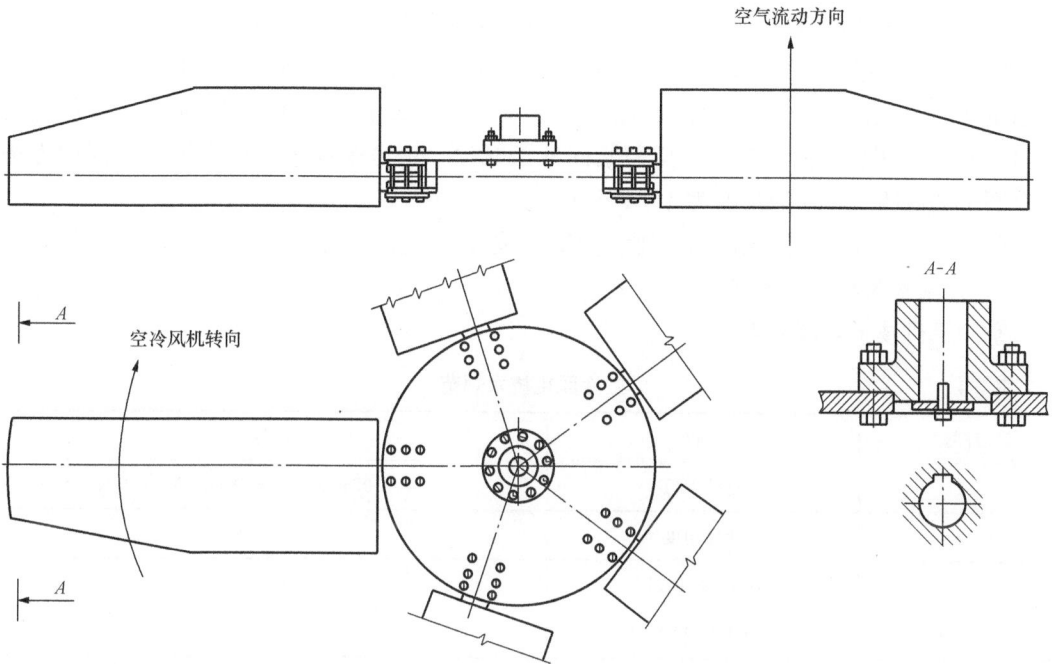

图 7-5 空冷风机简图

表 7-3 部分螺栓紧力表

序号	螺栓部位	螺栓规格	螺栓力矩
1	叶片轴与轮箍螺栓	M20	463.5N·m
2	轮箍螺栓	M30	1390 N·m
3	齿轮箱与钢结构螺栓	M33	1420 N·m

(二) 风机叶片的更换

1. 拆卸损坏的风机叶片

(1) 将风机电动机的电源切断，用绳子将风机的一个叶片与钢结构拴牢，防止风机转动；拆卸叶片前，用专用吊架在叶片中部将叶片吊住，拆卸叶片轴固定螺栓。

(2) 安装卷扬机、定滑轮、钢丝绳，用于起吊风机叶片。

(3) 拆卸叶片轴固定螺栓，用钢丝绳在叶片轴上拴牢。

(4) 将风机叶片入口护网的中间部分拆除，吊下风机叶片（294.4kg）。用钢丝在叶片轴上拴牢，用三股尼龙绳在叶片顶部拴牢，分别由 3 人在吊点侧方拽住绳子，防止叶片在空中晃动；起吊工作必须有专人统一指挥；选择在无风或风小时进行，有 3 级以上大风时，禁止进行起吊作业。

2. 起吊风机叶片

(1) 检查新叶片合格后，用钢丝绳起吊至减速机下部。

（2）恢复风机叶片入口护网的中间拆除部分。

3. 叶片安装及调整

（1）在叶片的中部用专用吊架将叶片吊住，紧叶片轴固定螺栓，测量该风机其他叶片顶部与风道距离 A，通过调整叶片轴上调整环，使新更换的叶片顶部与风道距离为 A；

（2）用专用吊架吊住叶片中部，用测量角钢架在叶片上，用数显水平角度尺放在角钢上测量叶片角度。松开叶片轴固定螺栓，用专用扳具旋转叶片角度使该叶片的角度为 $15.4°±0.5°$。用普通扳手对称、均匀紧固 6 条螺栓，用力矩扳手检查力矩；用同样方法检查调整其他四个叶片的角度为 $15.4°±0.5°$。

（3）用力矩扳手检查该风机的螺栓力矩（按表 7-3 参数检查复紧）。

（三）空冷风机的技术规范

空冷风机技术规范见表 7-4。

表 7-4   空冷风机技术规范

序号	项目	规范
1	型号 F/T	0754/05/60F/Ax1.0A
2	叶片角度	A°、10.8°
3	BLADE PAT	N：4618313
4	HUB PAT	N：4715784

二、空冷风机的齿轮箱

（一）齿轮箱结构

空冷风机的齿轮箱采用 P4 立式齿轮箱，采用两级减速，如图 7-6 所示。电动机变频调速，齿轮箱可将电动机输入转速 1089～247r/min 变为输出转速 77.74～17.63r/min。低速轴的轴承采用润滑脂润滑，其他轴承和齿轮采用润滑油强制喷油润滑。

（二）齿轮箱的油泵

齿轮箱底部装有带压力管的内吸式一体化油泵，该油泵为内齿啮合式，配有内置反转装置，允许油泵双向运转而不改变油路流动方向。无论齿轮箱正转、反转，油泵都向润滑油管供油，润滑齿轮和轴承。润滑油管上装有油过滤器、油流量开关。齿轮箱油泵简图如图 7-7 所示。

（三）风机及齿轮箱的保护功能

每台风机单元装有振动开关，对风机、齿轮箱、电动机进行保护，避免过度振动。每台齿轮箱装有润滑油流量开关，用于防止无润滑油运行；装有液位计，用于检查油位。

（1）齿轮箱油量过低时（小于 2.6L/min），油流量开关延时 5～10s 保护动作，风机跳闸且 CRT 报警。

（2）风机支撑结构振动过大（振动速度大于或等于 7.1m/s）时，防振开关动作，风机跳闸且 CRT 报警。

（3）电动机绕组温度过高，大于或等于 135℃时 CRT 报警；温度大于或等于 145℃或达到 135℃持续 5min 以上时，电动机跳闸。

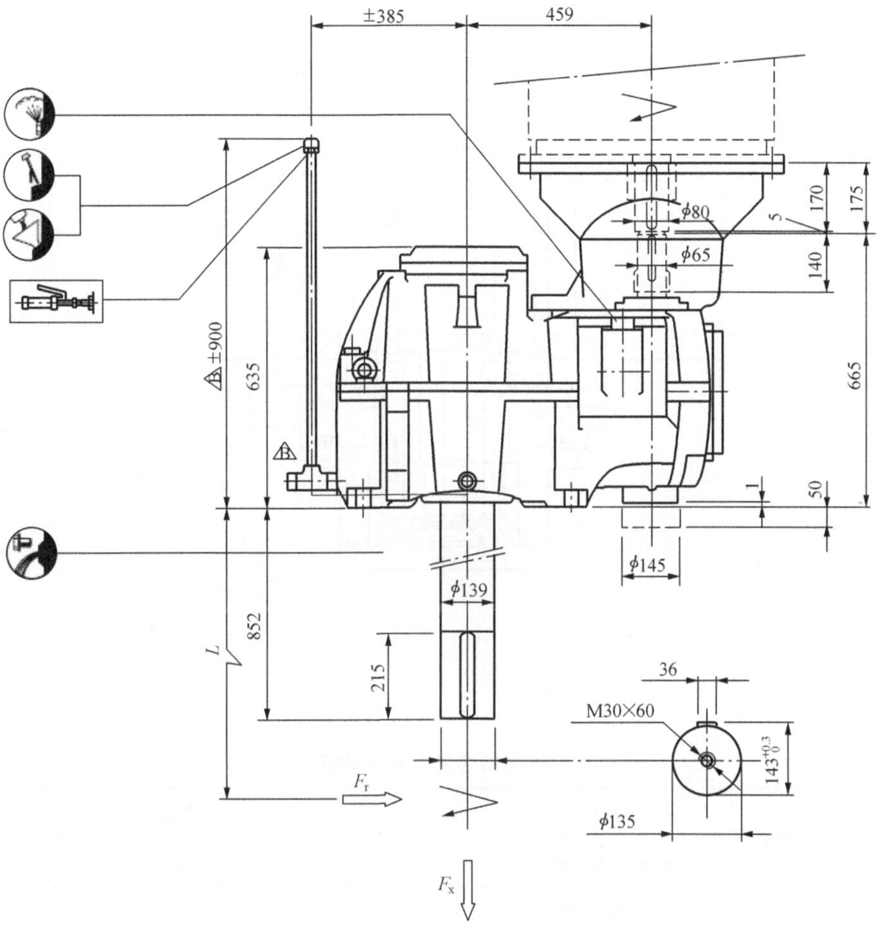

图 7-6 风机齿轮箱外形图（单位：mm）

（四）风机齿轮箱的维护

（1）空冷风机齿轮箱低速输出轴下部轴承添加润滑脂，添加周期为 2 个月，润滑脂型号为 Kluber Staburags N12 MF，添加量为 60g。

（2）空冷风机齿轮箱定期换油及油滤。更换周期为 12 个月，润滑油型号壳牌为 HD150，加油量约为 55L。加油后必须在停运状态将油尺旋紧来测量油位，油位应在油尺的 MAX 和 MIN 线之间。

注意：放油前打开齿轮箱的油呼吸器，保证放油流畅、彻底。更换油滤芯，必须更换滤网壳密封 O 形圈，用油滤扳子拧紧滤网壳的螺母。加油完成后，拧紧油呼吸器塞子，防止雨水顺油呼吸器螺纹进入齿轮箱而造成油中进水。另外，油位一定不能超过油尺的 MAX 线，否则润滑油溢过干井稀释润滑脂从低速轴油封处泄漏，导致低速轴承因无润滑而损坏。

（五）空冷风机齿轮箱的技术规范

空冷风机齿轮箱技术规范见表 7-5。

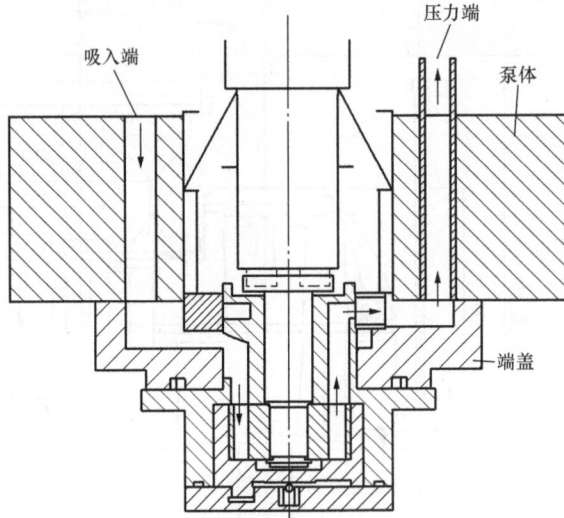

图 7-7　齿轮箱油泵简图

表 7-5　　　　　　　　　　　　空冷风机齿轮箱技术规范

序号	项目	规范
1	齿轮装置类型	QVPE2
2	AGMA 等级	217kW
3	传动比	14.009
4	输入转速	1089～247r/min
5	输出转速	77.74～17.63r/min
6	传动轴排列	UDN
7	电动机功率	110kW
8	吸收功率	78kW
9	利用系数	2.78
10	旋转方向（低速轴）	左旋
11	应用场合	空冷凝汽器
12	环境温度时油的黏度	－20～42℃，ISO，VG150

第六节　空冷冲洗水系统

空冷管束的翅片表面会被灰尘、毛絮、昆虫、蚊蛾等脏污、堵塞，必须定期进行高压水冲洗清理，以清洁翅片表面，保持良好的散热功能。

一、空冷冲洗水系统的组成

NZK300-16.7/537/537 型汽轮机的空冷冲洗水系统安装了两套美国卡特高压柱塞泵。单套泵组由一台电动机驱动两台高压柱塞泵，泵出口装有蓄能器、安全阀、调压阀，经高压软管与冲洗水管道连接。冲洗水管道将冲洗水输送到每个屋顶结构散热翅片的两侧。沿屋顶结构布置的冲洗小车用快速连接接头和高压软管与冲洗水管道连接。每个冲洗小车上的喷嘴分为上部、中部及下部三组。冲洗水管道全部采用不锈钢材质。

二、冲洗水源选择及操作方法

（1）机组停机冲洗用工业水，运行中冲洗用除盐水。

（2）采用工业水进行注水排空操作。打开空冷冲洗工业水阀门，打开冲洗水泵入口球阀、注水旁路阀，打开各街区的排空阀，见水连续流出后关闭排空阀。

（3）打开一个冲洗小车上的上、中、下三组喷嘴阀门，启动冲洗泵，关闭冲洗小车上三组喷嘴中两组的阀门，调整冲洗泵出口母管上的压力调整阀，使泵出口压力为 8MPa。注：冲洗时从上至下每次只能打开一组喷嘴，以保证冲洗压力和冲洗效果。

（4）冲洗过程中，小车移动速度为 1m/min，约 2h 能冲洗完一个管束散热面。

（5）更换冲洗水高压软管快速接头时，工作负责人必须联系运行人员停止冲洗水泵运行，更换结束后方可联系运行人员启动冲洗水泵进行冲洗（现在所有街区都装有高压冲洗软管，也可以不停泵，先打开将要冲洗的高压软管的总阀，确认该冲洗喷头已出水，再关闭需停止冲洗的高压软管的总阀，来进行切换）。

（6）冲洗结束，为防冻必须打开排空阀、放水阀，放掉冲洗水管道内的水。

三、空冷凝汽器冲洗原则

（1）空冷凝汽器的冲洗根据空冷凝汽器的脏污程度进行。

（2）机组 D 级及以上检修，将空冷岛冲洗作为一项固定项目。

（3）缩短变压器上方空冷凝汽器的冲洗时间间隔。

（4）夏季根据空冷凝汽器脏污程度增加冲洗频次。

（5）冬季环境温度降至 5℃以下，一般不安排空冷凝汽器冲洗。

四、冲洗时间具体规定

（1）每年 11 月到次年 3 月份为冬季运行时间，冬季运行时间每两个月冲洗一次，单数月 20 日开始冲洗；变压器上方一个月冲洗一次，每月 20 日开始冲洗。环境温度低于 5℃时，空冷凝汽器冲洗根据环境温度变化择日进行。

（2）每年 4 月份到 11 月份，空冷凝汽器每月冲洗一次，每月 20 日开始冲洗；变压器上方每半个月冲洗一次，每月 5 日、20 日进行。

五、冲洗水系统的故障检修及改造

（1）冲洗水系统经常发生管道振动大、泄漏故障。针对原因，在冲洗水管道 U 形管卡内加装胶皮和不锈钢皮加固，缓冲振动；对同一泵组两台泵的皮带轮位置调整，改变冲洗水压的脉冲频率。调整后，冲洗水管的振动水平下降，管道的泄漏减少。

（2）冲洗小车上部轨道采用 30mm 的角钢制作，由于安装原因，经过长时间运行发生变形，冲洗小车在行走过程中经常发生卡住的现象。针对这一问题，对冲洗小车上部轨道的角钢进行水平校正，并在冲洗小车上部与角钢接触处，加装防止冲洗小车脱轨的卡子。

（3）夏季高温时，空冷翅片处的温度超过 50℃，冲洗人员的工作环境恶劣。加装手摇变速齿轮装置、定滑轮、钢丝绳驱动冲洗小车移动，冲洗人员可以在冲洗街区门口处手摇驱动装置进行冲洗作业，降低了冲洗人员劳动强度。

第八章

凝 结 水 系 统

第一节 概 述

在汽轮机的热力系统中，通常将凝汽器出口到除氧器入口的这一段管道及附属设备称为凝结水系统。

一、TC2F-35.4″型汽轮机机组凝结水系统的组成

TC2F-35.4″型汽轮机机组的凝结水系统主要由凝汽器热井、凝结水泵、凝结水精处理装置、轴封加热器、除氧器水位调整门、5～8号低压加热器、除氧器及各减温器的减温水和密封水装置等组成的。凝结水系统的主要作用是通过凝结水泵将凝汽器热井的凝结水打入除氧器进行除氧，为锅炉提供含氧量合格的给水，并通过低压加热器加热凝结水，提高热力循环效率，以及为有关设备提供低压减温水和密封水。

TC2F-35.4″型汽轮机机组采用两台100％容量的MMTV250/S型凝结水泵，其入口设置滤网，防止杂质进入凝结水系统。滤网前、后装有差压计，可根据差压的大小决定滤网是否要进行清洗。凝结水泵入口滤网带有自冲洗装置，当滤网压差大时，可对滤网进行反冲洗。

为保证机组低负荷时凝汽器的水位和调节凝结水压力，在凝结水系统中设有30％容量的再循环管道。凝结水再循环管道从轴封加热器后接出，经再循环调整门及管道回至凝汽器热井，可满足轴封加热器在机组启动或低负荷运行时的冷却。

为防止凝汽器水位过高，在凝结水母管上设有一路返回凝结水补水箱的溢流管，通过气动调节阀自动控制凝汽器的水位。

装设除氧器水位调整门，来调节凝结水流量，保持除氧器水位正常。除氧器水位调整门由气动的主调整阀和副调整阀组成，两者并联安装。当机组启动或低负荷时，由副调整阀调节凝结水流量；在机组负荷增加，副调节阀全开后，主调节阀打开，调节凝结水流量（现机组的A凝结水泵电动机已改为变频调节来调整凝结水流量，除氧器水位调整门处于全开位置）。

7、8号低压加热器合体布置在6.5m凝汽器喉部，凝结水经8号低压加热器后进入7号低压加热器，经低压加热器疏水泵升压后的低压加热器疏水也打入7号低压加热器。7、8号低压加热器凝结水管共用一套入口阀、出口阀、旁路阀。当7、8号低压加热器故障时，可关闭入口阀、出口阀，打开旁路阀，凝结水走旁路。7、8号低压加热器的凝结水

管上设有安全阀，以防止加热器铜管因超压而损坏。

5 号低压加热器布置在 12.5m，6 号低压加热器布置在 6.5m。凝结水经 6 号低压加热器后进入 5 号低压加热器，5、6 号低压加热器凝结水管共用一套入口阀、出口阀、旁路阀。当 5、6 号低压加热器故障时，可关闭入口阀、出口阀，打开旁路阀，凝结水走旁路。5、6 号低压加热器的凝结水管上设有安全阀，以防止加热器管束因超压而损坏。

在 5 号低压加热器的出口设有凝结水系统的启动冲洗管。启动时对凝结水管道进行冲洗，冲洗水排入开式水管道。在水质检验合格后，再将凝结水打入除氧器。

从凝结水泵出口管接水引至凝结水联箱，经节流减压后再引至密封水联箱。凝结水联箱提供高压缸排汽、低压旁路、辅助蒸汽等减温器的减温水；提供水环式真空泵、闭式水高位水箱的补水等。密封水联箱提供凝结水泵、低压加热器疏水泵的盘根密封的密封水；提供凝汽器负压系统相连阀门盘根的密封水；提供暖通系统的减温水。

二、NZK300-16.7/537/537 型汽轮机机组凝结水系统组成

NZK300-16.7/537/537 型汽轮机机组的凝结水系统主要由热井、凝结水泵、轴封加热器、5～7 号低压加热器、除氧器及各减温器的减温水等组成的。凝结水系统的主要作用是通过凝结水泵将凝汽器热井的凝结水打入除氧器进行除氧，为锅炉提供含氧量合格的给水，并通过低压加热器加热凝结水，提高热力循环效率，以及为有关设备提供低压减温水。

NZK300-16.7/537/537 型汽轮机机组凝结水泵的入口设置了滤网，防止杂质进入凝结水系统。滤网前、后装有差压计，可根据差压的大小决定滤网是否要进行清洗。

为保证机组低负荷时凝汽器的水位和调节凝结水压力，在凝结水系统中设有 30% 容量的再循环管道。凝结水再循环管道从轴封加热器后接出，经再循环调整门及管道回至凝汽器热井，以满足轴封加热器在机组启动或低负荷运行时的冷却。

为防止凝汽器水位过高，在凝结水母管上设有一路返回凝结水补水箱的溢流管，通过气动调节阀自动控制凝汽器的水位。

装设除氧器水位调整门，来调节凝结水流量，保持除氧器水位正常。除氧器水位调整门采用气动调整阀（有的机组凝结水泵电动机已改为变频调节来调整凝结水流量，除氧器水位调整门处于全开位置）。

7 号低压加热器布置在 6.5m 排汽装置内，7 号低压加热器凝结水管设入口阀、出口阀、旁路阀。当 7 号低压加热器故障时，可关闭入口阀、出口阀，打开旁路阀，凝结水走旁路。7 号低压加热器的凝结水管上设有安全阀，以防止加热器管束因超压而损坏。

5 号低压加热器布置在 12.5m，6 号低压加热器布置在 6.5m。凝结水经 6 号低压加热器后进入 5 号低压加热器，5、6 号低压加热器凝结水管共用一套入口阀、出口阀、旁路阀。当 5、6 号低压加热器故障时，可关闭入口阀、出口阀，打开旁路阀，凝结水走旁路。5、6 号低压加热器的凝结水管上设有安全阀，以防止加热器管束因超压而损坏。

在 5 号低压加热器的出口设有凝结水系统的启动冲洗管，启动时对凝结水管道进行冲洗，冲洗水排入开式水管道。在水质检验合格后，再将凝结水打入除氧器。

从凝结水泵出口管引水提供低压旁路减温器、低压汽封减温器、辅助蒸汽等的减温

水；提供水环式真空泵、闭式水高位水箱的补水等；为凝结水泵、前置泵的机械密封等提供密封水。

第二节 凝 结 水 泵

一、TC2F-35.4″型汽轮机机组的凝结水泵

（一）凝结水泵的配置

TC2F-35.4″型汽轮机机组的凝结水泵配置 2 台 100％容量的 MMTV250/S 型凝结水泵，一台运行，一台备用。两台凝结水泵互为备用，如果一台凝泵出现故障，不影响机组的正常运行。

（二）凝结水泵的结构

如图 8-1 所示，MMTV250/S 型凝结水泵是圆筒型立式离心水泵，其工作部分安装在圆筒型外壳体内。工作部分主要由泵壳、叶轮、泵轴、导叶、轴封装置和轴承等组成。泵的入口处设有滤网。泵共有 5 级，第一级叶轮为双吸入式。泵的轴向推力全部由安装在电动机上部的推力轴承来承担，并确定转子的轴向位置。径向力由水润滑石墨轴承支撑。泵轴为三节式，中间采用联轴节连接。

1. 泵壳

MMTV250/S 型凝结水泵共五级，配有五级泵壳（首级蜗壳和四级泵壳），由吸入罩、首级蜗壳、四级泵壳以及首级导叶组成。每级叶轮的轴向导叶均与各自的泵壳铸成一体。轴向导叶相对传统的径向导叶而言，具有较小的损失和较高的效率，同时减小了泵的径向尺寸。

2. 叶轮

如图 8-1 所示，整台凝结水泵的叶轮安装在圆筒形外壳内，共有五级叶轮串联立式布置，首级叶轮为双吸式，其余各级叶轮均是带平衡孔的单级叶轮。首级叶轮始终浸泡在凝结水中，最后一级叶轮靠在轴肩上，叶轮与叶轮之间依靠轴套定位，最后由首级叶轮轴端的锁紧螺母来固定。叶轮与轴的圆周方向是用键来定位。

3. 密封装置

为减少轴封的渗漏量，降低泵的容积损失，在每级叶轮的进、出水侧装有圆柱形密封环，见图 8-2。

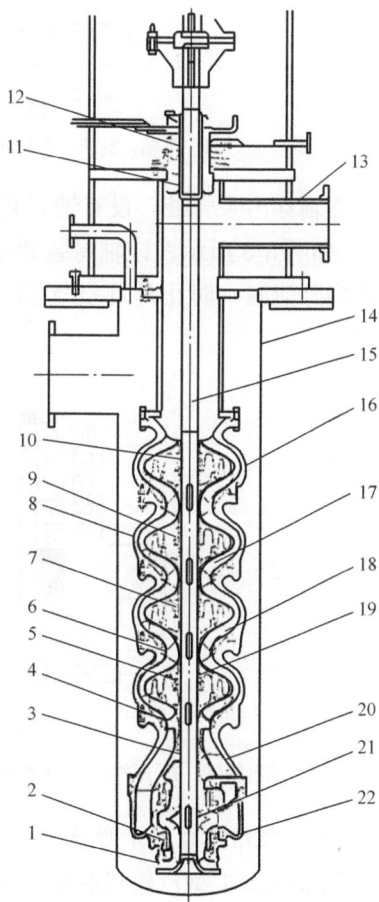

图 8-1　MMTV250/S 型凝结
水泵结构图

1—吸入罩；2—首级叶轮；3、5、7、9、10—第 1、2、3、4、5 道轴承；4、16、17、18—第 2、3、4、5 级叶轮；6—密封环；8—第 2～5 级泵壳；11—第 6 道轴承；12—轴封装置；13—出口管；14—外筒；15—泵轴；19—轴套；20—首级导叶；21—首级叶轮；22—首级蜗壳

而在首级叶轮的进、出水侧，采用了改进型圆柱密封环，这种密封装置使首级叶轮具有更高的容积效率。

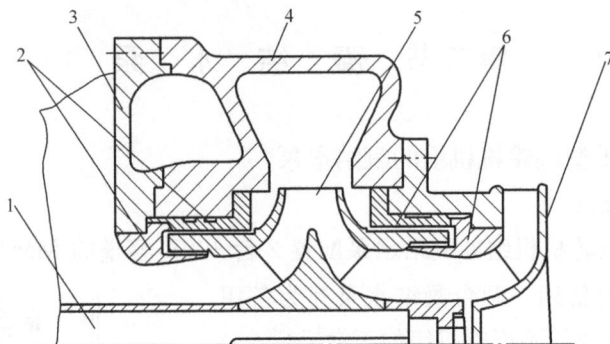

图 8-2 首级叶轮密封装置结构图

1—泵轴；2、6—密封环；3—排出壳；4—蜗壳；5—首级叶轮；7—吸入罩

在轴穿出泵壳处，设有轴封装置，它采用了带水封环的外密封结构（又称盘根筒式密封），如图 8-3 所示。该轴封装置结构简单，密封效果良好，完全可以防止凝结水泵的凝结水向外泄漏，防止外部空气漏入泵内（特别是泵处在备用状态时），以免影响系统的真空。

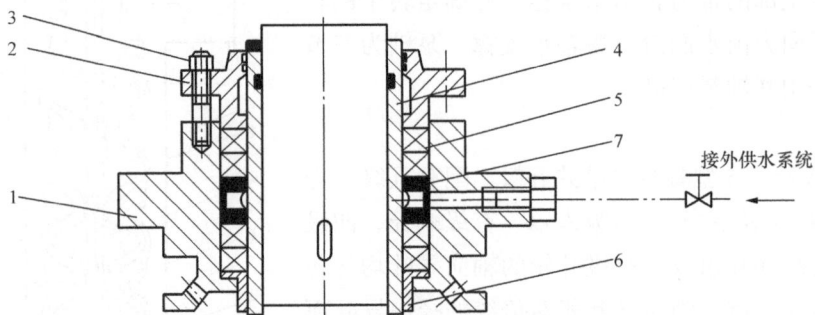

图 8-3 填料式轴封装置结构图

1—填料箱体；2—压栏；3—压栏螺栓；4—盘根轴套；5—填料（盘根）；6—填料底环；7—水封环

（三）凝结水泵技术规范

TC2F-35.4″型汽轮机凝结水泵技术规范见表 8-1。

表 8-1 　　　　　　　　　　　　TC2F-35.4″型汽轮机凝结水泵技术规范

序号	项目	单位	规范
1	型号	—	MMTV250/S
2	扬程	m	251
3	流量	m³/h	810
4	轴功率	kW	805
5	台数	台	2×2
6	转速	r/min	1500
7	驱动电源	相/Hz/V	3/50/6000

（四）凝结水泵的检修工艺

1. 拆装

（1）联系专业人员进行电动机拆线，拆除盘根密封水管接头及排空管并封堵。

（2）拆联轴器护罩，对轮做好相对位置标记后拆联轴器螺栓，测量两对轮间的距离，复查中心。

（3）解开电动机与电动机座螺栓，吊走电动机。

（4）拆卸泵出口法兰螺栓，拆卸泵盖螺栓，用行车垂直、缓速吊出泵体，将泵体放在支架上支平。

（5）拆卸联轴器的锁紧螺母，加热将泵侧联轴器拔出。

（6）拧松盘根压栏螺栓，拆除填料箱与泵上壳体的固定螺栓，拆下填料箱及石墨轴瓦组件。

（7）拆除泵上壳体与上升管的固定螺栓，起吊泵上壳体并从轴上水平移出。

（8）拆除上升管与中间管的固定螺栓，起吊拆下上升管。

（9）拆除上轴与中轴之间的联轴节螺栓，拆下上轴、联轴节。

（10）拆除中间管与泵出口管的固定螺栓，起吊拆下中间管及石墨轴瓦一体。

（11）拆除中轴与下轴之间的联轴节螺栓，拆下中间轴及联轴节。

（12）拆除泵出口管与末级泵壳的固定螺栓，拆下泵出口管及石墨轴瓦一体。

（13）拆下第一级叶轮下部吸入器及石墨轴瓦一体。

（14）在轴头架百分表测量泵轴总窜量，标准为 12mm±1mm。

（15）按顺时针方向拧，拆下泵轴底部锁母，拆下第一级双吸式叶轮。

（16）拆卸第一级泵壳螺栓，拆下第一级泵壳。

（17）拆出第二级叶轮。

（18）拆卸第二级泵壳螺栓，拆下第二级泵壳。

（19）拆下第三、四、五级叶轮及泵壳。

（20）将轴从第五级泵壳中抽出。

（21）打磨、清理各部件。

（22）检查各部件有无腐蚀、磨损、裂纹，对叶轮、轴等部件进行探伤。

（23）测量轴弯曲、各级叶轮出/入口密封环间隙、各轴瓦与轴套间隙等。

（24）更换密封件后按拆时顺序逆装。

2. 质量标准

（1）叶轮耐磨环及壳体耐磨环无磨损、腐蚀、裂纹。

（2）叶轮、轴无腐蚀、磨损，探伤无裂纹。

（3）轴弯曲小于 0.06 mm。

（4）对轮找中心标准：端面偏差小于或等于 0.05mm，圆周偏差小于或等于 0.05mm。

（5）叶轮出、入口密封环间隙为 0.35～0.50mm，允许值为 1mm。

（6）水轴瓦与轴套间隙标准值为 0.25～0.35mm，允许值为 0.50mm。

（7）试运时振动值不得超过 0.05mm。

3. 注意事项

（1）注意泵体起吊后及时取走泵盖旧的密封 O 形圈，以防掉入，及时封闭泵筒口，防止人员掉入。

　　（2）石墨轴瓦应妥善保存，防止碰伤。

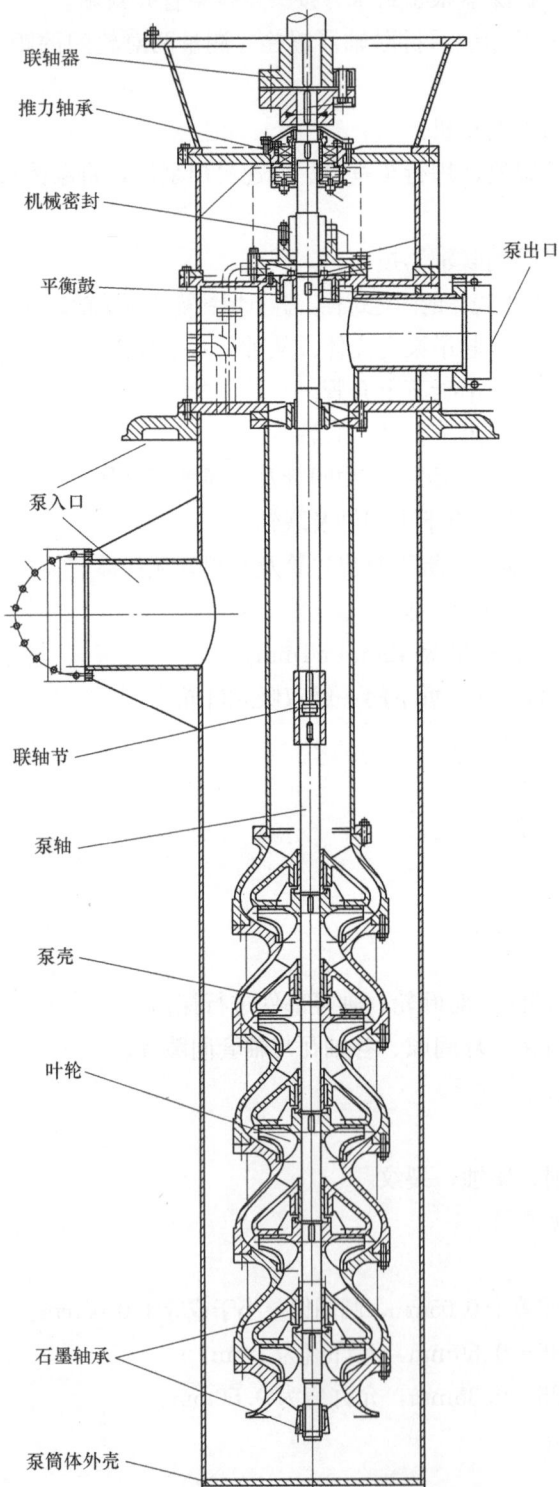

图 8-4　9LDTNB-5DP 型凝结水泵结构图

　　（3）电动机试转向后才能连接对轮。

　　（4）各石墨轴瓦应进行裂纹检查。

二、NZK300-16.7/537/537 型汽轮机机组的凝结水泵

　　（一）凝结水泵的结构

　　NZK300-16.7/537/537 型汽轮机机组装设有两台 100% 容量的 9LDTNB-5DP 立式多级筒袋型离心泵。泵的入口处设有滤网。泵共有五级，泵的轴向推力主要由布置在机械密封下部的平衡鼓来平衡，剩余轴向推力由布置在泵侧联轴器和机械密封之间的一对型号为 7228 的角接触推力轴承来平衡，并由推力轴承来确定转子的轴向位置。径向力由水润滑石墨轴承支撑。泵轴为两节式，中间采用联轴节连接。

　　1. 泵壳

　　9LDTNB-5DP 型凝结水泵为立式双层壳体结构。泵工作部分安装在圆筒体外壳内，共五级，配有五级泵壳，由吸入罩和四级泵壳及五级导叶组成。每级叶轮的轴向导叶均与各自的泵壳铸成一体。轴向导叶相对传统的径向导叶而言，具有较小的损失和较高的效率，同时减小了泵的径向尺寸。

　　2. 叶轮

　　如图 8-4 所示，整台凝结水泵的叶轮安装在圆筒形外壳内，共有五级叶轮串联立式布置，各级叶轮均是带平衡孔的单级叶轮。首级叶轮始终浸泡在凝结水中，最后一级叶轮靠在轴肩上，叶轮与叶轮之间依靠轴套定位，最后由首级叶轮轴端的锁紧螺母来固定。叶轮与轴的圆周方向是用键来定位。

3. 密封装置

为减少轴封的渗漏量，降低泵的容积损失，在每级叶轮的进、出水侧装有圆柱形密封环。

泵的轴封采用 SP-30227 型机械密封，需提供 0.8～1.0MPa 的密封水。

（二）凝结水泵技术规范

NZK300-16.7/537/537 型汽轮机机组凝结水泵技术规范见表 8-2。

表 8-2　　　　　NZK300-16.7/537/537 型汽轮机机组凝结水泵技术规范

序号	项目	规范
1	型号	9LDTNB-5DP
2	扬程	280m
3	流量	875m³/h
4	转速	1480r/min
5	必需汽蚀余量	5.6m
6	轴功率	821kW
7	效率	81%
8	质量	9500kg

（三）凝结水泵的检修工艺

1. 拆装

（1）联系专业人员进行电动机拆线，拆除冷却水管接头及排空管并封堵。

（2）拆联轴器护罩，对轮做好相对位置标记后拆联轴器螺栓，测量两对轮间距离，复查中心。

（3）解开电动机与电动机座螺栓，吊走电动机，拆卸电动机底板并吊走。

（4）拆除泵出口法兰螺栓，拆除泵盖螺栓，用行车垂直、缓速吊出泵，将泵放在支架上支平。

（5）松开机械密封动环与静环锁紧卡片螺栓，将锁紧卡片调整至卡入动环接触的位置，并紧固锁紧卡片螺栓，松开机封轴套抱轴锁紧螺栓。

（6）拆下泵侧联轴器。

（7）拆前测量泵推力间隙，泵推力间隙为 0.08～0.12mm。

（8）拆下推力轴承上盖的固定螺栓，拆前测量泵半窜为 5mm。

（9）拆下推力轴承定位锁母与固定轴套的内六方螺栓，拆下推力轴承定位锁母。

（10）从轴上拆下推力轴承及其轴套。

（11）拆下机械密封与泵盖的固定螺栓，拆下机械密封。

（12）测量泵轴总窜量，标准为 11mm±1mm。

（13）用行车、导链拆下联轴器处泵壳部分。

（14）用行车、导链拆下推力轴承与机械密封之间的泵壳部分。

（15）拆下平衡水管法兰螺栓、平衡水室固定螺栓，拆下平衡水室外壳。

（16）拆下平衡鼓固定套及卡环，从轴上拆下平衡鼓及键。

（17）用行车、导链吊住泵外壳的出水口部分，拆下固定螺栓后，从轴上拆下泵外壳的出水口部分。

（18）用行车、导链吊住上升管，拆下上升管与末级泵壳的连接螺栓，水平从轴上拆下上升管。

（19）用行车、导链吊住上轴，拆下上轴与下轴的联轴装置，拆下上轴。

（20）依次拆卸第五至第一级叶轮壳连接螺栓、轴套与叶轮的固定螺栓，拆下各级泵壳、轴套、卡环及叶轮。

（21）从轴上拆下泵底部导轴承及吸入喇叭口，将轴从第一级泵壳抽出。

（22）检查各部件有无腐蚀、磨损、裂纹，对叶轮、轴等部件进行探伤。

（23）打磨、清理各部件。

（24）测量轴弯曲、叶轮密封环间隙、轴瓦间隙等。

（25）更换密封件后按拆时顺序逆装。

2. 质量标准

（1）叶轮耐磨环及壳体耐磨环无磨损、腐蚀、裂纹。

（2）叶轮、轴无腐蚀、磨损，探伤无裂纹。

（3）轴弯曲小于 0.06mm。

（4）各级叶轮出、入口密封环间隙标准值为 0.35～0.50mm，允许值为 1mm。

（5）叶轮入口环间隙标准值为 0.55mm，最大不超过 1.2mm。

（6）水轴瓦与轴套间隙标准值为 0.25～0.35mm，允许值为 0.50mm。

（7）对轮找中心标准：端面偏差小于或等于 0.05mm，圆周偏差小于或等于 0.05mm。

（8）试运时振动值不得超过 0.05mm。

3. 注意事项

（1）注意泵体起吊后及时取走泵盖旧的密封 O 形圈，以防掉入，及时封闭泵桶口，防止人员掉入。

（2）拆下导轴承及其外壳时，注意保持导轴承与轴的水平、同心，防止损坏导轴承的石墨瓦。

（3）电动机试转向后才能连接对轮。

第九章

给 水 系 统

第一节 概　述

在热力系统中通常将除氧器出口到锅炉入口这一段锅炉供水管道以及附属设备称为给水系统，如图 9-1 所示。给水系统的主要设备有除氧器、锅炉给水泵、1～3 号高压加热器及高压加热器旁路等。

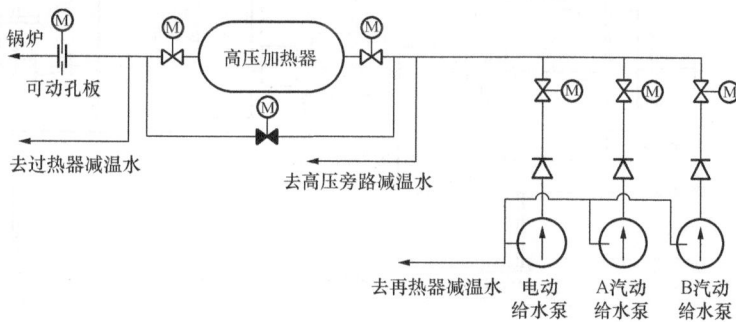

图 9-1　给水系统示意图

三台给水泵组并联布置，分别从除氧器取水，经前置泵升压打入给水泵，经给水泵升压后依次经 3、2、1 号高压加热器，打入锅炉省煤器。每台给水泵设有最小流量调整阀。给水系统除直接向锅炉供水外，还从给水泵出口母管抽出一部分提供锅炉过热器、主蒸汽高压旁路的减温水；从给水泵中间抽水提供锅炉再热器的减温水。

TC2F -35.4″型汽轮机机组设一台电动给水泵，采用液力耦合器变速调节及出口安装气动调整阀节流调节的方式，进行机组启动和低负荷时的给水流量调节。两台汽动给水泵由给水泵汽轮机驱动，采用变速调节并在机组正常运行中使用。为防止杂质进入给水泵，在前置泵的入口设置过滤器，并安装差压测量装置，当差压大于 45kPa 时，需清理前置泵入口滤网。

NZK300-16.7/537/537 型汽轮机机组设三台电动给水泵，采用液力耦合器变速调节，正常时两台运行，一台备用。为防止杂质进入给水泵，在前置泵的入口设置粗过滤器，在给水泵入口设备精过滤器。

除氧器和高压加热器已在第四章汽轮机的回热系统中做过介绍，所以本章只介绍锅炉给水泵有关部分。

第二节 给 水 泵

一、给水泵的安装布置

在大容量机组中，广泛采用改变转速的方法来调节给水。电动给水泵安装有液力耦合器，而汽动给水泵则用变速汽轮机。

TC2F-35.4″型汽轮机机组设有 MHB5/5 型筒式多级离心给水泵，设电动给水泵一台，汽动给水泵两台。机组启、停时，电动给水泵运行；正常两台汽动给水泵运行，电动给水泵备用。

NZK300-16.7/537/537 型汽轮机机组设有三台 CHTC5/6SP-3 型桶式多级离心给水泵，由电动机经液力耦合器调速驱动。正常时两台运行，一台备用。图 9-2 所示为电动机驱动的给水泵、液力耦合器、前置泵布置图。

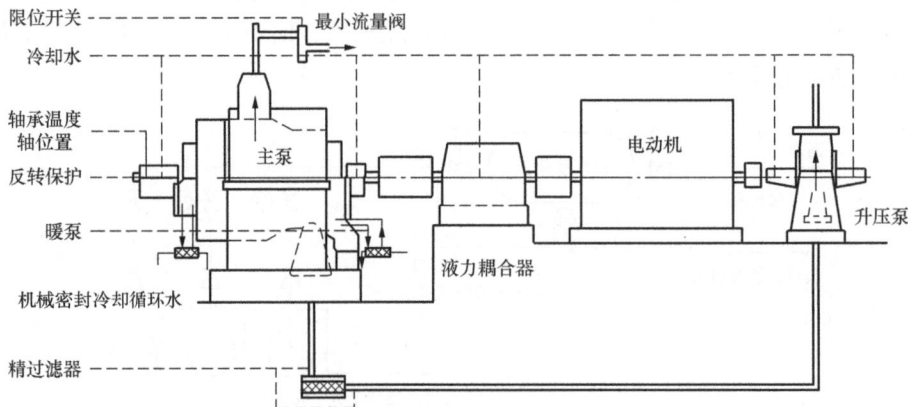

图 9-2 电动机驱动的给水泵、液力耦合器、前置泵布置图

二、TC2F-35.4″型汽轮机机组的 MHB5/5 型给水泵结构

MHB5/5 型给水泵为水平、离心多级筒体式，由筒体、泵内部组件（芯包）组成。筒体中心线位置处支承在型钢结构的泵座上。泵内芯包可以整体从泵筒体内抽出，MHB5/5 型给水泵结构图如图 9-3 所示。

（一）泵筒体和泵芯包

泵主要由泵筒体（泵壳）、泵盖、泵体密封件及泵芯包等构成。泵芯包由整个转子、吸入段、中段、导叶、带有平衡装置的泵盖、轴封和装有整套径向以及推力轴承的轴承体构成。泵筒体为双壳体结构，外壳为整体圆筒，整个泵芯装在泵筒体内，并在吐出端用泵盖密封。

中段与中段间是金属密封，泵盖与泵筒体、吸入段与泵筒体之间靠金属缠绕垫密封，末级中段与泵筒体之间采用特殊的唇状 MSE 密封件补偿热膨胀，保证泵芯包和泵筒体之间在任何工况下的密封。

（二）叶轮

叶轮共有 5 级，为带间距套的单吸式全封闭叶轮。叶轮采用不锈钢精密铸造而成。该叶轮采用滑装方法，用键固定在轴上。叶轮进口都面向吸入端，按顺序排列。在首级叶轮

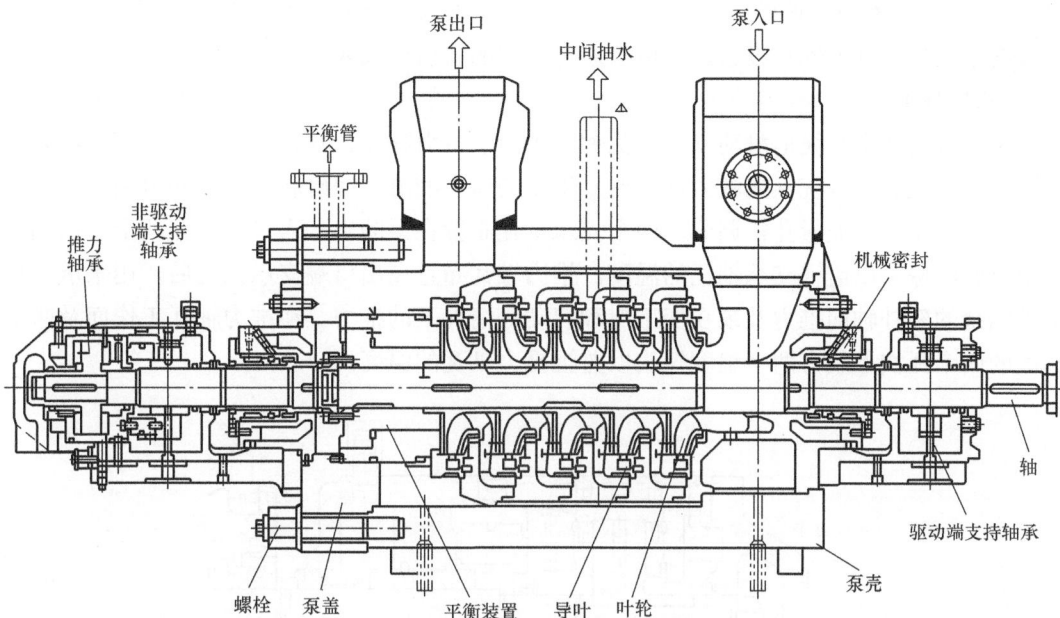

图 9-3　MHB5/5 型给水泵结构图

处轴上加工轴肩，在平衡盘处轴上加工轴槽，内装卡环来完成叶轮和平衡盘的轴向定位。在末级叶轮与平衡盘之间有 1.5mm 的叶轮膨胀间隙。

（三）泵轴

泵轴为刚性轴。泵轴的非驱动端装平衡盘和推力盘，驱动端装联轴器。

（四）平衡装置

泵的轴向推力通过平衡盘平衡，残余的轴向推力由非驱动端的推力轴承吸收。MHB5/5 型给水泵平衡装置结构如图 9-4 所示。

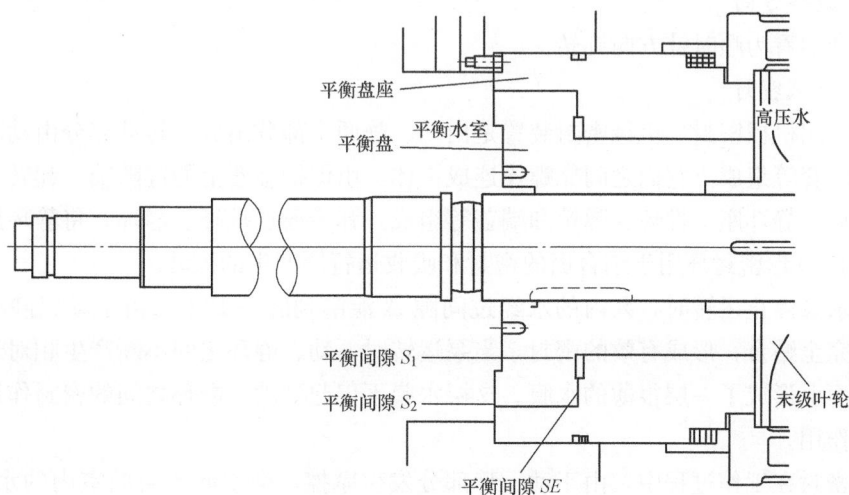

图 9-4　MHB5/5 型给水泵平衡装置结构图

平衡装置由平衡盘、平衡盘座构成。轴向推力靠平衡装置的 2 个径向节流间隙（间隙

宽度 S_1 和 S_2）和轴向间隙（SE）进行平衡，对于吸入端产生的其余轴向推力由设计具有足够安全系数的推力轴承吸收。平衡水通过专用的管引至泵入口。

（五）轴承

轴承包括两个圆筒形滑动支承轴瓦和一个滑动推力轴瓦，其结构如图 9-5 所示，分别由给水泵汽轮机油系统（或液力耦合器）供出的压力润滑油润滑和冷却，润滑油的油量可通过供油管路中的流量孔板调节。两个支承轴瓦布置在泵的出、入口侧。在两个支承轴瓦上装有温度探头以监视支承轴瓦的温度。推力轴瓦布置在出口端支承瓦之后，用来承受平衡盘剩余的额外轴向推力及泵在变工况和启动等情况下的推力。在推力轴瓦工作面及非工作面的两个瓦块上装有两个温度探头以监视推力轴瓦的温度。

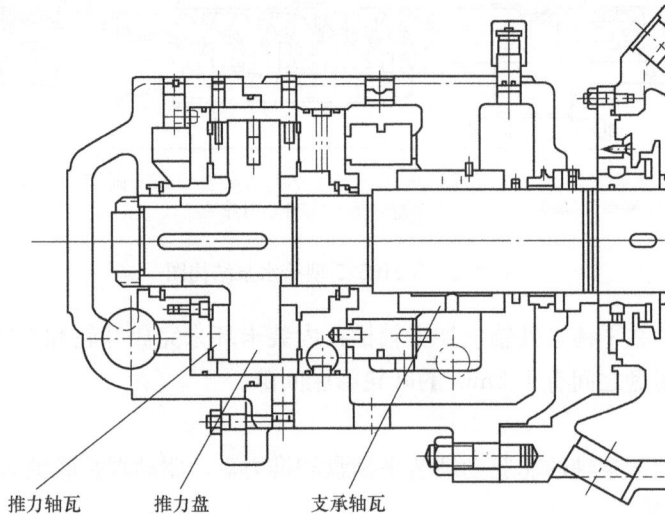

推力轴瓦　　　推力盘　　　　支承轴瓦

图 9-5　MHB5/5 型给水泵支承轴瓦、推力轴瓦结构示意图

（六）旋转方向

从驱动端看为顺时针方向旋转。

（七）机械密封

轴封采用机械密封。机械密封装置是由动、静两个部分组成。转动部分由动环、动环座和保护轴套等组成。它们之间靠螺栓连成一体，由保护轴套上的键随轴一起转动。静止部分由静环、静环座、推环、弹簧和端盖等组成。弹簧通过推环、静环，将静环压紧在动环上。橡胶 O 形密封环用于结合面的密封和吸收运行所产生的振动。

当给水泵停止运转时，泵内的水经过间隙 A 泄漏到腔室 B 中，由于动、静环在弹簧的作用下完全贴合，形成有效的密封，当泵运转时，动、静环之间不断产生相对运动，在运动的界面上形成了一层很薄的水膜。这层水膜不仅起到动、静环之间的密封作用，还起到润滑的作用。

机械密封在工作过程中，由于动、静部分发生摩擦，会引起密封腔室内的水温升高，甚至汽化，造成动、静环之间发生干摩擦。因此在机械密封装置中设有冷却器和磁性滤网，用于冷却和净化腔室中的水。

在机械密封与泵体之间装设了通有冷却水的冷却腔体，隔绝泵体内部的热量，降低机械密封的工作温度。

三、NZK300-16.7/537/537 型汽轮机机组 CHTC5/6SP-3 型给水泵的结构

CHTC5/6SP-3 型给水泵为筒式多级离心泵，由泵筒体、泵盖和带径向分段的泵芯组成，如图 9-6 所示。泵的支承面与中心线等高，泵体膨胀时径向以泵中心线为基准向上、向下膨胀；轴向以泵吸入端地脚螺栓为基准向吐出端膨胀。整个泵芯装在泵筒体内，并在吐出端用泵盖密封。

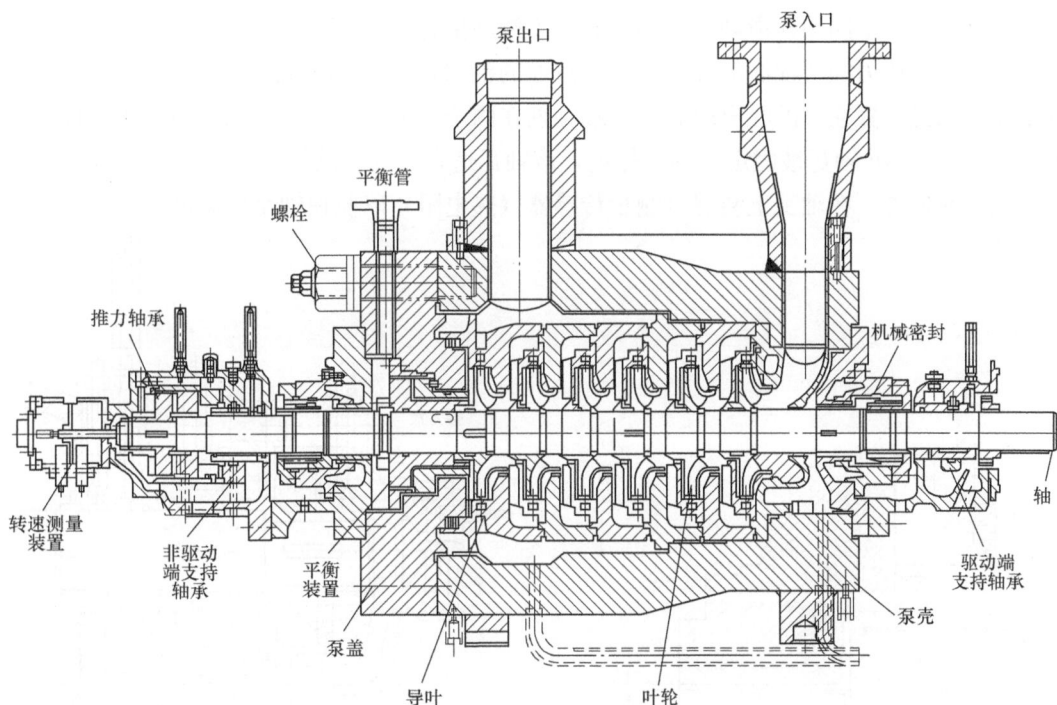

图 9-6　CHTC5/6SP-3 型给水泵结构图

（一）泵筒体和泵芯包

泵的主要部件包括泵筒体、泵盖、泵体密封件及泵芯包等。泵芯包由整个转子、吸入段、中段、导叶、带有平衡装置的后盖、机械密封和装有整套径向以及推力轴承的轴承体构成。泵筒体为双壳体结构，外壳为整体圆筒，整个泵芯装在泵筒体内，并在吐出端用泵盖密封。

中段与中段间是金属密封，后盖与泵筒体、末级中段与泵体、吸入段与泵筒体之间靠缠绕垫＋间隔垫组合密封，保证泵芯包和泵筒体之间的密封。

（二）叶轮

该给水泵共有六级带间距套的单吸式全封闭叶轮，叶轮采用不锈钢精密铸造。叶轮采用滑装方法，用键固定在轴上。叶轮进口都面向吸入端，按顺序排列。在首级叶轮处轴上加工轴肩，在平衡盘处轴上加工有轴槽，内装卡环来完成叶轮和平衡盘的轴向定位。在末级叶轮与平衡盘之间有 1.5mm 的叶轮膨胀间隙。

（三）泵轴

泵轴为刚性轴，其非驱动端装有平衡盘和推力盘，驱动端装有配重盘和联轴器。

（四）平衡装置

轴向推力通过平衡盘平衡，残余的轴向推力由非驱动端的推力轴承吸收，如图 9-7 所示。平衡装置由平衡盘、平衡板和节流套构成。轴向推力靠平衡装置的两个径向节流间隙（间隙宽度 S_1 和 S_2）和轴向间隙（SE）进行平衡。对于吸入端产生的剩余轴向推力由设计具有足够安全系数的推力轴承吸收。平衡装置的平衡水通过专用的管道引回进入给水泵入口管路。在设计速度下，平衡水压必须比吸入压力高出至少 $1.1\sim1.3$ 倍。

（五）轴承

轴承包括两个四油楔滑动支承轴瓦和一个滑动推力轴瓦，如图 9-8 所示，分别由液力耦合器供出的压力润滑油润滑和冷却，润滑油的油量可通过供油管路中的流量孔板调节。两个支承轴瓦布置在泵的吐出端和吸入端。轴在两个多油楔（MGF）轴瓦内被径向控制。轴向剖开的 MGF 轴瓦被固定在轴承体内，该轴瓦适合于任一旋转方向且可在吸入端和吐出端间互换位置。在轴瓦上装温度测量传感器（热电阻）以监视轴承的温度。

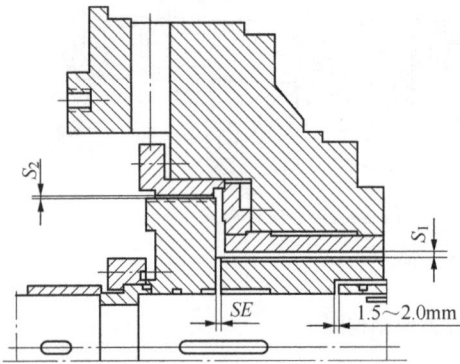

图 9-7　CHTC5/6SP-3 型给水泵平衡
装置示意图

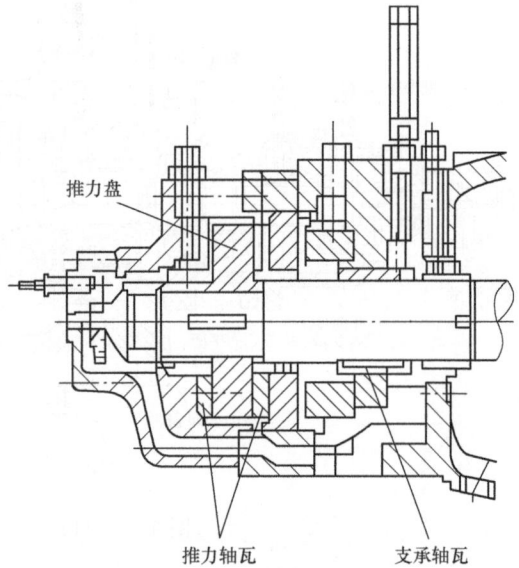

图 9-8　CHTC5/6SP-3 型给水泵支承
轴瓦和推力轴瓦结构图

推力轴瓦布置在出口端支承轴瓦之后，用来承受平衡活塞剩余的额外轴向推力及泵在变工况及启动等情况下的推力，在推力轴瓦的工作面及非工作面的两个瓦块上装有两个温度探头以监视推力轴瓦的温度。在电动给水泵的驱动端轴承外侧技改安装了 LYD 接触式油挡（原设计无油挡）。

（六）旋转方向

从驱动端看为顺时针方向旋转。

（七）机械密封

轴封为快装式 SP-933 型机械密封，如图 9-9 所示，主要由密封动环、密封静环、弹簧、旋转环、轴套、抱轴夹紧环而及辅助 O 形圈等组成。机械密封与轴的定位采用抱轴锁紧，其旋转环上加工有螺旋槽，当泵轴转动时，起到泵送水的作用，强制冲洗水循环。

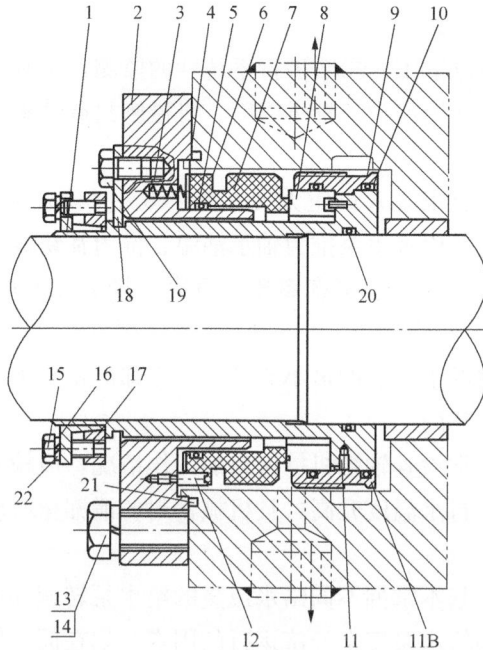

图 9-9　SP-933 型机械密封结构图

1—轴套；2—压盖；3—弹簧；4—推环；5、9、20、21—O 形密封圈；6—挡圈；7—浮
动环；8—传动箱；10—旋转环座；11—传动螺钉；12—防转销；13、15、19—螺栓；
14—垫圈；16—夹紧环；17—紧固环；18—定位板；22—止退垫

根据转向分为左旋（驱动端）和右旋（非驱动端）。

每端机械密封由两个磁性过滤器和四个
截止阀及管路连接盘形冷却器。在泵运转
时，机械密封动环上的螺旋槽泵水，使水强
制循环冷却机械密封。通有冷却水的冷却腔
体起到隔离泵体内部热量的作用，降低机械
密封的工作温度，如图 9-10 所示。

四、MHB5／5 型给水泵与 CHTC5／6SP-3 型给水泵的结构区别

（1）MHB5／5 型给水泵的叶轮有 5 级，
而 CHTC5/6SP-3 型给水泵的叶轮有 6 级。

（2）MHB5／5 型给水泵的平衡盘座是
整体式的，而 CHTC5/6SP-3 型给水泵的平
衡盘座分为平衡板和节流衬套。

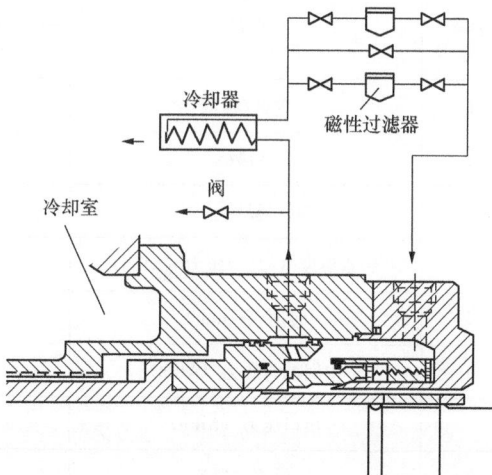

图 9-10　机械密封冷却腔结构图

（3）MHB5／5 型给水泵的机械密封是散装式的，CHTC5/6SP-3 型给水泵的机械密封
是 SP-933 集装式的，并在机械密封上加工有泵送水的槽，以强化机械密封冲洗水的
流动。

五、给水泵的运行监视

给水泵运行中，要对以下工作参数进行系统性的监测：水泵出/入口压力、入口水温、平衡室压力、润滑油压、油箱油位、轴承温度、机械密封或填料密封泄漏或温度情况、振动、转速、流量、轴向位移等。

正常的平衡室压力应比水泵入口压力大 0.05～0.15MPa。如发现平衡室压力升高超过限值，须检查原因，同时检查水泵推力轴承油温、推力瓦块温度、轴向位移、平衡盘磨损等。平衡间隙增大时，往往引起平衡室压力升高，推力瓦温度升高，严重时有烧瓦的可能。

高压给水泵不允许在低于要求的最小流量（即冷却流量）下运行，给水泵在流量低到一定值时将自动打开再循环门。

给水泵运行中还应经常检查轴端机械密封的工作情况，应检查其冷却水进口压力、出口温度、泄漏量等。如密封水温度升高，且机械密封的泄漏量有较大增加时，则机械密封有可能已损坏。

运行中，值班人员应基本掌握不同给水流量的给水泵转速和给水压力的对应关系，以便在监视中及时发现影响给水泵安全经济运行的因素，如在同样转速和出口压力下，给水流量减少，则可能是再循环阀门关闭不严等造成。

六、TC2F-35.4″型汽轮机机组给水泵技术规范

TC2F-35.4″型汽轮机机组给水泵技术规范见表 9-1。

表 9-1　　　　　　　　TC2F-35.4″型汽轮机机组给水泵技术规范

序号	项目	规范	
		汽动给水泵	电动给水泵
1	数量/容量	2/50％	1/50％
2	台数	2	1
3	型号	MHB5/5	MHB5/5
4	给水温度（℃）/压力（MPa）	174.5/1.73	174.5/1.73
5	转速（r/min）	6170	6230
6	中间抽头压力（MPa）	9.50	9.68
7	出口压力（MPa）	29.45	29.98
8	效率（％）	82.8	82.8
9	密封形式	机械密封	机械密封
10	工作级数	5	5
11	功率（kW）	6475	6475
12	驱动方式	给水泵汽轮机	电动机

七、NZK300-16.7/537/537 型汽轮机机组给水泵技术规范

NZK300-16.7/537/537 型汽轮机机组给水泵技术规范见表 9-2。

表 9-2　　　　　　　　NZK300-16.7/537/537 型汽轮机机组给水泵技术规范

序号	项目	规范
1	型号	CHTC5/6SP-3
2	扬程	2166m
3	流量	579.2m³/h
4	转速	5360r/min

八、给水泵的检修

（一）拆装（以 CHTC5/6SP-3 型给水泵为例）

（1）联系热工人员拆除各测点的接线，拆除联轴器护罩，拆除泵驱动端 LYD 油挡装置，在联轴器上做好记号后用扳手拆下联轴器螺栓，取下联轴器中间短节，复查中心及推力间隙并做记录。

（2）拆除与泵体相连的油管、水管并封堵管口。

（3）将驱动端、非驱动端 SP-933 型机械密封动、静部分的卡片卡入动环卡槽内，松开动环抱轴锁紧螺栓，使其与轴脱开。

（4）拆除非驱动端推力轴承端盖及非工作面推力瓦。

（5）在轴上轴向位置架表，松紧推力盘轴头降母，窜动轴测量平衡间隙 SE；测量完毕后，拆下推力盘、工作面推力瓦、瓦架及调整套，取下键并保存好。

（6）加热拔下联轴器，取下键并保存好。

（7）拆除驱动端、非驱动端轴承上盖，松去两侧甩油环的顶丝，从轴上拆下甩油环。

（8）测驱动端、非驱动端轴瓦支轴间隙、抬轴间隙，并做好记录取出下瓦。

（9）拔出轴承支架与壳体销子，松螺钉拆下轴承支架。

（10）拆下机械密封端盖螺栓，拆下机械密封，取下机械密封腔体。

（11）用专用工具取下束套，取下两半环，用专用螺栓固定好平衡活塞。

（12）松桶盖螺栓，装好专用导轨，用行车起吊，抽出泵芯包至检修场地。

（13）支平泵芯包，吊住筒盖，用专用工具拔出调整环、平衡活塞。

（14）吊走桶盖，逐级分解各级叶轮及扩散器并放置整齐。

（15）打磨、清理各部件。

（16）检查各部件有无腐蚀、磨损、裂纹，对叶轮、轴等部件进行探伤。

（17）测量各级叶轮出、入口配合间隙。

（18）更换各密封件按拆时顺序逆装，回装过程中注意调整、测量各数据。

（二）质量标准

（1）各级出入口环无磨损、腐蚀、裂纹。

（2）叶轮轴无腐蚀、磨损，探伤无裂纹。

（3）推力间隙为 0.4～0.75mm。

（4）平衡活塞与活塞座轴向间隙为 0.25～0.40mm。

（5）径向轴承和轴之间的间隙为 0.1～0.13mm。

（6）迷宫环和甩油环之间的间隙标准为 0.30～0.40mm。

（7）测量平衡盘和平衡板之间间隙标准为 0.40～0.45mm；测量平衡盘和节流衬套之间间隙标准为 0.45～0.50mm。

（8）叶轮在轴上的膨胀间隙为 1.50～2.00mm。

（9）轴弯曲最大允许值为 0.05mm。

（10）转子小装测叶轮晃度最大允许值为 0.07mm。

（11）叶轮和泵体密封环之间间隙为 0.35～0.47mm；叶轮和导叶之间间隙为 0.50～0.60mm。

（12）回装时紧泵大盖螺栓采用电动液压扳手拧紧，力矩为 5000N·m。

（13）对轮找中心标准：张口小于 0.03mm，外圆中心泵侧高 0.20mm，泵侧偏南高 0.15mm。

（三）注意事项

（1）所有螺栓要保存好，不得乱混，桶盖螺栓及垫片拆前要编号。

（2）各级叶轮及扩散器、键编号并保存好。

（3）装叶轮、平衡活塞等部件时应涂二硫化钼膏。

（4）平衡活塞面上应涂透平油。

（5）轴瓦、机械密封应存放好，防止碰伤。

第三节 前 置 泵

前置泵安装在给水泵的入口，为给水泵入口提供足够的能量，防止发生汽化现象，保护给水泵。

一、TC2F-35.4″型汽轮机组前置泵

350MW 机组的给水泵采用 CPR250-501 型单级单吸式离心泵，采用机械密封，由前置泵的电动机驱动。

（一）CPR250-501 型前置泵的结构

CPR250-501 型前置泵为单级单吸卧式离心泵，其结构如图 9-11 所示，其入口管为轴向布置，出口管为径向布置，整体为铸造式，不锈钢蜗壳的开口朝出口端。这种布置方式可以不必拆除进、出水管进行前置泵的检修。泵体用前、后三点式支承方式，即在蜗壳上由左、右两个猫爪和泵轴承箱上的支承脚共同来支承。

泵壳体采用蜗形泵壳，其壳盖和轴承架用螺栓压紧在泵壳体上，壳盖和泵壳之间加工有止扣，以保持泵轴和叶轮与泵壳的同心度，壳盖和泵壳之间用金属缠绕垫密封。

单吸闭式不锈钢叶轮采用键与轴连接，用锁母与泵轴固定。叶轮锁母、叶轮、轴套的

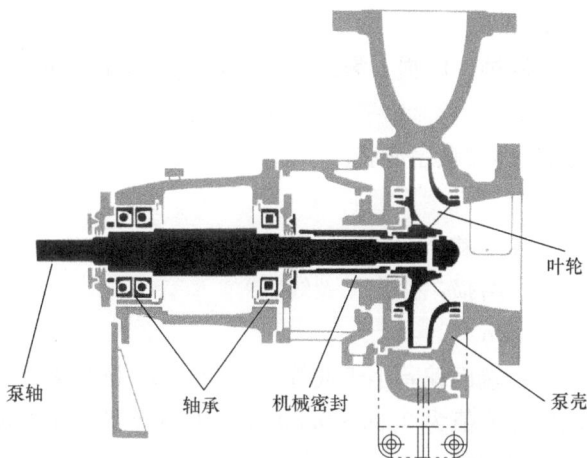

图 9-11 CPR250-501 型前置泵的结构图

组合使泵轴与液体完全隔开，防止泵轴的腐蚀和磨损。叶轮上的平衡孔起到平衡轴向推力的作用，剩余轴向推力由泵轴上对称布置的一对角接触轴承来承担。

前置泵的轴为悬臂式布置，由一个滚柱轴承和两个推力轴承共同支承。轴承的润滑方式为独立油池浸泡式，并采用恒定液位加油器来控制轴承箱油位，如图 9-12 所示，当轴承箱内油面高度不低于标准油位高度时，虹吸管被油面堵住，油杯里的油无法进入轴承箱；当轴承箱内的油面

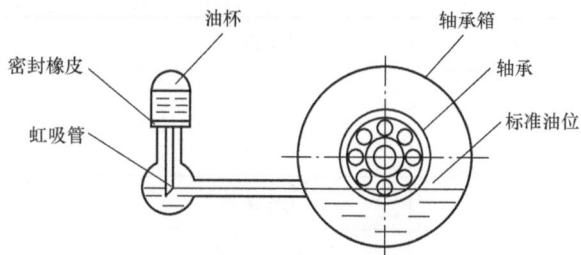

图 9-12 恒定液位加油器结构图

下降到虹吸管位置以下时，空气顺虹吸管的斜切口进入油杯气室，若气室内的压力与大气压差小于油位静压力，油杯内的油自动流入轴承箱使油位上升，待斜切口被油面封住为止。若油继续往轴承箱流动，气室内压力逐渐下降，当气室内压力与大气压差等于油柱静压力时，油即被封住。这样，就可以起到自动控制油位的作用。

前置泵的机械密封形式与 MHB5/5 型给水泵的基本相同，但结构相对简单。

（二）CPR250-501 型前置泵检修工艺

1. 拆装

（1）拆联轴器护罩，对轮做好相对位置标记后拆联轴器螺栓，测量两对轮间距离，复查中心。

（2）拆除机械密封冷却水管并封堵。

（3）拆卸泵壳盖的固定螺栓，用导链、钢丝绳起吊泵轴承箱，再用顶丝拆开泵壳盖与泵壳，一体起吊拆下泵轴承箱及叶轮。

（4）拆下叶轮锁母，从轴上拆下叶轮。

（5）拆下机械密封压盖螺栓，拆下轴承架与泵盖螺栓，将泵盖从轴上拆下。

（6）加热拆下泵侧联轴器。

（7）拆卸泵驱动端、非驱动端轴承端盖螺栓，拆下端盖及轴承。

（8）打磨、清理各部件。

（9）检查各部件有无腐蚀、磨损、裂纹，对叶轮、轴等部件进行探伤。

（10）测量轴弯曲。

（11）更换密封件后按拆时顺序逆装。

2．质量标准

（1）叶轮耐磨环及壳体耐磨环无磨损、腐蚀、裂纹。

（2）叶轮、轴无腐蚀、磨损，探伤无裂纹。

（3）轴弯曲小于 0.05mm。

（4）对轮找中心标准：端面偏差小于或等于 0.05mm，圆周偏差小于或等于0.05mm。

（5）叶轮入口环间隙标准值为 0.30～0.80mm，最大不超过 1.2mm。

（6）试运时振动值不得超过 0.05mm。

（三）CPR250-501 型前置泵技术规范

CPR250-501 型前置泵技术规范见表 9-3。

表 9-3　　　　　　　　　　　　　　CPR250-501 型前置泵技术规范

序号	项目	规范
1	型号	CPR250-501
2	容量	50%
3	工作级数	1
4	给水温度/压力	174.5℃/0.893MPa
5	压力	1.73MPa
6	效率	81%

二、NZK300-16.7/537/537 型汽轮机机组前置泵

NZK300-16.7/537/537 型汽轮机机组的给水泵配套安装三台 YNKN300/200 型卧式、单级、双吸蜗壳式前置泵，由定子和转子两大部分组成，YNKN300/200 型前置泵结构如图 9-13 所示。定子包括蜗形泵壳、吸入盖、轴承座、径向轴承和机封密封等部件；转子包括泵轴、叶轮、挡套、联轴器等部件。该前置泵由给水泵电动机驱动。

（一）YNKN300/200 型前置泵的结构

（1）泵壳体。泵壳体采用蜗形泵壳，由吸入盖、泵座和进/出水短管组成。吸入盖用双头螺栓固定在泵壳上，用金属缠绕垫密封，机械密封涵体铸造加工在吸入盖内，轴承架用双头螺栓固定在吸入盖上。

（2）轴、叶轮。挡套、轴套用来保护轴免受液体的腐蚀和冲蚀。叶轮两边的挡套将叶轮按轴向位置固定在轴上，径向用键固定。叶轮为全封闭的双吸式叶轮，由两个单吸式叶轮拼合而成。叶轮直径为 410mm，出口宽度为 20mm，用键径向固定在轴上，轴向定位由轴套、挡套来完成，并通过非驱动端轴承定位在泵壳的中间位置。叶轮密封环为防止叶轮的出水从叶轮与泵壳间隙返流至吸入口，两个吸口各装有一道平直形密封环。泵体密封

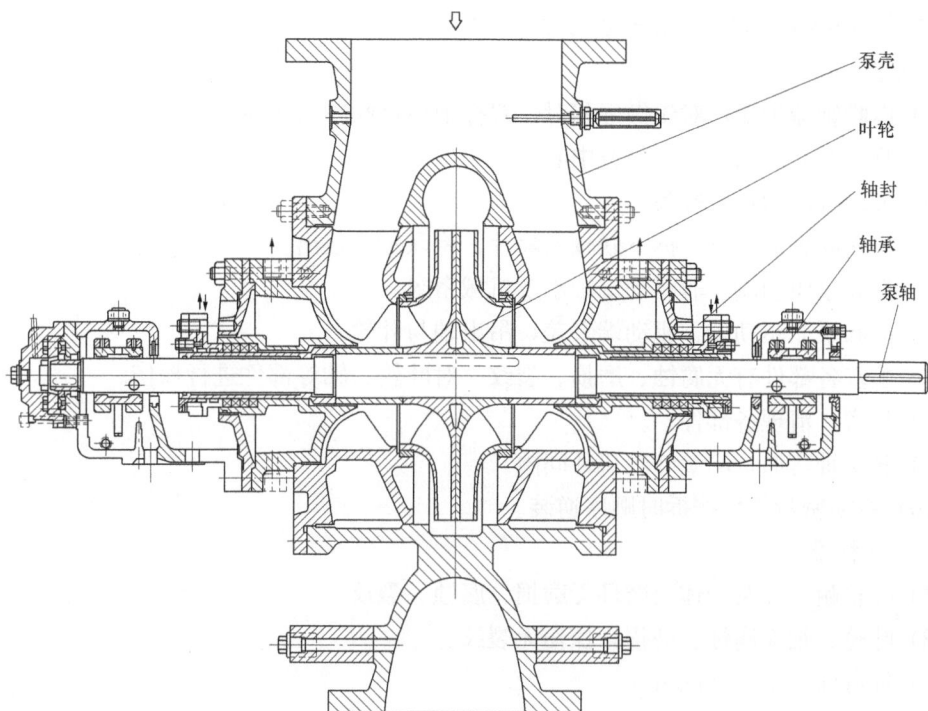

图 9-13　YNKN300/200 型前置泵结构图

环和叶轮口环之间的最小径向间隙为 0.3～0.8mm，最大允许径向间隙为 1.2mm。泵轴通过带中间短节的双膜片式联轴器与电动机连接。

（3）轴承。转子驱动端由一套深沟球 6217 型轴承来支撑，非驱动端由两盘背靠背组合安装的角接触 7314 型轴承来支撑并承担轴向推力。两端的轴承均由甩油环飞溅润滑供油。轴承室的内端盖加工有冷却腔室，通有闭式水提供对轴承的冷却。轴承内端盖与轴的密封是通过套装在轴上的铜制防尘台实现的。在轴承的外端盖外端原装有铝制的冷却风扇及风扇外壳，对轴承室外壳表面的散热片进行吹风冷却。因风扇造成轴封处漏油，故将风扇拆除，更换为铜制防尘台，更换后彻底消除了漏油现象。

（4）机械密封。在泵两端的吸入盖处装有 SP-832 机械密封对轴端进行密封。

（5）水泵支承。泵壳中心线处的支承面安装在泵座上。泵壳热膨胀时以泵壳中心线支承面为起点上、下膨胀，对泵转子的中心影响较小。

（二）YNKN300/200 型前置泵技术规范

YNKN300/200 型前置泵技术规范见表 9-4。

表 9-4　　　　　　　　　　YNKN300/200 型前置泵技术规范

序号	项目	规范
1	型号	YNKN300/200
2	扬程	103m
3	流量	629.2m³/h
4	转速	1450r/min

（三）YNKN300/200 型前置泵的检修工艺

1. 拆装

（1）拆联轴器护罩，对轮做好相对位置标记后拆联轴器螺栓。

（2）测量两对轮间距离，复查中心。

（3）拆卸各冷却水管接头。

（4）拧松联轴器降母，拆下联轴器隔片，将联轴器拔出。

（5）拆卸泵驱动端、非驱动端轴承及机械密封。

（6）拆卸泵非驱动端、驱动端泵盖，吊出轴与叶轮。

（7）检查各部件有无腐蚀、磨损、裂纹，对叶轮、轴等部件进行探伤。

（8）打磨、清理各部件。

（9）测量轴弯曲，测量叶轮口环间隙。

（10）更换密封件后按拆时顺序逆装。

2. 质量标准

（1）叶轮耐磨环及壳体耐磨环无磨损、腐蚀、裂纹。

（2）叶轮、轴无腐蚀、磨损，探伤无裂纹。

（3）轴弯曲小于 0.05mm。

（4）叶轮入口环间隙标准值为 0.30～0.80mm，最大不超过 1.2mm。

（5）对轮找中心标准：端面偏差小于或等于 0.05mm，圆周偏差小于或等于 0.05mm。

（6）试运时振动值不得超过 0.05mm。

3. 注意事项

（1）在转子的工作窜量调整后，才能锁紧机械密封的抱轴螺栓，且对称、均匀拧紧。

（2）该前置泵在泵启动初期及水流量低时，会发生泵体及轴承振动大的现象，给水泵带上一定负荷后振动会正常。

第四节 给水泵汽轮机

TC2F-35.4″型汽轮机机组的两台汽动给水泵配套安装两台单缸、冲动、凝汽式汽轮机，在机组运行中驱动给水泵，并实现变速调节。

一、给水泵汽轮机结构

与主汽轮机整体结构相同，驱动给水泵的变速汽轮机的本体也是由转动和静止两大部分组成，如图 9-14 所示。转子部分由主轴、叶轮、动叶片、联轴器等组成。定子部分由汽轮机基础、台板、轴承座及汽缸内部的喷嘴室、喷嘴、隔板、汽封等部件组成，另外有前轴承箱、调速系统、各主蒸汽阀、调节汽阀、盘车等。

给水泵汽轮机的正常工作汽源为主汽轮机中压缸的四段抽汽，辅助蒸汽和主蒸汽作为备用汽源。全机共有 1 个单列调节级和 5 个压力级。给水泵汽轮机为单流结构，排汽进入凝汽器后汇入主凝结水系统。

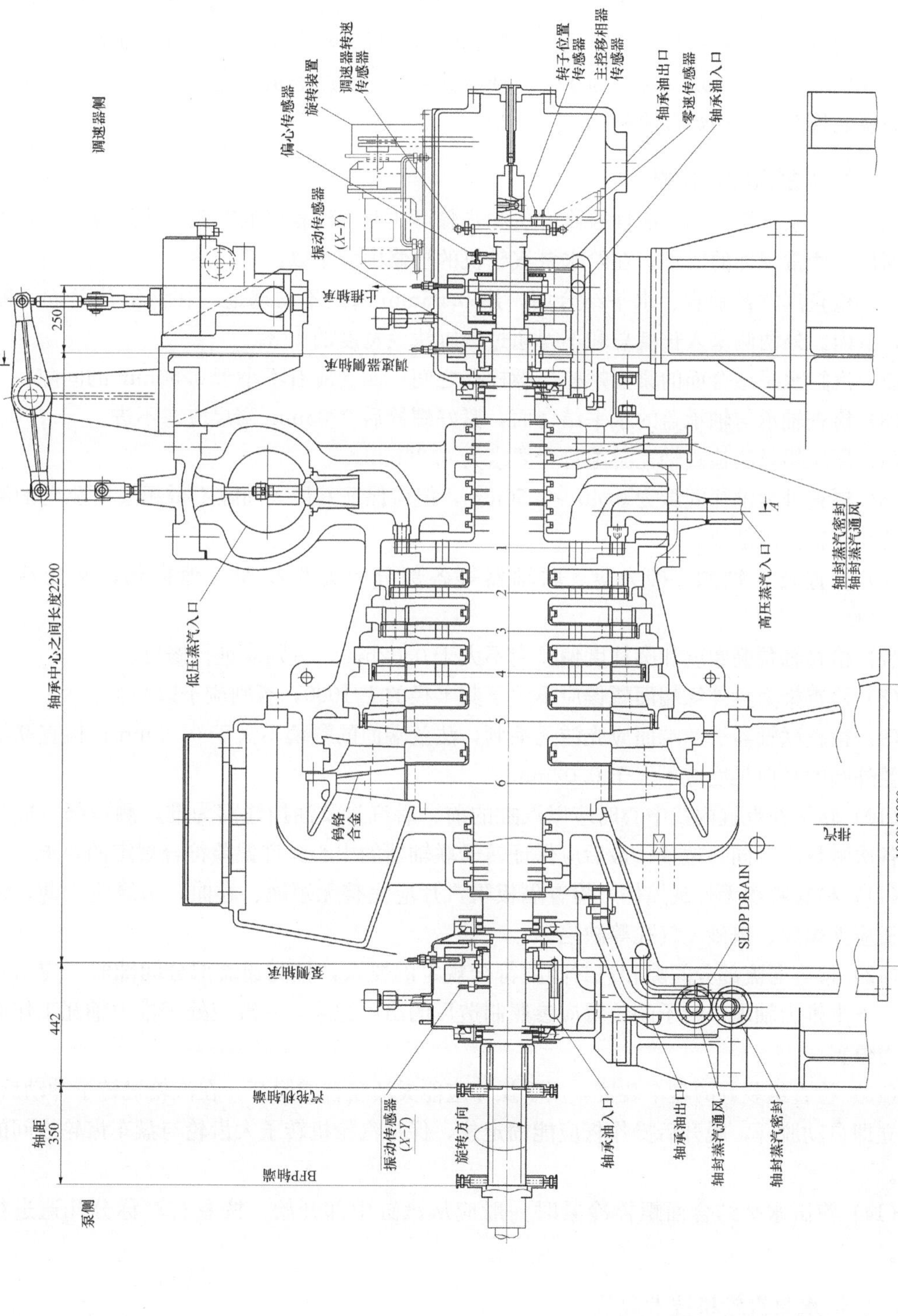

图 9-14 给水泵汽轮机结构图（单位：mm）

给水泵汽轮机采用提板式喷嘴配汽机构，在汽缸上装有 6 个调节汽阀。调节汽阀对称布置，以获得良好的热对称性。给水泵汽轮机转子与汽泵轴的连接采用挠性联轴器，允许给水泵汽轮机与给水泵转子间有相互位移。两个转子的轴向推力分别由各自的推力轴承来承担，转子的轴向位移也互不影响。两侧轴封均采用梳齿形汽封。为了保证轴稳定运行，两只支持轴承均采用稳定性高的五瓦块可倾瓦轴承。推力轴承采用的浸泡式推力轴承，工作瓦块 6 块，非工作瓦块 6 块。为了适应变参数运行、急剧的负荷变化和快速启动，本机各压力级隔板全部采用焊接隔板。

二、给水泵汽轮机检修

关于给水泵汽轮机的一般性检修方法和步骤可比照主汽轮机的有关工艺规程进行，下面仅列出一些常规性的要求，在给水泵汽轮机的检修中应予以注意：

(1) 检查汽缸各垂直、水平结合面，用 0.05mm 塞尺不得塞通，在汽缸法兰同一断面处，从内、外两侧塞入长度总和不得超过汽缸法兰宽度的 1/3。

(2) 汽缸水平结合面的紧固螺栓与螺栓孔之间，四周应有不小于 0.50mm 的间隙。

(3) 检查轴承与轴承盖的水平结合面，紧好螺栓后 0.05mm 塞尺应塞不进。

(4) 用压铅丝法检查轴瓦游隙符合要求为 0.26mm。

(5) 检查推力轴瓦间隙为 0.40～0.50mm，但应保证其最大间隙不得超过所驱动的给水泵的允许轴向窜动值。

(6) 检查转子轴颈、推力盘、联轴器等各部分应无裂纹和其他损伤，并光洁无毛刺。

(7) 检查轴颈椭圆度和圆柱度偏差应不大于 0.02mm，否则应进行修复。

(8) 检查推力盘外缘端面瓢偏应不大于其半径的 1/1000，否则应予以修整。

(9) 检查联轴器法兰端面应光洁无毛刺，法兰端面的瓢偏不大于 0.03mm；检查联轴器法兰外圆的径向晃度应不大于 0.02mm。

(10) 转子在汽缸内找中心时应以汽缸的前、后汽封及油挡洼窝为准，测量部位应光洁，各次测量应在同一位置；最后应保证转子联轴器的中心允许偏差符合规定的要求。

(11) 检查喷嘴无外观损伤，检查隔板阻汽片应完整无短缺、卷曲，边缘应尖薄，铸铁隔板应无裂纹、铸砂、气孔等缺陷。

(12) 检查通流部分间隙和汽封间隙符合规定的要求，且测通流部分间隙时，应组合好上、下半推力轴承，转子的位置应参照制造厂的出厂记录，一般应处于推力轴瓦工作面的承力位置。

(13) 检查组装好的盘车装置，用手操作应能灵活咬合或脱开。在汽轮机转子冲动后，应能立即自动脱开，脱开后操作杆应能固定住，保持汽轮机转子大齿轮与盘车齿轮之间的距离。

(14) 汽缸水平结合面螺栓冷紧时一般应从汽缸中部开始，按左右对称分几遍进行紧固。

三、给水泵汽轮机技术规范

给水泵汽轮机技术规范见表 9-5。

表 9-5   给水泵汽轮机技术规范

序号	项目	规范
1	形式	单缸、单流、凝汽式
2	额定功率	5350kW
3	转速	6170r/min
4	排汽压力	0.004 9MPa
5	主蒸汽温度	538℃
6	主蒸汽压力	16.67MPa
7	低压蒸汽压力	0.84MPa
8	低压蒸汽温度	316℃

第五节　液力耦合器

TC2F-35.4″型汽轮机机组电动给水泵配套安装一台液力耦合器，以实现机组启停电动机与给水泵之间转速的无级变速调节。

NZK300-16.7/537/537 型汽轮机机组给水泵配套安装三台 R17k.2-E 型液力耦合器，以实现电动机与给水泵之间转速的无级变速调节，下面以 R17k.2-E 型为例介绍液力耦合器。

一、液力耦合器的结构和工作原理

（一）液力耦合器的结构

液力耦合器由 1～10 号轴瓦，主驱动大齿轮、增速齿轮、油箱、主油泵、辅助油泵、工作油压调整阀、润滑油压调整阀、工作油冷却器、润滑油冷却器、润滑油过滤器等组成，如图 9-15 所示。

耦合器的主体部分和一对增速齿轮以及工作油、润滑油管路合并在同一箱体内，箱体下部为油箱，箱体和油箱组成一个整体。液力耦合器的 1 号和 2 号支持轴瓦安装在主驱动大齿轮轴的两侧，3 号和 4 号瓦为增速齿轮轴的推力轴瓦，5 号和 6 号支持轴瓦安装在增速齿轮的两侧，7 号和 10 号支持轴瓦分别安装在液力耦合器输出轴的两端，7 号和 10 号支持轴瓦的中间安装有 8 号和 9 号推力轴瓦。耦合器由泵轮组成工作腔，涡轮装在工作腔内。勺管通入工作腔，调节工作油量。液力耦合器的输入轴与电动机相连接，输出轴与给水泵采用膜片式联轴器连接。液力耦合器的主油泵由主驱动大齿轮轴端安装的齿轮驱动；辅助油泵由电动机驱动。工作油、润滑油分别由工作油冷却器、润滑油冷却器冷却。润滑油经双桶式过滤器过滤后对液力耦合器的各轴瓦、齿轮进行润滑，并向电动机和给水泵的轴瓦提供润滑油。

（二）液力耦合器的工作原理

如图 9-16 所示，输入轴转速经一对增速齿轮增速后，传至耦合器的泵轮轴。耦合器的泵轮和壳体组成工作腔，涡轮被包含在工作腔（见图 9-17）内，因为泵轮和涡轮并不

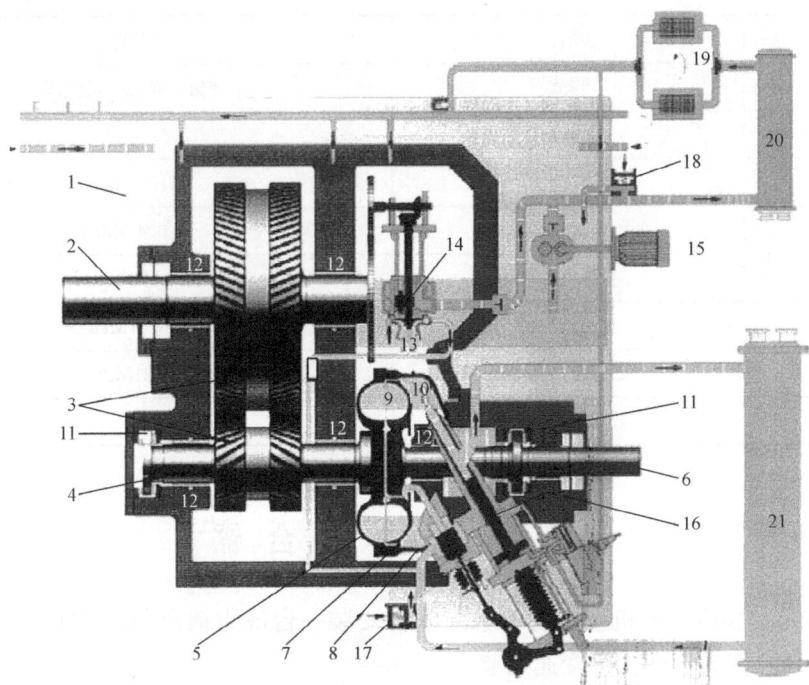

图 9-15 液力耦合器的内部结构图

1—带油箱的机壳；2—输入轴；3—主驱动大齿轮、增速齿轮；4—小齿轮轴；5—主涡轮；
6—从动轴；7—从动涡轮；8—外壳；9—工作室；10—勺管室；11—推力轴承；12—支持
轴承；13、14—主油泵；15—辅助油泵；16—勺管；17—工作油压调整阀；18—润滑油压
调整阀；19—双筒式润滑油滤网；20—润滑油冷却器；21—工作油冷却器

接触，所以没有任何磨损。泵轮和涡轮之间的液力扭矩传递，是靠工作油的流体动力实现的。泵轮使工作油加速，获得能量，工作油在涡轮中被延迟从而产生一个相等的扭矩，将能量传递给涡轮。当泵轮和涡轮内的流体存在压差时，工作油循环流动，完成电动机的机械能由泵轮变成液体的动能，涡轮再将液体的动能转变成机械能的连续转换。涡轮转速必须低于泵轮转速。输出转速通过调节勺管的位置，改变泵轮、涡轮间工作腔内的充油量，来实现无级变速。

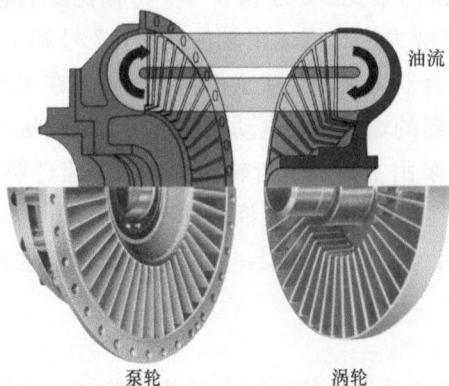

图 9-16 液力耦合器工作原理图

图 9-17 液力耦合器工作腔构造图

液力耦合器启动前，启动电动机驱动的辅助油泵供给液力耦合器各轴瓦、液力耦合器工作腔以及给水泵和电动机轴瓦的润滑油。液力耦合器启动正常后，由通过安装在主驱动轴上的齿轮驱动主油泵供油，这时停止辅助油泵的运行。工作油和润滑油使用 32 号透平油。

二、液力耦合器的报警值和保护值

液力耦合器的报警值和保护值见表 9-6。

表 9-6　　　　　　　　　　　　　液力耦合器的报警值和保护值

序号	名称	项目	报警值	保护值
1	润滑油滤网差压计	差压	≤70kPa	—
2	1 号轴瓦	温度	≤90℃	≤95℃
3	2 号轴瓦	温度	≤90℃	≤95℃
4	3、4 号推力瓦	温度	≤90℃	≤95℃
5	5 号轴瓦	温度	≤90℃	≤95℃
6	6 号轴瓦	温度	≤90℃	≤95℃
7	7~10 号轴瓦	温度	≤90℃	≤95℃
8	1 号轴瓦	振动	≤50μm	—
9	10 号轴瓦	振动	≤50μm	—
10	润滑油回油	温度	≤75℃	≤80℃
11	润滑油供油	温度	≤55℃	≤60℃
12	工作油回油	温度	≤110℃	≤140℃
13	工作油供油	温度	≤76℃	≤86℃

当润滑油滤网差压大于或等于 70kPa 时报警，须进行切换滤网操作，并清理或更换滤网芯。

三、液力耦合器的检修工艺

（一）拆装

（1）拆除液力耦合器与电动机、给水泵的联轴器护罩，拆卸联轴器螺栓。

（2）拆除液力耦合器检修需拆的油管，卸下的油管要保管好，液力耦合器的各法兰、孔，应做好防止异物落入的措施。

（3）拆卸液力耦合器上箱体盖顶的各轴承盖压紧螺栓，拆卸输入轴、输出轴油封端盖螺栓，拆卸增速齿轮轴的推力轴承端盖螺栓，拆下端盖及瓦块，拆卸液力耦合器上箱体水平结合面螺栓。

（4）用钢丝绳挂牢上箱体四个角，水平缓慢吊起上箱体，放在检修场地上，结合面垫上木块，以防止损坏结合面。

（5）拆除液力耦合器各轴承，检查径向轴承合金有无磨损、脱胎等现象。

（6）用软吊带串入传动齿轮两头，缓慢平稳起吊，放在检修场地。

（7）拆卸轴承，上、下轴瓦应对号，并做好记号，以免发生错乱。

（8）拆卸泵轮与涡轮套的 M16 内六角连接螺栓，用软吊带捆绑吊去泵轮转子。

（9）拆除 7、8、9 号轴承，拆除调节机构的螺栓及销子。

（10）从调节机构中分解扇形齿和勺管。

（11）按"9"字方法起吊涡轮转子，并放在铺胶皮的地面上。

（12）组装工序与拆卸工序相反，注意起吊作业应缓慢、平稳，液力耦合器的主要螺栓必须使用力矩扳手按力矩表所示的力矩值拧紧。

（二）检查清理

（1）清理、检查各轴承，确认有无缺陷，对于能消除的缺陷要立即消除，否则应更换新件。

（2）检查各齿轮啮合情况及有无裂纹、剥落等缺陷。

（3）检查下箱体油箱的防异物滤网有无破损，若有应及时处理好。

（4）检查涡轮套易熔塞是否完好，否则更换新件。

（5）清理耦合器油箱，清洗时要求油箱各死角不应有油垢，油箱各部应无杂物、锈斑。

（6）清理、检查双筒可切换滤网壳，更换滤芯。

（7）检查所有零部件是否符合质量标准，并清理干净，以备组装。

四、液力耦合器的检修数据、技术规范

（一）液力耦合器轴承数据

液力耦合器轴承数据见表 9-7。

表 9-7   **液力耦合器轴承数据表**   mm

项　目		轴瓦编号							
		1	2	3+4	5	6	7	8+9	10
轴径		140	140	推力瓦	105	115	85	推力瓦	90
轴瓦间隙	min	0.200	0.200	0.200	0.162	0.170	0.089	0.200	0.094
	max	0.318	0.318	0.319	0.269	0.282	0.173	0.324	0.178
最大允许值		0.338	0.338	0.619	0.289	0.302	0.193	0.624	0.198

（二）液力耦合器主要螺栓力矩

液力耦合器主要螺栓力矩见表 9-8。

表 9-8   **液力耦合器主要螺栓力矩表**   N·m

序号	螺栓名称	螺栓零件号	力矩值	使用工具
1	易熔塞	0010/0010/0040	25	内六方扳手
2	大轴上驱动油泵的齿轮螺栓	0470/0030	110	内六方扳手
3	耦合器外壳内六方螺栓	0010/0010/0030	—	内六方扳手
4	涡轮与轴	—	270	内六方扳手
5	轴承盖螺栓	0060/0010/0060	380	—
6	泵轮与轴	—	540	内六方扳手

（三）TC2F-35.4″型汽轮机机组液力耦合器技术规范

TC2F-35.4″型汽轮机机组液力耦合器技术规范见表9-9。

表 9-9   TC2F-35.4″型汽轮机机组液力耦合器技术规范

序号	项目	规范
1	型号	GSS47-CS50
2	最大输出转速	6230r/min
3	电动机转速	1480r/min
4	额定功率	6475kW

（四）NZK300-16.7/537/537 型汽轮机机组液力耦合器技术规范

NZK300-16.7/537/537 型汽轮机机组液力耦合器技术规范见表9-10。

表 9-10   NZK300-16.7/537/537 型汽轮机机组液力耦合器技术规范

序号	项目	规范
1	型号	R17k.2-E
2	最大输出转速	4400r/min
3	电动机转速	1490r/min
4	齿轮比	U 107/29

第十章

发电机定子冷却水系统

第一节 概 述

NZK300-16.7/537/537 型汽轮机机组的发电机采用定子水冷方式，安装有 SKG-300-3 型汽轮发电机冷却水系统。发电机定子冷却水集水装置安装在汽机房零米，由定子冷却水箱、两台定子冷却水泵、两台定子冷却水冷却器、两台定子冷却水滤网构成，集水装置向发电机定子提供冷却水。技术改造装设一套定子冷却水微碱性处理装置，来保证发电机定子冷却水的电导率和 pH 值的合格。

发电机定子绕组冷却水系统是一个闭式循环水系统，特点及功能为：

（1）采用高纯度冷却水通过定子绕组空心导线将定子绕组损耗产生的热量带出。

（2）用水冷却器带走高纯度冷却水从定子绕组吸收的热量。

（3）用微碱性处理装置对冷却水进行软化，降低其电导率。

（4）水系统中所有管道及绕组水接触元件均采用抗蚀材料，水站设备及管道全部采用 1Cr18Ni9Ti 不锈钢材料制作。

（5）使用监测仪表及报警装置等设备对冷却水的电导率、流量、压力及温度等进行连续的监控。

一、定子冷却水系统的组成

（一）发电机内部水系统

冷却水通过外部总进水管进入位于发电机定子机座内的空心导线，然后从导线的另一端经汇流管进入水箱，进水管和出水管上部通过排气管相互连接，该排气管还可起防止虹吸的作用。排气管直接与水箱相连。进、出水管之间装差压开关，用于指示通过定子绕组的水流压降并对不正常的压降发出报警信号。在进水管和发电机定子机座之间装差压开关，差压开关的高压端接至定子机座内部，低压端与进水管（水压）相连。正常运行时，发电机内的氢压高于水压，当发电机内氢压下降到仅高于进水压 0.035MPa 时，该压差开关发出报警信号。

（二）水箱

水箱是定冷水系统中的一个储水容器。发电机定子出水首先进入水箱，这样可消除发电机定子绕组冷却水回水汽化现象，回水中的如含有微量氢气可在水箱内释放，当箱内气压高于设计整定值时，安全阀自动排气。水箱装有磁浮式翻板液位计，液位计上设有磁记忆触点，将水箱液位信号传给运行人员进行监控。

（三）水泵

定子水系统中装有两台并联的离心水泵。泵的出口处装有单向止回阀，两台水泵互为备用且具有联动功能。该功能由跨接在水泵进、出口管道上的差压开关来实现，当一台运行中的水泵发生故障而使泵两端压差下降到差压开关的整定值时开关动作，发出 A 泵或 B 泵报警信号，同时自动启动备用泵，以维持水系统的正常运行。

（四）定子水冷却器

定子水系统中装有两台并联的不锈钢材质的列管式水冷却器，正常情况下一台运行，一台备用。

（五）定子水过滤器

定子水系统中装有两台并联的水过滤器，正常情况下一台运行，一台备用。水过滤器的滤芯采用不锈钢滤网制成，过滤器筒体的底部设有排污口。过滤器的两端跨接着差压开关，当过滤器两端差压增大到 0.03MPa 时，差压开关动作发出"过滤器差压高"报警信号，此时应将备用过滤器投入运行，并清理被堵塞的过滤器滤芯。

（六）离子交换器

定子水系统的功能之一是保持进入定子绕组的冷却水电导率小于 $2\mu S/cm$，这是因为绝缘引水管须承受绕组对地全电压。冷却水的低电导率是通过连续地从主循环冷却水中引出一小部分冷却水经过混床式离子交换器来实现的。

（七）水箱供氮系统

定子水系统水箱是密闭的，在水箱液位上的空间充满一定压力的氮气，氮气来源于充氮管路，充入水箱的氮气压力由一只减压器自动整定在 0.014MPa。

当水箱内未充氮时，定子水系统仍可运行，但不推荐这种运行方式，因为这种情况下由于氧的作用空心导线的腐蚀速度将增快。

（八）补充水

定冷水系统的补充水来自机组除盐水。补充水应先依次通过电磁阀、止回阀、流量计和离子交换器，然后进入水箱。为防止水箱液位过高，水箱下安装有排水电磁阀。

（九）电导率仪

定子绕组冷却水的电导率由两个电导率仪来监测，其中一个安装在离子交换器出水管路上，电导度仪的读数以 $\mu S/cm$（25℃）为单位。

二、定子冷却水站的检修维护项目

（1）两台定子冷却水泵的检修。

（2）定子冷却水箱的清理。

（3）两台定子冷却水滤网的清理。

（4）两台定子冷却水冷却器管束的清理。

（5）微碱性处理装置的树脂更换等。

三、微碱性处理装置技术改造

针对 NZK300-16.7/537/537 型汽轮机机组定子冷却水系统采用频繁换水法控制水质

指标，难使电导率、pH 值和几项指标同时合格，运行控制难度极大，系统中腐蚀依然较严重。在定子冷却水泵出口、定子冷却水冷却器之后，增设旁路微碱性处理装置及其水质检测仪表装置。该系统由微碱性处理器（1 台）、树脂捕捉器（1 台）、化学仪表监测系统及其设备配件等组成。

水冷式发电机定子线棒的微碱性循环水处理防腐，其床层由上、下两层组成，上层由 Na 或 K 型强酸性阳离子交换树脂与 H 型强酸性阳离子交换树脂并联构成；下层直接由 OH 型强碱性阴离子交换树脂构成。微碱性循环处理器中各种树脂按质量的配比为：Na 或 K 型阳树脂：H 型阳树脂：OH 型阴树脂＝1：（4～8）：（10～18）。以独特的离子交换树脂床层结构，使发电机内冷水经过离子交换后含有微量的氢氧化钠或氢氧化钾来调节水质，有效减缓发电机定子铜线棒的腐蚀；无需添加任何药剂，不用进行换水和补水，避免了铜离子与所加药剂结合产生沉积物。

四、发电机定子冷却水系统装置技术规范

发电机定子冷却水系统装置技术规范见表 10-1。

表 10-1   发电机定子冷却水系统装置技术规范

序号	项目	规范
1	型号	SKG–300–3
2	工作压力	0.25MPa
3	供水温度	45℃
4	回水温度	75℃
5	流量	30m³
6	冷却器二次水温度	33℃
7	技术条件	OEA.466.179
8	质量	10 864kg

第二节　发电机定子冷却水泵

NZK300-16.7/537/537 型汽轮机机组的发电机定子冷却水泵为 CZ80-50-250 型单级单吸悬臂式离心泵，安装两台，一台运行，一台备用。该泵叶轮和泵壳全部采用不锈钢材质，泵轴封采用机械密封。

如图 10-1 所示，定子冷却水泵主要由泵体、泵盖、叶轮、泵轴、密封环、悬架轴承部件、机械密封等构成。泵为卧式安装，水平轴向吸入，向上径向吐出。泵采用悬架式结构，检修时不需拆卸进、出口管路即可退出转子部件进行检修。通过弹性柱销式联轴器与电动机联结，采用散装式机械密封。轴承为 6307 型单列向心球轴承，采用润滑油润滑。泵壳、叶轮等为不锈钢材质。定子冷却水泵的检修工艺同单级单吸悬臂式离心泵。

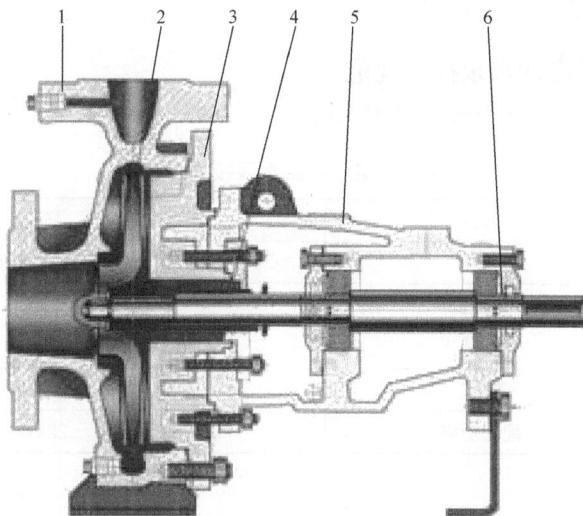

图 10-1　定子冷却水泵的结构图
1—泵体；2—叶轮；3—泵盖；4—机械密封；5—悬架部件；6—泵轴

一、检修工艺

（一）解体

（1）拆开联轴器护罩，做标记后拆卸下联轴器，复查中心，吊走电动机。

（2）拆开吸入盖与泵体螺栓，拆出泵转子。

（3）卸下叶轮螺母，锁紧垫片，拆下叶轮。

（4）松机械密封静环盖，使动、静环分开。

（5）松开壳与泵体螺栓，松开水冷却压盖支架螺栓，拉出轴承座及轴，打开轴承盖，拉出轴承。

（6）检查叶轮是否有磨损。

（7）检查轴承是否有脱落、变形、破裂等现象。

（8）检查轴有无划痕，测量轴弯曲度。

（9）测量叶轮耐磨环间隙。

（10）按拆时的顺序逆装。

（二）质量标准

（1）叶轮耐磨环及壳体耐磨环无磨损、腐蚀、裂纹。

（2）叶轮、轴无腐蚀、磨损，探伤无裂纹。

（3）叶轮口环间隙标准值为 0.35～0.50mm，最大不超过 1.0mm。

（4）轴弯曲小于 0.05mm。

（5）对轮找中心标准：端面偏差小于或等于 0.05mm，圆周偏差小于或等于 0.05mm。

（6）试运时振动值不得超过 0.05mm。

（三）注意事项

（1）拆装轴承时要注意着力点，不可损伤轴承。

（2）电动机试转向后才能连接对轮。

二、发电机定子冷却水泵技术规范

发电机定子冷却水泵技术规范见表 10-2。

表 10-2　　　　　　　　　发电机定子冷却水泵技术规范

序号	项目	规范
1	型号	CZ 80-50-250
2	扬程	65m
3	流量	50m³/h
4	转速	2900r/min
5	配套功率	22kW

第十一章

循 环 水 系 统

第一节 概 述

一、循环水系统的功能

在凝汽器中冷却汽轮机排汽的供水系统称为循环水系统。循环水系统除了提供汽轮机凝汽器的冷却用水外，还提供以下各用户的冷却水源：

（1）闭式循环冷却水系统的冷却用水。

（2）开式循环冷却水系统的冷却用水。

（3）锅炉捞渣机系统（DDC）补水及密封系统用水。

二、循环水的供水方式

TC2F-35.4″型汽轮机组凝汽器的循环水系统采用冷却塔的闭式循环水系统。循环冷却水经循环水泵升压后进入凝汽器，冷却汽轮机排汽后，流入冷却塔，在冷却塔内被冷却后再重新送回循环水泵的入口，反复循环。冬季机组启、停时，循环水泵出口的一部分水不经过水塔，而直接走旁路进入集水池重复使用。

三、循环水系统的组成

如图 11-1 所示，闭式循环水系统主要由循环水泵、凝汽器、凉水塔、前池滤网、循

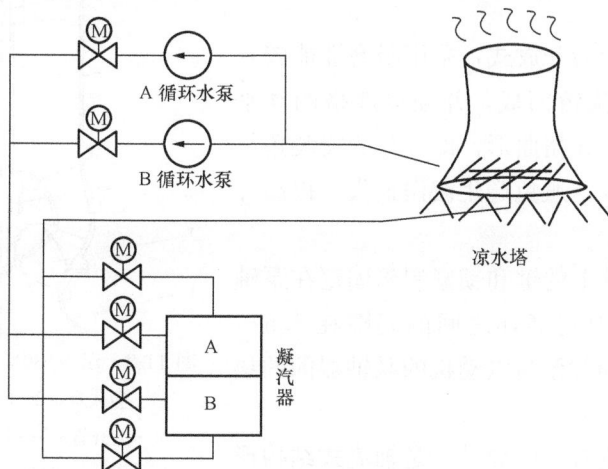

图 11-1 循环水系统简图

环水泵、循环水管道等组成。

第二节 循 环 水 泵

一、循环水泵的形式

TC2F-35.4″型汽轮机机组循环水泵采用混流式循环水泵。混流式循环水泵是介于离心水泵和轴流水泵之间的一种循环水泵，为了克服离心水泵和轴流水泵的缺点，混流式循

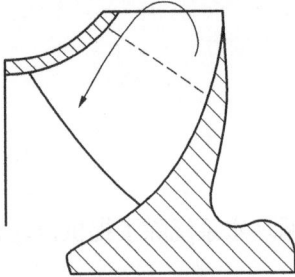

图 11-2　叶轮出口倾斜示意图

环水泵叶轮出口边设计成倾斜式的，见图 11-2。这样可以保持流线的均匀，不致在流道中产生涡流现象。

混流式循环水泵具有流量大、汽蚀性能好等优点。混流式循环水泵扬程比轴流循环水泵高，特别是立式混流循环水泵，结构简单、布置方便。

二、循环水泵的配置

TC2F-35.4″型汽轮机机组安装两台 50％ 容量的循环水泵。当机组高负荷运行时，两台循环水泵并列运行；当机组低负荷运行时，一台循环水泵投入运行，另一台作为备用。这种配置方式设备制造容易，运行可靠性高，并可提高机组运行的经济性。

三、循环水泵的结构

TC2F-35.4″型汽轮机机组循环水泵为 SPV180V 型立式固定式叶片的混流式循环水泵，每台机两台泵，管子中间有联络门接通可以互相切换，每台泵出水量为 50％。图 11-3 是 SPV180V 循环水泵的结构图。从图中可以看到，它主要由叶轮、导叶、泵轴、轴承及其润滑系统等组成。

（一）叶轮

循环水泵的叶轮为开放式，采用耐磨性能较好的不锈钢材料精密浇铸而成，并经过严格的动平衡。叶轮的叶片为三元扭曲形，即叶片的安装角从根部到顶部逐渐减少，避免产生漩涡损失，提高叶片的工作效率。

叶轮是利用泵轴上的键和锁紧螺母固定在泵轴上的，它与吸入罩上耐磨环之间的间隙在 1.5～2.5mm。此间隙可通过泵与电动机的联轴器间的垫片进行调整。

在叶轮的后面设有一组导叶，是轴流式结构形式，与泵壳铸成一体，形成一个锥形的扩散室。从

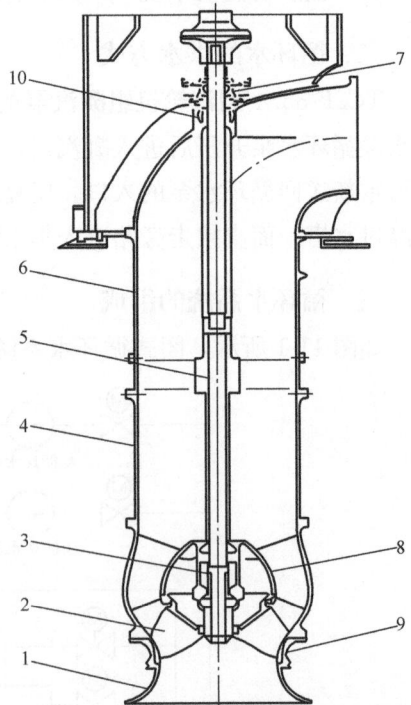

图 11-3　SPV180V 循环水泵的结构图
1—吸入罩；2—叶轮；3—下轴承；
4—上升管；5—中间轴承；6—出水
管；7—轴封装置；8—导叶；
9—耐磨环；10—上轴承

叶轮流出的循环水在这里将大部分的旋转动能转变为压力能。为了防止导叶与叶轮出来的水发生撞击，需使导叶的进口角和叶轮的出口循环水流动方向保持一致。

（二）泵轴

泵轴分为上部泵轴和下部泵轴两个部分，两者之间靠套筒式的中间联轴器来连接，并用上轴承、中间轴承和下轴承三道轴承来支承。

泵轴选用不锈钢材料制造，由于轴向尺寸大，而直径较小，因此是属于挠性轴的结构。为了防止循环水泵在运行时产生低频振动，以及检修时拆装方便，往往将泵轴分成多段制造，而后再进行组装。

（三）轴承及其润滑系统

为了获得较好的抗汽蚀性，将叶轮布置在水位线以下，所以循环水泵的轴向尺寸特别长。为了提高泵轴的刚性，设置了三个支持轴承。循环水泵的支持轴承一般是采用结构简单的水润滑橡胶轴承，循环水泵的三个支持轴承分别位于出水弯管、中间短节和导叶的轴承架上。这三道轴承都是采用经过硫化处理后的硬质橡胶，浇铸在轴承的衬套上。支持轴承的轴向位置开有八道润滑水槽，起到增强润滑的作用。

进入循环水泵的循环水一般都带有大量的泥沙，为了防止泥沙直接进入轴承而磨损橡胶轴瓦，在泵轴外部和各轴承架之间采用套管将轴承与泵的出口循环水隔开，在套管内通入干净的润滑水来润滑轴承。

四、循环水泵润滑水系统

循环水泵润滑水系统采用循环水泵出口的自身水作为润滑用水，经滤网过滤后，将干净水送入循环水泵的上部轴承润滑，然后沿着轴外部套管流至中间轴承和下部轴承进行润滑。为了解决循环水泵在启动工况或者自身润滑水故障时的轴承用水，在润滑水系统中增设一路备用的工业水。当循环水泵启动或润滑水泵出现故障时，可自动投入工业水作为润滑用水。而当循环水泵和润滑水泵正常运行时，可自动切换到自身润滑水运行。所以这种润滑系统简单可靠，自动化程度高，在循环水系统中得到广泛的应用。

五、TC2F-35.4″型汽轮机机组循环水泵的技术规范

TC2F-35.4″型汽轮机机组循环水泵的技术规范见表 11-1。

表 11-1　　　　　　　　TC2F-35.4″型汽轮机机组循环水泵的技术规范

序号	项目	规范
1	型号	SPV180V
2	扬程	25.1m
3	流量	20 500m³/h
4	转速	420r/min
5	配套功率	1860kW

六、TC2F-35.4″型汽轮机机组循环水泵的检修

（一）解体检修工艺

（1）联系专业人员进行电动机拆线，拆除电动机冷却水管及循环泵轴承自供润滑水管并封堵。

（2）做好对轮相对位置标记后拆联轴器螺栓，测量两对轮间距离，复查中心。

（3）解开电动机与电动机座螺栓吊走电动机，拆卸电动机底板并吊走，见图11-4。

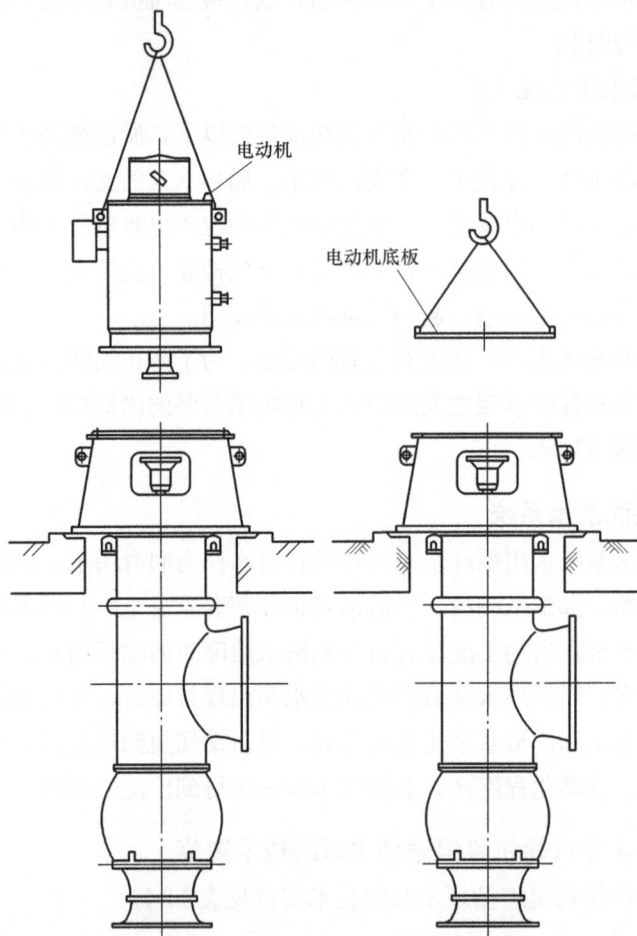

图11-4　吊走电动机及电动机底板示意图

（4）在轴头旋入吊环，用行车、手动倒链起吊、落下，测量泵转子总窜量。

（5）拆卸联轴器锁母，起吊泵侧联轴器，取下联轴器键，见图11-5。

（6）拆卸泵盖螺栓，用顶丝将泵盖均匀顶起5mm后，用行车将泵芯垂直、缓速吊出，将叶轮落在枕木上，泵芯仍用行车吊住。

（7）拆下叶轮底部帽盖的螺栓，拆下叶轮帽盖和开口卡环。

（8）用两个大号烤把同时加热叶轮，起吊行车将轴从叶轮内拔出，见图11-6。

（9）用行车大、小钩配合起吊，将泵芯平放在检修现场枕木上，见图11-7。

（10）拆下填料压兰螺栓，取出压兰，拆下填料室固定螺栓后，用顶丝将填料室从泵

盖顶出，然后从轴上移出填料室，见图 11-8。

（11）拆下泵盖与轴套管的固定螺栓，用行车起吊拆下泵盖，见图 11-9。

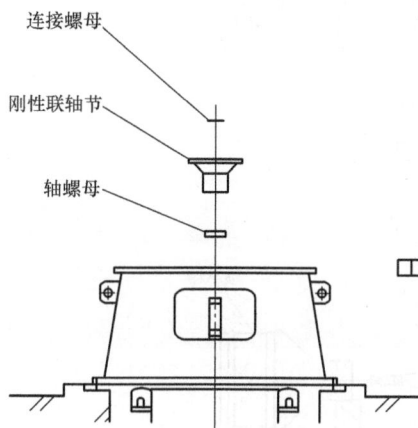

连接螺母
刚性联轴节
轴螺母

有眼螺栓

图 11-5　拆卸、起吊联轴器示意图　　　　图 11-6　起吊行车将轴从叶轮内拔出示意图

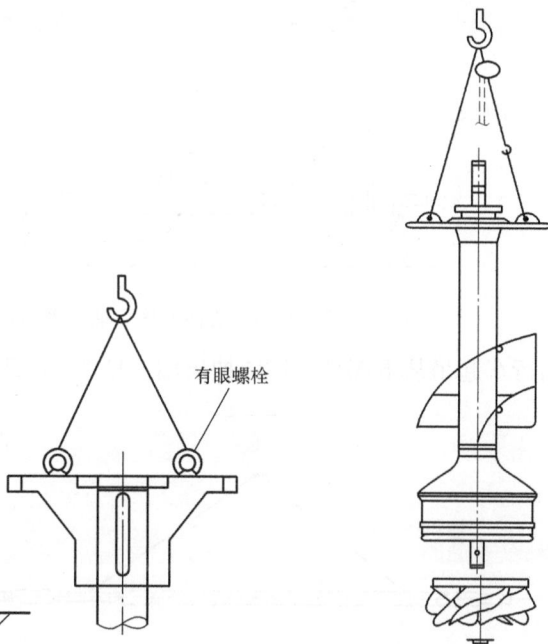

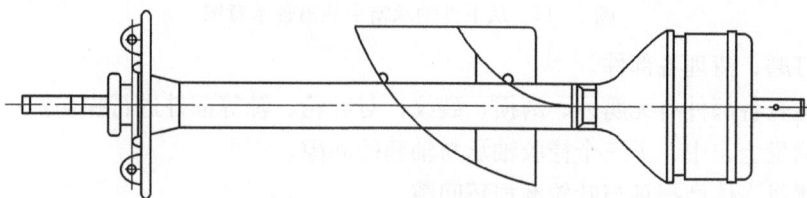

图 11-7　将泵芯平放在检修现场枕木上示意图

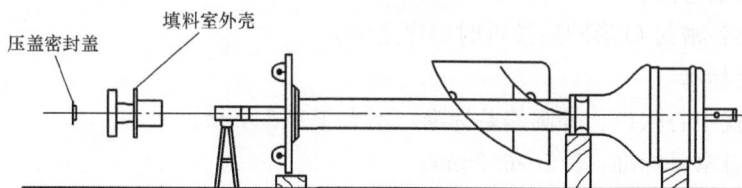

压盖密封盖
填料室外壳

图 11-8　移出填料室示意图

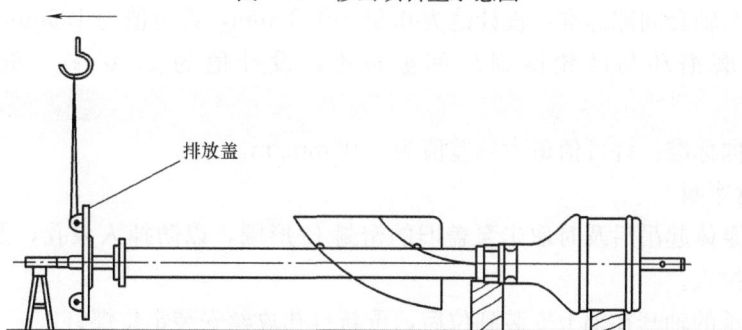

排放盖

图 11-9　起吊拆下泵盖示意图

(12) 拆卸轴套管与泵下部轴承箱的固定螺栓，用行车起吊从轴上移下轴套管，见图11-10。

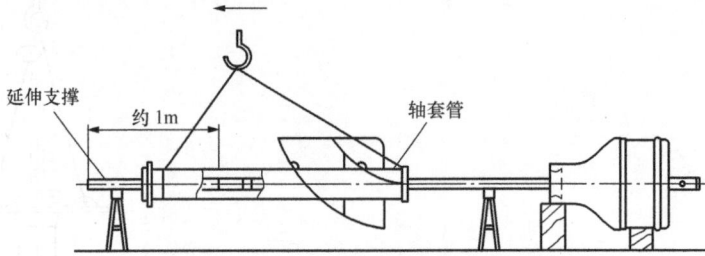

图 11-10　从轴上移下轴套管示意图

(13) 用行车起吊从下部轴承箱中抽出轴，见图11-11。

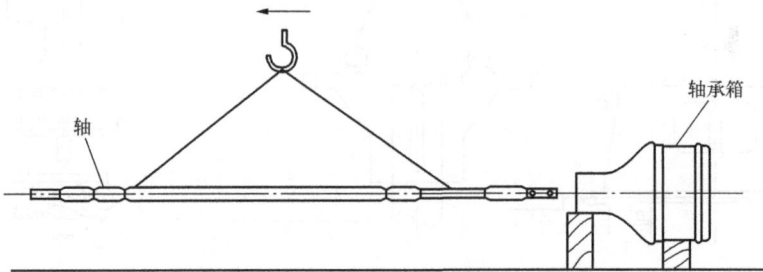

图 11-11　从下部轴承箱中抽出轴示意图

(14) 打磨、清理各部件。

(15) 检查各部件有无腐蚀、磨损、裂纹，对叶轮、轴等部件进行探伤。

(16) 测量上、中、下三个橡胶轴承与轴套的间隙。

(17) 测量壳体磨损环与叶轮磨损环间隙。

(18) 测量轴弯曲。

(19) 更换各密封 O 形圈后按拆时顺序逆装。

（二）质量标准

(1) 对轮找中心张口、外圆偏差标准：不大于 0.10mm。

(2) 转子总窜量标准：3.5～6.0mm。

(3) 叶轮、轴着色探伤检查标准：无裂纹、无划痕。

(4) 轴承与轴套间隙标准：设计值为 0.56～0.80mm，许可值为 1.6mm。

(5) 壳体磨损环与叶轮磨损环间隙标准：设计值为 2.40～2.96mm，许可值为 7.2mm。

(6) 轴弯曲标准：许可值最大偏差值为 0.06mm/m。

（三）注意事项

(1) 注意泵体起吊后及时取走泵盖旧的密封 O 形圈，以防掉入泵孔，及时封闭泵筒口，防止人员掉入。

(2) 各轴承的轴套在轴上安装到位后，重新打孔攻丝安装定位螺钉。

(3) 将轴装入叶轮内孔时，必须将配合表面的毛刺清理干净，并在轴上涂凡士林，用两个大号烤把同时加热叶轮，防止因装配表面拉毛而不能顺利装入。

（4）回装找中心时，须在盘根压兰处装上定中心专用夹具。对轮找中心合格后，拆掉定中心专用夹具，再安装盘根。

（5）电动机试转向后才能连接对轮。

第三节　自然通风冷却塔

根据通风方式的不同，冷却塔一般分为自然通风塔和机力通风塔两种。在水源缺乏地TC2F-35.4″型汽轮机机组采用闭式的循环式系统，设置了风筒式逆流自然通风冷却塔。下面对冷却塔的结构原理、技术规范、设备维护及滤网做简要的介绍。

一、冷却塔的结构原理

图 11-12 是自然通风冷却塔循环供水系统图，由循环水泵、凝汽器、冷却塔、淋水装置和集水池五个部分组成的。冷却水进入凝汽器吸热后，沿压力管道送至冷却塔内的配水槽中，冷却水沿着配水槽由冷却塔的中心流向四周，再由配水槽下部的喷淋装置溅成细小的水滴落入淋水装置，经散热后流入集水池。集水池中的冷却水再沿着供水管由循环水泵进入凝汽器中重复下一阶段的循环。

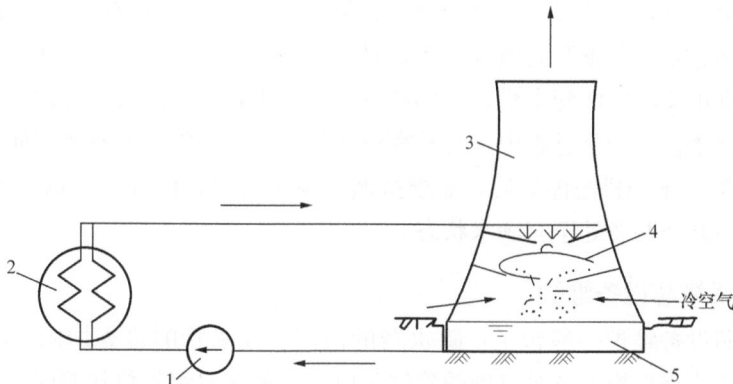

图 11-12　自然通风冷却塔循环供水系统图
1—循环水泵；2—凝汽器；3—冷却塔；4—淋水装置；5—集水池

水流在飞溅下落时，冷空气依靠塔身所形成的自拔力由冷却塔的下部吸入并与水流呈逆向流动，吸热后的空气由塔的顶部排入大气。自然通风冷却塔的工作原理主要靠蒸发冷却，其次才是对流换热冷却。

图 11-13 是 TC2F-35.4″型汽轮机机组双曲线形自然通风冷却塔的结构图。它主要由人字形支柱、集水池、钢筋混凝土结构双曲线型的通风筒、配水槽喷溅和淋水装置、压力进/出水管、竖井放热器、出水口滤网以及溢流排污装置等组成。

双曲线形通风筒内距地面 9～13m 高处布置有配水槽喷溅装置和三层淋水装置，使水不断喷溅以增加与冷空气的接触面积从而提高冷却的效果。

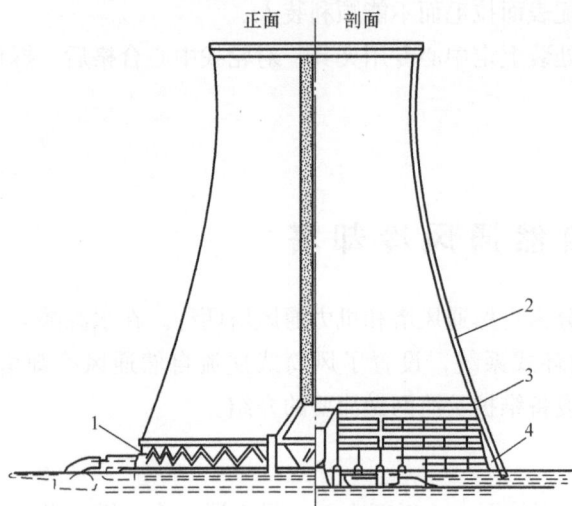

图 11-13　TC2F-35.4″型汽轮机机组双曲线形
自然通风冷却塔结构图

1—人字形支柱；2—通风筒；3—淋水装置；4—集水池

二、冷却塔的技术规范

自然通风冷却塔冷却面积为 5500m²，是配合一台 TC2F-35.4″型汽轮机机组而设计的。循环水冷却倍率为 55 倍，冷却塔在夏季环境温度为 24.5℃、相对湿度为 73％条件下，塔出水温度为 30.84℃，相应的凝汽器背压为 0.009 34MPa。本塔采用单沟、单竖井进水方式与内、外围配水系统。全塔的六个水槽（其中有四个水槽布置成两条双层水槽）成"十"字形布置，以压力管、槽联合配水。全塔以四分之一塔相对于十字轴线对称布置。内围区面积约占全塔面积的 40％，外围区面积约占全塔面积的 60％。

当最低气温降低到 5℃时，按冬季运行方式对待，要加强监视与管理。冬季机组启动时，一台循环泵运行，全部开启旁路门使水短路进入水池中。只有当循环水温高于 20℃时，才允许关闭旁路。冬季开启两台循环泵时，冷却塔外区配水。为了防止水塔结冰，冬季根据环境温度可关闭内区配水槽，全部进行外区配水，外区的最大配水能力是两台泵同时运行时的全部水量。调整过程中，要兼顾汽轮机运行的经济性和有利于防冻，水塔出水温度不低于 15℃。冬季机组停运后，如维持循环泵运行时，应开启水塔旁路门 50％，至水塔不上水，但其竖井要处于充满水状态。

三、冷却塔塔芯设备维护

冷却塔塔芯设备维护一般包括：除水器的清洗、配水管的检查加固、喷头的检查更换、淋水填料的检查更换以及排空管的除锈防腐。一般在机组停机检修时，每年进行一次检查和维修。

四、冷却塔滤网（循环水泵的入口滤网）

TC2F-35.4″型汽轮机机组循环水系统采用闭式循环，为了阻止循环水中的杂质进入凝汽器，一般都设有两道滤网：第一道为粗滤网，又称为挡污栅，其网格大，只起到阻拦体积较大杂物的作用，拦住的杂物可用垃圾耙子手动耙至地面后进行清理；第二道为细滤网，杂物堵塞严重时可用高压水枪进行人工清洗。

第十二章

开 式 水 系 统

第一节 概 述

一、TC2F-35.4″型汽轮机机组开式水系统

TC2F-35.4″型汽轮机机组开式水系统从凝汽器循环水入口管处取水，经两台过滤器、两台开式循环水泵升压后，供给主机润滑油冷却器、发电机密封油冷却器、发电机氢气冷却器、电泵耦合器的工作油、润滑油冷却器、给水泵汽轮机润滑油冷却器、闭式水板式冷却器、真空泵的板式冷却器以及作为锅炉侧的磨煤机、送风机、引风机润滑油等的冷却用水。开式水循环吸热后再从凝汽器循环水回水管回至凉水塔。

二、NZK300-16.7/537/537型汽轮机机组开式水系统

NZK300-16.7/537/537型汽轮机机组开式水系统分别从1、2号凉水塔至1、2号机循环水泵入口的水泥涵洞处，用DN1200的管道及阀门分别接至3、4号机辅机冷却水泵前池，分为3号机辅机冷却水泵前池和4号机辅机冷却水泵前池，中间用水泥结构分隔开，并安装有大型闸板机构。在3、4号机组正常运行时，闸板打开，1或2号凉水塔提供两台机组运行的冷却用水。在3号或4号机单台机组辅机冷却水泵前池清理时，关闭闸板，以切出需检修的前池，保证运行机组的正常供水。

在辅机冷却水泵前池的东侧是辅机冷却水泵房，四台辅机冷却水泵安装在负4m深度，为节省空间，单台机组的两台辅机冷却水泵相对布置，因此单台机组的两台泵的转向相反。在每台泵的出口安装有自动控制水泵阀，当水泵启动时，泵出口压力大于系统压力，阀门上部的水压膜片上、下腔室与阀门前、后的水管相通，在水压差的作用下，膜片自动打开与之相连的阀芯，阀门开启；当水泵停运时，泵出口压力降低，膜片下方的压力降低，以及在门芯自重的作用下，阀门关闭。

NZK300-16.7/537/537型汽轮机机组四台辅机冷却水泵出口连成母管，在母管的中间装两道电动闸阀，将母管分为3号机侧和4号机侧。单台机组的辅机冷却水母管上铺设管道向汽机房供水，开式水进入汽机房后，先进入开式水电动旋转滤网，过滤水中的杂质。经过滤后供给主机润滑油冷却器、发电机密封油冷却器、发电机氢气冷却器、发电机定子冷却水冷却器、电泵液联的工作油和润滑油冷却器、闭式水板式冷却器、真空泵的板式冷却器以及作为锅炉侧的磨煤机、送风机、引风机润滑油等的冷却用水。冷却吸热后的开式水回至与取水对应的1号或2号凉水塔，进入下次循环。

（一）NZK300-16.7/537/537 型汽轮机机组开式水电动旋转滤网工作原理

开式水电动旋转滤网采用 DLS 型自动滤水器，该滤水器由执行机构和自动控制机构组成，执行机构部分由电动减速装置、反冲装置、滤水器壳体、滤网及电动排污阀组成，自动控制机构由安装在滤水器上的差压控制器及电气控制箱组成。

正常运行时，开式水从每个过滤器滤网由内向外流动，随着过滤过程的继续，液体内的固相杂质截留在过滤元件表面（见图 12-1），引起压差增加，过滤阻力增大，当内、外腔压差超过差压控制器某一设定值时，差压控制器发出信号，控制电动机启动，带动反冲洗臂转动，同时打开排污管出口电动排污阀。

当反冲洗臂转至某一滤芯下方时，反冲洗管路与该滤芯内腔接通，清洁滤液压力与大气压力差推动滤液反向穿过过滤介质，一方面过滤介质得到冲洗，另一方面污物自动排出（见图 12-2）。反冲洗臂转动一周，每个过滤元件（滤芯）均得到一次反冲洗、再生，如此循环。在清洗过程中清洗面积占总过滤面积很小部分，冲洗压差大，电动旋转滤网具有内部结构冲洗液用量小、过滤过程保持连续、波动小、冲洗效率高等优点。

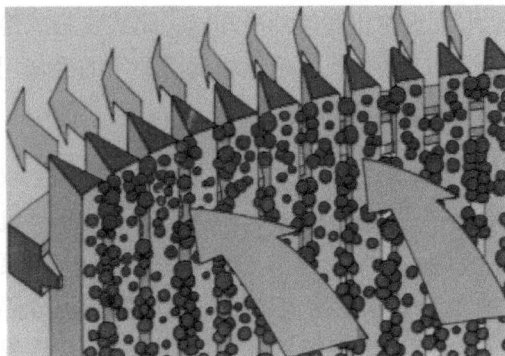

图 12-1　过滤过程示意图　　　　　图 12-2　反冲过程示意图

（二）电动旋转滤网的结构特点

（1）滤网的压降不超过 4kPa。最大阻力为 4kPa，最小阻力为 0.5kPa。

（2）滤网孔径不大于 2mm。滤网孔径制作精度范围为 0.05～5mm。

（3）由于滤水器采用叉管式多滤筒结构，反冲时只有两只滤筒处于冲洗状态，反冲流量小，压力损失小，能保证滤水器的额定出力。

（三）电动旋转滤网技术规范

电动旋转滤网技术规范见表 12-1。

表 12-1　　　　　　　　　　　　电动旋转滤网技术规范

序号	项目	规范
1	型号	DLS-600
2	运行方式及控制	全自动运行、程序控制
3	工作/设计流量	1900m³/h/2100m³/h

序号	项目	规范
4	工作/设计压力	0.60MPa/1.0MPa
5	设计/最高水温	20℃/33℃

第二节 开式水泵及辅机冷却水泵

一、TC2F-35.4″型汽轮机机组开式泵

（一）TC2F-35.4″型汽轮机机组开式泵的结构

TC2F-35.4″型汽轮机机组装有两台 20SP-14A 型单级双吸、水平中开、离心式辅机冷却水泵。辅机冷却水泵的吸入口与吐出口均在泵的轴心线下方或水平方向与轴成垂直位置，泵盖用双头螺栓及圆锥定位销固定在泵体上，便于揭开检查水泵内部零件。水泵由泵体、泵盖、轴、叶轮、叶轮密封环、轴套、填料套、联轴器、轴承等零件组成，叶轮密封环、轴套、填料套为易损件，磨损后可以更换。图 12-3 为 20SP-14A 型开式泵结构图。

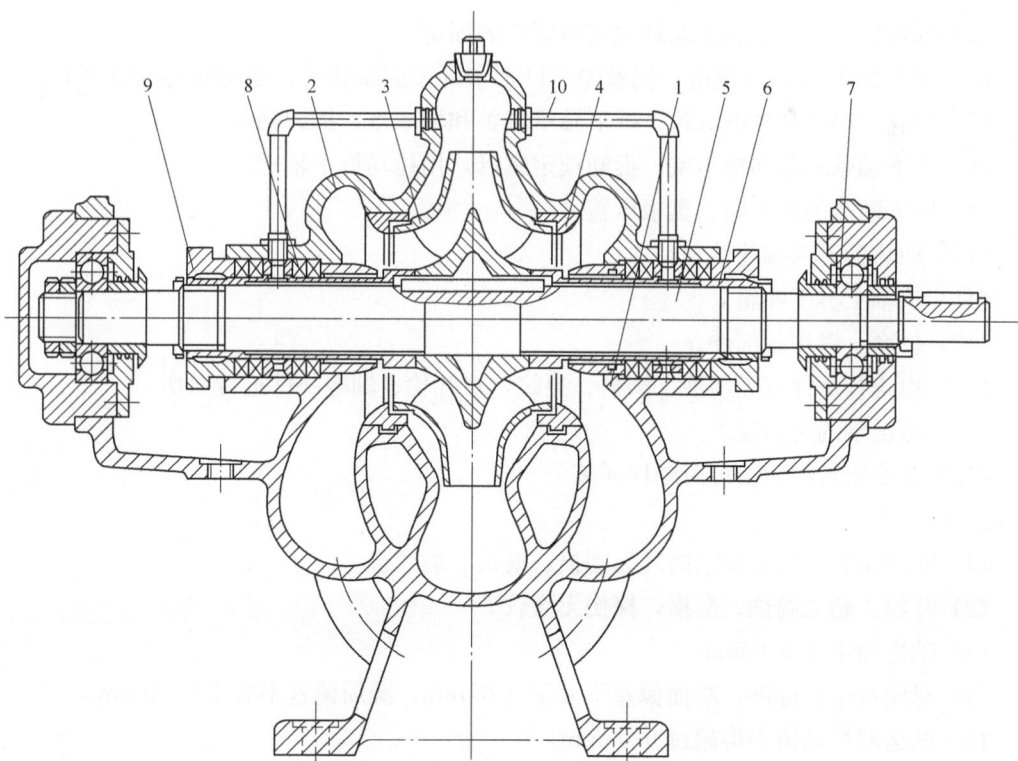

图 12-3　20SP-14A 型开式泵结构图

1—泵体；2—泵盖；3—叶轮；4—密封环；5—轴；6—轴套；

7—轴承；8—填料；9—填料压盖；10—水封管件

（二）TC2F-35.4″型汽轮机机组开式泵技术规范

TC2F-35.4″型汽轮机机组开式泵技术规范见表 12-2。

表 12-2 　　　　　　　　　　　**TC2F-35.4″型汽轮机机组开式泵技术规范**

序号	项目	规范
1	型号	20SP-14A
2	扬程	25m
3	流量	1920m³/h
4	转速	980r/min
5	轴功率	156kW

（三）TC2F-35.4″型汽轮机机组开式泵的检修

1. 解体

（1）联系专业人员进行电动机拆线，拆下联轴器护罩，对轮做好记号后松下对轮螺栓，复查中心。

（2）拆盘根压兰螺栓，并将盘根压兰移至轴承侧，拆卸泵盖两个定位销，拆卸泵盖螺栓，用顶丝顶起上泵盖。

（3）吊起泵盖，吊至检修场地胶皮上。

（4）测量泵叶轮出水口两侧与泵壳的距离，并记录。

（5）拆除驱动端、非驱动端轴承室与泵壳的固定螺栓。

（6）用手拉葫芦及 2t 倒链、钢丝绳、U 形卡环吊起泵转子，至检修场地胶皮上。

（7）加热并用拉马拔下对轮，拆下轴承端盖和轴承室，拆卸轴承。

（8）拆下轴承端盖和轴承室，拆卸锁定螺母，用拉马拆下轴承。

（9）拆下两端的挡水圈、盘根压盖。

（10）加热拆下两端的轴套。

（11）从轴上拆下叶轮。

（12）打磨、清理各部件。

（13）检查各部件有无腐蚀、磨损、裂纹，对叶轮、轴等部件进行探伤。

（14）测量轴的弯曲度。

（15）更换密封件后按拆时顺序逆装。

2. 质量标准

（1）叶轮耐磨环及壳体耐磨环无磨损、腐蚀、裂纹。

（2）叶轮、轴无腐蚀、磨损，探伤无裂纹。

（3）轴弯曲小于 0.05mm。

（4）对轮找中心标准：端面偏差不大于 0.05mm，圆周偏差不大于 0.05mm。

（5）试运时振动值不得超过 0.05mm。

3. 注意事项

（1）拆装轴承时要注意着力点，不可损伤轴承。

（2）联轴器用加热法拔下。

（3）起吊泵盖时应使泵盖四边均匀分离，泵盖放置时其下方应垫上道木，以防损伤结合面。

（4）起吊转子时应水平、平稳，不得损坏部件。

（5）轴套磨损量不得超过 1.50mm，否则应更换新套。

（6）电动机试转向后才能连接对轮。

二、NZK300-16.7/537/537 型汽轮机机组辅机冷却水泵

（一）NZK300-16.7/537/537 型汽轮机机组辅机冷却水泵的结构

NZK300-16.7/537/537 型汽轮机机组装有四台 500S59 型单级双吸、水平中开、离心式辅机冷却水泵。辅机冷却水泵的吸入口与吐出口均在泵的轴心线下方或水平方向与轴成垂直位置，泵盖用双头螺栓及圆锥定位销固定在泵体上，便于揭开检查水泵内部零件。水泵由泵体、泵盖、叶轮、叶轮密封环、轴、轴套、轴承、填料、填料压盖、联轴器等零件组成。叶轮密封环、轴套、填料套为易损件，磨损后可以更换。由于辅机冷却水泵入口前池液位的影响及泵与开式水系统的配备性较差，辅机冷却水泵运行时有较严重的汽蚀现象；另外，由于泵转子结构不合理，经常发生泵轴套与叶轮接触面的磨损与腐蚀，发出异声。采用改进轴套结构形式并安装密封件处理后，辅机冷却水泵泵体异声现象已彻底消除。图 12-4 为 500S59 型辅机冷却水泵结构图。

（二）NZK300-16.7/537/537 型汽轮机机组辅机冷却水泵技术规范

NZK300-16.7/537/537 型汽轮机机组辅机冷却水泵技术规范见表 12-3。

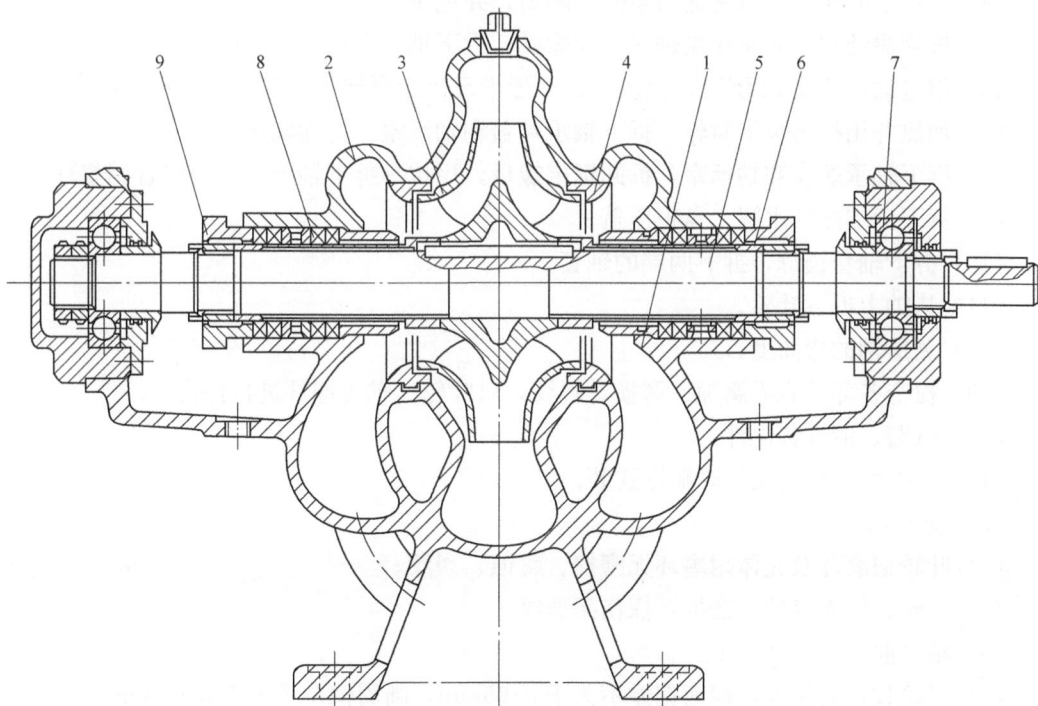

图 12-4　500S59 型辅机冷却水泵结构图

1—泵体；2—泵盖；3—叶轮；4—叶轮密封环；5—轴；6—轴套；

7—轴承；8—填料；9—填料压盖

表 12-3　　　　　NZK300-16.7/537/537 型汽轮机机组辅机冷却水泵技术规范

序号	项目	规范
1	型号	500S59
2	扬程	60m
3	流量	2100m³/h
4	转速	930r/min
5	必需汽蚀余量	4.5m
6	配套功率	500kW
7	效率	83%

（三）辅机冷却水泵的检修

1. 解体

（1）联系专业人员进行电动机拆线，拆下联轴器护罩，对轮做好记号后松下对轮螺栓，复查中心。

（2）拆盘根压兰螺栓，并将盘根压兰移轴承侧，起拨拆卸泵盖两个定位销，拆卸泵盖螺栓，用顶丝顶起上泵盖。

（3）吊起泵盖，吊至检修场地胶皮上。

（4）测量泵叶轮出水口两侧与泵壳的距离，并记录。

（5）拆除驱动端、非驱动端轴承压盖螺栓，拆下轴承室压盖。

（6）用电动葫芦及 2t 倒链、钢丝绳、U 形卡环吊起泵转子，至检修场地胶皮上。

（7）加热并用拉马拔下对轮，拆下轴承端盖和轴承室，拆卸轴承。

（8）拆下轴承端盖和轴承室，拆卸锁定螺母，用拉马拆下轴承及轴向位置调整环。

（9）拆下两端的挡水圈、盘根压盖。

（10）拆下轴套锁母，拆下两端的轴套。

（11）从轴上拆下叶轮。

（12）测量轴的弯曲度。

（13）检查各部件有无腐蚀、磨损、裂纹，对叶轮、轴等部件进行探伤。

（14）打磨、清理各部件。

（15）更换密封件后按拆时顺序逆装。

2. 质量标准

（1）叶轮耐磨环及壳体耐磨环无磨损、腐蚀、裂纹。

（2）叶轮、轴无腐蚀、磨损，探伤无裂纹。

（3）轴弯曲小于 0.05mm。

（4）对轮找中心标准：端面偏差不大于 0.05mm，圆周偏差不大于 0.05mm。

（5）试运时振动值不得超过 0.05mm。

3. 注意事项

（1）拆装轴承时要注意着力点，不可损伤轴承。

（2）联轴器用加热法拔下。

（3）起吊泵盖时应使泵盖四边均匀分离，泵盖放置时其下方应垫上道木，以防损伤结合面。

（4）起吊转子时应水平、平稳，不得损坏部件。

（5）电动机试转向后才能连接对轮。

第十三章

闭 式 水 系 统

第一节 概 述

TC2F-35.4″型汽轮机机组闭式水系统由高位水箱、两台闭式泵、两台板式冷却器及其主要用户组成。主要用户包括给水泵机封冷却水冷却器、给水泵机封冷却腔冷却水、前置泵机械密封冷却水、凝结水泵电动机轴承冷却水等。

NZK300-16.7/537/537型汽轮机机组闭式水系统由高位水箱、三台闭式泵、两台板式冷却器及其主要用户组成。主要用户包括主机EH油冷却器、氢气干燥器冷却器、给水泵机封冷却水冷却器、给水泵机封冷却腔冷却水、凝结水泵轴承冷却水等。其公用压缩空气系统的四台厂、仪用空气压缩机的冷却水也由闭式水系统提供。当机组接带空气压缩机冷却时，需运行两台闭式泵，备用一台；当机组只带该机组的闭式水系统用户时，只需运行一台闭式泵，备用两台。两台机组的闭式泵定期切换接带空气压缩机的闭式冷却水。

第二节 闭 式 水 泵

一、TC2F-35.4″型汽轮机机组闭式泵

TC2F-35.4″型汽轮机机组单台机组装设有两台4×9SB型单级双吸、水平中开、离心式水泵。如图13-1所示，4×9SB型闭式泵由泵体、泵盖、轴、叶轮、叶轮密封环、轴套、填料套、联轴器、轴承等零件组成，叶轮密封环、轴套、填料套为易损件，磨损后可以更换。

（一）TC2F-35.4″型汽轮机机组闭式泵的检修

1. 解体

（1）联系专业人员进行电动机拆线，拆下联轴器护罩，对轮做好记号后松下对轮螺栓，复查中心。

（2）拆盘根压兰螺栓，并将盘根压兰移轴承侧，起拔拆卸泵盖两个定位销，拆卸泵盖螺栓，用顶丝顶起上泵盖。

（3）两人抬起泵盖，放至检修场地胶皮上。

（4）测量泵叶轮出水口两侧与泵壳的距离，并记录。

（5）拆除驱动端、非驱动端轴承室与泵壳的固定螺栓。

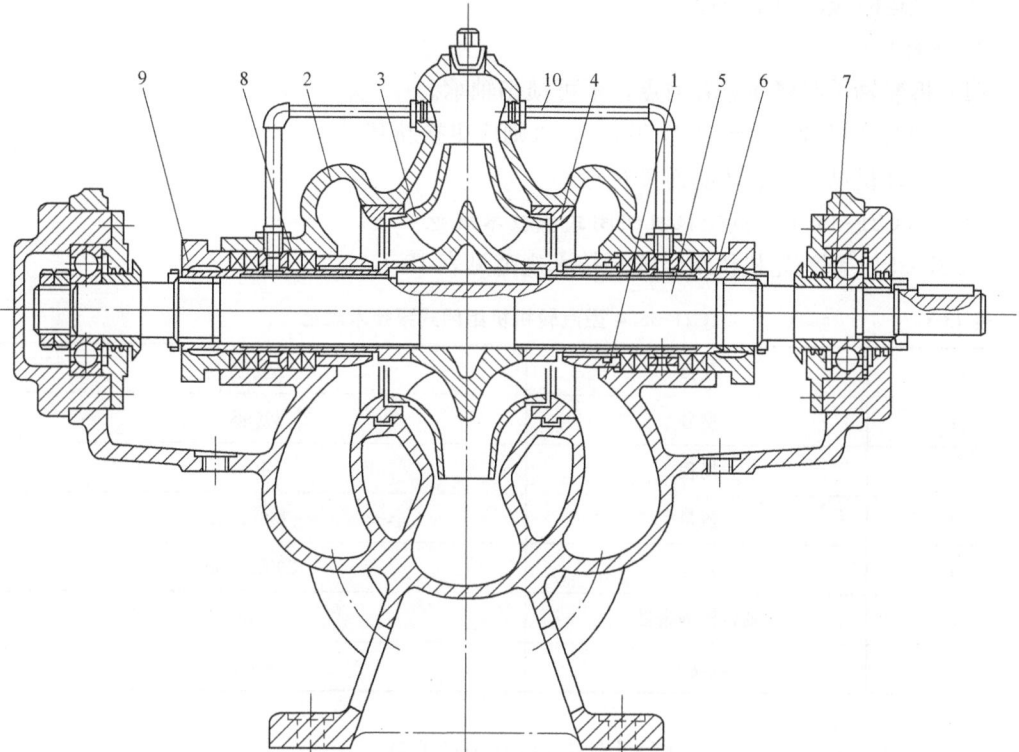

图 13-1　4×9SB 型闭式泵结构图

1—泵体；2—泵盖；3—叶轮；4—密封环；5—轴；6—轴套；
7—轴承；8—填料；9—填料压盖；10—水封管件

(6) 两人抬起泵转子，至检修场地胶皮上。

(7) 用拉马拔下对轮，拆下轴承端盖和轴承室，拆卸轴承。

(8) 拆下轴承端盖和轴承室，拆卸锁定螺母，用拉马拆下轴承。

(9) 拆下两端的挡水圈、盘根压盖。

(10) 拆下两端的轴套。

(11) 从轴上拆下叶轮。

(12) 打磨、清理各部件。

(13) 检查轴承无腐蚀、卡涩等现象，径向和轴向游隙合格。

(14) 检查各部件有无腐蚀、磨损、裂纹，对叶轮、轴等部件并进行探伤。

(15) 测量轴的弯曲度。

(16) 更换密封件后按拆时顺序逆装。

2. 质量标准

(1) 叶轮耐磨环及壳体耐磨环无磨损、腐蚀、裂纹。

(2) 叶轮、轴无腐蚀、磨损，探伤无裂纹。

(3) 轴弯曲小于 0.05mm。

(4) 对轮找中心标准：端面偏差不大于 0.05mm，圆周偏差不大于 0.05mm。

（5）试运时振动值不得超过 0.05mm。

3. 注意事项

（1）拆装轴承时要注意着力点，不可损伤轴承。

（2）轴套磨损量不得超过 1.50mm，否则应更换新套。

（3）电动机试转向后才能连接对轮。

（二）TC2F-35.4″型汽轮机机组闭式泵技术规范

TC2F-35.4″型汽轮机机组闭式泵技术规范见表 13-1。

表 13-1　　　　　　　　　　TC2F-35.4″型汽轮机机组闭式泵技术规范

序号	项目	规范
1	型号	4×9SB
2	扬程	40m
3	流量	130m³/h
4	转速	2900r/min
5	必需汽蚀余量	4.8m
6	轴功率	18.6kW

二、NZK300-16.7/537/537 型汽轮机机组闭式泵

NZK300-16.7/537/537 型汽轮机机组单台机组装设有三台 IS100-65-200 型悬壁式单级离心泵。

如图 13-2 所示，IS100-65-200 型闭式泵主要由泵体、泵盖、叶轮、轴、密封环、悬架轴承部件、盘根密封装置等组成。泵为卧式安装，水平轴向吸入，向上径向吐出。泵为悬架式结构，检修时不需拆卸进、出口管路即可退出转子部件进行检修。泵是通过普通弹

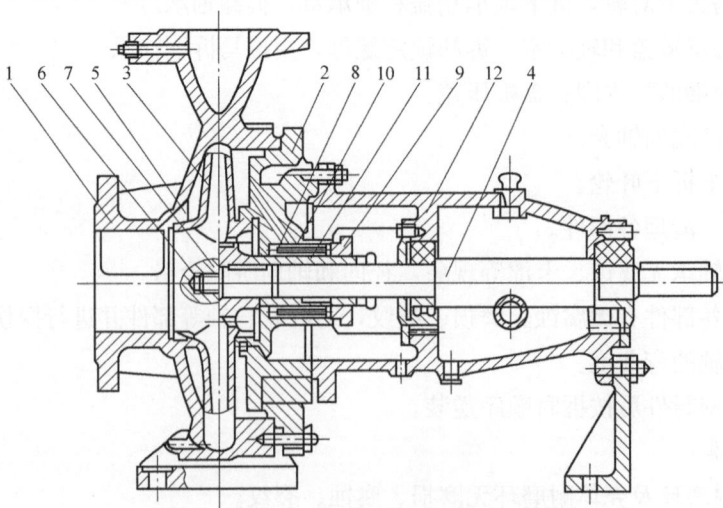

图 13-2　IS100-65-200 型闭式泵结构图

1—泵体；2—泵盖；3—叶轮；4—轴；5—密封环；6—叶轮螺母；7—制动垫圈；

8—轴套；9—填料压盖；10—填料环；11—填料；12—悬架轴承部件

性联轴器与电动机联结,泵的轴封采用软填料密封。轴承为单列向心球轴承,采用润滑油润滑。闭式泵的联轴器、叶轮等为铸铁材质,检修过程中须注意防止铸铁叶轮的损坏,铸铁对轮的损坏。

(一)NZK300-16.7/537/537型汽轮机机组闭式泵的检修

1. 解体拆装

(1)拆开联轴器护罩,做标记后拆卸下联轴器,复查中心,吊走电动机。

(2)拆开吸入盖与泵体螺栓。

(3)卸下叶轮螺母,锁紧垫片,拆下叶轮。

(4)松机械密封静环盖,使动、静环分开。

(5)松开壳与泵体螺栓,松开水冷却压盖支架螺栓,拉出轴承座及轴,打开轴承盖,拉出轴承。

(6)检查轴是否弯曲,有无划痕,检查叶轮是否有损坏腐蚀,测量耐磨环间隙。

(7)按拆时的顺序逆装。

2. 质量标准

(1)出、入口环间隙标准值为 0.35~0.50mm,最大不超过 1.0mm。

(2)叶轮耐磨环及壳体耐磨环无磨损、腐蚀、裂纹。

(3)叶轮、轴无腐蚀、磨损,探伤无裂纹。

(4)轴弯曲小于 0.05mm。

(5)对轮找中心标准:端面偏差不大于 0.05mm,圆周偏差不大于 0.05mm。

(6)试运时振动值不得超过 0.05mm。

3. 注意事项

(1)拆装轴承时要注意着力点,不可损伤轴承。

(2)电动机试转向后才能连接对轮。

(二)NZK300-16.7/537/537型汽轮机机组闭式泵技术规范

NZK300-16.7/537/537 型汽轮机机组闭式泵技术规范见表13-2。

表 13-2　　　　　　　**NZK300-16.7/537/537型汽轮机机组闭式泵技术规范**

序号	项目	规范
1	型号	IS100-65-200
2	扬程	45m
3	流量	120m³/h
4	转速	2900r/min
5	必需汽蚀余量	4.8m
6	轴功率	19.9kW
7	效率	77%
8	质量	73kg

第三节　闭式水板式冷却器

闭式水系统安装了两台板式冷却器来冷却闭式水。板式冷却器是由一系列具有一定波纹形状的不锈钢片叠装而成的一种新型高效换热器。各种板片之间形成薄矩形通道，通过板片进行热量交换。

一、板式换热器的结构

板式换热器主要由框架和板片两大部分组成。板片由各种材料制成的薄板用各种不同形式的磨具压成形状各异的波纹，并在板片的四个角上开有角孔，用于介质的流道。板片的周边及角孔处用橡胶垫片加以密封。框架由固定压紧板、活动压紧板、上/下导杆和夹紧螺栓等构成。

板式换热器是将板片以叠加的形式装在固定压紧板、活动压紧板中间，然后用夹紧螺栓夹紧而成。

二、板式冷却器的拆装

（1）拆前在板式冷却器压板在上、下导轨处用记号笔做位置记号，并用钢板尺测量冷却器压板上、下、左、右四点的距离，并做记录。

（2）拆除冷却器压板拉紧螺栓，将压板和最末一个板片移动至导轨的尽头。

（3）按最末一个板片的胶垫流水方向（核对板片开式水面和闭式水面的颜色，板片一面为闭式水，另一面为开式水）一片一片回装。

（4）回装板片，将压板移至冷却器板片处，装上拉紧螺栓，采取先紧中间一对螺栓，再紧对角螺栓的顺序，对称均匀地紧固大螺栓，快紧至记号处时，用钢板尺测量压板上边左、右侧及下边左、右侧的距离。

三、板片的清理

拆下板片，搬至检修场地胶皮上，用铜丝刷、清水冲洗清理，要求冷却器板片表面，清洁无污泥、无杂质。

四、闭式水板式冷却器技术规范

闭式水板式冷却器技术规范见表 13-3。

表 13-3　　　　　　　　　　　闭式水板式冷却器技术规范

序号	项目	规范
1	型号	M15-BFML
2	设计压力/温度	0.8MPa/100℃
3	试验压力	1.04MPa
4	流程组合	1×56L，1×57L

第十四章

压 缩 空 气 系 统

第一节　概　　述

随着发电机组容量的不断增大，其调节、控制自动化程度要求越来越高，而气动阀门则以其运行可靠、调节快速灵敏、结构紧凑、维修安装方便等优点被火力发电企业广泛使用。因此，确保仪用空气压缩机安全稳定运行，为气动阀门提供高质量的仪用气源显得尤为重要，同时也决定着整台发电机组的安全稳定运行。

TC2F-35.4″型汽轮机机组，其热机系统的气动控制阀门的仪用气源，由两台厂用、四台仪用空气压缩机供应。

一、TC2F-35.4″型汽轮机机组压缩空气供气系统

TC2F-35.4″型汽轮机机组共用一套压缩空气供气系统，分别由安装在1号机零米的四台6505仪用空气压缩机、两台6512厂用空气压缩机、三台仪用干燥器、2台厂用储气罐、2台仪用储气罐、厂用气母管、仪用气母管等组成。

厂用压缩空气为机组在启动、正常运行或检修时提供压缩空气并作为仪用压缩空气系统的备用气源。仪用压缩空气向运行机组所有气动仪表、控制设备和锅炉、汽轮机等的热工仪表检修提供无油、清洁、干燥的压缩空气。压缩机空气系统经过改造，厂用压缩空气与仪用压缩空气互为备用，正常运行时，按1A厂用、1A仪用，1B厂用、1B仪用，1A厂用、1C仪用，1B厂用、1D仪用，1A厂用、1A仪用，星期一、三、五轮流切换。

TC2F-35.4″型汽轮机机组原设计仪用气与厂用气系统是各自独立的，仪用气系统由四台仪用气空气压缩机供给，经两台仪用气储气罐、三台仪用气干燥器干燥、两台过滤器过滤后供给系统用户。厂用气系统直接由两台厂用气空气压缩机供给，经两台厂用气储气罐后供给系统用户。系统管道、阀门全部采用不锈钢材质。

二、TC2F-35.4″型汽轮机机组厂用、仪用气系统技术改造

（一）厂用、仪用压缩空气母管改造

为了提高仪用气系统的可靠性，将两台仪用气储气罐和两台厂用气储气罐的入口管连通，实现了厂用气和仪用气的供气和储气的共享。

原有的厂用、仪用空气压缩机系统存在以下缺陷：出口母管上没有隔离阀门，管道故障后无法进行系统隔离检修，严重时可能造成机组停机；每台空气压缩机的出口管道和母管的连接采用下部连接方式，导致母管内的凝结水进入停运空气压缩机设备内部，极易造

成设备故障；厂用空气系统与仪用空气系统之间相互备用功能不强，上述设计缺陷给机组长期安全生产留下隐患。因此，在仪用空气出口母管上加装两个隔离阀门，将仪用空气系统分为单元制；将每台厂用、仪用空气压缩机的出口管道和母管连接改为上部连接方式；将厂用、仪用压缩空气贮罐入口管道连接起来。通过以上技术改造后，不但解决了空气压缩机空气系统上述安全隐患，且可使厂用、仪用气源互为备用，提高了设备的运行可靠性，保证机组长期稳定运行。

（二）仪用、厂用空气压缩机冷却水系统改造

空气压缩机冷却水使用开式水冷却，由于开式冷却水含泥、含沙量大且水质差，导致空气压缩机冷却器淤泥沉积，结垢严重，冷却效果差。在炎热夏季，用机械方法清理，且一年内多次酸洗，仍无法解决空气压缩机由于温度高而故障频发问题。通过将仪用、厂用空气压缩机开式冷却水改为闭式冷却水后，该问题得到彻底解决，冷却器的传热效果显著提高，未再发生因冷却效果差造成的空气压缩机故障。

三、NZK300-16.7/537/537 型汽轮机机组压缩空气供气系统

NZK300-16.7/537/537 型汽轮机机组两台机组共用一套压缩空气供气系统，分别由安装在 3 号机零米的四台厂用、仪用空气压缩机及三台仪用干燥器、两台厂用储气罐、两台仪用储气罐、厂用气母管、仪用气母管等组成。空气压缩机出口至仪用气干燥器入口的管道采用碳钢管道。三台仪用气干燥器后的管道采用不锈钢管。

TC2F-35.4″型汽轮机机组仪用压缩空气系统，空气压缩机出口的压缩空气先进入储气罐，压缩空气中的水分在储气罐内先进行分离，分离的水分从储气罐底部的疏水器排放，这样进入干燥器的水分就相对减少。而 NZK300-16.7/537/537 型汽轮机机组仪用压缩空气系统，空气压缩机出口的压缩空气直接进入干燥器的前置过滤器进行疏水排放，由于管道短且材质为碳钢，水分不能充分凝结排放，管道内的锈蚀物大量进入过滤器内，堵塞过滤器和疏水孔，颗粒状水分直接与干燥剂接触，大大加重了干燥器的工作负荷。

第二节 空 气 压 缩 机

一、空气压缩机的工作原理

TC2F-35.4″型汽轮机机组和 NZK300-16.7/537/537 型汽轮机机组的空气压缩机全部采用无油螺杆压缩机，如图 14-1 所示。螺杆压缩机的核心部件是压缩机，属于一种容积式压缩机。空气压缩是靠装置于机壳内互相平行啮合的阴阳转子与齿槽的容积变化而达到。阴阳转子在与其精密配合的机壳内转动，使转子齿槽之间的气体不断地产生周期性的容积变化而沿着转子轴线由吸入侧推向排出侧，完成吸入、压缩、排气三个工作过程。

二、TC2F-35.4″型汽轮机机组空气压缩机

四台仪用空气压缩机是无油螺旋、两级压缩水冷空气压缩机，由 400V 电动机驱动。

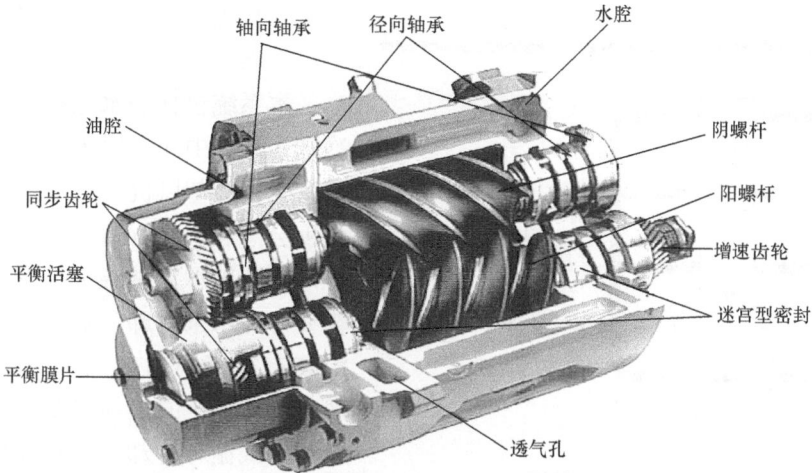

图 14-1　螺杆压缩机结构图

就地控制盘设有空气压缩机启动顺序选择按钮。当系统故障泄漏或空气压缩机跳闸导致空气压力降至设定值时，则备用空气压缩机联启。

（一）空气压缩机组成

空气压缩机主要分为空气系统、冷却系统、润滑系统、调节系统四个部分。

1. 空气系统

本系统包括大气入口滤网、消声器、第一级和第二级压缩机及中间和后级冷却器、汽水分离器、安全阀、电磁阀门，如图 14-2 所示。其空气流程是大气经过入口滤网和消声器进入第一级压缩机，被压缩的空气达到第一级压力后进入中间冷却器，冷凝水经汽水分离器下部管路电磁阀排掉，冷却后的空气进入第二级压缩机被压缩，再经过后级冷却器冷却疏水后达到最终的输出压力，在空气压缩机的出口空气管路上装有疏水器，以确保所供仪用气的干燥度。如果系统某点空气压力过高，系统中的安全阀将会动作泄压。两级压缩

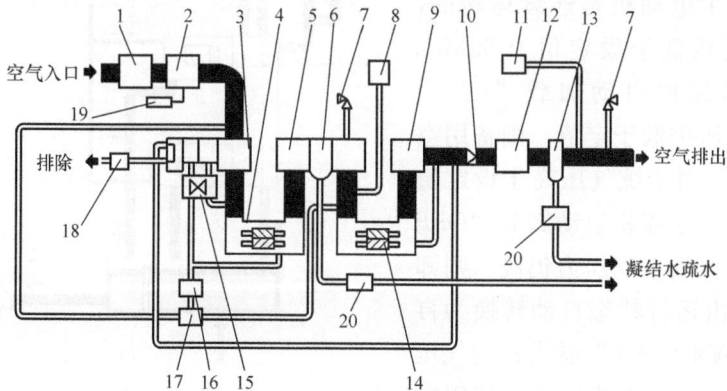

图 14-2　空气系统图

1—空气进入过滤器；2、9、18—消声器；3—吸入调节级；4—第一级空气端；5—中间冷却器；6、13—汽水分离器；7—安全阀门；8—中间级压力变送器；10—止回阀；11—输送压力变送器；12—后级冷却器；14—第二级空气端；15—卸载电磁阀；16—调节管线过滤器；17—滑阀；19—差动压力开关；20—凝结水疏水电磁阀

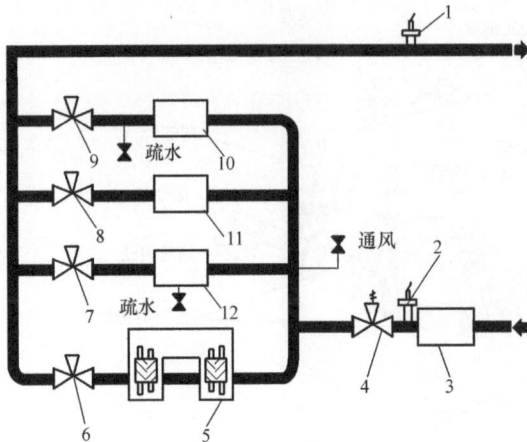

图 14-3 冷却水系统图

1—温度传感器"冷却水出";2—温度传感器"冷却水进";3—进水滤网（提供如松散物品）;4—水电磁阀;5—空气端冷却水套;6—空气端冷却水套流量控制阀;7—中间冷却器流量控制阀;8—后级冷却器流量控制阀;9—油冷却器流量控制阀;10—油冷却器;11—后级冷却器;12—中间冷却器

机由一台主电动机经变速箱同时驱动。

2. 冷却系统

本系统包括进水电磁阀门、空气端冷却水套、中间和后级冷却器及油冷却器、壳体冷却风机。空气被压缩做功后温度会急剧升高至 160℃ 左右，润滑油冷却润滑轴承后油温也会升高，这些都需要冷却水来冷却。空气压缩机的壳体上装有冷却风机，用于壳体与外界通风。冷却系统的冷却水取自于两台机组公用闭式循环冷却水，开式循环冷却水作为备用。

3. 润滑系统

如图 14-4 所示，空气压缩机本身不需要油润滑，但其设有润滑油系统，用于轴承和齿轮箱的润滑。其润滑系统是全封闭和加压的，它包括油箱、油泵、油冷却器、油滤网和分配管道，在每一转轴的末端装有油封以阻止油进入压缩机缸体内。系统装有油压、油温、油位变送器，并可在控制面板上显示。当发生油滤网堵塞、低油压、低油位、高油温或油泵电动机过负荷异常时，监控系统会发报警或跳闸指令。

4. 调节系统

空气压缩机的启、停是由控制系统自动控制的。正常情况下，四台仪用空气压缩机两台运行、两台备用。运行空气压缩机一般主电动机是连续运转的，当系统仪用气压低于设定值 0.65MPa 时，则空气压缩机自动加载"ON LOAD"，若气压仍低于定值，则备用空气压缩机联启；当系统气压高于设定值 0.7MPa，则空气压缩机自动卸载"OFF LOAD"，若仪用空气压力仍高，则卸载空气压缩机由运行状态自动转换为自动备用"STYAND BY"状态；空气压缩机的启、停及加、卸载均是由仪用空气压力控制的，而这些都是通过调节系统中卸载电磁阀、滑阀和排污阀来实现的。图 14-5 调节系统图就分别表示仪用空气压缩机在"加载"与"卸载"时的

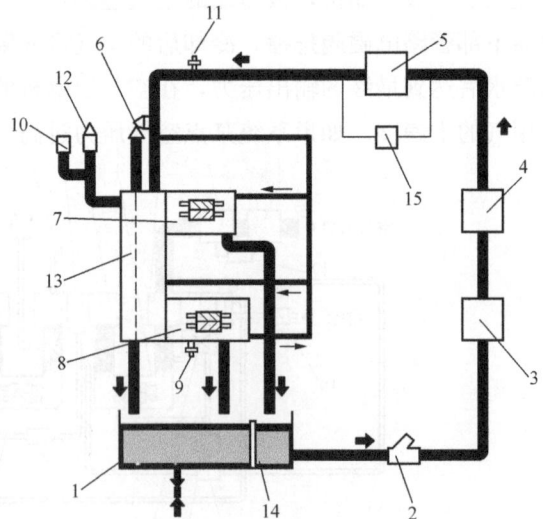

图 14-4 润滑油系统图

1—油箱;2—过滤器;3—油泵;4—油冷却器;5—油过滤器;6—泄压阀;7—第二级空气墙;8—第一级空气墙;9—油压力变送器;10—注油器;11—温度传感器;12—油透气孔;13—齿轮箱;14—油位视窗/开关;15—差动压力开关

两种不同运行状态。

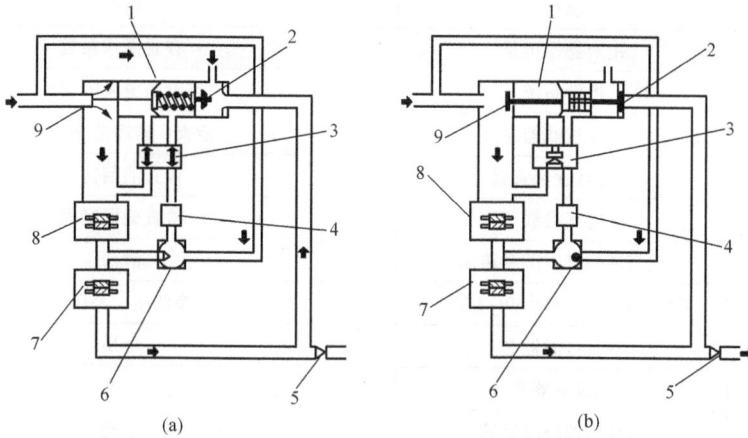

图 14-5 调节系统图

（a）卸载；（b）加载

1—吸入调节；2—排污阀；3—卸载电磁阀；4—调节级过滤器；5—止回阀；6—滑阀；
7—第二级空气端；8—第一级空气端；9—进入阀

（二）仪用空气压缩机保护跳闸定值

仪用空气压缩机保护跳闸定值见表 14-1。

表 14-1　　　　　　　　　　仪用空气压缩机保护跳闸定值

序号	项目	报警值	跳闸值	单位
1	中间级压力	3.0	>3.5	1×10^5 Pa
2	润滑油压力	1.2	<1.5	1×10^5 Pa
3	润滑油温度	65	≤70	℃
4	一级出口空气温度	210	220	℃
5	二级入口空气温度	60	65	℃
6	二级出口空气温度	210	220	℃
7	空气压缩机输出空气温度	65	70	℃
8	冷却水入口温度	40	45	℃
9	冷却水出口温度	70	75	℃

（三）空气压缩机维护和检修项目

空气压缩机维护和检修项目见表 14-2。

表 14-2　　　　　　　　　　空气压缩机维护和检修项目

序号	周期	项目	措施
1	每周检查	箱体过滤网片	检查，若需要则清洁
2		汽水分离器	检查冷凝水排放工作情况
3		油位	检查油位
4		状态显示	查看无故障、服务要求

序号	周期	项目	措施
5		用户操作记录	查看操作参数
6		控件系统	查看历史故障信息
7		吸气过滤器芯	检查，若需要则清洁
8	每4000h	所有软管和管路	检查泄漏情况
9		电气接线	检查确保紧固
10		空气压缩机内部和箱体	清洁
11		平衡活塞隔膜（D160～D275）	更换低压、高压隔膜
12		吸气过滤器芯	更换
13		油过滤器芯	更换
14		齿轮箱油呼吸滤芯	更换
15		平衡活塞隔膜（D55～D155）	更换低压、高压隔膜
16		调节管路过滤器芯	更换
17		放水电磁阀	更换一、二级电磁阀
18	每8000h 或一年	卸载电磁阀	检查阀
19		润滑油	换油
20		油冷却器	检查，若需要则清洁
21		中间冷却器	检查，若需要则清洁
22		后一级冷却器	检查，若需要则清洁
23		控制系统	检查其符合操作参数 测试显示屏和控制按键
24		吸气调节器阀隔膜	更换
25	每16 000h	二级止回阀	检查，如需要则更换
26	或两年	冷却水截止阀	检查阀
27		驱动联轴器弹性块	查看，如需要则更换

（四）TC2F-35.4″型汽轮机机组空气压缩机技术规范

TC2F-35.4″型汽轮机机组空气压缩机技术规范见表14-3。

表14-3　　　　　　　　TC2F-35.4″型汽轮机机组空气压缩机技术规范

序号	项目	仪用空气压缩机	厂用空气压缩机
1	型号	505-08W	505-09W
2	形式	双级无油水冷式螺杆	双级无油水冷式螺杆
3	容量	14.5m³/min	31.1m³/min
4	最大压力	8×10⁵Pa	9×10⁵Pa
5	最小压力	5×10⁵Pa	5×10⁵Pa
6	电动机电压/功率/转速	380V/ 90kW/2950r/min	6kV/220kW/2965r/min
7	数量	4台	2台

三、NZK300-16.7/537/537型汽轮机机组空气压缩机

两台 NZK300-16.7/537/537 型汽轮机机组共用四台无油螺杆两级压缩水冷 ZR132 型厂用（仪用）空气压缩机。

（一）空气压缩机系统构成

空气压缩机主要由一级压缩机、二级压缩机、齿轮箱、电动机、空气过滤器、加/泄载阀、中间级冷却器、后级冷却器、中间级疏水器、后级疏水器、止回阀、油泵、冷油器、电气控制系统等组成。

（二）空气压缩机内部工作流程

图 14-6 所示为 ZR123 型水冷无油螺杆压缩机流程图。

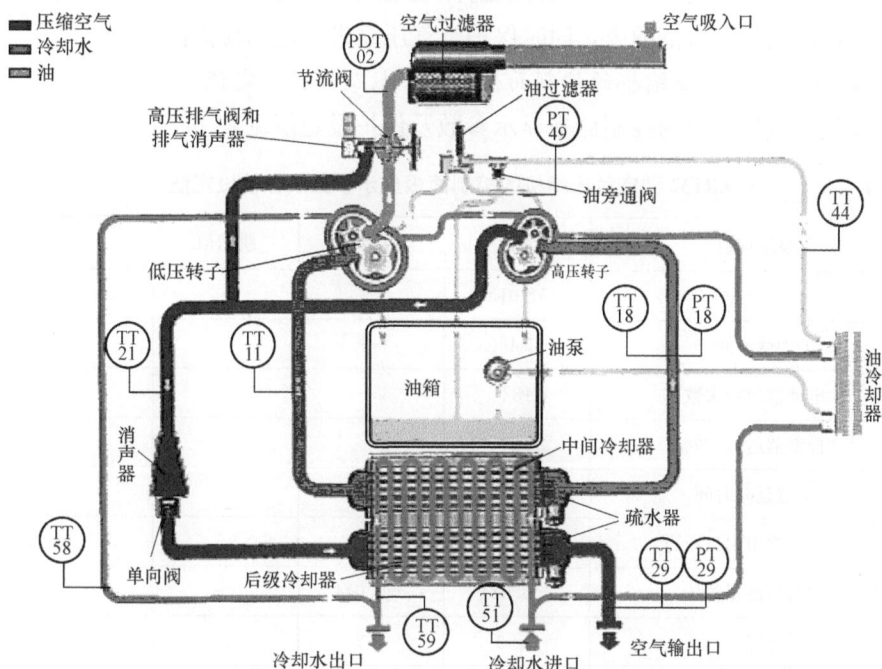

图 14-6　ZR123 型水冷无油螺杆压缩机流程图

1. 空气流程

空气由空气过滤器过滤吸入低压转子，压缩后压缩气体进入中间冷却器冷却。冷却后的压缩空气进入高压转子进一步压缩，此压缩空气流经消声器降噪，后经过一个单向阀，再经过后级冷却器冷却后进入供气管道。

2. 冷凝液排污系统

安装有两个水分离器：一个安装在中间冷却器的下游，防止冷凝液进入高压螺杆机头，另一个安装在后级冷却器下游防止冷凝液进入空气排气管，水分离器和冷凝液排污容器相连，每一个排污容器配有自动排污用的浮球阀、定时开启电磁阀和手动排污阀。

由于浮球阀排水动作不可靠，经常导致仪用气含水量超标。后技术改造在四台空气压缩机中间级和后级的冷凝液手动排污管上加装冷凝疏水排放电磁阀，使冷凝疏水的排放采

用电磁阀定时排水，有效地解决了空气压缩机内疏水排放问题。

3. 润滑油系统

齿轮箱油槽内的润滑油在与驱动齿轮同轴的油泵驱动下，经油冷却器和油过滤器后喷向轴承、增速齿轮和同步齿轮。如果润滑油的压力升高至某一设定值，则旁通阀打开泄压。

4. 冷却系统

冷却水分三路并联布置，一路先流经油冷却器，再流向高压转子和低压转子的冷却水套，其他两路同时流经中间冷却器和后级冷却器。

5. 调节系统

根据压缩空气的消耗量，计算机控制器控制空气压缩机自动加载和卸载使空气系统的压力维持在可设定的压力范围内，同时保护空气压缩机并监测易损件。

（三）ZR132 型空气压缩机的控制面板显示参数及保护设定值

ZR132 型空气压缩机的控制面板显示参数及保护设定值见表 14-4。

表 14-4　　　　　　　　ZR132 型空气压缩机的控制面板显示参数及保护设定值

序号	显示项目	参数	报警值	跳闸值	单位
1	运行时间	12 013	—	—	h
2	加载时间	11 480	—	—	h
3	电动机启动次数	182	—	—	次
4	控制器运行时间	21 599	—	—	h
5	加载延时时间	11 051	—	—	h
6	空气压缩机出口压力	6.3	14	15	1×10^5 Pa
7	空气过滤器差压	−0.034	−0.044	—	1×10^5 Pa
8	油压	2.93	1.3	1.2	1×10^5 Pa
9	中间级压力	2.8	—	—	1×10^5 Pa
10	空气压缩机出口温度	22	—	—	℃
11	一级压缩机出口温度	185	225	235	℃
12	二级压缩机入口温度	20	65	70	℃
13	二级压缩机出口温度	120	225	235	℃
14	冷却水入口温度	17	—	—	℃
15	一级压缩机冷却水出口温度	27	—	—	℃
16	冷却水出口温度	25	—	—	℃
17	油温	43	65	70	℃

（四）NZK300-16.7/537/537 型汽轮机机组空气压缩机技术规范

NZK300-16.7/537/537 型汽轮机机组空气压缩机技术规范见表 14-5。

表 14-5　　　　　　NZK300-16.7/537/537 型汽轮机机组空气压缩机技术规范

序号	项目	规范
1	型号	ZR132-10
2	额定/最大工作压力	0.95MPa/1MPa
3	排汽量	306L/s
4	额定轴功率	132kW
5	启动轴转速	2980r/min
6	净重	2440kg

四、仪用空气压缩机运行中的检查与维护

为了保障空气压缩机的正常稳定运行及延长空气压缩机的使用寿命，在空气压缩机的运行中主要检查以下几方面：

（1）先要认真检查空气压缩机控制面板的各种信息。

1）认真检查各种运行参数，并明确各参数代表的意义，根据运行记录能判断出参数的异常变化，如压缩机出口温度能反映压缩机的工作情况，温度太高说明冷却不好或存在不正常的摩擦，温度超过 225℃ 则容易引起螺杆膨胀加剧，间隙变小，摩擦抱死，直接损坏压缩机；二级压缩机入口温度与一级压缩机出口温度的差值能反映中间冷却器的工作情况。

2）重视各种报警信息。当发生报警时，要判断出设备正常后方可再次启动。注意润滑油温度报警、低油压报警、润滑油滤网差压报警；注意压缩机出口温度高报警、二级入口温度高报警、中间级压力高报警。

（2）定时检查疏水。定时检查中间、后级冷却器和空气压缩机出口的疏水是否正常，如发现不正常，及时通知检修人员检查处理，以确保疏水畅通。空气经第一级压缩机压缩后温度升高，经中间冷却器冷却后，空气中的大量水分凝结成水。这部分水分必须及时经中间级疏水电磁阀排放掉。如果这部分水分没有被排放掉，那么高速气流带着水滴进入第二级压缩机，并与高速旋转的二级压缩机螺杆相撞，使螺杆表面损伤，阴螺杆与阳螺杆、螺杆与压缩机壳之间微小的间隙变大，使二级压缩机的压缩效率降低，中间级的压力就会升高，给空气压缩机的运行带来危险。停运时这部分水分会使螺杆生锈、腐蚀。这样不但会缩短压缩机的寿命，而且严重时会直接损坏压缩机。

（3）空气压缩机停运时，除非事故情况下一般应卸载运行 20min 后再停止运行。这样可以排出空气压缩机内部的水分，减少内部部件生锈腐蚀。空气压缩机备用运行方式时也要检查各疏水是否正常。

（4）检查油位，控制油温。经常检查润滑油的油位，油位过低将会导致润滑不足，非常危险。油位过高，增速齿轮会搅动油箱里的油，使油温不正常地升高。润滑油的温度也很重要，油温过高会使油变稀，油膜形成不好；油温过低则会使油黏度增加，通过的润滑油量减小，同样不能起到很好的润滑效果。因此油温低时可以关小冷油器出口的阀门，油温高则要清理冷油器。

（5）注意检查级中间压力。二级压缩机的效率降低后，引起一、二级压缩机的工作不匹配，使中间级压力升高，严重会引起设备超压，带来危险。

（6）注意检查冷却水的温升。正常的冷却能保证空气压缩机的高效安全运行。冷却水的温升能反映空气压缩机的工作情况。

五、空气压缩机维护保养项目及内容

ZR132 型空气压缩机控制器内部装有运行时间计时装置，可设定保养维护时间记录和预维护的报警功能。保养维护时间记录和预维护表见表 14-6。

表 14-6　　　　　　　　　　　　保养维护时间记录和预维护表

序号	服务内容/保养级别（或运行小时）	I 2000	A 4000	B 8000	C 16 000	D 24 000
1	记录服务数据（压力和温度）	√	√	√	√	√
2	检查冷却器的效果（热交换）	√	√	√	√	√
3	检查空气、水和油的泄漏	√	√	√	√	√
4	检查润滑油中的水分	√	√	√	√	√
5	更换"ROTO-Z"专用润滑油		√	√	√	√
6	更换油过滤器		√	√	√	√
7	检查进气腔的状况		√	√	√	√
8	检查空气过滤器的状况	√				
9	更换空气过滤器芯		√	√	√	√
10	检查齿轮箱呼吸器过滤器的状况	√				
11	更换齿轮箱呼吸器过滤器滤芯		√	√	√	√
12	检查进口节流阀的可操作性和动作的灵活性	√	√	√	√	√
13	更换进口节流阀的膜片		√	√	√	√
14	更换进口节流阀的轴套		√	√	√	√
15	检查电动机联轴器的磨损情况		√	√	√	√
16	进口节流阀大修				√	√
17	更换排气消声器					√
18	检查止回阀的状况及功能			√		
19	止回阀大修				√	√
20	检查平衡活塞膜片的状况		√	√		
21	更换平衡活塞膜片				√	√
22	检查所有疏水器的排放功能	√				
23	打开及清洗所有疏水器		√	√	√	√
24	主驱动电动机加油脂	√	√	√	√	√
25	清洁电动机的风扇罩		√	√	√	√
26	主驱动电动机大修					√
27	拆开及清洗冷却器内部并检查其泄漏					√
28	检查防震胶垫，驱动联轴器		√	√		
29	更换驱动联轴器防震胶垫				√	√

序号	服务内容/保养级别（或运行小时）	I	A	B	C	D
		2000	4000	8000	16 000	24 000
30	检查驱动齿轮的状况				√	√
31	更换高、低压转子					√
32	更换主轴轴承					√
33	更换压缩机底盘及电动机的防震胶垫					√

六、空气压缩机维护内容作业工序

（一）更换空气过滤器

（1）使空气压缩机停机并切断电源。

（2）拆掉过滤器壳体端盖，拆掉过滤器。

（3）清理过滤器腔室。

（4）更换新的过滤器并安装好端盖，不要安装损坏的或已堵塞的过滤器。

（5）合上电源，在执行相关保养计划的保养措施后，必须复位保养报警。

（二）更换油和油过滤器

（1）运行空气压缩机直到油温升到 40℃ 以上为止，使空气压缩机停机并切断电源。

（2）拆掉加油螺塞，通过打开排污阀排空空气压缩机油槽和油冷却器。在排空后关闭排污阀。

（3）拆掉油过滤器，清洁过滤器座，在新的过滤器垫片上加润滑油，将过滤器拧到垫片碰到过滤器座，再用手拧紧。

（4）用 Atlas Copco Roto-Z 润滑油更换 ZR132 型空气压缩机齿轮箱内的润滑油。

七、加装高压转子吹干装置

为防止 ZR132 型四台厂用、仪用空气压缩机的高压转子（即二级压缩机）在停机备用状态转子涂层受冷凝水的腐蚀，甚至转子生锈抱死，加装高压转子吹干装置。在停机状态下向二级压缩机入口吹干燥的压缩空气，保证空气压缩机二级压缩机的干燥，延长使用寿命，保证空气压缩机的正常运行，提高 300MW 机组厂用、仪用压缩空气系统的可靠性。

第三节　储气罐及空气干燥器

一、TC2F-35.4″型汽轮机机组储气罐及空气干燥器

（一）仪用空气储气罐

系统中设两个 $12m^3$ 的大储气罐，主要用于压缩空气的储存，当大量用气、系统泄漏或空气压缩机故障等原因造成气压下降时，可以缓解仪用气压的下降，为处理事故赢得时间。如果所有仪用空气压缩机停运，两个储气罐的仪用气可供两台机组安全运行 5min。

（二）仪用空气滤网和空气母管

压缩空气经过空气干燥器后，进入过滤网，滤去其中的杂质。仪用空气滤网共两个，一个运行、一个备用。最后经过压缩、干燥、过滤的高质量气源进入布置在机、炉侧的仪用空气母管，再由各分支管路供给各气动阀门。

（三）空气干燥器

要给气动阀门提供高质量的仪用气源，不但压力要稳定，而且湿度也要达到要求。系统中共装有3台空气干燥器，就地控制盘设有空气干燥器启动顺序选择按钮，正常情况下两台运行、一台备用。当运行干燥器故障退出时备用干燥器自投。设计空气干燥器出口空气露点温度为$-80℃$，当面板上的出口空气露点温度大于$-70℃$，则会发出报警信号提示空气湿度太大或此干燥器故障。另外，系统设有仪用空气干燥器旁路门，当干燥器前、后差压大于100kPa时，旁路门自动打开，防止仪用气压力降低。

每台干燥器有两个吸收器，正常情况下，一台吸收器干燥，另一台吸收器自动进行干燥剂的活化。中间两台吸收器可以自动进行切换。

（四）仪用压缩空气干燥器技术规范

仪用压缩空气干燥器技术规范见表14-7。

表 14-7　　　　　　　　　　　仪用压缩空气干燥器技术规范

序号	项目	规范
1	型号	180060.20-S
2	工作压力	$7×10^5Pa$
3	设计压力	$15×10^5Pa$
4	水压试验压力	$22.5×10^5Pa$
5	吸附剂	A1203
6	容量	295L
7	最高工作温度	45℃
8	最低工作温度	0℃
9	设计温度	50℃

二、NZK300-16.7/537/537型汽轮机机组储气罐及干燥器

（一）储气罐

NZK300-16.7/537/537型汽轮机机组装设有两台厂用储气罐、两台仪用储气罐，安装在3号机零米。

厂用储气罐的内表面水分太大，腐蚀生锈较严重，罐底部积锈泥较多，堵塞排污管口。后技术改造在厂用储气罐的入口管和罐体底部加装了疏水阀，并利用辅修机会对四台储气罐内表面进行喷涂防腐处理，收到较好的效果。

（二）厂用、仪用储气罐技术规范

厂用、仪用储气罐技术规范见表14-8。

序号	项目	厂用储气罐	仪用储气罐
表14-8		厂用、仪用储气罐技术规范	
1	容器类别	I	I
2	设计压力	1.06MPa	1.06MPa
3	最高工作压力	1.0MPa	1.0MPa
4	耐压试验压力	1.38MPa	1.23 MPa
5	设计温度	150℃	150℃
6	介质	空气	空气
7	容积	120m³	20m³

（三）空气干燥器

1. 空气干燥器结构

NZK300-16.7/537/537型汽轮机机组空气干燥器是JHL-25型微热再生式压缩空气干燥器，由两个吸附塔、前置过滤器、中置过滤器、后置过滤器、两个进气阀、两个排气阀（再生用）、两个排气止回阀、两个再生止回阀、再生空气调节阀、排气消声器、电加热器和电气控制系统组成。

2. 空气干燥器的工作原理

如图14-7所示，微热再生干燥器利用吸附剂在低温高压下能吸收空气中的水分，而在高温低压下能解吸水分的性能特点，将吸附剂装入耐压容器——干燥塔中，一般由两个干燥塔交替工作，即一个再生、一个吸附，使压缩空气得以干燥。微热再生干燥器就是不改变低温高压吸附的特点，适当提高解吸温度，接近常压下的解吸水分，使解吸效果更好。

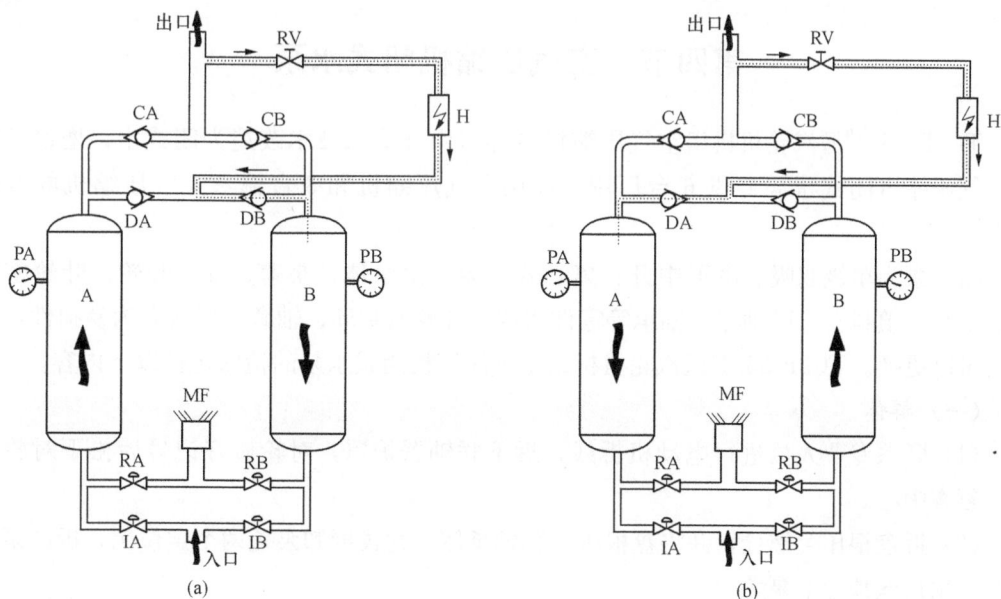

图14-7　微热再生干燥器的工作原理图

(a) A塔干燥、B塔再生；(b) B塔干燥、A塔再生

3. 定期维护项目及维护重点

（1）每年更换前置、中置、后置过滤器滤芯，清理过滤器底部的疏水器。

（2）每 6 个月清理一次排气消声器。

（3）间隔 4 年更换三氧化二铝超强吸附剂（约 480kg）。

维护重点是经常检查前置、中置过滤器底部的疏水器排水及时、正常，防止颗粒状水分与三氧化二铝超强吸附剂接触，使吸附剂失效，使用寿命缩短，露点温度不合格。

4. 空气干燥器技术规范

空气干燥器技术规范见表 14-9。

表 14-9 空气干燥器技术规范

序号	项目	规范
1	型号	JHL-25
2	额定处理量	$20m^3/min$
3	进气压力	不大于 0.6～1.0MPa
4	温度	不大于 40℃
5	压力损耗	不大于 0.04MPa
6	进气含油量	不大于 5mg/kg
7	电源	AC3 相、380V、50Hz
8	加热器功率	7kW
9	吸附剂	A1203
10	填充量	480kg
11	设备质量	1420kg

第四节　空气压缩机闭式水泵

TC2F-35.4″型汽轮机机组空气压缩机冷却水由开式水技术改造为闭式水，增设了两台空气压缩机闭式水泵专供 6 台厂用、仪用空气压缩机和 3 台输灰空气压缩机的冷却用水。

闭式泵为单级双吸、水平中开、离心式水泵，由泵体、泵盖、轴、叶轮、叶轮密封环、轴套、填料套、联轴器、轴承等零件组成，叶轮密封环、轴套、填料套为易损件，磨损后可以更换。TC2F-35.4″型汽轮机机组空气压缩机闭式水泵的检修包括以下内容。

（一）解体

（1）联系专业人员进行电动机拆线，拆下联轴器护罩，对轮做好记号后松下对轮螺栓，复查中心。

（2）拆盘根压兰螺栓，并将盘根压兰移轴承侧，起拨拆卸泵盖两个定位销，拆卸泵盖螺栓，用顶丝顶起上泵盖。

（3）将泵盖放至检修场地胶皮上；测量泵叶轮出水口两侧与泵壳的距离，并记录。

（4）拆除驱动端、非驱动端轴承室与泵壳的固定螺栓。

（5）两人抬起泵转子，至检修场地胶皮上。

（6）用拉马拔下对轮，拆下轴承端盖，拆下轴承室，拆卸轴承。

（7）拆下轴承端盖，拆下轴承室，拆卸锁定螺母，用拉马轴承。

（8）拆下两端的挡水圈、盘根压盖，拆下两端的轴套。

（9）从轴上拆下叶轮。

（10）打磨、清理各部件。

（11）检查轴承无腐蚀、卡涩等现象，径向和轴向间隙合格。

（12）检查各部件有无腐蚀、磨损、裂纹，对叶轮、轴等部件进行探伤。

（13）测量轴的弯曲度。

（14）更换密封件后按拆时顺序逆装。

（二）质量标准

（1）叶轮耐磨环及壳体耐磨环无磨损、腐蚀、裂纹。

（2）叶轮、轴无腐蚀、磨损，探伤无裂纹。

（3）轴弯曲小于 0.05mm。

（4）对轮找中心标准：端面偏差不大于 0.05mm，圆周偏差不大于 0.05mm。

（5）试运时振动值不得超过 0.05mm。

（三）注意事项

（1）拆装轴承时要注意着力点，不可损伤轴承。

（2）轴套磨损量不得超过 1.50mm，否则应更换新套。

（3）电动机试转向后才能连接对轮。

（四）空气压缩机闭式水泵技术规范

空气压缩机闭式水泵技术规范见表 14-10。

表 14-10 空气压缩机闭式水泵技术规范

序号	项目	规范
1	型号	8SA-10B
2	扬程	44m
3	流量	539m³/h
4	转速	2980r/min
5	必需汽蚀余量	3.5m
6	配套功率	36.6kW
7	效率	83%

第十五章

汽轮机设备技术改造案例

第一节　汽轮机通流部分改造

某电厂的 1、2 号汽轮机（TC2F-35.4″型、2×350MW）和 3、4 号汽轮机（NZK300-16.7/537/537 型、2×300MW）均采用布莱登汽封技术对通流部分实施改造。改造方案针对两种汽轮机的型号、结构不同，具体汽封的安装位置和数量有所不同，改造后节能效果显著。

一、改造采用的汽封简介

（一）全铁素体汽封

全铁素体汽封采用铁素体材料，其材质较软，即便摩擦仍然能保证不损伤转子，汽封间隙小，安全性能好，用在汽轮机高、中、低压缸的轴端汽封和汽缸内部分叶顶、隔板汽封，其结构与传统汽封的结构相同。这里重点介绍布莱登可调式汽封。

（二）布莱登可调式汽封

1. 布莱登可调式汽封的结构及工作原理

布莱登可调式汽封作为一种新型汽封，其结构如图 15-1 所示，主要部件由汽封体、4 只弹簧、6 块汽封弧段等组成。图 15-1 所示为自由状态下的布莱登汽封，6 块汽封弧段在 4 只弹簧压力作用下呈张开状态，这时汽封齿与轴的间隙最大，一般有 3mm 以上。当汽轮机启动、转子过临界时，汽封间隙最大，避免了启动初期转子弯曲、振动大等造成汽封齿与转子轴的摩擦。

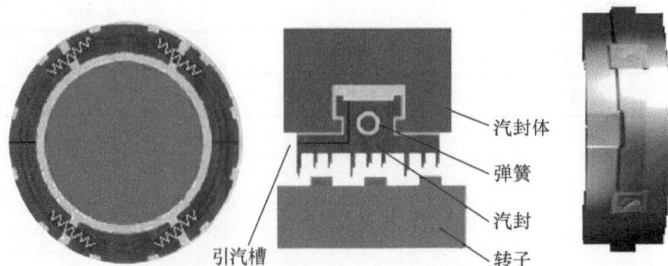

图 15-1　自由状态下的布莱登汽封结构图

布莱登可调式汽封弧段结构与传统汽封弧段基本相同，只是进汽面上铣出一道引汽槽，使汽封弧段背面压力（汽封体沟槽内部压力）等于进汽侧压力。汽封弧段背面压力与汽封弧段端面上的 4 只螺旋圆柱弹簧力相互作用。当机组定速 3000r/min 并带上一定负荷后，随着蒸汽压力的升高，作用在汽封弧段背面的压力也不断增大以克服弹簧力，使 6 块汽封弧段逐渐呈闭合状态，如图 15-2 所示，此时汽封压向转子轴，汽封齿与转子轴间隙变小，这样蒸汽漏量减少，热效率高。

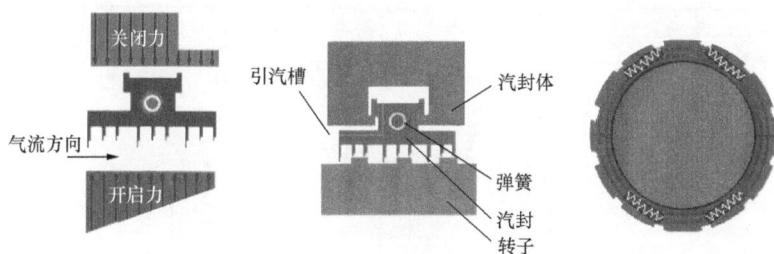

图 15-2　工作状态下的布莱登汽封结构图

2. 布莱登可调式汽封结构特点

（1）减小了汽封环后背弧在槽道内的轴向宽度，减轻了汽封环的锈死危害。

（2）汽封环进汽侧中心部分加工有进汽槽道，使蒸汽直达汽封块后背弧。

（3）在汽封块端部加工了弹簧孔。

（4）取消了传统背撑弹簧片式汽封后背弧的弹簧压片。

布莱登可调汽封可根据汽轮机启、停过程及调峰情况，设定汽封块闭合时间，或根据大修机组中汽封磨损情况，设定不同位置汽封块关闭时间。这样就可以使汽轮机启、停中过临界转速、启动温度梯度最大时，汽封块离开汽轮机轴打开，汽封间隙最大，避免汽封与轴动静碰磨；当汽轮机运行工况稳定或带一定负荷时，汽封环闭合，汽封间隙达较小值。由于汽封间隙在启、停过程中可调，汽封块闭合时，间隙可以在大修安装中调整到制造厂家给定的最小值，减小了级间汽封和轴端汽封漏汽量，提高机组运行的安全经济性。

二、TC2F-35.4″型、2×350MW 汽轮机通流部分汽封改造

为了提高汽轮机的三缸效率，在 2011 年 6 月 1 号机 A 修、2012 年 12 月 2 号机 B 修中，采用布莱登可调式汽封和全铁素体汽封分别对 1、2 号汽轮机高、中压缸的 3 套平衡环部分汽封及高、中、低压缸的 4 套轴端汽封进行了更换改造，并更换了中、低压缸及高、中压转子的全部阻汽片（2 号汽轮机高、中压转子上的阻汽片只更换了磨损、脱落的 5 道），重新调整汽封间隙。1、2 号汽轮机汽封改造更换具体部位如图 15-3 所示。

（一）1、2 号汽轮机通流部分汽封改造的范围、汽封形式及数量

1. 布莱登可调式汽封的改造安装位置及数量

布莱登可调式汽封的改造安装位置及数量见表 15-1。

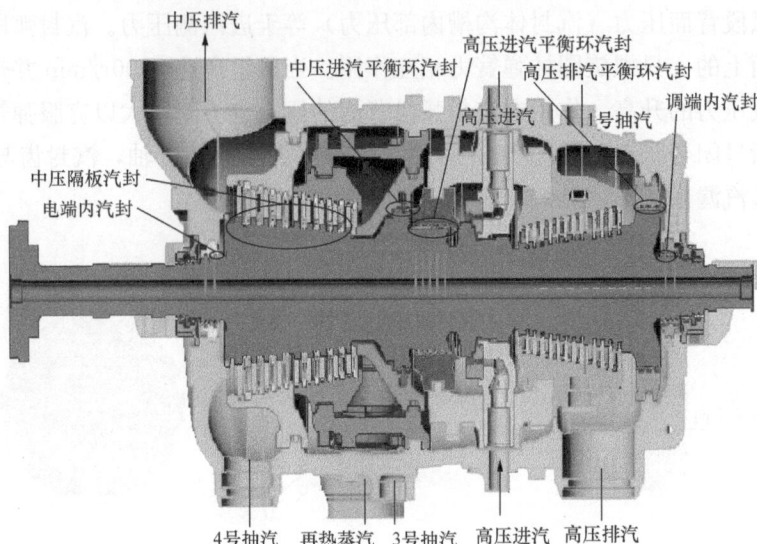

图 15-3　1、2号汽轮机汽封改造具体部位示意图

表 15-1　　　　　　　　　　**布莱登可调式汽封的改造安装位置及数量**

序号	改造汽封的安装部位	数量	汽封形式	备　注
1	高、中压平衡环高压侧汽封	5 道	布莱登可调式汽封	—
2	中压侧平衡环汽封	1 道	布莱登可调式汽封	—
3	高压排汽平衡环汽封	3 道	布莱登可调式汽封	—
4	高、中压缸轴端的电端内侧汽封	1 道	布莱登可调式汽封	—
5	高、中压缸轴端的调端内侧汽封	1 道	布莱登可调式汽封	—
	合计	11 道	—	—

2. 全铁素体汽封的改造安装位置及数量

全铁素体汽封的改造安装位置及数量见表 15-2。

表 15-2　　　　　　　　　　**全铁素体汽封的改造安装位置及数量**

序号	改造汽封的安装部位	数量	汽封形式	备　注
1	高、中压缸轴端的电端外侧汽封	3 道	全铁素体汽封	—
2	高、中压缸轴端的调端外侧汽封	3 道	全铁素体汽封	—
3	低压缸轴端的电端外侧汽封	4 道	全铁素体汽封	—
4	低压缸轴端的调端外侧汽封	4 道	全铁素体汽封	—
	合计	14 道	—	—

3. 阻汽片

1号汽轮机更换了中、低压缸及高、中压转子的全部阻汽片。2号汽轮机也更换了中、低压缸的全部阻汽片，高、中压转子的阻汽片未全部更换，只更换了磨损、脱落的 5 道阻汽片。

（二）汽封间隙调整

1、2号汽轮机改造的汽封间隙全部按全实缸调整、全实缸验收，采用贴胶布法和楔形塞尺等测量。

1. 阻汽片更换及间隙调整

汽轮机转子叶片和隔板喷丸清理、汽封洼窝找正后，先进行拆除和镶嵌阻汽片工作。喷嘴室3道、高压静叶环的1～11道、中压1号静叶环的12～16道、中压2号静叶环的17～21道、低压正反向隔板和叶顶的1～2道阻汽片更换后的车削加工，采用在现场组装上、下两半内缸静叶环部件，运至加工厂用大型车床加工的方法。

汽轮机转子上的阻汽片更换后在现场安装专用车床加工。加工时汽轮机转子置于缸内，各轴瓦上瓦不装，采用淋油装置向各轴瓦供油润滑，用盘车盘动转子，安装专用就地车床车削加工，如图15-4～图15-6所示。

图15-4　汽缸中分面为支撑的就地车床实物图

图15-5　盘车电动机盘动转子实物图

图15-6　轴瓦淋油润滑装置实物图

1号汽轮机改造更换了汽缸和高、中压转子上的全部阻汽片，间隙调整标准按厂家设计下限－0.10mm±0.05mm调整，1号汽轮机改造启机后高、中压转子出现碰磨、振动大现象。针对1号汽轮机振动大问题，2号汽轮机改造只更换了中压转子上磨损、脱落的5道阻汽片，并将阻汽片间隙调整标准改为设计下限－0.05mm±0.05mm。喷嘴室的3道阻汽片按厂家设计标准调整。

2. 布莱登汽封间隙调整

布莱登汽封平衡环汽封退让间隙为2.0mm±0.2mm，平衡环汽封工作间隙为0.35mm±0.05mm；轴端部内汽封退让间隙为2.0mm±0.2mm，轴端部内汽封工作间隙为0.30mm±0.05mm。

布莱登汽封间隙调整过程中不装弹簧，用工艺螺栓将汽封调整至工作位置，便于准确调整汽封工作间隙。汽封间隙调整验收合格，正式扣缸前拆除工艺螺栓，安装弹簧及布莱登汽封块。

3. 铁素体汽封间隙调整

铁素体汽封间隙的调整，与传统汽封调整工艺相同，汽封间隙调整标准与阻气片的调整下限一致，1 号汽轮机改造按厂家设计下限－0.10mm±0.05mm 调整；2 号汽轮机改造调整汽封间隙时，吸取 1 号汽轮机启动中振动大经验，改为按厂家设计下限－0.05mm±0.05mm 调整。

（三）1 号汽轮机通流改造后启机振动及动平衡试验情况

1.1 号汽轮机 A 修前振动情况

1 号汽轮机 A 修前振动情况良好，轴振最大为 $38\mu m$，瓦振最大为 $32\mu m$，参数见表 15-3。

表 15-3　　　　　　　　　1 号汽轮机 A 修前振动情况

时间：2011 年 1 月 17 日　　　机组：1 号汽轮机　　　负荷：350MW　　　μm

编号	1 号	2 号	3 号	4 号	5 号	6 号
轴振（X/Y）	22/25	18/32	27/37	36/27	38/23	17/27
瓦振（X/Y）	3/5	2/6	30/21	29/20	29/32	3/7

2.1 号汽轮机通流改造后启机振动情况

1 号汽轮机 A 修后启动，高、中压转子达到临界转速时，1、2 号瓦轴振超标（$250\mu m$），保护动作，1 号汽轮机汽封摩擦，冲转三次才冲过临界转速。但在发电机电气试验和主机阀门严密性试验后，汽轮机三次冲转均未成功。

分析 1 号汽轮机升速过程中接近临界转速时 1、2 号瓦轴振动偏大的主要原因是：高、中压转子原始不平衡量偏大，在接近临界转速时由于振动大导致碰磨使 1、2 号瓦轴振迅速增大至保护值跳机。再加上 1 号机 4 号轴承瓦振动偏大，对轴系的振动有一定的影响。另外，由于电气试验长约 6h，机组长时间在空负荷下运行，进汽不均匀，可能形成热弯曲，不平衡量偏大，造成接近临界转速时 1、2 号瓦轴振动偏大，使电气试验后的几次冲转不成功。1 号汽轮机 A 修后具体振动情况见表 15-4、表 15-5。

表 15-4　　　　　　　　　1 号汽轮机 A 修后启动过程振动情况

启动	转速	振动最大值	备注
第一次冲车	1640r/min	1 号瓦轴振 X 方向，$250\mu m$	手动打闸
第二次冲车	1699r/min	2 号瓦轴振 Y 方向，$263\mu m$	保护动作跳闸
第三次冲车	1700r/min	振动值最大 $220\mu m$	升速率调整为 400r/min，启动成功

表 15-5　　　　1 号汽轮机 A 修后第一次升速到 3000r/min 时轴系振动参数　　　　μm

编号	1 号	2 号	3 号	4 号	5 号	6 号
轴振（X/Y）	51.1/53.4	89.5/91.0	36.0/33.7	10.1/5.9	19.4/13.3	26.1/29.0
瓦振（X/Y）	5.6/7.3	6.2/10.6	29.9/18.1	28.1/14.9	16.4/16.8	3.1/14.0

3.1 号汽轮机通流改造后启机振动处理

某电科院振动专家对高、中压转子进行了测振，分析稳定转速下各瓦轴振、瓦振以基频为主，幅值、相位都比较稳定，判断高、中压转子原始不平衡量大，在接近临界转速时由于振动大导致碰磨使 1、2 号瓦轴振迅速增大至保护值跳机。因已进行过多次升降速试验，但振动情况未见好转，为此决定通过高速动平衡试验降低高、中压转子过临界振动，经过计算在 1、2 号瓦侧分别加重 550g。处理后汽轮机顺利升速过临界 1699r/min 时，2 号瓦 X 方向振动最大为 $171\mu m$。定速 3000r/min，在带负荷过程中各轴承振动均在 $76\mu m$ 以内，各轴承瓦振均在 $50\mu m$ 以内，保证了机组的安全稳定运行。但是 4 号瓦瓦振偏大（$44\mu m$），分析与刚度较差有关系，下次检修处理。表 15-6、表 15-7 分别为 1 号汽轮机动平衡试验后、超速试验振动参数。

表 15-6		1 号汽轮机动平衡试验后振动参数			负荷：261.9MW	μm
编号	1 号	2 号	3 号	4 号	5 号	6 号
轴振（X/Y）	48.3/54.3	50.0/76.3	39.6/54.9	30.5/17.8	17.0/16.8	26.0/36.2
瓦振（X/Y）	7.6/3.0	5.3/12.2	43.3/28.9	53.6/37.5	32.6/28.2	3.3/24.6

表 15-7		1 号汽轮机超速试验振动参数			超速：3217r/min	μm
编号	1 号	2 号	3 号	4 号	5 号	6 号
轴振（X/Y）	29.8/54.3	83.3/58.4	38.3/34.6	36.8/16.0	51.9/21.2	62.3/56.7
瓦振（X/Y）	16.5/4.0	8.0/15.0	29.9/29.7	24.9/20.0	62.8/66.3	35.3/25.2

4.1 号汽轮机动平衡试验

2011 年 12 月和 2012 年 1 月，利用 1 号汽轮机临修机会，两次对 1 号汽轮机进行动平衡试验。

（1）第一次测振分析后，加配重块方案如下：

1）在高、中压转子 1、2 号瓦侧对称加重（1 号瓦 18 号孔，2 号瓦 6 号孔）各 200g，目的是改善临界转速的振动。

2）在低压转子 3、4 号瓦侧反对称加重（3 号瓦 12 号孔 175g、13 号孔 130g，4 号瓦 24 号孔 175g、1 号孔 130g）各 300g。目的是降低 3、4 号轴承的振动。

3）在低发对轮 1 号螺栓加重 220g、2 号螺栓加重 190g，以降低发电机 5、6 号轴承的振动。

1 号汽轮机第一次加重后振动参数见表 15-8。

表 15-8		1 号汽轮机第一次加重后振动参数			负荷：218.9MW	μm
编号	1 号	2 号	3 号	4 号	5 号	6 号
轴振（X/Y）	65.6/78.6	47.7/46.6	14/23	14.5/9.6	34.2/17	22.1/25.7
瓦振（X/Y）	9.6/5.9	0/12.3	18.3/12.1	27.6/16.7	181.3/21.2	12/21.6

（2）从第一次试加重量测振结果看出，高、中压转子可能存在永久弯曲，1、2 号轴

振降低的效果不明显。在测振过程中，发现 4 号瓦振不稳定，存在周期性波动，计划加配重来降低 4 号瓦振。1 号汽轮机二次配重块调整方案如下：

1) 高、中压转子 1 号瓦处（高、中压转子调端）：①原 18 号孔配重块（200g）取下，加装至 6 号孔；②3 号孔加装配重块（100g），7 号孔加装配重块（135g）。

2) 高、中压转子 2 号瓦处（高、中压转子电端）：①原 6 号孔配重块（200g）保留不动；②3 号孔加装配重块（100g），7 号孔加装配重块（135g）。

3) 低压转子 3 号瓦处（低压转子调端）：①原 12 号（175g）、13 号（130g）孔配重块取下；②10 号孔加装配重块（133g）。

4) 低压转子 4 号瓦处（低压转子电端）：①原 24 号（175g）、1 号（130g）孔配重块取下；②22 号孔加装配重块（133g）。

5) 低压联轴器：①原 1 号螺栓（200g）配重块保留；②原 2 号螺栓（190g）配重块取下。

6) 本次动平衡试验第一次加重前的原始配重均不动。

1 号汽轮机第二次加重后，瓦振降至 30μm 以下优良水平，轴振降至 80μm 以下（1 号轴振为 80μm，2 号轴振为 50μm，其他轴振为优良水平），1 号汽轮机第二次加重振动参数见表 15-9。

表 15-9　　　　　　　　**1 号汽轮机第二次加重振动参数**　　　　负荷：333MW　μm

编号	1 号	2 号	3 号	4 号	5 号	6 号
轴振（X/Y）	75.5/84.6	48.6/41.9	5.3/13.1	28.7/15.8	28.5/21.3	29.9/27.2
瓦振（X/Y）	9.0/7.1	2.5/12.2	16/6.3	21.4/7.3	5.3/6.7	7.9/9.9

（四）2 号汽轮机改造后启机振动及动平衡试验情况

1. 2 号汽轮机改造后启机振动情况

2 号汽轮机 A 修对 2 号汽轮机采用布莱登汽封改造后，在启机时进行全过程振动技术监督。对 2 号汽轮机启动过程中出现的 1、2 号轴振大及 4 号瓦振大进行动平衡处理，使轴振、瓦振指标降至优良范围（小于或等于 20μm）以内，保证 2 号汽轮机通流改造后运行稳定，振动指标均保持优良水平。

2. 2 号汽轮机通流改造后振动处理情况

(1) 冲转过临界转速振动最大为 37μm。

(2) 3000r/min 及带负荷后，4 号瓦振动波动，最大为 76μm。

(3) 带 190MW 负荷，1、2 号轴振大（270、217μm），导致跳闸。分析原因可能是 1 号瓦处轴封布莱登汽封间隙偏小，4 号瓦振动大带起 1、2 号瓦振动增大，造成 1 号瓦轴封碰磨，轴振增大，导致跳闸。

(4) 进行动平衡试验，在低压转子两侧加配重，降低 4 号瓦轴振。

(5) 动平衡试验后，冲转过临界转速振动小，最大振动为 0.02mm。

(6) 动平衡试验后，350MW 负荷振动优良，2 号汽轮机动平衡试验后振动参数见表 15-10。

表 15-10　　　　　　　　　2 号汽轮机动平衡试验后振动参数　　　　　　　　　　μm

编号	1 号	2 号	3 号	4 号	5 号	6 号
轴振（X/Y）	7.7/12.5	11.8/10.6	8.6/9.5	16.8/13.8	13.4/8.8	22.4/17.5
瓦振（X/Y）	2.7/7.2	0.3/3.6	5.4/7.7	4.0/3.1	6.4/10.8	4.3/3.8

（五）改造后的节能效果

1 号汽轮机通流改造前、后热耗性能试验分析：1 号汽轮机热耗率由修前的 8080.57 kJ/kWh 降至修后的 7950.84 kJ/kWh，降低了 129.73 kJ/kWh，节约煤耗约 5g/kWh。

2 号汽轮机通流改造前、后热耗性能试验分析：2 号汽轮机热耗率由修前的 8063.95kJ/kWh 降至修后的 7961.63 kJ/kWh，降低了 102.32 kJ/kWh，节约煤耗约 4g/kWh。

三、NZK300-16.7/537/537 型、2×300MW 汽轮机通流部分汽封改造

为了提高 3、4 号汽轮机的三缸效率，在 2013 年 7 月 3 号机 B 修、2014 年 2 月 4 号机 B 修中，采用布莱登可调式汽封分别对 3、4 号汽轮机高、中压缸的 3 套平衡环部分汽封、中压隔板部分汽封进行了改造，采用全铁素体汽封对高、中、低压缸的轴端汽封进行了改造，并更换了高压缸的全部阻汽片，重新调整汽封间隙，改造更换具体部位如图 15-7、图 15-8 所示。

图 15-7　NZK300-16.7/537/537 型、2×300MW 汽轮机高、中压缸汽封改造安装位置示意图

229

低压正、反向隔板 1～5 级，共 5×2 道采用铁素体汽封

低压前、后封轴，共 4×2 道采用原通能接触式汽封

低压正、反向叶顶 1～4 级，共 4×2 道采用铁素体汽封

低压正、反向叶顶 5～6 级阻汽片不能更换

图 15-8　NZK300-16.7/537/537 型、2×300MW 汽轮机
低压缸汽封改造安装位置示意图

（一）NZK300-16.7/537/537 型、2×300MW 汽轮机的通流部分汽封改造的范围、汽封形式及数量

通流部分改造的具体位置及数量见表 15-11～表 15-14。

表 15-11　　　　　　布莱登可调式汽封的改造安装位置及数量

序号	改造汽封的安装部位	数量	汽封形式	备　注
1	高压排汽平衡环汽封	3 道	布莱登可调式汽封	—
2	高压进汽平衡环	5 道	布莱登可调式汽封	—
3	中压侧平衡环汽封	2 道	布莱登可调式汽封	—
4	中压隔板第 2～9 级	8 道	布莱登可调式汽封	—
5	高、中压缸轴端的电端内侧汽封	1 道	布莱登可调式汽封	—
6	高、中压缸轴端的调端内侧汽封	1 道	布莱登可调式汽封	—
	合计	20 道	—	—

表 15-12　　　　　　全铁素体汽封的改造安装位置及数量

序号	改造汽封的安装部位	数量	汽封形式	备　注
1	高压调侧轴端外侧汽封	3 道	全铁素体汽封	—
2	中压电侧轴端外侧汽封	3 道	全铁素体汽封	—
3	低压缸轴端的电端外侧汽封	4 道	全铁素体汽封	—
4	低压缸轴端的调端外侧汽封	4 道	全铁素体汽封	—
	合计	14 道	—	—

表 15-13　　　　　　原形式汽封的位置及数量

序号	改造汽封的安装部位	数量	汽封形式	备　注
1	高压缸叶顶汽封	12 道	原形式汽封	—
2	中压缸叶顶汽封	9 道	原形式汽封	—
3	低压缸正向隔板汽封	3 道	原形式汽封	—
4	低压缸正向叶顶汽封	4 道	原形式汽封	—

续表

序号	改造汽封的安装部位	数量	汽封形式	备　注
5	低压缸反向隔板汽封	3道	原形式汽封	—
6	低压缸反向叶顶汽封	4道	原形式汽封	—
	合计	35道	—	—

表 15-14　　　　　　　　　　　　　阻汽片的位置及数量

序号	改造汽封的安装部位	数量	汽封形式	备　注
1	高压隔板 1～12 级阻汽片	48 圈	阻汽片	更换
2	高压喷嘴阻汽片	5 圈	阻汽片	更换
3	低压正、反向叶顶末级次末级	16 圈	阻汽片	调整

（二）汽封间隙调整

NZK300-16.7/537/537 型、2×300MW 汽轮机改造的汽封间隙全部按全实缸调整、全实缸验收，采用贴胶布法和楔形塞尺等测量。

1. 阻汽片更换及间隙调整

汽轮机转子叶片和隔板喷丸清理、汽封洼窝找正后，先进行拆除和镶嵌阻汽片工作。喷嘴室 5 道、高压静叶环的 1～12 道阻汽片更换后的车削加工，采用在现场组装上下两半内缸静叶环部件，运至加工厂用大型车床加工的方法。阻汽片间隙调整标准改为设计下限 －0.05mm±0.05mm。

2. 布莱登汽封间隙调整

布莱登汽封平衡环汽封退让间隙为 2.0mm±0.2mm，平衡环汽封工作间隙为 0.35mm±0.05mm；轴端部内汽封退让间隙为 2.0mm±0.2mm，轴端部内汽封工作间隙为 0.30mm±0.05mm。

布莱登汽封间隙调整过程中不装弹簧，用工艺螺栓将汽封调整至工作位置，便于准确调整汽封工作间隙。汽封间隙调整验收合格，正式扣缸前拆除工艺螺栓，安装弹簧及布莱登汽封块。

3. 铁素体及原形式汽封间隙调整

铁素体汽封间隙的调整与传统汽封调整工艺相同，汽封间隙调整标准与阻气片的调整下限一致，3、4 号汽轮机改造按厂家设计下限－0.05mm±0.05mm 调整。

（三）NZK300-16.7/537/537 型、2×300MW 汽轮机调节级喷嘴组改造

2011 年 3 月 4 号汽轮机 B 修汽轮机高压缸解体后，宏观检查发现整圈调节级喷嘴组出汽边冲蚀严重，其中 2 号喷嘴组有 2 个缺口、3 个裂纹，4、6 号喷嘴组各有一个缺口。6 号喷嘴组缺口较为严重，见图 15-9。针对汽轮机调节级喷嘴组出汽边因冲蚀造成的严重损伤，将高压内缸返回制造厂处理，调节级喷嘴组由原 48 个通道结构改造为新

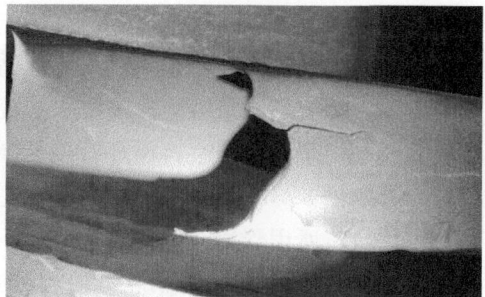

图 15-9　6 号喷嘴组缺口示意图

231

型 126 个通道结构的新型节能喷嘴，不仅彻底处理了存在的缺陷，还提高了汽缸效率，达到节能效果。

2013 年 7 月 3 号汽轮机 B 修，为提高汽缸效率，采用与 4 号汽轮机喷嘴组同样的改造方案，将 3 号汽轮机高压内缸返回制造厂处理，调节级喷嘴组由原 48 个通道结构改造为新型 126 个通道结构的新型节能喷嘴。

（四）启机振动监测

（1）3 号汽轮机 B 修对 3 号汽轮机采用布莱登汽封改造后，在启机时进行全过程振动技术监督，启动后各瓦轴振降至 0.65mm 以下，瓦振降至 0.02mm 以下，达到振动优良水平，保证 3 号汽轮机通流改造后运行稳定。3 号汽轮机通流改造后振动参数见表 15-15。

表 15-15		3 号汽轮机通流改造后振动参数		负荷：300MW		μm
编号	1 号	2 号	3 号	4 号	5 号	6 号
轴振（X/Y）	48/41	63/49	62/66	31/37	27/35	73/46
瓦振	8	0.2	8	12	8	11

（2）4 号汽轮机 B 修对 4 号汽轮机采用布莱登汽封进行改造，在启机时进行全过程振动技术监督，启动后各瓦轴振小于或等于 $60\mu m$、瓦振小于或等于 $20\mu m$ 指标达优良范围以内，保证 4 号汽轮机通流改造后运行稳定，振动指标均保持优良水平。4 号汽轮机通流改造后振动参数见表 15-16。

表 15-16		4 号汽轮机通流改造后振动参数		负荷：300MW		μm
编号	1 号	2 号	3 号	4 号	5 号	6 号
轴振（X/Y）	56/43	32/44	24/28	30/45	60/28	33/20
瓦振	5	0.2	6	0.3	25	5

第二节　空冷凝汽器加装喷淋水系统改造

某电厂 300MW 机组的空冷凝汽器由于系统设计容量问题，致使机组在环境温度高时带不满负荷。技术改造加装空冷喷淋水系统，在环境温度高、机组背压大于 30kPa 时，启动喷淋水系统，喷雾冷却强化换热，降低了机组背压，解决了 3、4 号机空冷凝汽器高温时的限负荷问题，如图 15-10 所示。

一、空冷凝汽器喷淋水系统的构成

（1）公用供水系统。公用供水系统包括安装在 4 号机零米的喷淋泵、电动机、管道、阀门及控制柜和流量测量装置。喷淋水系统从 4 号机凝结水输送泵入口管道取水，经手动门供给喷淋泵。泵出口安装再循环管接至泵入口。泵出口安装过滤器。过滤器出口管道组成母管，分别供 3、4 号机空冷喷淋系统，并安装 3、4 号机空冷喷淋流量计，以调节和统计喷淋水用量。所用管道、阀门全部采用不锈钢材质。

（2）单台机组的喷淋水系统。在空冷喷淋泵出口母管上的 3 号（4 号）机空冷喷淋总门出口直管段安装流量孔板及管路。从 4 号机零米、3 号（4 号）机空冷零米装至 3 号（4

号）机空冷 42m 第六街至第一街，并在 3 号（4 号）机空冷零米安装两个放水门。

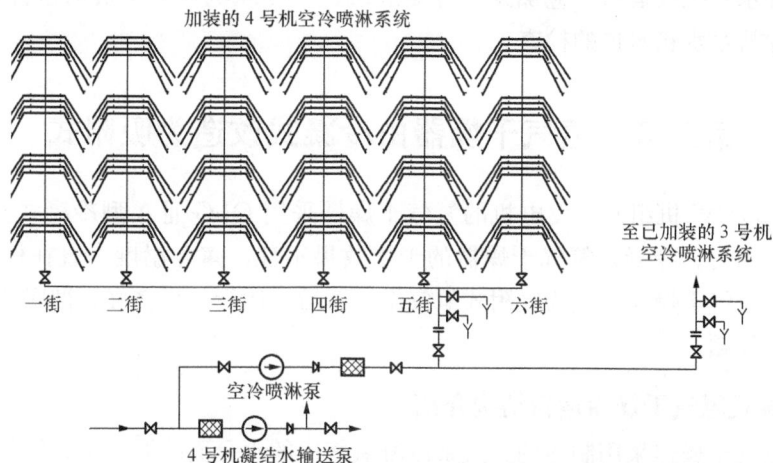

图 15-10　4 号空冷凝汽器加装喷淋水强化换热装置系统简图

（3）空冷街区单元管道及喷嘴。单台空冷凝汽器共分六个街区，每个街区从喷淋水母管取水，经喷淋水支管、阀门铺设管道至四个冷却单元，并在喷淋水支管阀门后安装压力表，以监视压力和调整流量。每个冷却单元安装八组喷嘴管，对称的两组喷嘴管呈等腰梯形状从喷淋水支管上引出，其单侧管与空冷散热翅片平行，距离为 1.3m。每根喷嘴支管上装 4 个喷嘴，单台空冷凝汽器共装 768 个喷嘴。喷嘴管具体安装情况如图 15-11、图 15-12 所示。

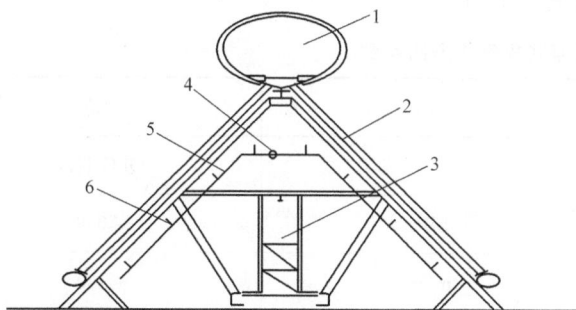

图 15-11　空冷单元内的喷淋水支管、喷嘴结构图
1—空冷街区蒸汽分配管；2—空冷散热翅片；3—空冷
单元间隔门；4—空冷街区的喷淋水支管；5—空冷单元
的喷嘴管；6—喷嘴

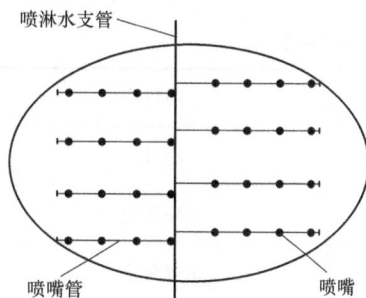

图 15-12　喷淋水支管、喷嘴布置图

二、空冷喷淋水系统的运行

（1）当环境温度达到 30℃，且机组背压达到 26kPa 时，投运喷淋水系统。投运时间一般为 4～9h。喷淋水系统投运后，当环境温度小于 30℃，且机组背压小于 18kPa 时，应及时停运喷淋水系统。

（2）喷淋水的流量以 70～100t/h 为范围控制。

（3）空冷凝汽器各街区的喷水压力以 350~400kPa 为范围控制。

（4）喷淋水系统投运后，应加强空冷喷淋泵、空冷风机及电动机的检查，3、4 号机应特别注意除盐水水箱水位的检查。

第三节　氢气干燥器由冷凝式改造为吸附式

某电厂 300MW 机组两台发电机的氢气干燥器采用 QLG-ⅢA 型冷凝式氢气干燥器，单台机组装有两台。冷凝式氢气干燥器的干燥效果不佳，露点温度一直在标准范围的下限。将冷凝式氢气干燥器改造为吸附式氢气干燥器后，运行效果良好，彻底解决了氢气露点温度不合格问题。

一、冷凝式氢气干燥器运行情况介绍

冷凝式氢气干燥器采用制冷的方式来冷凝氢气中的水分而除湿，干燥氢气的效果受制冷系统正常工作的制约，而制冷系统故障频繁，经常出现膨胀阀滤网堵塞、氟利昂泄漏故障，导致制冷和除湿效果不佳。机组投产以来，发电机的氢气露点温度在 -8~-1℃（标准值为 -25~0℃），氢气的露点温度一直在标准范围的下限，冷凝式氢气干燥器干燥氢气的效果不好。而当一台氢气干燥器检修时，氢气的露点温度会很快升高至 0℃以上，氢气露点温度经常超过低限，影响发电机线棒绝缘的安全。

冷凝式氢气干燥器运行 3~4 年后，氢气和制冷系统的换热器发生腐蚀、生锈和堵塞，虽然制冷良好，但是换热器堵塞，氢气换热变差，冷凝的水分不能排出，冷凝式氢气干燥器彻底失去干燥效果，发电机氢气露点温度在 -3~4℃，已超过规定值，严重影响发电机的安全运行。冷凝式氢气干燥器参数见表 15-17。

表 15-17　　　　　　　　　　　　冷凝式氢气干燥器参数

序号	项目	单位	规范
1	型号	—	QLG-ⅢA
2	工作压力	MPa	≤0.8
3	氢气流量	m³/h	≤120
4	回氢湿度	g/m³	≤1

二、吸附式氢气干燥器介绍

经过调研，了解到 XFG-2F 型吸附式氢气干燥器利用吸附、再生原理除湿，效率高，可对氢气连续干燥，氢气露点温度能达到 -40~-5℃，可保证发电机氢气湿度在合格范围内，工作可靠。

1. 吸附式氢气干燥器组成

设备由吸附塔、油气分离器、冷凝器、气水分离器、强制循环风机和控制系统等组成。主要部件四通阀、加热器、风机等采用进口备件，可靠性高、无故障、免维护，可实现自动排水。控制系统采用 PLC 可编程控制器控制系统，全自动控制。

2. 吸附式氢气干燥器工作原理

氢气干燥器对氢气进行干燥处理的原理是利用活性氧化铝的吸收性能。活性氧化铝是一种固态干燥剂，清除水分是将湿度高的氢气通过填满活性氧化铝的吸收塔来实现的。高疏松度的活性氧化铝具有非常大的表面积和强吸湿能力，对绝大多数气体和水蒸气来说，使用活性氧化铝作为干燥剂主要是利用其化学惰性和无毒的特性。当活性氧化铝吸收水分达到饱和后，其"再生"可通过加热来清除自身的水蒸气，从而恢复其吸收能力，并且活性氧化铝的性能和效率并不受重复再生的影响。氢气干燥器中，利用埋入式的电加热器加热干燥剂使束缚的水分汽化，与此同时一股氢气流过吸附层带走释放出的水蒸气，干燥剂恢复最初的特性，然后将氢气（含有水蒸气）冷却，冷凝水通过分离器排出。一般情况下，活性氧化铝可通过加热的方式来完成它的再生，并可以重复进行。干燥器本身有两个吸收塔，当其中一个吸收塔处于吸湿过程中，另一个则处于再生过程，所以干燥器能够连续工作。在预定的工作周期，控制器自动地控制着四通阀门，并将氢气流从已饱和的吸收塔自动转换到完成再生过程的吸收塔中。与此同时自动地将已吸湿饱和的吸收塔置于再生循环中，完全实现了设备的自动化工作。

为防止氢气中含油杂质或液体直接进入吸附式氢气干燥器设备中，影响设备的干燥效果，并对干燥设备起到一定的保护和缓冲作用，专门为每台吸附式氢气干燥器配置一台油气分离器，使氢气在进入吸附式氢气干燥器前首先通过油气分离器，通过沉降方式，将氢气中的油杂质或液体滤掉，然后进入活性炭罐中将油烟进行过滤，保证气体的洁净，提高干燥器的除湿效果。

三、XFG-2F 型氢气干燥器主要技术参数

（1）被干燥的气体：氢气。

（2）冷凝方式：水冷，入口水温度在 29℃以下。

（3）冷却水流量：0.5t/h。

（4）工作压力：0.6MPa。

（5）设计氢气流量：100m³/h。

（6）出口氢气露点温度（工作压力下）：小于 −35℃。

（7）加热器的温度调节器：设定在 163℃。

（8）电源：380V、3PH、50Hz。

（9）加热器：1064W（每个）。

（10）风机：367.7W。

（11）总功率：3.5kW。

（12）干燥剂：每个吸收塔 23kg 氧化铝。

（13）运行方式：自动运行。

（14）外形尺寸：长×宽×高为 1250mm×850mm×1920mm。

（15）设备质量：650kg。

（16）适用于发电机功率：50～600MW。

（17）再生塔出口气体温度：82℃±11℃。

(18) 冷却器出口气体温度：38℃。

(19) 干燥塔内温度：163℃±28℃。

四、实施改造

(1) 拆除单台机组现装的 A、B 冷凝式氢气干燥器，更换安装 2 台吸附式氢气干燥器。氢气、冷却水的管路不变，只更换法兰、接管。

(2) 采用原装冷凝式氢气干燥器的电源及控制接线。

(3) 引接仪用气管路作为吸附式氢气干燥器阀门的控制气源。

五、改造效果

3、4 号机组的冷凝式氢气干燥器改造为吸附式氢气干燥器后，只需连续运行 3 天左右，发电机氢气露点温度即可降到 −25℃左右，达到氢气露点温度控制范围。吸附式氢气干燥器运行 3 年时间无故障。

六、吸附式氢气干燥器的维护检修

1. 风机的拆卸

(1) 确定设备已关闭电源，从底侧的接合箱处拆开三相电动机引线和导管。

(2) 将容器和底部四通阀之间的连接螺栓拆卸下来。

(3) 小心地拆卸容器底部螺栓，将整个风机头向下慢慢地移动（注意：降低头部时要小心，因为组合的质量约为 56kg，需要多人合作）。

(4) 检查电动机叶轮是否正常，如有问题及时更换。

2. 风机的安装

(1) 将整个风机头部螺栓口与容器口对上，放上绝缘法兰垫片，带上螺栓。

(2) 连接容器和底部四通阀的螺栓。

(3) 不要过分拧紧螺栓，以免损坏密封垫而产生泄漏。

(4) 连接电动机三相电源螺钉时应注意不要过分拧紧，以防损坏螺钉的密封和绝缘，拧紧后应检查是否泄漏。

3. 加热器的拆装和干燥剂的更换

(1) 先将容器上部螺栓拆卸下来，注意勿将密封垫损坏。

(2) 将连接加热器的电源螺钉卸下，将上部端盖举起卸下。

(3) 用吸尘器将干燥剂吸出。

(4) 将容器内的加热器取出，然后用吸尘器清除剩余的干燥剂，将容器底面清理干净。

(5) 检查加热器和干燥剂，如不能使用应及时更换。

(6) 检查完毕后将合格的加热器放回容器内。

(7) 将符合要求的干燥剂添满容器，一般每个容器装添 23kg，在装添过程中，不要将灰尘杂物掉进容器内。

(8) 连接加热器和上端盖的电源螺钉，拧螺钉时注意不要过分拧紧，以防损坏螺钉的密封和绝缘，拧紧后应检查是否泄漏。

（9）放入新的法兰密封垫，检查上端盖双螺栓的加热器电阻，来验证是否有短路存在。

（10）将容器螺栓拧紧，但要适当，以免损坏密封垫而产生泄漏。

4. 清理疏水阀

设备运转开始的两周应每周清理疏水阀一次，以后每 3 个月清理一次。清理步骤如下：

（1）关闭阀门 V2，确保在清理前这个阀门是关闭的。

（2）取下疏水阀四周的四个螺栓和流动组合。

（3）用清洁剂彻底地清除疏水阀的水锈，保证疏水孔是畅通的。

（4）重新组装疏水阀。

（5）取下疏水阀上部的塞子，注入水直到能排水为止，再将塞子放回原位拧紧。

第四节　TP316L 不锈钢冷油器改造

某电厂的发电机密封油系统、给水泵油系统的冷油器为列管式冷油器，其碳钢材质管板和端盖被开式水腐蚀损坏严重，端盖出现多处漏水问题，端盖隔板腐蚀缺损使冷却水短路，造成密封油温度升高；管板也腐蚀严重，运行中出现油中进水现象，影响设备的安全运行，因此先后对冷油器进行了改造。

一、冷油器改造方案

冷油器腐蚀的主要原因是碳钢材料耐受开式循环水中氯离子腐蚀的性能较差。开式循环水中氯离子浓度为 344mg/L。

根据《发电厂凝汽器及辅机冷却器管选材导则》（DL/T 712—2010），冷油器改造的管束和管板选用 TP316L 不锈钢材料。TP316L 不锈钢材料耐氯离子腐蚀浓度为小于 1000mg/L。改造具体方案如下：

（1）改造冷油器与原装冷油器的水侧流程数相同，根据铜管改为不锈钢管换热系数差计算增大换热面积，壳体的外形尺寸相应增加长度或增大直径，尽量不改变油管和水管的接口位置和管径。为方便冷油器清理拆装水室端盖，采用图 15-13 所示的结构，只需打开水室端盖的盖板即可清理管束。

（2）管束采用 TP316L 不锈钢管（$\phi10\times0.7$mm 或 $\phi12\times0.7$mm）。

（3）管板采用 35mm 厚的复合管板（TP316L 不锈钢板厚 5mm、碳钢板厚 30mm）。

（4）冷油器管束与端板采用涨焊工艺。换热面积计算要求管束堵管达到 10% 时，冷油器的效率及各项指标仍然能满足机组运行要求。

（5）水侧端盖为碳钢材质，水侧端盖的中间隔板材质为 304 不锈钢。水侧端盖内部做橡胶衬里防腐处理，工艺为：胶板厚度为 3.0mm±0.5mm，对水室内部及法兰密封面、端盖内表面全部衬胶，硫化后不得有气泡。

（6）冷油器的水侧和油侧必须按原装位置安装放气、排油、排水阀门接口。

（7）冷油器组装前，在壳体内壁刷一层 32 号汽轮机油，防止生锈。冷油器组装后进

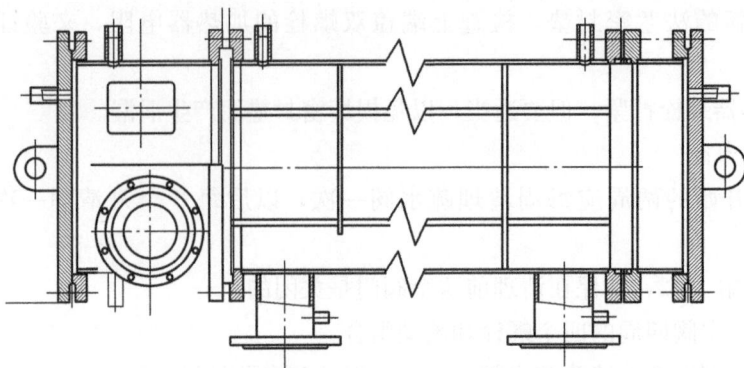

图 15-13 改造冷油器水室端盖结构示意图

行压力试验：冷油器工作压力为 0.6MPa，在厂试验压力为 1.0MPa（做水压试验）。试验后，放尽冷油器内存水，再用 DN15 以上的管道接压缩空气连续吹干不少于 5h，最后检查确认冷油器壳体内部无水分，封闭冷油器的油口。

二、冷油器改造前、后参数

冷油器改造前、后参数见表 15-18。

表 15-18 冷油器改造前、后参数表

序号	冷油器名称		水侧流程	改造前面积	改造后面积	TP316L 管束规格
1	350MW 机组	氢侧密封油冷油器	4	10m²	13m²	$\phi10\times0.7mm$
2		空侧密封油冷油器	4	33m²	40m²	$\phi12\times0.7mm$
3	300MW 机组	空、氢侧密封油冷油器	—	20m²（翅片铜管）	20m²	$\phi10\times0.7mm$
4		电泵工作油冷油器	2	110m²（翅片铜管）	110m²	$\phi12\times0.7mm$
5		电泵润滑油冷油器	2	50m²（翅片铜管）	50m²	$\phi12\times0.7mm$

三、改造后的冷油器

改造后的冷油器如图 15-14、图 15-15 所示。

图 15-14 改造后的冷油器实物图（一）

图 15-15 改造后的冷油器实物图（二）

第五节　板式换热器密封胶条由卡扣式改为粘接式

某电厂四台机组共装有 12 台板式换热器（见图 15-16），均用于开式循环水对闭式循环水的冷却，每年都进行解体清洗。其中 4 台 M15-FFM8 板式换热器的密封胶条采用粘接式，连续运行 13 年粘接式密封胶条都没有发生泄漏，而其他 12 台 M15-BFGL 和 M15-BFML 板式换热器的密封胶条采用卡扣式，拆装两次，胶条就拉长变形，频繁发生泄漏和更换胶条。

为解决板式换热器频繁泄漏更换胶条问题，将板式换热器的卡扣式密封胶条更换为粘接式密封胶条。某电厂 2 台 M15-BFGL 板式换热器的卡扣式密封胶条更换为粘接式密封胶条，运行效果良好。

板式换热器的粘接式密封胶条工作在厂家进行，具体工艺如下：

（1）目视检查。检查板片的明显变形和裂纹，垫片的破裂和溶胀；检查板片的材质、厚度；检查垫片的材质和使用胶水的类型。

（2）拆除原装的卡扣式密封垫片。

（3）板片预清洗。使用高压水冲洗板片表面的污物。

图 15-16　板式换热器实物图

（4）板片化学清洗。将板片放入化学清洗池进行板片清洗、清水漂洗、高压水冲洗，如图 15-17 所示。

（5）如板片原装粘接式密封垫则去除旧胶垫，并将胶垫置于液氮池中进行脱胶处理，如图 15-18 所示。

图 15-17　板片化学清洗实物图

图 15-18　板片在液氮池中脱胶实物图

（6）根据循环水水质及水压等参数选择密封垫片的型号，密封垫片的材质必须能够耐受循环水的腐蚀，不会出现膨胀、变形等缺陷。

阿法拉伐密封垫原料采用高品质聚合物及添加 5～15 种经过阿法拉伐公司千百次试验从 1700 多种物质中选定的改性物质，制造出的适用于板式换热器的橡胶密封垫。

（7）粘胶。使用阿法拉伐公司专门研制的双组分胶水粘胶，安装密封垫，如图 15-19 所示。

（8）进入高温固化炉高温固化 3～4h，粘接牢固性强，如图 15-20 所示。

（9）检查密封垫片粘接合格，装箱运至现场，组装板式冷却器板片，进行水压试验，如图 15-21 所示。

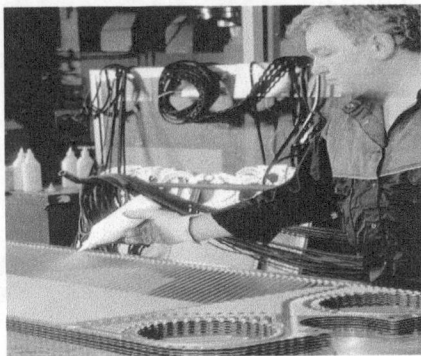

图 15-19 板片粘胶安装密封垫实物图

图 15-20 高温固化处理实物图

图 15-21 板式冷却器水压试验实物图

第六节 轴封加热器风机出口止回阀改造

某电厂 350MW 机组轴封加热器风机出口的止回阀长期运行，阀门内部锈蚀严重，导致阀门关闭不严，造成备用风机倒转。300MW 机组的轴封加热器风机出口没有安装止回阀，也存在备用风机倒转问题，风机切换时运行人员只能采用手动操作方式关闭阀门，来防止备用风机倒转。

一、原装的轴封加热器风机止回阀

原装的轴封加热器风机止回阀全部采用碳钢材料制作，阀座采用角钢，阀板采用 5mm 厚的钢板，止回阀结构如图 15-22 所示。长期运行阀门内部锈蚀严重，阀板卡涩，止回阀动作不灵活，关闭不严，如图 15-23 所示。

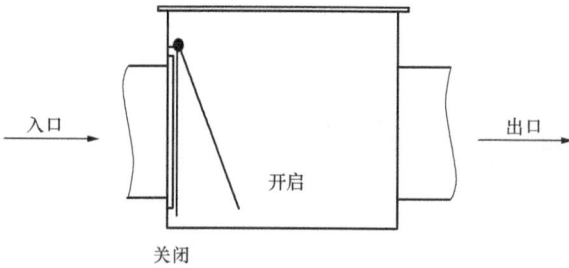

图 15-22　止回阀结构简图

图 15-23　轴封加热器风机原装止回阀
内部锈蚀实物图

二、改造的轴封加热器风机止回阀

改造的轴封加热器风机止回阀采用不锈钢材料制作的 H74 型对夹单瓣旋启式止回阀。如图 15-24 所示，阀体的两侧装有 O 形圈密封，在轴封加热器风机出口管道上焊接法兰，对夹安装止回阀。轴封加热器风机的出口止回阀改造为 H74 型对夹单瓣旋启式止回阀后，阀门动作灵活、关闭严密，轴封加热器风机在备用状态无倒转现象。

图 15-24　阀体的两侧装有 O 形圈密封实物图

第十六章

汽轮机设备故障处理及检修案例

第一节 汽缸变形检修

一、汽缸变形量的测量

汽缸由于铸造内应力未完全释放，启动、运行中受热不均匀、温度差超标或螺栓紧力不均匀等，可能出现汽缸法兰平面永久变形，导致汽缸漏汽。汽缸属于壳体结构，对法兰变形的检查，一般是将上、下汽缸对扣用塞尺检查汽缸法兰内、外密封面，若出现0.20mm以上的间隙或0.05mm穿通间隙，则应冷紧1/3螺栓再用塞尺检查，若间隙大于0.10mm应该处理。一般汽缸变形经常发生在温差较大、应力较高的部位，如高压缸速度级及高压轴封相对应的部位。

二、汽缸变形的处理方法及案例

汽缸变形的处理方法主要有修刮、喷涂、补焊、涂镀等工艺方法，这里主要介绍汽缸变形的车床加工、修刮、补焊和低压缸结合面加装O形密封条案例。

1. 高压内缸变形及处理

某台300MW汽轮机高压内缸出现内张口变形，扣空缸最大间隙为0.80mm，超过规程要求间隙即小于0.05mm，间隙超标，如图16-1所示。高压内缸在返厂更换喷嘴时，用车床加工消除内张口，处理后测量扣空缸间隙小于0.03mm。

某台350MW机组的高

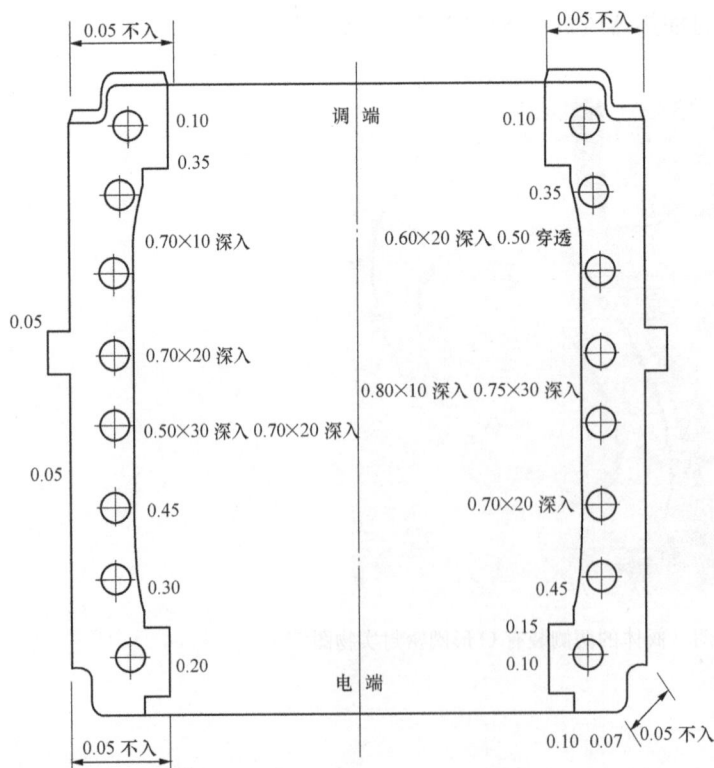

图16-1 300MW汽轮机高压内缸内张口变形尺寸图（单位：mm）

压内缸空缸内侧最大间隙为 2.0mm，热紧 2/3 螺栓最大间隙为 1.05mm，规程要求间隙小于 0.05mm，间隙超标，高、中压内缸内张口变形，如图 16-2、图 16-3 所示。

因高压内缸的下缸螺栓难以拆卸，采用刮研上缸水平结合面方法进行处理，最终扣空缸间隙小于 0.05mm。

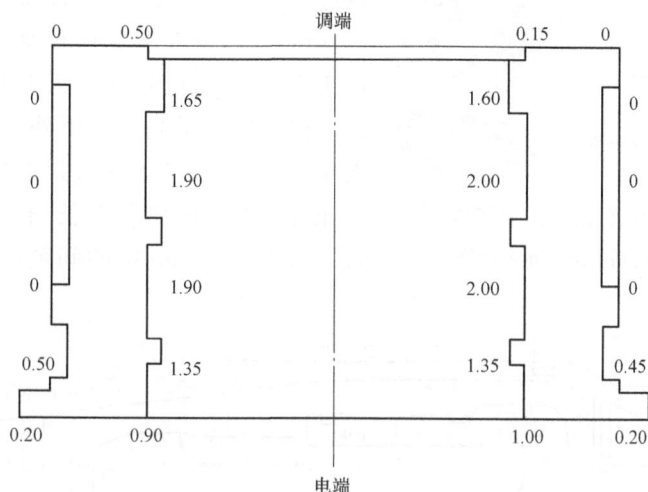

图 16-2　高压内缸空缸结合面间隙尺寸图（单位：mm）

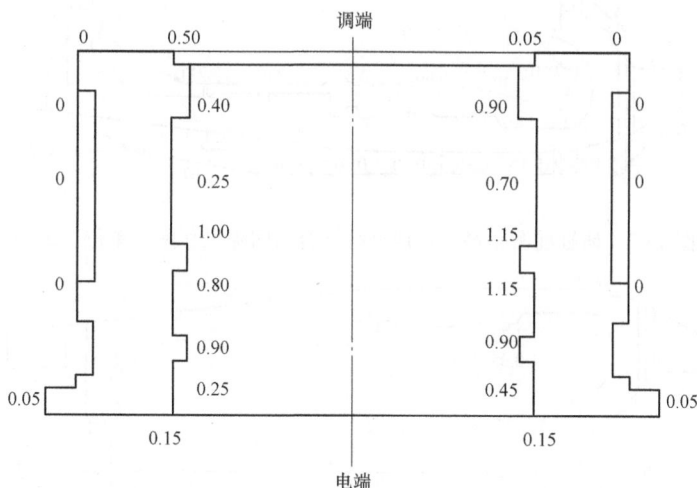

图 16-3　高压内缸紧 1/3 螺栓结合面间隙尺寸图（单位：mm）

2. 高、中压外缸变形及处理

某台 300MW 汽轮机的高、中压外缸运行中有漏汽现象，揭缸时发现高、中压外缸左侧中部结合面有明显的漏汽冲刷痕迹，如图 16-4 所示，检修中对高、中压外缸进行严密性检查，测量空缸间隙，左侧最大为 1mm，右侧对应位置为 0.9mm；研缸前测量高、中压外缸结合面间隙，如图 16-5 所示，热紧高、中压外缸 1/2 螺栓测量间隙，汽缸左侧最大间隙为 0.45mm，其余汽缸结合面平均间隙在 0.20～0.30mm，间隙超标。考虑到高、

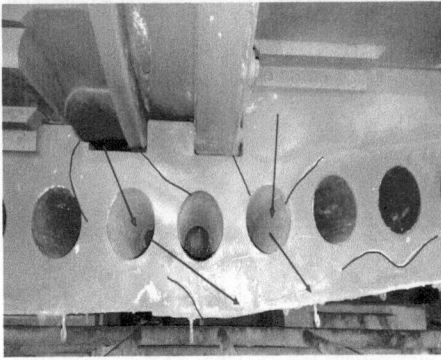

图16-4 高、中压外缸左侧中部结合
面有明显的漏汽冲刷痕迹实物图

小于0.05mm。

中压外缸大面积内张口变形，确定处理方案为
研缸，即以上缸为基准，在汽缸结合面涂红丹，
对研上、下缸，吊开上缸后，由熟练技术工手
持砂轮机，用软角磨片打磨下缸结合面高点
（红丹黑点）。研缸验收标准为空缸间隙小于
0.20mm，冷紧1/3螺栓间隙小于0.05mm。研
缸工作24h连续作业，5天工期达到验收标准。

研缸后测量高、中压外缸结合面间隙，如
图16-6所示，扣空缸未紧螺栓状态测量，高、
中压外缸左右两侧各有长约100mm用0.05塞
尺塞入45～50mm深的间隙，其余部分间隙均

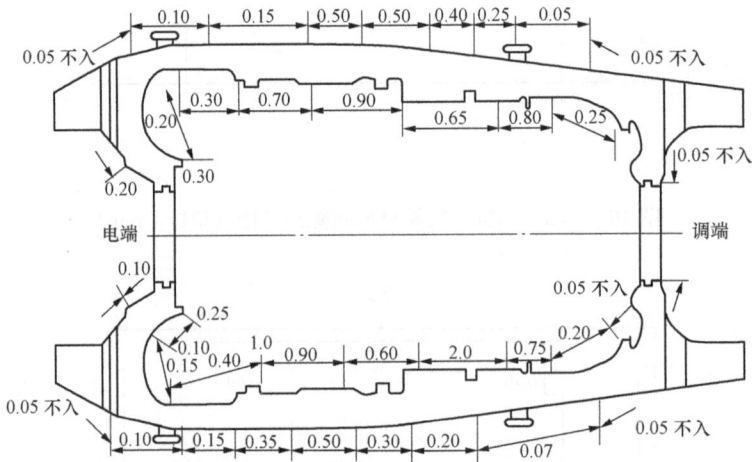

图16-5 研缸前测量高、中压外缸结合面间隙尺寸图（单位：mm）

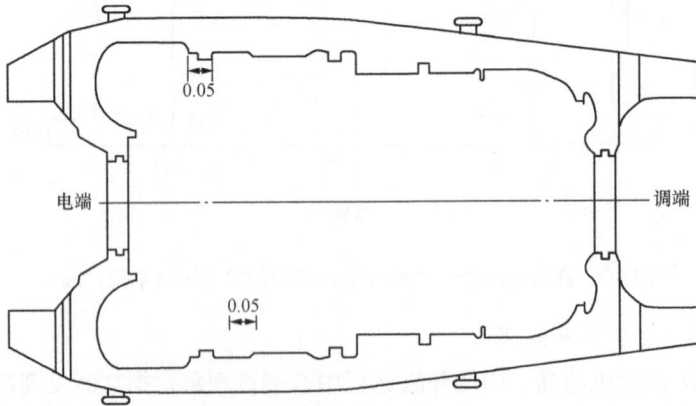

图16-6 研缸后测量高、中压外缸结合面间隙尺寸图（单位：mm）

3. 低压内缸变形处理

（1）补焊、修刮工艺处理低压内缸变形。利用研磨和补焊方法对上、下缸面上有间隙

的部位分别处理，利用平尺分别将上、下缸面上有间隙部位补焊密封带修平，直至利用平尺对上、下缸面分别检查密封带间隙小于或等于 0.02mm，汽缸回装时各条密封带之间的结合面间隙填充汽缸密封脂。这种方法的特点是对上、下缸面分别进行处理，下缸面上的螺栓要全部拆掉，上缸面要翻过来，修复的上、下缸面均平整，能使空扣缸间隙（紧 1/3 螺栓时）修复到 0.03～0.05mm 以内。

　　例如，某台 300MW 汽轮机的低压内缸紧 1/3 螺栓轴封处最大间隙为 1.8mm，超过规程要求间隙即小于 0.05mm，间隙超标，如图 16-7、图 16-8 所示。采用补焊、修刮工艺处理低压内缸水平结合面间隙，使用镍基焊丝在轴封处结合面焊数道密封，然后打磨，用平尺找平，扣缸紧螺栓用塞尺检查不透。扣缸时，用汽缸密封脂填塞密封。

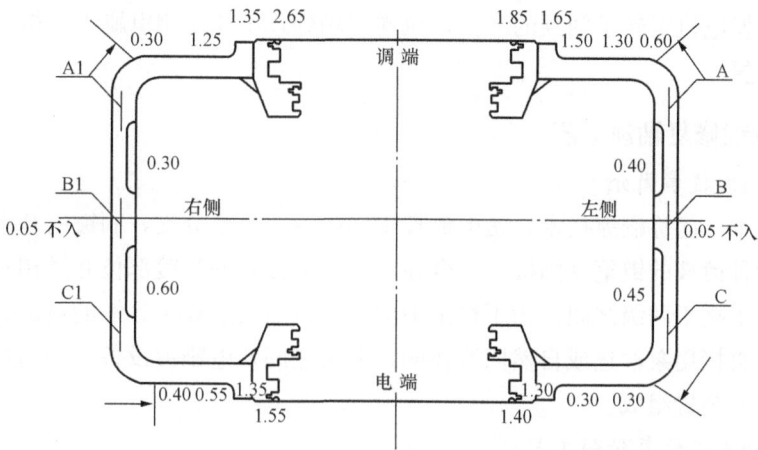

图 16-7　低压内缸空缸结合面间隙尺寸图（单位：mm）

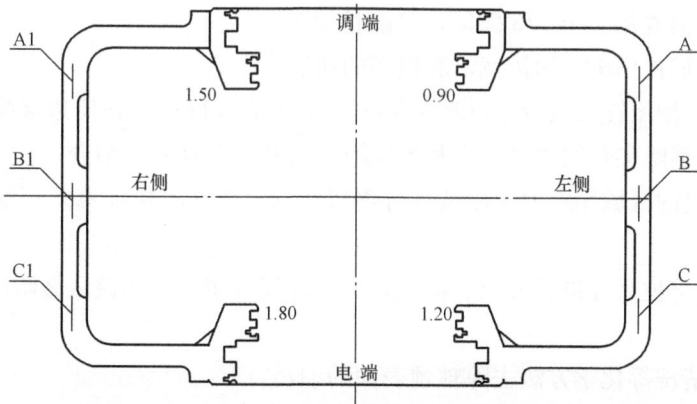

图 16-8　低压内缸紧 1/3 螺栓结合面间隙尺寸图（单位：mm）

　　（2）低压内缸结合面加装 O 形密封条工艺处理变形漏汽。低压缸前、后轴封处常出现变形漏汽现象，导致汽缸内部漏汽或向机组真空系统漏气，造成汽缸效率和机组真空降低。采用在低压缸结合面铣密封槽，在槽内加装氟橡胶 O 形密封条处理低压缸变形泄漏的效果较好。

在需要处理的低压缸结合面上安装固定专用的铣床，沿着结合面加工出一道密封槽，低压缸回装前，在槽内安装密封条，形成一道密封带，防止空气漏入汽缸内和向外漏汽。该密封条采用氟橡胶，可耐 280℃以下温度，完全能满足低压缸内的工作环境，此方法安全，对设备本身没有任何危害和负作用，而且能达到很好的密封效果。

第二节 汽轮机轴颈修复检修

汽轮机轴颈划伤的原因通常是系统中有杂物。一般情况下，新安装机组是由于油系统管道脏，有电焊渣、金属氧化皮等杂物，随油进入轴瓦，磨损轴颈。而老机组是由于油系统管道锈蚀，在运行中锈片脱落进入轴瓦造成轴颈磨损拉沟。

对于汽轮发电机组转子轴颈的磨损，拉沟现场处理主要采用电刷镀、微弧冷焊、激光熔覆等工艺修复。

一、电刷镀修复轴颈工艺

（一）电刷镀技术简介

电刷镀技术（简称刷镀技术）是电镀技术中的一个重要分支，刷镀的基本过程是用裹有包套浸渍特种镀液的镀笔（阳极）贴合在工件（阴极）的被镀部位并做相对运动形成镀层，刷镀电源串接于两级之间。为了稳定地向工件表面液层提供足够的被镀金属离子，高浓度的刷镀液直接用泵输送或自然回流在阴、阳极之间。电刷镀设备由专用直流电源、镀笔及供液、集液装置组成。

（二）现场刷镀修复轴颈工艺

（1）对待修转子轴径拉伤部位及状态进行测量。将拉伤的轴颈沿周向大致分成三个弧段，先修复 1/3 弧段，打磨精加工；翻转子 120°，再修复第二个 1/3 弧段，打磨精加工；翻转子 120°，再修复第三个 1/3 弧段，打磨精加工。

（2）修复区域拉伤沟槽的扩宽，磨损面的研磨。

1）对拉伤沟槽用锉刀或专用电动工具按一定比例进行扩宽并使边缘呈圆滑过度，去除表面疲劳层，消除尖角的边缘效应和保证镀层与基体有良好的结合。

2）对修整过的区域用锉刀及砂纸进行逐级研磨、抛光，保证修复区域光洁且无明显粗糙痕迹。

（3）对修复部位尺寸进行复测、标识，清理修复区域及对非镀区做防油垢、防蚀遮蔽保护。

1）用丙酮清洗等化学方法去除轴颈表面的油污。

2）用胶带纸及塑料布对非镀区进行粘贴和保护，防止溶液对非镀区表面造成局部腐蚀。

（4）电化学处理修复表面。

1）用电净液去除修复区域的油污等，时间尽量短，再用洁净水彻底清洗，修复区域水膜保持均匀、润湿。

2）用洁净水彻底清洗，再用 2 号活化液清洗修复区域。

3）用洁净水彻底清洗，再用 3 号活化液修复清洗区域。

（5）刷镀过渡层。在已经电净、活化处理过的施镀区域刷镀过渡层。常规采用特殊镍溶液在该部位刷镀过渡层，提高和加强基体与镀层的结合力。

（6）刷镀填充工作（或尺寸）层。常规采用有机结合的高堆积铜，直至达到工艺厚度。若单次工艺厚度不能达到修复厚度，应重复上述工序，直至达到修复厚度要求。图 16-9 所示为部分刷镀修复的轴颈实物图。

（7）铜层表面的研磨、抛光。用锉刀对铜层表面的粗糙边缘进行修整，用砂纸逐级对修整面进行研磨、抛光，通过锉、削、研磨处理，检查镀层质量，不允许有可见针孔、起皮、脱落和色泽不均等现象。

图 16-9　部分刷镀修复的轴颈实物图

（8）已修复区域的再次保护（一次完成的区域不再进行下道工序）。用胶带纸、塑料布对未达尺寸要求区域再进行非镀区的遮蔽保护。

（9）修复区域的整体研磨、找平及抛光。由熟练技术工人手工操作，使用各种类型的锉刀、不同颗粒度的砂纸等工具研磨、找平及抛光，用刀口尺、塞尺等测量工具检查。

（10）轴颈整体打磨、抛光。已完成修复的工作面要对轴颈进行整体研磨、抛光。

（三）刷镀修复轴颈工艺质量验收标准

（1）镀层外观。镀层表面细密、光整，不允许有可见针孔、泡皮、裂纹，与相邻基体结合处过渡均匀，不得有明显界限。

（2）表面平整度。用 0 级刀口尺在轴颈表面沿轴向测量镀层，其与相邻基体间最大可见光隙不超过 0.03mm，且不允许有凸出基体的高点。

（3）圆度。用外径千分尺测量刷镀区域，其垂直、水平、±45°方向与相邻基体间的圆度误差值控制在半径 0.03mm 之内。

（4）表面粗糙度 R_a 不大于 3.2。镀层与相邻基体的表面粗糙度应尽可能保持一致。

（四）刷镀修复轴颈案例

某台 300MW 汽轮机的 3 号瓦轴颈以前有 3 道因油中杂质造成的拉伤采用刷镀处理，后来运行中因轴瓦弹簧断裂，在轴颈上拉出宽度 38mm，最深达 3mm 的损伤，如图 16-10 所示。揭开上瓦后采用刷镀工艺三次盘转子（每次盘 120°）修复，如图 16-11 所示。

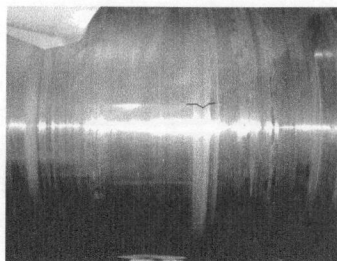

图 16-10　3 号瓦轴颈划伤实物图

图 16-11　3 号瓦轴颈划伤修复后实物图

采用刷镀工艺修复轴颈的电镀层比轴颈金属表面略低 0.03mm，在机组运行中仅承受润滑油膜的压力，只要刷镀施工工艺可靠，机组运行中一般不会出现掉落现象（某电厂两台 300MW 汽轮机轴颈多道拉伤采用刷镀工艺修复,运行 6 年镀层未见异常)。但是电刷镀层的硬度比轴颈金属低,机械强度较差,在一次汽轮机揭缸检修过程中,发现修复的 3 号瓦轴颈的电镀层可能因机械碰撞原因出现分层掉落现象,掉落的残片宽度为 16mm,最厚处为 2.5mm,总长度约为 180mm,如图 16-12、图 16-13 所示。对该轴颈又采用刷镀工艺进行了修复。

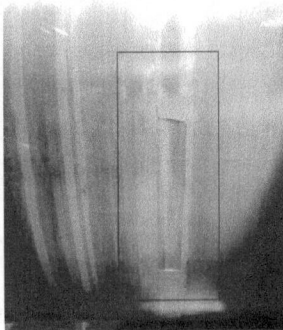

图 16-12　3 号瓦轴颈电镀层分层掉落实物图

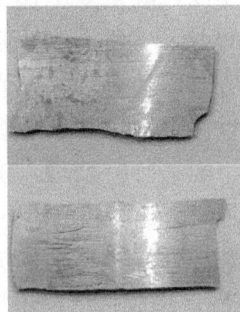

图 16-13　掉落的残片实物图

二、微弧冷焊修复轴颈工艺

(一) 微弧冷焊简介

微弧冷焊工艺采用旋转式自耗电极,氩气保护焊接。其原理是将电源存储的高电能,在高合金电极与金属母材间进行瞬时高频 (0.001s) 的释放,形成空气电离通道,使高合金电极与母材表面产生瞬间的微区高温、高压物理化学的冶金过程。同时在微电场作用下,微区内离子态的电极材料熔渗、扩散到母材基体,形成冶金结合。由于堆焊过程是在瞬间升温和冷却中进行的,在狭窄的堆焊过滤区会得到超细奥氏体组织。另外,堆焊在微区内快速进行,对基体热影响区仅为 0.07~0.11mm,焊接修复部位温度在 60℃以内,残余应力对母材影响极小,使基体不变形、性能不改变。补焊层无变形、无咬边、无气孔。补焊层与基体是冶金结合,结合强度高,覆层质量好。可在现场操作,转子不抽出也可施工。焊接合格后,采用人工打磨或专用设备加工轴颈表面。

(二) 现场微弧冷焊修复轴颈工艺

(1) 微弧焊层的补焊材料采用进口镍基合金焊丝,硬度及材质与母材极为接近,耐磨损性能较好。

(2) 微弧焊修复中基体温度保持在 60℃以下。

(3) 如汽轮机不揭缸检修,转子在汽缸内部,则在轴颈下部安装专用滚轮支架,翻出下瓦,露出需修复的轴颈。微弧焊过程需盘动转子。

(4) 焊前用锉刀砂纸等工具对拉伤部位进行修磨,使沟槽底部呈圆弧状过渡。

(5) 对工作表面非堆焊区域进行保护,用石棉板包裹,以防止在微弧焊过程中损伤这些部位。

(6) 工作表面焊前用化学试剂和铜丝刷等工具清理干净,保证表面无氧化物、水分、油污等杂物。焊条表面也应清理干净,保证表面无氧化物、水分、油污等杂物。

(7) 焊接过程中采取相应措施,保证无夹渣、氧化物、咬边、未焊透等焊接缺陷。焊接时，焊缝表面应保持金属光泽，不应有黑色物质和暗灰色物质出现。

（8）微弧焊层接近到修复尺寸时，堆焊层以高出最终修复尺寸 0.20mm 左右为宜。

（9）微弧焊后，对堆焊区进行着色探伤，应无裂纹等缺陷。

（10）对堆焊层进行加工。

1）手工打磨。由熟练技术工人手工操作，修复尺寸时不得损伤工件表面，用锉刀进行粗磨，局部未填满部位继续补焊。表面缺陷完全修复后使用各种类型的锉刀、不同颗粒度的砂纸等工具研磨、精磨、抛光至标准尺寸－0.03～0mm，采用刀口尺、塞尺检验。

2）专用机床加工。如图 16-14 所示，采用专用机床加工时，轴颈不转，机床旋转加工。经修复后的缺陷部位应恢复至原轴颈标准尺寸，与邻近基准面尺寸相比，偏差在 0～0.02mm 以内。

（11）最终着色探伤合格，轴承座内修复的轴颈如图 16-15 所示。

图 16-14　加工修颈的专用机床实物图

图 16-15　轴承座内修复的轴颈实物图

（三）微弧冷焊修复轴颈案例

某电厂 300MW 机组在大修时发现发电机的励磁机端的轴颈磨有 4 道深沟，最深的有 1mm 深，1.5mm 宽。采用微弧冷焊处理后，经过几年的运行，对处理后的轴颈进行解体检查，没有出现脱落起皮现象，效果很好。图 16-16 为修复前的轴颈实物图，图 16-17 为修复后的轴颈实物图。

图 16-16　修复前的轴颈实物图

图 16-17　修复后的轴颈实物图

三、激光熔覆修复轴颈工艺

（一）激光熔覆技术简介

激光熔覆（也称激光堆焊）技术是指在激光束作用下将合金粉末或陶瓷粉末与基体表面迅速加热并熔化，光束移开后自激冷却形成稀释率极低、与基体材料呈冶金结合的表面涂层，从而显著改善基体表面耐磨、耐蚀、耐热、抗氧化及电气特性等的一种表面强化方法。激光熔覆后，可提高部件表面的硬度、耐磨性、耐蚀性等性能。

（二）激光熔覆特点

（1）激光束的能量密度高，加热速度快，对基材的热影响较小，引起工件的变形小。

（2）控制激光的输入能量，可将基材的稀释作用限制在极低的程度（一般为 2%～8%），从而保持了原熔覆材料的优异性能。

（3）激光熔覆涂层与基材之间结合牢固（冶金结合），且熔覆涂层组织细小。

（4）熔覆层的厚度范围大，单道送粉一次涂覆厚度在 0.2～2.0mm。

（5）光束瞄准可以使难以接近的区域熔覆。

（6）激光熔覆过程中，加热和冷却的速度极快，最高速度可达 1012℃/s。熔覆层和基体材料间的温度梯度大，可能存在残余热应力。

（三）激光熔覆所需的成套设备

激光熔覆需要成套设备较多，主要由激光器、冷却机组、送粉机构、加工工作台等组成。

（四）现场激光熔覆修复轴颈工艺

（1）将转子放置在专用滚轮架上。调整前、后滚轮架高度，保证转子轴线水平。

（2）对待修轴颈部位部位清洗、检验，确定原基体损伤深度及表面是否有裂纹等缺陷。

（3）测试待修复表面硬度，据此选定表层熔覆粉末材料。

（4）对待修复部位加工，去除表面氧化层和疲劳层，单边厚度小于 0.05mm。根据不同磨损深度可确定不同部位的熔覆厚度。

（5）确定激光熔覆工艺，编制熔覆轨迹。可调速滚轮架控制轴颈线速度，利用可移动式激光加工设备，完成轴颈的激光熔覆修复。

（6）着色检验激光熔覆修复后表面，确定修复后表面无裂纹、气孔、夹渣等缺陷。

（7）安装专用机床对轴颈进行加工。以汽轮机转子轴颈未磨损面外圆为基准，通过调整现场随型加工设备使其和基准控制在同轴度 0.02mm 内。

（8）对待修表面进行粗车，检验表面是否有缺陷、未熔起等现象，如存在则需局部补熔。

（9）对待修复面进行精车，抛光加工，加工面圆跳动小于 0.04mm，磨削是表面粗糙度小于 R_a 0.8，满足支承瓦位置轴颈使用要求。

第三节　定子冷却水泵振动大处理

某电厂 300MW 机组发电机定子冷却水系统采用 SKG-300-3 型汽轮发电机冷却水系

统。发电机定子冷却水系统的集水（供水）装置安装在汽机房零米，其中两台定子冷却水泵安装在定子冷却水集水装置的台板上，定子冷却水泵台板上方高 1.1m 处安装压力测量管道，其上方是定子水箱。

一、定子冷却水泵检修过程及振动原因分析

定子冷却水泵在机组刚投产时就多次出现振动大，轴承损坏故障，泵只能连续运行 1～2 个月就故障需要检修。在检修找中心时，发现架在联轴器上的百分表摆动大（摆幅 0.15～0.20mm），不能准确读数找中心。使用便携式测振仪测量集水装置台板的振动，显示振幅达到 0.02mm。分析集水装置台板下方水泥浇注不良，造成泵和电动机的基础不牢固是定子泵振动大、频繁发生轴承损坏的原因。加工锲形垫铁加固泵和电动机的台板后，定子冷却水泵的连续运行周期延长至 6 个月以上。

检修定子冷却水泵时，发现弹性套柱销联轴器的中间加长短节变形，测量短节的晃度超过 0.5mm，瓢偏超过 0.2mm。联轴器短节变形导致泵与电动机中心不正，也是造成定子冷却水泵振动大的一个重要原因，泵振动大又造成集水装置台板共振，加剧振动导致轴承很快损坏。而且厂家设计安装的定子冷却水泵几乎无检修空间，高度仅 1.1m，检修人员只能窝蹲在集水装置内部工作，检修作业难以正常进行，人员工作强度太大，如图 16-18 所示。

图 16-18　改造前的定子冷却水泵无检修空间实物图

二、定子冷却水泵移位改造

针对定子冷却水泵台板基础不牢固和联轴器短节变形造成泵共振频繁损坏轴承，以及定子冷却水泵无检修空间的问题，对定子冷却水泵和电动机进行移位改造，方案如下：

（1）将两台定子冷却水泵及电动机整体向南移出集水装置，重新浇注水泥基础。

（2）将联轴器改为两节梅花垫式联轴器，并配套更换泵与电动机的台板。

（3）加长不锈钢管连接泵出、入口与定子冷却水系统的管道。

三、定子冷却水泵改造效果

改造后，定子冷却水泵振动幅值为 0.01mm，达到优良范围。经过改造，不但消除了定子冷却水泵振动大频繁故障问题，而且为检修作业提供了合理的作业空间，从根本上解

决了定子冷却水泵振动大和检修难的问题，延长了定子冷却水泵的检修周期，提高了运行可靠性，如图 16-19 所示。

图 16-19　改造后的定子冷却水泵实物图

第四节　高压加热器酸洗

某电厂 2×350MW 汽轮发电机组于 2000 年 8 月和 2000 年 11 月相继投入生产，两台机组各有三台高压加热器。从 2005 年起，发现两台机组高压加热器存在给水压差（高压加热器入口和出口给水压力差）逐渐升高、管束沉积物积聚的现象，严重时给水泵超额定转速、超出力运行导致振动大，高压加热器水室隔变形、给水短路运行，影响了机组的安全运行。

2007 年 4 月 20 日，1 号机组高压加热器给水压差达 4.3MPa，进行了化学清洗；2007 年 9 月 26 日，2 号机组高压加热器给水压差达 3.4MPa，也进行了化学清洗。化学清洗后，两台机组高压加热器给水压差均降至 0.8MPa。高压加热器酸洗后，给水压差仍有增长趋势。目前，每年定期使用高压加热器管束专用高压水清洗设备对管束进行清洗，高压加热器给水压差维持在 1～2MPa。

一、高压加热器给水压差增大情况

1. 高压加热器参数

高压加热器的编号为 1、2、3 号，运行中沿给水流向为：除氧器→3 号高压加热器→2 号高压加热器→1 号高压加热器。高压加热器参数见表 16-1。

表 16-1 高压加热器参数

序号	项目	单位	规范		
			1 号高压加热器	2 号高压加热器	3 号高压加热器
1	管材	—	A556B2	A556B2	A556B2
2	冷却管外径	mm	15.88	15.88	15.88
3	管壁厚	mm	1.83	1.83	1.83
4	冷却管有效长度	m	7.740	9.451	6.958
5	U 形管数量	根	1374	1374	1374
6	总换热面积	m^2	1061	1296	954
7	过热蒸汽冷却段换热面积	m^2	162	205.9	159.0
8	凝结段换热面积	m^2	677	904.0	718.2
9	疏水冷却段面积	m^2	222	186.1	76.8
10	端差	℃	−1.0	−1.0	−1.0
11	壳侧设计压力	MPa	2.35	5.0	8.92
12	管侧设计压力	MPa	21.92	21.92	21.92
13	壳侧设计温度（壳/壳衬）	℃	223/466	265.5/352	303.5/446
14	管侧设计温度（壳/壳衬）	℃	223	265.5	303.5
15	水侧压降	MPa	0.073	0.088	0.074
16	布置方式		水平布置 U 形管		

2. 高压加热器给水压差变化情况

（1）自 2004 年 1 月～2007 年 4 月 1 号机组高压加热器总压差变化情况见图 16-20。

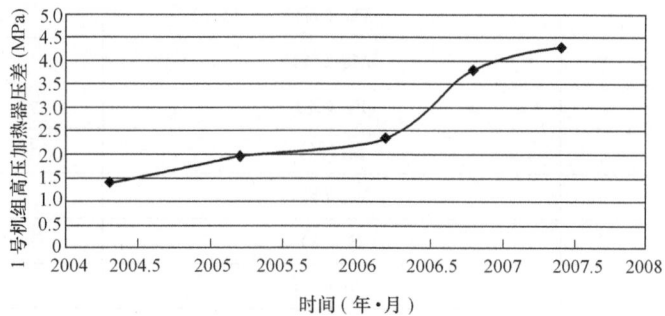

图 16-20　1 号机组高压加热器总压差变化情况

（2）自 2004 年 1 月～2007 年 9 月 2 号机组高压加热器总压差变化情况见图 16-21。

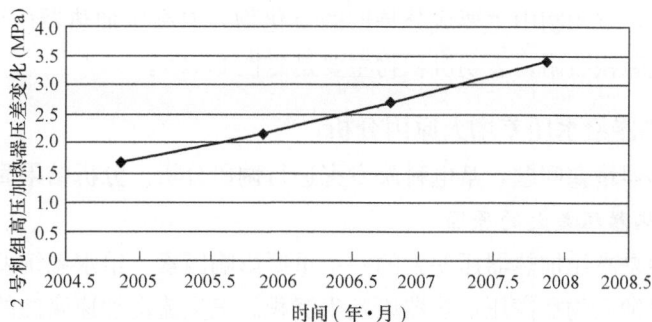

图 16-21　2 号机组高压加热器总压差变化情况

3. 高压加热器管束口沉积垢、堵塞情况

在检修中检查三台高压加热器发现：高压加热器水室内部沉积大量黑色粉末，管束入口、出口沉积、堵塞大量黑色粉末，大部分管束口被堵塞面积超过 50%，见图 16-22；各台高压加热器加热管中均出现不同程度的垢样沉积，按 3 号高压加热器→2 号高压加热器→1 号高压加热器的顺序逐渐增加；1 号高压加热器水室隔板检查孔的盖板变形有鼓起部分，部分螺栓断开，1 号高压加热器存在给

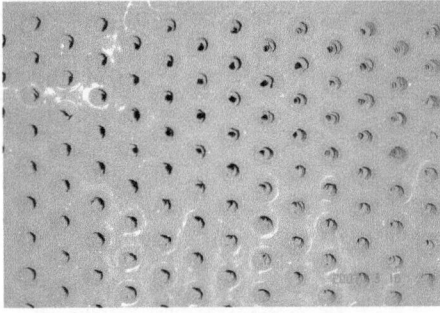

图 16-22　高压加热器管束端口沉积、堵塞大量黑色粉末实物图

水短路泄漏。

4. 高压加热器垢样分析

对高压加热器的黑灰色粉末垢样进行取样分析，结果见表 16-2。

表 16-2　　　　　　　　　　　　高压加热器垢样分析结果

2 号高压加热器垢样元素分析		
序号	项目	结果
1	900℃灼烧增量（%）	3.22
2	Na（%）	0.06
3	Ca（%）	0.03
4	Mg（%）	0.01
5	Fe（%）	99.04
6	Si（%）	0.05
7	Mn（%）	0.01
8	S（%）	0.03
9	Cu（%）	0.02
10	Ni（%）	0.09
11	Cr（%）	0.19
12	Zn（%）	0.05

从分析结果看，沉积物中主要成分是铁的氧化物。取高压加热器内沉积物进行试验，发现其几乎全部被磁铁吸附，表明沉积物主要是磁性 Fe_3O_4。

二、高压加热器给水压差增大原因分析

针对高压加热器堵塞问题，某电科院专家进行调研分析。分析结果简要说明如下。

（一）高压加热器压差大的原因

流动加速腐蚀是高压加热器压差大的一个重要影响因素。给水系统发生了比较严重的流动加速腐蚀，腐蚀产物在高压加热器内发生沉积。发生流动加速腐蚀的原因包括：

（1）高压加热器的材质可能存在问题，容易发生流动加速腐蚀。

（2）给水 pH 值偏低。

（3）给水的氧化还原电位比较低。

（4）给水管道流速高。

（二）流动加速腐蚀机理及影响因素

1. 流动加速腐蚀的机理

流动加速腐蚀是指在紊流且还原性条件下发生的腐蚀，简称 FAC。在紊流无氧的条件下，钢材表面的氧化膜层不是很致密，尤其是在一定温度范围内和水流高流速的条件下，氧化膜容易被溶解，溶解下来的铁离子不断被冲走，从而导致氧化膜不断溶解，钢材不断被腐蚀。

2. 影响流动加速腐蚀速度的因素

影响流动加速腐蚀速度的因素主要有以下几个方面：

（1）水的流速。水的流速越高，局部扰动越激烈，腐蚀速度越大。资料显示，流速小于 1m/s 时，腐蚀速度与流速基本呈线性关系；流速大于 1m/s 时，腐蚀速度与流速呈三次方关系。

（2）pH 值。pH 值越低，腐蚀速度越大。

（3）温度。流动加速腐蚀一般在 150～200℃ 达最大值。

（4）氧化还原电位。氧化还原电位的高低取决于水是还原性还是氧化性，还原性条件下，氧化还原电位小于 0mV，联氨是还原剂，联氨浓度越高，电位越低；氧化性条件下，氧化还原电位大于 0mV，氧的浓度越高，电位越高。

一般而言，氧化还原电位越低，铁的溶解度越大，给水的铁含量越大，即流动加速腐蚀越严重；给水不加联氨，含有适量溶解氧时，氧化还原电位逐渐升高至 0mV 以上，此时钢材表面保护膜外层的 Fe_3O_4 被氧化为 Fe_2O_3，Fe_2O_3 非常致密，在流动给水中的溶解速度大大低于 Fe_3O_4，流动加速腐蚀逐渐减轻；当给水采用加氧处理，氧化还原电位大于 150mV 时，不发生流动加速腐蚀。

（5）金属材料成分。碳钢容易发生流动加速腐蚀。钢中即使含有微量的铬、铜和钼（尤其是铬），也能明显减轻流动加速腐蚀。如铬含量大于 0.04% 时，钢材的抗流动加速腐蚀性能会得到明显改善。

（6）流通截面的几何形状。如弯头和三通，对流动形成干扰的因素都会促进流动加速腐蚀。

（7）湿蒸汽的环境比水更容易发生流动加速腐蚀。

资料显示，为使流动加速腐蚀最小化，加热器和管道为碳钢的给水系统需要在 pH 值为 9.2～9.6 的条件下运行；如果凝汽器管子是铜合金，则将 pH 值的上限降低至 9.4。

对于全铁给水系统（凝汽器可以为铜管）的机组，不建议使用联氨，此时只要使氧化还原电位大于 1mV，就可以使流动加速腐蚀最小化。

（三）高压加热器及给水系统运行情况

（1）高压加热器管内给水流速过高。1、2 号机组在汽轮机最大连续出力（TMCR）工况时，高压加热器管内的流速是 2.08m/s，给水管道的流速是 5.28m/s，与其他同类型机组电厂高压加热器管内的流速都相差不大，基本都在 2～2.2m/s。

计算可得某电厂高压加热器管子内的雷诺数 $Re=2.5\times10^7$，给水管道内水的雷诺数为 1.5×10^9。工程上一般认为雷诺数达到 2000 就属于紊流状态，因此，高压加热器管内和给水管道是处于严重紊流状态。

（2）pH 值偏低。《火力发电机组及蒸汽动力设备水汽质量》（GB 12145—2008）规定，对于给水系统无铜的亚临界参数锅炉，给水 pH 值应为 $9.0\sim9.6$；《火电厂汽水化学导则 第 4 部分：锅炉给水处理》（DL/T 805.4—2004）规定，对于给水系统无铜的亚临界参数锅炉，给水 pH 值应为 $9.0\sim9.6$，一般电厂控制为 $9.3\sim9.5$。1、2 号机组长期以来给水 pH 值都控制得偏低。这是因为投产前几年是按照有铜系统的标准进行控制的，给水 pH 值为 $8.8\sim9.3$，一般是在 9.0 左右。后来改为按照无铜系统进行控制，但由于 1、2 号机组投产初期凝汽器铜管水侧就发生了脱锌腐蚀，为了延长铜管的使用寿命，电厂的主导思想是尽量避免铜管汽侧也发生腐蚀，一般控制 pH 值为 $9.2\sim9.3$。

（3）水温。1、2 号机组在额定工况（ECR）和 TMCR 工况下，除氧器出、入口及 3、2、1 号高压加热器出口水温见表 16-3。

表 16-3　　　　　除氧器出、入口及 3、2、1 号高压加热器出口水温

温度＼部位	除氧器入口	除氧器出口	3 号高压加热器出口	2 号高压加热器出口	1 号高压加热器出口
ECR	125.5	173.8	209.0	249.2	285.0
TMCR	127.9	176.8	212.6	253.5	290.2

在整个凝结水系统和给水系统温度范围内，都可能发生流动加速腐蚀，但不同的部位发生流动加速腐蚀的程度不同。在除氧器入口前，水的温度低于 130℃，此时流动加速腐蚀速度比较小；除氧器内水温比较高，但流速低；从除氧器出口到 2 号高压加热器入口，给水流速高，水温在 $173.8\sim209℃$，是流动加速腐蚀最严重的地方；从 2 号高压加热器入口到省煤器，温度逐渐升高，流动加速腐蚀速度也逐渐减小。

（4）氧化还原电位。1、2 号机组给水处理是加联氨的，因此水是还原性的。1、2 号机组凝结水的氧含量仅为 $2\mu g/L$ 左右，除氧器出水氧含量为 $1\mu g/L$ 左右，因此，近两年来联氨浓度控制为 $5\sim10\mu g/L$，测得的给水氧化还原电位为 $-130\sim-135mV$。在此还原性气氛下，容易发生流动加速腐蚀。

（5）材质因素。1、2 号机组高压加热器管束、管板、封头以及给水管道均为普通碳钢，容易发生流动加速腐蚀。

（6）在高压加热器管口处，水流改变方向进入管束，在管口处会有涡流，见图 16-23，此处容易发生流动加速腐蚀。

（7）高压加热器的汽侧是湿蒸汽，也是容易发生流动加速腐蚀的部位，因此疏水的铁含量是很高的。

综上所述，1、2 号机组在 pH 值低、给水流速高的条件下，流动加速腐蚀较为严重。

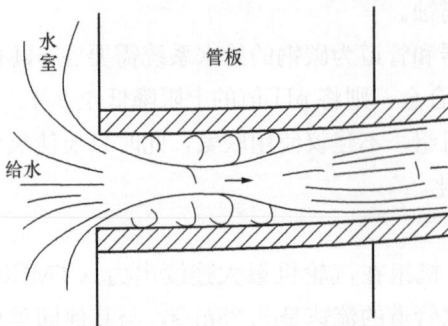

图 16-23　高压加热器入口管端水流示意图

腐蚀最严重的部位在除氧器出口至 2 号高压加热器入口，从 2 号高压加热器到 1 号高压加热器腐蚀速度逐渐减小。因此，3 号高压加热器流动加速腐蚀最严重，2 号也比较严重，1 号比较轻。

（四）高压加热器内的沉积

沿 3 号高压加热器→2 号高压加热器→1 号高压加热器，温度逐渐升高，腐蚀产物的沉积速度随温度的升高呈上升的趋势，3 号沉积速度最小，2 号次之，1 号最大，这一点和流动加速腐蚀正好相反，如图 16-24 所示。

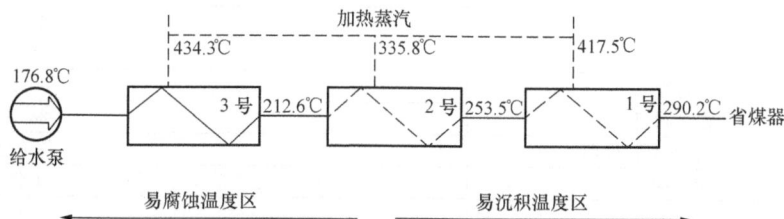

图 16-24　给水系统温度与腐蚀、沉积的关系示意图

腐蚀产物在随给水进入高压加热器后，由于水的流速从 5.28m/s 陡降，管内流速为 2.08m/s（TMCR 工况），而且由于高压加热器入口处的水处于严重紊流状态，入口管端处还存在涡流，从而使给水中携带的铁容易发生沉积，因此，高压加热器入口处的沉积物比较多。

3 号高压加热器的腐蚀产物被给水带到 2 号高压加热器，一部分发生沉积，一部分和 2 号高压加热器的腐蚀产物被带到 1 号高压加热器，在这里大部分腐蚀产物会沉积下来，一小部分被带到省煤器以及锅炉。

由于所形成的腐蚀产物基本为磁性 Fe_3O_4，在发生沉积的部位，由于原有的磁性 Fe_3O_4 和给水中的 Fe_3O_4 互相吸引，越发容易沉积。即越是在有沉积物的地方越容易进一步沉积，沉积物就会越聚越多。

另外，1、2 号机组高压加热器压差的升高与机组的负荷有明显关系：低负荷时，高压加热器压差升高缓慢；连续高负荷时，高压加热器压差明显升高。这是因为高负荷时给水的流量增大，冲刷力增大，对 Fe_3O_4 膜的破坏力更大，因而加剧了给水系统的腐蚀和高压加热器的沉积。

（五）处理建议

建议加强机组的启动冲洗，运行时控制提高给水 pH 值，控制 1 号高压加热器给水温度等减缓高压加热器压差增大的速度；建议考虑技术改造更换两台或一台高压加热器，彻底解决高压加热器压差大的问题。

对于沉积在高压加热器中的 Fe_3O_4 结垢，由于采用机械清理工艺只能清除掉直管段出、入口部分的沉积物，无法清除掉弯管部分的沉积物，建议对高压加热器进行化学清洗。

三、高压加热器酸洗

高压加热器酸洗需要请专业化学清洗单位实施，并加装临时清洗管道、临时加热蒸汽管道等使用清洗设备系统对三台高压加热器水侧进行循环酸洗。

（一）清洗设备及系统

1. 清洗设备

化学清洗范围为三台高压加热器水侧，包括清洗临时管道、水箱等设备，整个清洗水容积约为 60m³。使用的化学清洗设备及水源、汽源、电源见表 16-4、表 16-5。

表 16-4　　　　　　　　　　　　　　　　化学清洗设备

序号	名称	参数	数量
1	清洗箱	46m³	1 只
2	清洗泵	250t/h	2 台
3	加药泵	40t/h	2 台
4	加热器	—	1 台
5	临时管道	—	500m
6	临时阀门	—	20 只
7	热工仪表和分析仪器	—	各 1 套
8	电控柜	—	1 套

表 16-5　　　　　　　　　　　　化学清洗的水源、汽源、电源

序号	名称	参数	数量
1	除盐水	200t/h	约 2000t
2	电源	380V	250kW
3	汽源	1.5MPa	10t/h

2. 清洗系统

为了使清洗范围控制在最小程度，决定将 3 号高压加热器→2 号高压加热器→1 号高压加热器连接在一起清洗，冲洗系统即可实现正冲洗，也可实现反冲洗，在操作中可根据清洗液状态进行适当调整。酸洗时进、出水管用纯水充满，并用 0.2MPa 氮气顶压，防止因进、出水阀门关不严而使酸液漏入。图 16-25 为化学清洗系统图。

清洗回路分两个：

（1）清洗箱→清洗泵→1 号高压加热器→2 号高压加热器→3 号高压加热器→清洗箱。

（2）清洗箱→清洗泵→3 号高压加热器→2 号高压加热器→1 号高压加热器水室隔板

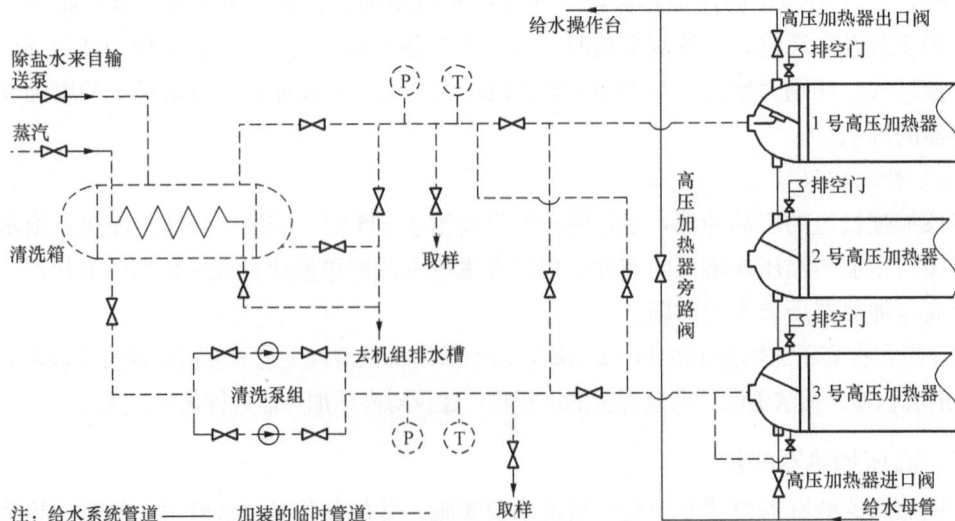

图 16-25　化学清洗系统图

引出→清洗箱。

（二）化学清洗药品及工艺

1. 化学清洗药品选择

高压加热器化学清洗药品中所用的酸是柠檬酸，这是因为柠檬酸溶液对氧化铁或金属侵蚀性小，能够络合游离 Fe^{3+} 而减少附加腐蚀。采用柠檬酸后化学清洗系统可以简化，而且酸液对人体无害。如果高压加热器及管束等是用合金钢制成，用柠檬酸清洗时，酸度控制在 3.5%～4.0%，温度控制在 90～95℃。为了确保清洗效果，使腐蚀速率降到最低，在实际中加入的缓蚀剂量为 1%。化学清洗药品清单见表 16-6。

表 16-6　　　　　　　　　　　　　　　化学清洗药品清单

序号	名称	数量	备注
1	柠檬酸	8000kg	酸洗两次计
2	缓蚀剂	1000kg	—
3	氨水	10 000kg	—
4	磷酸（80%）	300kg	—
5	三聚磷酸钠	300kg	—
6	过硫酸铵	250kg	—
7	联胺	100kg	—

2. 化学清洗工艺

清洗采用柠檬酸循环清洗，磷酸、多聚磷酸盐漂洗钝化工艺，具体工艺如下：

（1）酸洗：4%柠檬酸＋1%缓蚀剂，pH 值为 3.5 左右，温度为 90～95℃，时间为 5～6h。

（2）氨洗：NH_3 浓度为 1.5%，过硫酸铵浓度为 0.4%，温度为 40～50℃，氨洗 3～4h。

（3）漂洗：0.25%磷酸＋0.3%多聚磷酸盐，pH 值为 3.0～3.5，温度为 40～45℃，漂洗 1h。

（4）钝化：0.25%磷酸＋0.3%多聚磷酸盐，加氨水调 pH 值为 9.5～10，温度为 80～90℃，时间为 4～6h。

（三）化学清洗步骤

1. 机械清理

高压加热器化学清洗前先进行人工机械清理，保证高压加热器内的每根加热管都处于冲通状态。机械清洗的同时，采垢样进行成分定量分析，以确定总垢样和最终酸洗方案。

2. 水冲洗

将临时水箱注满除盐水，启动循环泵，整个系统注满水，循环 6min，压力正常，检查各阀门及系统是否漏水、高压加热器水侧与汽侧是否串水等，检查正常后，对 3 台高压加热器水侧进行大流量水冲洗，直到冲洗出水目测澄清无明显黑色粉状物为止。

3. 柠檬酸清洗

清洗泵按清洗回路进行系统大循环。循环正常后，开启蒸汽加热，使水温升至 40～50℃，开始向清洗箱内加缓蚀剂，待循环均匀后开始加柠檬酸，并加氨水使清洗液 pH 值至 3.5 左右，继续升温至 95℃左右，控制柠檬酸酸洗液的酸度为 3.5%～4.0%及缓蚀剂浓度为

1.0%～1.2%。调整蒸汽加热维持系统温度，整个清洗时间约为 5～6h，此时，需要严格控制温度、酸度、pH 值、Fe^{3+}、Fe^{2+} 及沉积物量。如清洗末期酸浓度很低或铁含量大于 1%，需将酸洗液排空再配酸液进行二次酸洗。清洗至进、出口酸洗液中铁浓度相同为止。

4. 酸洗后水冲洗

酸洗结束后，停蒸汽加热，将清洗液排至废水池，随后启动清洗泵进行大流量开路水冲洗，直至排水目测澄清，柠檬酸浓度为 0，铁含量小于或等于 500mg/L，pH 值大于或等于 4.5 即认为合格。冲洗前期采用 3 号高压加热器→2 号高压加热器→1 号高压加热器顺序进行，后期切换为 1 号高压加热器→2 号高压加热器→3 号高压加热器顺序冲洗。

5. 漂洗钝化

水冲洗结束后清洗系统进行水循环，循环正常后，开启蒸汽加热，升温至 40～50℃，同时向清洗箱内加磷酸、多聚磷酸盐，循环漂洗 1h 左右，加氨水调 pH 值为 9.5～10.0，再升温至 80～90℃，循环钝化 4～6h。

6. 排放

钝化结束后，停止加热，迅速将钝化液排至机组废水池，清洗结束。

（四）化学清洗效果

清洗后的金属表面清洁，基本无残留的氧化物以及焊渣，无明显的金属粗晶析出现象。被清洗的金属基本无残留垢物，除垢率大于 95%。未出现过洗以及欠洗情况。金属表面形成良好的钝化保护膜，无二次浮锈和点蚀。参与清洗的正式管道以及阀门换热管未出现酸洗损坏漏点等情况。

酸洗过程在 1 号高压加热器和酸洗箱内悬挂了两块试片，酸洗后腐蚀速率分别为 4.47、0.92g/（m²·h），符合酸洗腐蚀速率要求。酸洗结束，对各台高压加热器进行了检查，各高压加热器内部积存的垢已清除干净，各管口光滑，特别是 1 号高压加热器，效果特别明显。图 16-26、图 16-27 为 1 号高压加热器酸洗前、后实物图。

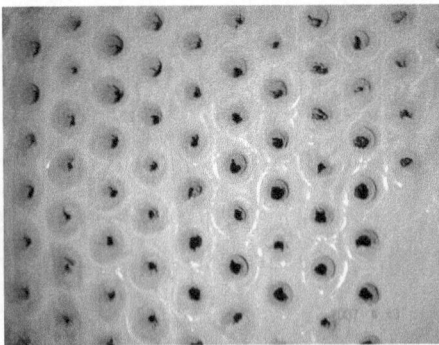

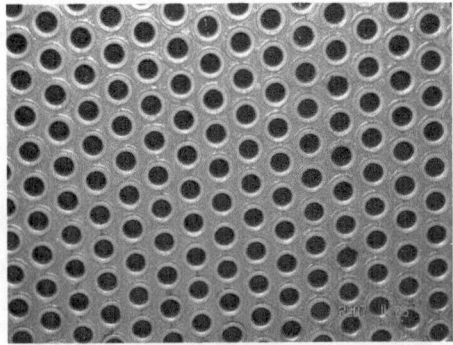

图 16-26　1 号高压加热器酸洗前实物图　　图 16-27　1 号高压加热器酸洗后实物图

当酸洗结束，机组启动正常带满负荷时的高压加热器压差为 0.8MPa，满足了运行的基本要求。

四、高压水冲洗

在每次机组停机检修时，对高压加热器管束使用高压水清洗管束专用设备进行机械清洗除垢，防止 Fe_3O_4 沉积、结垢，控制高压加热器给水压差增大的趋势。

高压清洗水由电动高压柱塞泵提供，压力调整为 10MPa，喷头规格为 $\phi9$。清洗时，高压水软管和喷头依靠喷头向后喷水的推力自动向管束内部伸入，并且喷头自动旋转，向前、向后喷水进行清洗（见图 16-28）。直管段和管束口清洗效果良好（见图 16-29），但是管束 U 形弯处仍不能清理。

图 16-28　向前、向后喷水进行清洗示范图

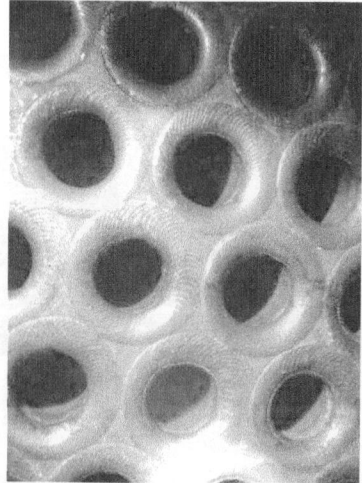

图 16-29　直管段和管束口清洗效果良好实物图

第五节　高压加热器水室隔板更换

某电厂两台 350MW 机组和两台 300MW 机组高压加热器的水室隔板均发生泄漏，对水室隔板的检查孔密封进行了改造更换。

一、高压加热器的水室隔板泄漏

（一）350MW 机组的高压加热器水室隔板泄漏

350MW 机组的 1 号高压加热器因 U 形管束结垢堵塞导致给水压降增大，高达 3MPa 以上，造成水室隔板因压差大向出水侧拱起，严重变形，如图 16-30 所示。水室隔板与管板的焊缝开裂，开裂长度达 1660mm，水室隔板的检查孔盖板也变形，如图 16-31 所示，发生短路泄漏。

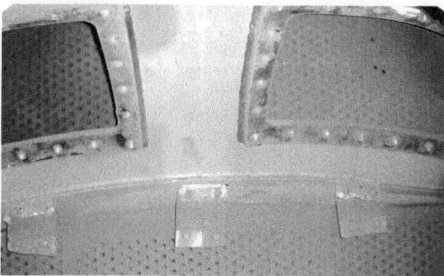

图 16-30　1 号高压加热器水室隔板
变形实物图

图 16-31　1 号高压加热器水室隔板的
检查孔盖板变形实物图

（二）300MW 机组的高压加热器水室隔板泄漏

300MW 机组的 1～3 号高压加热器水室隔板都出现不同程度的泄漏。泄漏原因是水室隔板检查盖板密封面的螺栓孔径偏大，密封不严，高压给水长期冲刷螺栓孔，导致孔变大泄漏增加，扩大冲刷损坏盖板密封面，如图 16-32～图 16-35 所示；另外，高压加热器水室隔板的焊缝也有多处开裂，如图 16-36、图 16-37 所示，都造成给水短路泄漏。

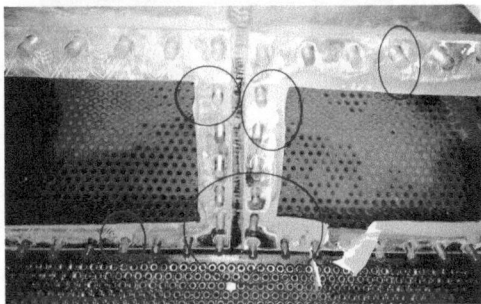

图 16-32　检查盖板密封面及螺栓孔冲刷实物图（一）

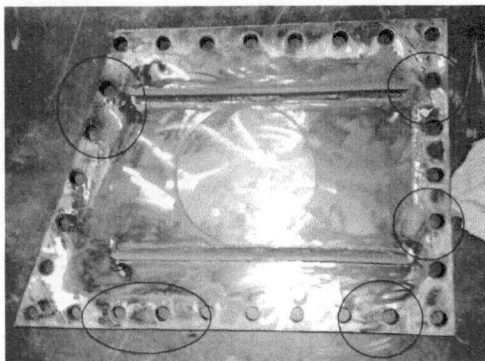

图 16-33　盖板密封面冲刷实物图

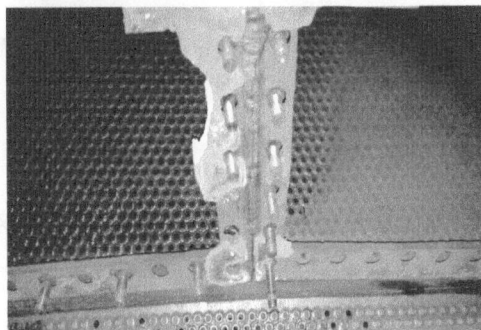

图 16-34　检查盖板密封面及螺栓孔冲刷实物图（二）

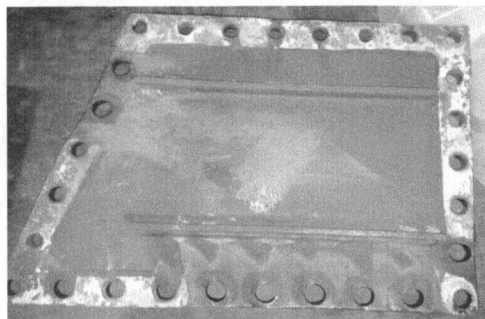

图 16-35　盖板密封面冲刷螺栓孔径增大实物图

图 16-36　水室隔板焊缝裂纹实物图

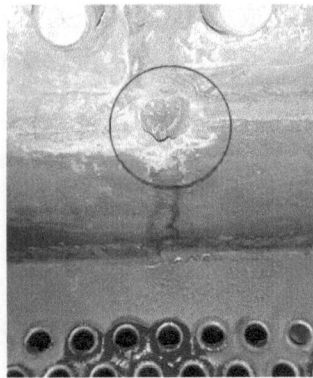

图 16-37　水室隔板焊缝裂纹冲刷实物图

二、高压加热器水室隔板的检查孔密封改造方案

350MW 机组和 300MW 机组高压加热器的水室隔板短路泄漏的处理方案基本相同，都是考虑到高压加热器内部焊接容易出现裂纹和变形问题，不更换水室隔板，而是采用加工加厚型不锈钢材料的检查孔密封装置在原装密封位置内、外贴焊，并打磨深挖隔板焊缝的裂纹进行补焊处理。具体方案如下：

（1）将原碳钢材料的检查孔密封改造为 1Cr18Ni9Ti 不锈钢材料的密封。检查孔密封框由 20mm 加厚至 30mm，盖板由 16mm 加厚至 20mm，密封框的内圈尺寸比原装密封框大 8mm。密封框和盖板的螺栓孔一体钻孔加工，密封框上加工裁丝螺纹，并留 5mm 不钻透，采用 M16×40mm 的不锈钢单台螺栓加双耳止动锁片紧固安装。密封垫片由原来的高压石棉垫改为高压石墨镍丝密封垫。

（2）打磨深挖隔板焊缝的裂纹进行补焊处理，并经过着色检验焊缝合格。

（3）改造检查孔的密封装置。用角磨机切割掉原装密封框的螺栓孔部分，将不锈钢密封框和盖板用螺栓安装后，进行内、外贴焊安装。为了防止检查孔密封框变形，先进行四角点固焊，再里外交替进行焊接。焊接后采用着色检验焊缝合格。拆除检查孔盖板的螺栓，用钢板尺检查密封框应无明显的变形。不装密封垫安装检查孔的盖板，用 0.05mm 的塞尺检查密封结合面，塞不入为合格。正式安装高压石墨镍丝密封垫，安装盖板和双耳止动锁片，紧固不锈钢螺栓，并锁死双耳止动锁片，防止螺栓松动。

（4）施工过程中的安全注意事项：

1）高压加热器内下部主给水入口管孔需用厚皮垫封闭，必要时用铁片封口，以防止施工中掉入异物。

2）高压加热器内部的管束孔用石棉板挡严，防止打磨、焊接产生的火星、焊渣飞溅到管束内，防止打磨和焊接时被打伤。

3）在容器中施工必须有专职安全员监护，采用轴流风机通风，并且人员轮换作业。

三、高压加热器水室隔板检查孔密封改造效果

改造后，机组的给水温度提高达到了设计值。在机组停机检修中，检查高压加热器水室隔板检查孔的密封面无冲刷泄漏痕迹。实践证明，改造效果良好，彻底解决了高压加热器给水短路泄漏问题。

第六节 CCI 旁路阀修复

某电厂 2×350MW 机组的高、低压旁路调整阀采用美国 CCI 公司平衡式调整阀。高、低压旁路调整阀的结构和密封原理基本相同，阀门的尺寸、压力等级、阀笼的结构形式、介质的流动方向不同。高、低压旁路调整阀均为角阀，卧式安装，采用气动执行机构驱动。本节主要介绍旁路阀门的补焊、研磨修复案例。

一、CCI 高、低压旁路阀的结构

CCI 高、低压旁路阀的结构基本相同，主要由阀体、阀盖、阀套、阀笼、阀座、阀杆、阀

塞、平衡密封组件（见图 16-38）、盘根组件等部件组成，旁路阀结构如图 16-39 所示。

CCI 高、低压旁路阀采用平衡式阀塞组件，在阀塞上钻有对称的通汽平衡孔，装有石墨平衡密封装置来隔离阀盖空间与上游压力，这样减小了阀门开关时的操作力矩。

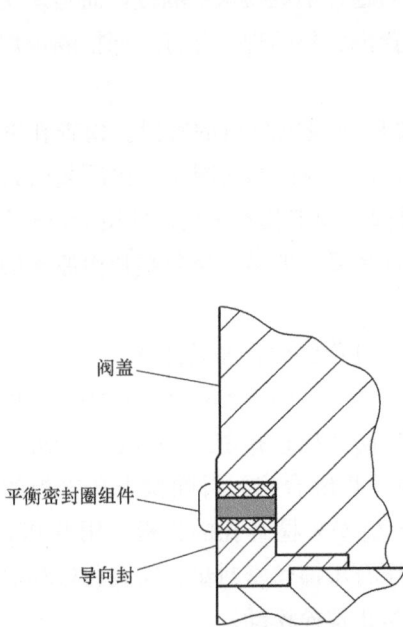

图 16-38　平衡密封组件结构图

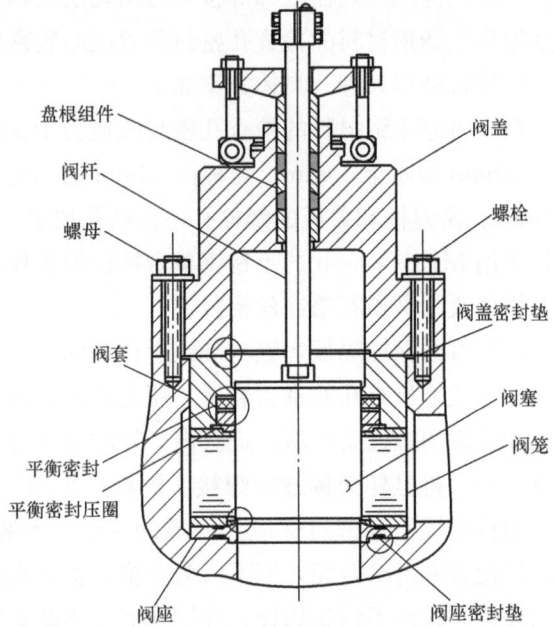

图 16-39　旁路阀结构图

二、CCI 高、低压旁路阀内漏密封点

CCI 高、低压旁路阀内漏的密封点有 4 处，分别为阀套上部密封垫、平衡密封装置、阀塞与阀座密封面及阀座下部密封垫。其中，高压旁路阀运行中多出现阀塞与阀座密封面损伤，阀塞表面损伤导致石墨平衡密封圈损坏造成内漏的现象；低压旁路阀主要问题是阀塞与阀座密封面损伤造成的内漏。

三、CCI 高、低压旁路阀的尺寸和压力等级

CCI 高、低压旁路阀的尺寸和压力等级见表 16-7。

表 16-7　　　　　CCI 高、低压旁路阀的尺寸和压力等级

名称	规格（入口×出口）	压力（入口×出口）
高压旁路阀	8in[①]×16in	2500lb[②]/in²×400lb/in²
低压旁路阀	24in×24in	180lb/in²（入口）

①1in=0.0254m。

②1lb=0.454kg。

四、CCI 高、低压旁路阀的阀笼

通过阀门内件的流体的高速度是控制阀在使用过程出现问题的主要原因。空蚀、磨蚀、高噪声和管路振动是流体速度失控的典型标志。使用堆叠式阀盘技术可以消除速度失控问题。

（1）高压旁路阀门的阀笼采用 CCI 专利技术制造的堆叠式阀盘。如图 16-40 所示，图片上部为堆叠式阀盘的一片盘片，盘片上有采用电火花技术加工的直角转弯的迂回通路（简称迷宫状通路），若干个阀盘叠放安装在一起形成堆叠式阀盘（采用冲压技术加工阀盘

叠放时，相邻两个阀盘要偏移一个通路叠放）。堆叠式阀盘内部有若干条迷宫状通路，每条迷宫通路允许通过固定的流量，通路中一系列直角转弯对流体形成阻力，每个通道中特定数目的转弯可将流速限制到预设的数值。因为流量和拐点数量在阀盘之间变化，阀盘组套能够达到精确控制流速的目的，可以达到线性的、等比率的阀门流量控制特性。

（2）低压旁路阀的阀笼采用笼式结构，在金属阀笼上均匀布置蒸汽通流孔，如图 16-41 所示。阀笼的结构、尺寸和蒸汽通流孔数量的设计，使得其在不影响速度控制的情况下，提供所需的阀门流量控制特性。

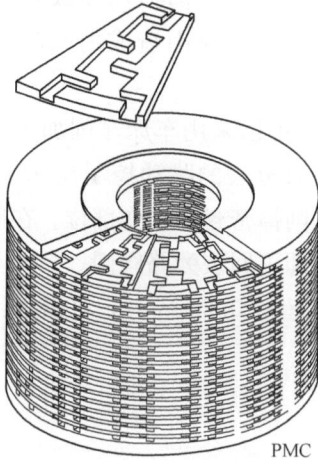

图 16-40　高压旁路阀堆叠式阀盘示意图　　图 16-41　低压旁路阀笼式结构阀笼示意图

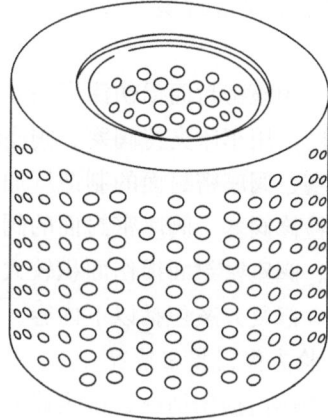

五、CCI 高、低压旁路阀的介质流动方向

高压旁路阀采用阀开型控制机制，蒸汽流体介质由下向上通过阀座，在阀塞下面流过阀笼，最后由阀体出口流出，如图 16-42 所示。这种设计可以精确地控制流速，并将流体噪声控制得很低。

低压旁路阀采用阀关型控制机制，蒸汽流体介质流过阀笼后，在阀塞下面流过，由上向下通过阀座，最后由阀体出口流出，如图 16-43 所示。

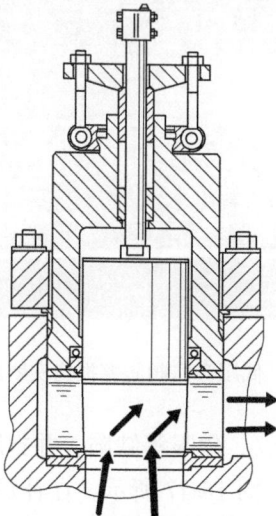

图 16-42　高压旁路阀介质流向示意图　　图 16-43　低压旁路阀介质流向示意图

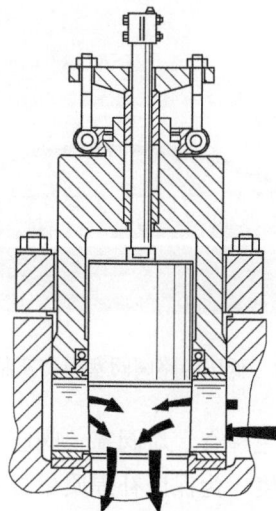

六、CCI 高、低压旁路阀的修复

旁路阀门运行工况比较恶劣，受蒸汽温度急剧变化，被高温、高压的蒸汽、疏水、杂质冲刷，经常出现阀塞、阀座密封面冲刷、裂纹、压痕等损伤造成内漏，需要进行修复。

旁路阀门内漏的修复必须在阀门解体后，对阀门所有可能造成内漏的泄漏点进行全面检查，确定内漏原因进行针对性处理。在 CCI 高、低压旁路阀内漏的 4 处密封点中，阀塞与阀座密封面损伤造成的内漏较多。另外，阀塞表面损伤导致石墨平衡密封圈损坏，阀座下部密封垫安装时掉落，阀门关闭力不足等原因造成的阀门内漏也发生过。

当阀塞、阀座密封面损伤深度在 0.2mm 以下时，可以采用车床车削加工。为了保证加工的同心度，用车床夹持阀塞、阀座时，要尽量将百分表的跳动控制在 0.02mm 以内。然后按照阀塞、阀座密封面的制造厂加工角度，精车削掉密封面损伤部位。在阀门组装状态，涂红丹检修阀塞、阀座密封面的阀线连续完整，即可回装旁路阀门。

当阀塞、阀座密封面损伤面积较大，且损伤深度超过 0.2mm 时，可以采用补焊、研磨工艺修复。修复方案包括以下内容。

1. 整体检查阀门损伤情况

整体检查阀门损伤情况，确定修复范围和方案。

（1）目视检查。如某电厂高压旁路阀的阀塞与阀座密封面均出现较大面积的冲刷凹坑，阀芯密封面已有大约 75% 的圆周上有冲刷凹坑，深度有 5mm 左右，阀芯密封面上也有轻微的冲刷凹坑，深度有 0.2mm 左右；如某电厂低压旁路阀的阀塞与阀座密封面整个圆周方向均出现深度为 0.5～0.8mm 的冲刷凹坑。如图 16-44、图 16-45 所示。

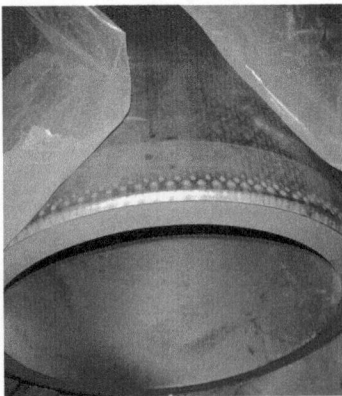

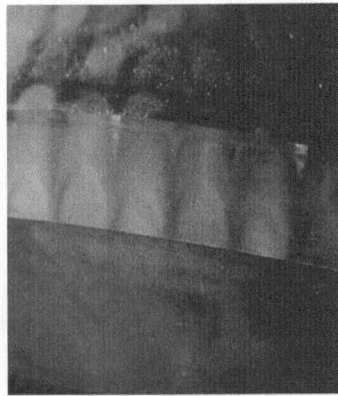

图 16-44 低压旁路阀阀塞损伤实物图（一）　　图 16-45 低压旁路阀阀塞损伤实物图（二）

（2）着色检查。对阀塞、阀座进行着色检查有无裂纹、砂眼等缺陷，并打磨确定缺陷的范围和深度，为保证补焊质量打好基础，如图 16-46、图 16-47 所示。在补焊、热处理、车削、研磨的每个环节都要进行着色检查，确认无裂纹现象。

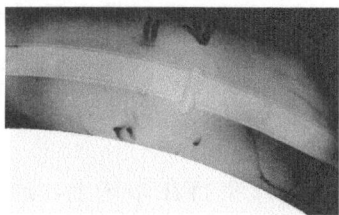

图 16-46　阀塞密封面裂纹打磨后实物图

图 16-47　阀座着色检查实物图

经过检查，确定修复方案为补焊、研磨阀塞、阀座密封面，并对阀座、阀笼结合面的变形进行处理。修复过程中注意对阀门部件的保护，特别是阀塞表面，防止碰伤。

2. 测绘部件

修前对阀塞的外径、密封面角度，对阀座的内/外径、密封面角度、厚度等全部外形尺寸，对阀笼的高度等尺寸数据进行精确测量，画图记录，为补焊、车削加工提供尺寸依据。图 16-48 所示为测量阀塞密封面角度示范图。

3. 车削阀塞、阀座密封面

将阀塞或阀座夹持在车床上，通过调整四抓，尽量将百分表的跳动控制在 0.02mm 以内。然后转动车床，用百分表测量阀塞或阀座密封面和接合面的变形量，并做好记录。

用车床车削阀塞或阀座需补焊表面的凹坑和尖角等缺陷，再将不光滑处打磨圆滑，并进行着色探伤。

4. 补焊阀芯、阀座密封面

补焊处为阀门的密封面，要求堆焊的材料具有良好的耐热、耐腐蚀、耐磨性能，在 650℃左右特性不变。因此，在打光谱分析阀塞、阀座的材质后，选择适用于高温高压阀门密封面堆焊的钴基堆焊焊丝，堆焊层硬度为 40～45HRC。

补焊前对补焊处金属进行局部预热。补焊工作由高压焊工连续施焊操作，图 16-49、

图 16-48　测量阀塞密封面角度示范图

图 16-49　低压旁路阀塞密封面补焊后实物图

图 16-50 所示为低压旁路阀塞、阀座密封面补焊后的情况。

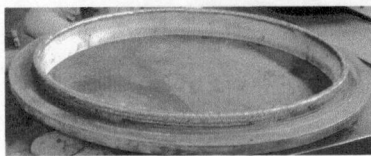

图 16-50　低压旁路阀座密封面补焊后实物图

5. 热处理

阀塞、阀座补焊后进行热处理，以消除焊接应力。阀塞、阀座温度降至常温后进行着色检查，如表面无裂纹、气孔等缺陷，再进行机械加工。

6. 粗车

将阀塞或阀座夹持在车床上，通过调整四抓，将百分表的跳动控制在 0.02mm 以内。然后转动车床进行车削，车掉补焊的高点，留一定的加工余量。粗车后，着色检查如有裂纹、砂眼等缺陷则进行打磨补焊。

7. 精车

根据修前测量的尺寸数据，并考虑变形修整，对阀塞、阀座补焊处进行精车加工。精车后，阀塞、阀座密封面的角度相同。变形修整量超过 0.5mm，需要加工相应厚度的垫片，在回装时安装在阀座与阀笼结合面进行补偿。补偿垫片的厚度太薄，会造成阀套上部、阀座下部密封垫压紧力不足，导致内漏；过厚会导致阀套过高，阀盖压不住密封垫，造成外漏。

8. 研磨

研磨采用人工研磨，将阀笼、阀塞、阀座倒置，以阀笼定位，转动阀座进行研磨。研磨先用粗研磨砂，由粗到细，最后用研磨膏研磨。研磨过程中，要随时检查阀线，防止磨偏。最后阀塞、阀座密封面为面接触，接触面宽度为整个密封面的 1/3～1/2，且连续圆周整圈均匀为合格。图 16-51、图 16-52 为研磨后的高压旁路阀塞、阀座实物图。

图 16-51　研磨后的高压旁路阀塞实物图

9. 渗煤油检验

研磨合格后，用黄油将塑料圈粘在阀塞底面，在塑料圈和阀座之间倒入煤油检漏。2～3h 后，检查煤油液面不降低，阀塞表面无煤油痕迹，即为合格，如图 16-53 所示。

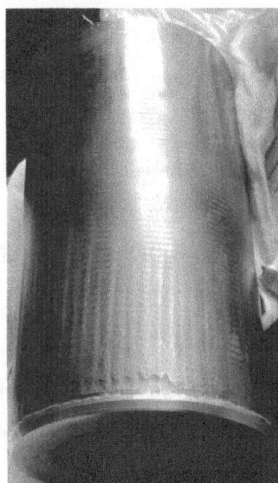

图 16-52　研磨后的高压旁路阀座实物图

图 16-53　低压旁路阀塞、阀座密封面渗煤油检查实物图

七、CCI 高、低压旁路阀投运后的效果

高压旁路阀投运后，不喷减温水的情况下，阀后温度为 250℃左右。低压旁路阀投运后，不喷减温水的情况下，阀后温度为 40℃左右，能达到与凝汽器热井相同的温度。

八、CCI 高、低压旁路阀运行、检修、修复、调试中发现的问题

1. 阀座变形问题。

高、低旁路阀修复过程中都发现阀座有变形问题。特别是低压旁路阀阀座尺寸较大，变形较严重，补焊后还会再次变形，修复的技术难度较大，修后质量难以保证。因此，建议当发现阀座变形量较大时，更换阀座。

2. 高压旁路阀塞表面冲刷损伤问题

图 16-44、图 16-45 所示的低压旁路阀阀塞密封面蒸汽冲刷损伤，图 16-51 所示的高压旁路阀阀塞表面有呈波纹状的冲刷损伤，CCI 公司分析是机组启动时湿蒸汽冲刷造成水蚀侵蚀剥落所致，并给出建议：

（1）在机组启机阶段，先将高压旁路阀开至 20％以上的开度，直到达到过热蒸汽的品质为止，再关小高压旁路阀进行升压，有利于阀门的使用周期延长。

（2）在高压旁路阀定位器中最好设定一个预关值，有利于阀门避免不在小开度下运行的严重冲刷，而且可以保证阀门关闭更严，一般会设置在 5％左右。

高压旁路阀阀塞表面与阀笼配合位置存在波纹状的冲刷损伤，而在阀门关闭位置时阀塞表面尚无损伤，所以高压旁路阀关闭时，平衡密封装置正常无泄漏。而当高压旁路阀频繁开关操作时，阀塞表面的波纹状损伤会拉伤平衡密封圈，即使在阀门关闭状态平衡密封装置也会泄漏导致阀门内漏，而且长时间运行会造成阀塞表面损伤加剧，这时只能通过更换阀塞解决。

3. 旁路阀门组装时注意事项

（1）阀盖、阀套、阀笼、阀座的固定螺栓和螺钉须全部完好并拧紧，防止下次拆卸阀门时出现螺栓断，阀套、阀笼、阀座掉在阀体内无法拆出。

（2）阀座下部密封垫安装时用二硫化钼膏粘住，防止掉落。

4. 阀门关闭力不足、没有关严、内漏

高、低压旁路阀安装后调试，必须以气动执行机构最大气压关闭阀门，再加上手动关闭力后阀门闭位置为自动控制的"零位"。

高、低压旁路阀检修验收合格，但是安装调试投运后，阀后温度仍高于标准值，可以在气动关闭后，在阀杆连接块上架百分表测阀门固定部分（如盘根压栏），再手动关闭，读百分表测量量加上手动关闭力后的关闭行程。保持 5～10h，如阀后温度下降，说明阀门气动执行机构关闭不足，阀门没有关严。然后打开手动关闭，读百分表查看阀门弹开的行程，并观察阀后温度。如阀后温度升高，则需要检修阀门气动执行机构。

高、低压旁路阀打开使用后气动关闭，如出现阀后温度高现象，可以手动关闭再压一下，保持阀门关严。

第七节　空冷风机齿轮箱故障及检修

某电厂 2×300MW 机组的空冷系统装有 48 台 P4 型、两级减速、立式齿轮箱。齿轮箱可将变频电动机的输入转速 1089～247r/min 变为 77.74～17.63r/min 的输出转速。齿轮箱的输出轴下部直接安装风机叶轮，驱动风机旋转为空冷系统提供冷却风。从 2005 年投运至 2013 年，48 台空冷风机齿轮箱已运行 8 年时间。2011 年以来齿轮箱故障损坏频繁，已有多台齿轮箱经过检修。本节对空冷风机齿轮箱的故障原因做一简单分析并提出几点经验供参考。

一、齿轮箱的结构

齿轮箱内部结构简图如图 16-54 所示，由箱体、输入轴、中间轴、输出轴、两对齿轮、六盘轴承、油泵、干井等组成。油泵与输入轴连接，为内齿啮合式，正转、反转都向润滑油管供油。干井装在低速轴大齿轮下部，与低速轴下部轴承壳连接并密封，将齿轮箱内的润滑油与低速轴下部轴承隔离。低速轴的下部轴承采用润滑脂（Kluber Staburags N12 MF、黑色）润滑，其他轴承和齿轮采用润滑油强制喷油润滑。

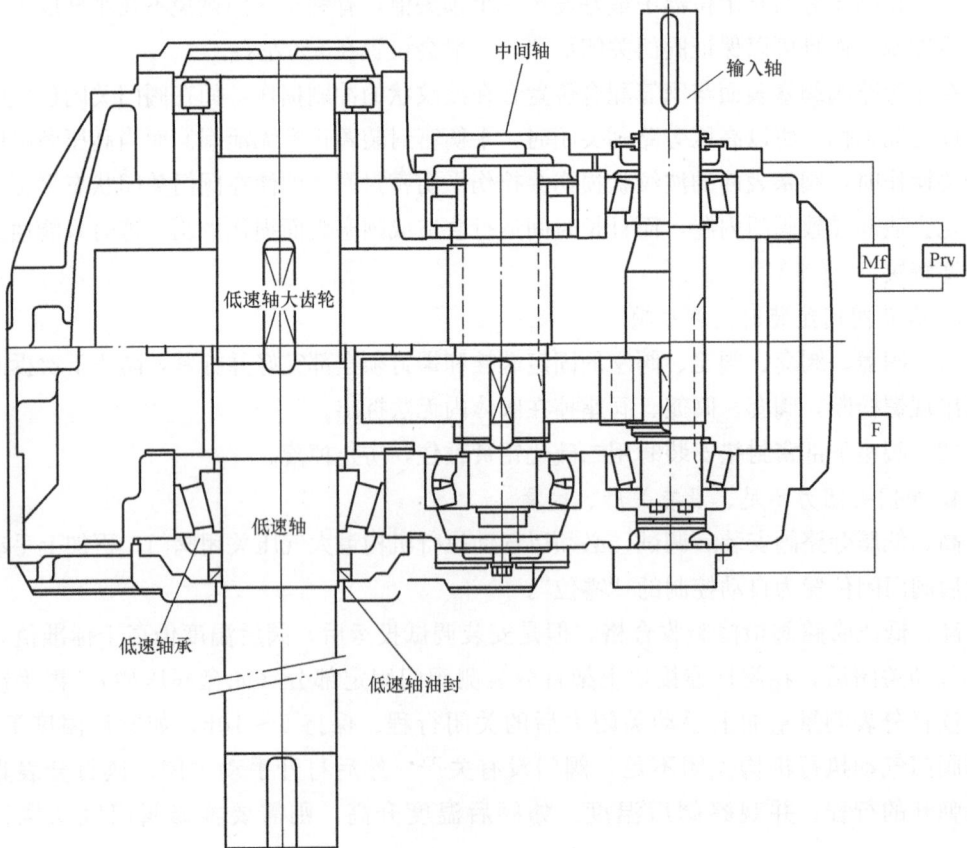

图 16-54　齿轮箱内部结构简图

二、齿轮箱异常、故障原因及分析

1. 齿轮箱油质变黑和低速输出轴油封漏油问题

运行中发现多台齿轮箱润滑油油质变黑、低速输出轴油封泄漏润滑脂和润滑油，检查发现原因是齿轮箱油位高，超过干井导致油溢流至低速轴承所致。检查分析过程：检修人员打开某台齿轮箱侧面的检查盖板时，发现低速轴大齿轮齿面 1/3 高度有油位痕迹，如图 16-55 所示，低速轴大齿轮所标的线，说明该齿轮箱当时的油位高于最高油位 MAX 线。

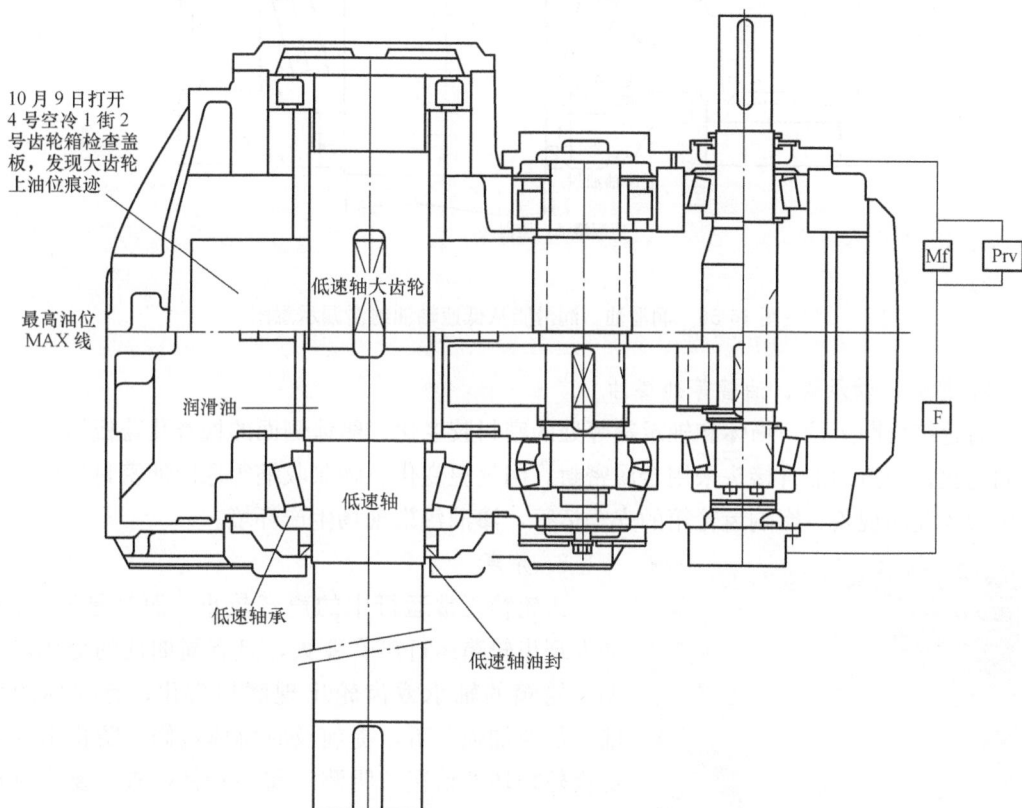

图 16-55 齿轮箱油位高示意图

润滑油油位过高导致润滑油、润滑脂从低速轴油封泄漏，如图 16-56 所示，如果齿轮箱的润滑油位高于低速轴大齿轮与干井之间的空隙，润滑油就会从干井与轴之间的间隙溢流至低速轴下部轴承内，稀释其中的润滑脂，导致润滑脂变稀，润滑油和润滑脂一起从低速轴油封处泄漏、流失，造成低速轴下轴轴承润滑不良或无润滑而损坏。

另外，根据日常维护中发现过低速轴油封处漏润滑油、润滑脂现象，以及解体后发现低速轴承损坏后的滚珠上有润滑油的痕迹，也说明低速轴下部轴承损坏的原因大部分为润滑油溢流至润滑脂中。

因此，齿轮箱油位过高，会造成润滑油从低速轴下部轴承泄漏，导致低速轴下部轴承的润滑脂被润滑油稀释、冲掉，使轴承无润滑而损坏，从而造成齿轮损坏。

与润滑油泄漏途径相反，低速轴轴承添加润滑脂太多，也会造成润滑脂漏至润滑油中，使润滑油变黑。

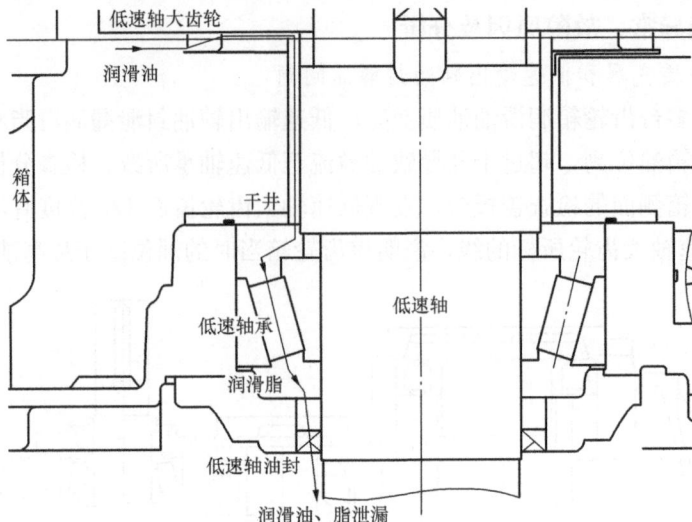

图 16-56　润滑油、润滑脂从低速轴油封泄漏示意图

2. 箱体、轴承端、油管等处渗油

齿轮箱长期运行，箱体和轴承盖等处的密封胶老化；箱体侧面的检查孔盖板等处的 O 形圈老化；润滑油油管接头采用金属密封，因气温变化、膨胀收缩等原因使密封失效，均会出现渗漏油现象，影响齿轮箱的安全运行，渗油污染现场生产环境。

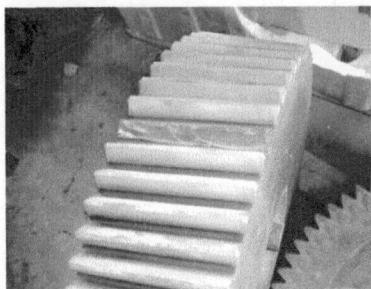

图 16-57　低速轴大齿轮的
一个齿面掉块实物图

3. 异声

齿轮箱正常运行中的声音较小，而且是均匀的。如发现齿轮箱运行声音变大，且有周期性的变化，说明齿轮箱的轴承或齿轮出现磨损劣化，有损坏的可能，需要加强监听，提前及时解体检修，防止出现全部齿轮损坏的情况。听测时需用听针检查，要注意辨别是齿轮箱的异声，还是电机的异声。例如某台齿轮箱运行中发出周期性"铛"的异声，异声随转速变化，解体齿轮箱检查发现低速轴大齿轮的一个齿面掉块（见图 16-57），导致齿轮箱发出周期性"铛"的异声。

4. 轴承、轴、轴承盖损坏

个别齿轮箱因油位高泄漏润滑油冲掉润滑脂，导致低速轴下部轴承缺少润滑脂而损坏。有的齿轮箱会因为长时间运行，低速轴下部轴承的润滑脂老化，缺少润滑而损坏。如图 16-58 所示，从某台齿轮箱解体情况看，低速轴下部轴承中并无润滑油冲刷的痕迹，而是发现滚珠上缺少润滑脂，滚珠旁边的润滑脂也由黑色变为褐色且变硬，失去润滑作用。因此，低速轴下部轴承损坏有润滑脂老化的原因，也有加润滑脂不到位或加不进去的原因。

齿轮箱的低速轴下部轴承采用润滑脂润滑，有润滑脂流失、老化损坏轴承的现象，齿轮箱的其他轴承采用润滑油润滑，润滑效果相对较好，但是运行时间长后，也有轴承出了磨损、间隙变大的情况。

轴承磨损后，轻则造成轴承室磨损、轴磨损、间隙变大；重则造成轴承内圈碎裂，轴、轴承室、轴承盖损坏。图 16-59 所示为轴承内圈碎裂实物图。

图 16-58　低速轴下部轴承的润滑脂老化、缺少实物图　　图 16-59　轴承内圈碎裂实物图

5. 齿轮、干井损坏

有的齿轮损坏是因为加工质量问题，如图 16-57 所示。大部分齿轮损坏是因为轴承损坏后，轴和齿轮不能保持定位，齿轮出现偏磨，齿面很快磨损。低速输出轴大齿轮损坏，一般都会发生干井磨损、变形损坏，还会造成润滑油泄漏，进而造成全部轴承、齿轮因无润滑而损坏。

总结分析齿轮箱损坏的机理：首先是低速轴下部轴承因缺少润滑而磨损，轴承滚珠开始损坏；接着继续运行，滚珠与轴承内圈严重碰磨，轴承内圈发生碎裂，并与轴发生摩擦，导致轴表面磨损；低速轴下部轴承损坏后，轴承间隙变大，使低速轴不能定位，导致低速轴摆动大，造成干井磨损、碰磨变形损坏，润滑油全部泄漏，最终会造成全部的轴承和齿轮损坏。

空冷风机齿轮箱频繁故障的主要原因是齿轮箱低速轴下部脂润滑的轴承失效，且其损坏后，很快造成轴承室及低速轴的磨损，甚至造成齿轮的损坏，其特点是发生时间短，损坏程度大。

三、空冷风机齿轮箱的维护保养

（1）加强对齿轮箱的油位管理，防止出现高油位。

1）定期每月对 48 台齿轮箱的油位和油质进行一次检查。

2）发现油位异常时，必须停运该齿轮箱再次检查确认。油位超过限值时，必须加油或放油。若发现润滑油变黑，则对齿轮箱的润滑油进行彻底更换。

3）齿轮箱的加油或换油工作必须在停运状态进行，使油位位于油尺的 MIN 和 MAX 线之间，禁止超过 MAX 线。加油人员和检查确认人员共同检查油位，并做好记录。

（2）加强维护，确保润滑到位。

1）严格按照加注润滑脂量 90g、加注周期 2 个月的规定对每台齿轮箱的低速轴下部轴承进行加油脂维护。润滑脂需在齿轮箱转动时加注。

2）严格按照厂家规定，齿轮箱运行 12～16 个月，对润滑油和滤网进行更换。

（3）加强对齿轮箱的异常检查和处理，防止损坏扩大。

1）每周对 48 台齿轮进行一次检查，发现有异声或振动大时，及时汇报，并通知运行人员停运该风机，进行检查、检修。

2）发现齿轮箱电动机过流或齿轮箱有"嘎……"的异声时，必须进行彻底检查（包括拆下低速轴油封，确认润滑脂及轴承良好），禁止进行多次启动试运，防止轴和齿轮损坏扩大。

（4）利用停机检修机会对齿轮箱进行检查、更换、检修。

1）检查每台齿轮箱的低速轴下部油封，发现有漏油、漏脂的油封，将其拆除，更换为剖分式油封，并重新加润滑脂。

2）对有异声或振动大的齿轮箱进行更换、检修。

四、空冷风机齿轮箱的检修

厂家推荐齿轮箱的检修周期是 7 年，现场运行也证明齿轮箱运行 7 年左右的故障率明显升高，因此需在齿轮箱运行 7 年前后，进行大批量的轮换检修。

（1）齿轮箱运行中有异声（持续跟踪检查，有增大变化的），低速轴油封漏润滑油（无油压高问题的齿轮箱）或润滑脂的齿轮箱，需要尽快安排检修。

（2）空冷风机齿轮箱的检修一般在齿轮箱检修专业厂家进行。

（3）检修时，如低速轴轴颈磨损，可以采用补焊或激光熔覆焊修复，如轴颈磨损严重且轴弯曲超标，则需要更换轴；轴承室磨损间隙超标，可以采用镶套的方法处理；齿轮只要发现有磨损，无论损坏是否严重，建议都要加工或采购备件进行更换。

（4）回装齿轮箱前，必须清理干净齿轮箱内部、箱体结合面的密封胶；回装时，必须更换全部轴承、油封、O 形密封圈；箱体及轴承盖的结合面除油口外全部均匀涂密封胶；低速轴轴承回装前添加润滑脂。

五、空冷风机齿轮箱的试运

（1）空冷风机齿轮箱检修回装后，建议在检修单位制作支架，安装临时电动机进行空载试运。试运前须添加润滑油。试运检查齿轮箱无异声，箱体及轴承盖结合面、油管接头无渗油现象。

（2）齿轮箱现场安装后进行正式带载试运。试运前检查齿轮箱油位正常。试运时间不小于 1h。试运时重点检查齿轮箱有无异声，箱体及轴承盖结合面、油管接头无渗油，并用手持式测振仪测量记录齿轮箱的振动，记录齿轮箱电动机在额定转速的电流值等。

参 考 文 献

[1] 郭延秋. 大型火电机组检修实用技术丛书：汽轮机分册. 北京：中国电力出版社，2005.

[2] 高澍芃. 火力发电工人实用技术问答丛书：汽轮机设备检修技术问答. 北京：中国电力出版社，2004.

[3] 王殿武. 火力发电职业技能培训教材：汽轮机设备检修. 北京：中国电力出版社，2005.

[4] 刘崇和，张勇. 大型发电设备检修工艺和质量标准丛书：汽轮机检修. 北京：中国电力出版社，2004.